林源植物药学：理论、方法与应用

付玉杰　于雪莹　赵春建　刘志国　主编

科学出版社

北京

内 容 简 介

本书系统阐述了林源植物药学理论、方法和应用，主要包括四部分，共18章。第一部分为基本理论，包括林源植物药学的定义和研究对象、林源植物药资源、林源植物化学成分3章；第二部分为方法学，包括林源植物疗法，林源植物药提取分离、纯化与结构解析，林源植物药设计方法，林源植物药合成方法，林源植物药制剂方法，林源植物药管理方法6章；第三部分为应用研究，包括抗癌林源植物药、抗抑郁林源植物药、抗艾滋病林源植物药、抗疟林源植物药、抗衰老林源植物药5章；第四部分为管理与实践，包括罕见病与孤儿药、仿制药、药物滥用监测与国际合作、林源植物药全球制药企业与市场营销4章。

本书可以作为相关专业本科生和研究生的教材，通过对本书的学习，可对林源植物药的基础理论、研究方法和开发应用的知识体系有更全面的掌握。同时本书也可供对林源植物药感兴趣的学者和专业人员参考。

图书在版编目(CIP)数据

林源植物药学：理论、方法与应用 / 付玉杰等主编. —北京：科学出版社，2022.11

ISBN 978-7-03-067176-9

Ⅰ. ①林… Ⅱ. ①付… Ⅲ. ①森林植物-药用植物学 Ⅳ. ①Q949.95

中国版本图书馆CIP数据核字(2020)第244692号

责任编辑：张会格　尚　册 / 责任校对：郑金红
责任印制：吴兆东 / 封面设计：刘新新

科学出版社 出版
北京东黄城根北街16号
邮政编码：100717
http：//www.sciencep.com
北京建宏印刷有限公司 印刷
科学出版社发行　各地新华书店经销
*
2022年11月第　一　版　开本：720 × 1000　1/16
2023年 4 月第三次印刷　印张：18 1/4
字数：368 000
定价：188.00 元
（如有印装质量问题，我社负责调换）

前　言

森林是自然界体量最大的可再生资源，是践行“两山”理念、推动绿色发展和保障人民身体健康的重要物质基础，是实现中华民族伟大复兴和生态文明建设的重要保障。我国森林植物资源丰富，具有成本低、来源广、可再生性强等特点。木本植物富含萜类、黄酮、生物碱和多酚等天然产物，结构类型丰富、活性突出，已成为食品、药品、化工和饲料等产品的重要原料。林源植物药以林源天然产物为基础，涉及林源植物药种质资源创新与培育、提取加工工艺、药理药效评价以及制剂开发等全产业链条的多个环节，是跨学科新兴交叉领域，是国际上林学与药学等学科相互融合发展的重要产业方向。

我于1998年师从祖元刚教授开始了林源植物药基础与应用研究，自2003年承担林源植物药学教学任务。在近二十年教学与科研工作中，我一直想编著一本林源植物药学专业教材，以期填补国内林源植物药教材的空白，更好地支持大中专学生、研究生以及专业人士对林源植物药学的系统理论学习和能力提升。本书是一本关于林源植物药学的覆盖面广、知识点全面的特色教材用书或教学参考书。

本书面向林源植物药学本科生、研究生、学者及其他对其有兴趣的专业人士。读者可以系统地阅读本书，以便对林源植物药的理论、方法和应用有更全面的掌握；还可以从书中获取大量的文献信息，进而从专业书籍、期刊或网络上检索到更感兴趣的知识。

感谢多年一起工作的团队同志们，本书的策划、分工、编写、校对、修改等历时三年之久，书中不足之处请大家指教，我们非常欢迎读者的宝贵意见。衷心感谢国家重点研发计划项目（2022YFD2200600）、国家自然科学基金重点项目（31930076）、111创新引智项目（B20088）以及黑龙江省头雁创新团队（林木遗传育种创新团队）等项目支持。

付玉杰

2022 年 11 月

目　　录

第一部分　基 本 理 论

第二部分　方　法　学

第三部分 应用研究

第四部分 管理与实践

第一部分

基 本 理 论

1 林源植物药学的定义和研究对象

1.1 林源植物药学的定义

林源植物药学（forest pharmacognosy）是以林源植物为研究对象，研究从植物体中获得具有医疗作用成分的医药品的一门学科。林源植物药学的具体研究内容主要包括：林源植物药的原料来源，提取、分离、精制等加工过程，得到含有萜类化合物、生物碱类化合物、苯丙烷类化合物等药用成分的植物提取物，针对有效成分的靶向性，合理进行结构修饰及相关的制剂研究、药理毒理学研究、药物临床前研究、药物研发等全部过程。

林源植物药学的主要任务是不断提供更有效的单一药物成分或混合药物成分的提取物，经过研发、生产加工和寻找或合成新药等途径提高药物有效成分的含量，降低对人体的毒副作用，合理保证用药安全，安全高效地治疗或治愈疾病。

美国药理学会（American Society of Pharmacognosy，ASP）定义的植物药学（pharmacognosy）是从植物或其他天然来源获得的药物的研究，也叫作“生药学”。植物药学主要研究药品的物理、化学及生化属性，原料药、潜在的药物或其他天然来源的原料药的生物特性，以及寻找天然来源的新药物[1]。

ASP 认为植物药学是对天然次级代谢产物分子的药用、生态、味觉或其他有用的功能性质进行广泛研究利用的生物学学科，包括植物学（botany）、民族植物学（ethnobotany）、海洋生物学（marine biology）、微生物学（microbiology）、草药学（herbal medicine）、化学（chemistry）、生物技术（biotechnology）、植物化学（phytochemistry）、药理学（pharmacology）、制药学（pharmaceutics）、临床药学（clinical pharmacy）和药学实践（pharmacy practice）。传统植物药学研究主要包括医学民族植物学（medical ethnobotany）、传统药理学（ethnopharmacology）、植物疗法（phytotherapy）等[2]。

林源植物药学的主要学科基础：无机化学（inorganic chemistry）、有机化学（organic chemistry）、分析化学（analytical chemistry）、物理化学（physical chemistry）、生物化学（biochemistry）、药物化学（pharmaceutical chemistry）、

1 The American Society of Pharmacognosy, http://www.pharmacognosy.us/

2 https://en.jinzhao.wiki/wiki/Pharmacognosy

植物化学（phytochemistry）、生物学（biology）、人体解剖学（human anatomy）、生理学（physiology）、药理学（pharmacology）、中医基础学（basics of traditional Chinese medicine）、方剂学（prescription）、中药药理学（pharmacology of traditional Chinese materia medica）、药代动力学（pharmacokinetics）、药物合成（pharmaceutical synthesis）、药剂学（pharmacy）、药事管理学（pharmacy management）、药用植物学（medicinal botany）、药用拉丁语（medicinal Latin）、生药学（pharmacognosy）、生态学（ecology）、微生物学与免疫学（microbiology and immunology）、基因工程（genetic engineering）、现代谱学（modern spectroscopy）等。

1.2　林源植物药学的研究对象

森林是以木本植物（乔木、灌木）为主体的植物群落。森林环境是指森林生活空间与外界自然条件的总和。生境是指生物或群落生长地段的环境因子的总和。林源植物药学的研究对象是林源植物的天然产物（natural product），这些天然产物也被称为次生代谢产物（secondary metabolite）。次生代谢产物是植物以某些初生代谢产物为原料，在一系列酶的催化作用下，形成的细胞生命活动或植物生长发育正常进行所需的非必需小分子有机化合物，其产生和分布通常有种属、器官、组织及生长发育时期的特异性，广泛参与调节植物生长发育、繁殖和防御等各种生理活动。植物次生代谢产物的种类很多，包括黄酮类、酚类、香豆素、木脂素、生物碱、萜类、甾类、皂苷、多炔类等。目前植物次生代谢产物分类方法主要有三种：一是，根据化学结构不同，分为酚类、萜类和含氮有机物等；二是，根据结构特征和生理作用不同，分为抗生素（植保素）、生长刺激素、维生素、色素、生物碱与植物毒素等；三是，根据其生物合成的起始分子不同，分为萜类、生物碱类、苯丙烷类及其衍生物等三个主要类型。林源植物的天然产物是相对而言在化学结构和生物合成途径方面具有复杂性特点的物质。林源植物天然次生代谢产物可以作为药物、药物半合成前体或先导化合物[1]。

林源植物药学主要研究林源植物天然次生代谢产物的植物新品种来源、药材栽培种植技术、提取分离技术、化学成分的结构解析及含量测定、合成方法、制剂生产工艺等，主要应用在药用、兽药用、抗生素、杀虫剂、除草剂及调味品、化妆品等领域。

现代药物大多源自天然产物，或从天然产物衍生合成出来的处方药物。例如，从秋水仙（*Colchicum autumnale*）植物中分离的微管蛋白聚合抑制剂秋水仙碱，从红豆杉属（*Taxus*）植物中分离出来的微管蛋白聚合稳定剂紫杉醇等。又如，从柳属（*Salix*）植物的树皮里分离到的水杨苷，能被水解成水杨酸，然后合成衍生物乙酰水杨酸（阿司匹林），其成为广泛使用的止痛药，其作用机制是抑制环加氧酶（COX）[2]。

天然产物是药物发现的起点。天然产物在治疗疾病中具有显著的药理学活性[3]。这些植物源的活性成分通过合成等手段制备出的类似物具有更大的活性和安全性，因此开启了很多新药的研发工作，并获得了中国国家食品药品监督管理总局、美国食品药品监督管理局（FDA）等相关审批机构的新药批准，见文框 1-1。借鉴 FDA 植物药审评经验和指南要求，对当前我国中药新药研究开发思路和监管审评具有一定的启示意义[4]。

文框 1-1　FDA《植物药新药研发指南》和批准的植物药

美国食品药品监督管理局（Food and Drug Administration，FDA）是美国食品与药品管理机构。2004 年 6 月 9 日，FDA 正式发布了《植物药新药研发指南》（*Guidance for Industry Botanical Drug Products*）[1]。FDA 药物评价和研究中心（Center for Drug Evaluation and Research，CDER）先后发布了：修订版的《植物药研发工业指南》（*Botanical Drug Development Guidance for Industry*）、根据植物药开发计划中提交新药申请（new drug application，NDA）的指导原则（草案）提交新药临床试验申请（investigational new drug application，IND）、生物制品许可申请（biologics license application，BLA）的推荐规范、对非处方药（OTC）药物专论体系中的植物药信息规范的意见等[2]。2006 年 10 月 30 日，FDA 批准了绿茶提取物茶多酚（Veregen），活性成分是 sinecatechins，含有 55% 的表没食子儿茶素没食子酸酯（Epigallocatechin gallate，EGCG）、表儿茶素（epicatechin，EC）、表焙儿茶素（epigallocatechin，EGC）、ECG 表儿茶素没食子酸酯（epicatechin gallate，ECG），还有少量的儿茶素没食子酸盐（gallocatechin gallate，GCG）、没食子酰儿茶素（gallocatechin，GC）、儿茶素没食子酸酯（catechin gallate，CG）和儿茶素（catechin，C）[3]。茶多酚用于治疗 18 岁及以上免疫受损患者的外生殖器和肛周尖锐湿疣，属于外用药。2012 年，FDA 批准了第二个植物药巴豆提取物 Fulyzaq，活性成分是 crofelemer（CAS：148465-45-6）。crofelemer 来源于巴豆属植物秘鲁巴豆（*Croton lechleri*）的红色胶乳，用于治疗艾滋病相关性腹泻，这是 FDA 批准的第一例口服植物药。到目前为止，FDA 批准的植物药只有以上 2 种。中国有复方丹参滴丸、连花清瘟胶囊等多个中药品种在 FDA 申请 IND，部分项目进入临床Ⅲ期研究，但距离 NDA 和上市尚远。

[1] 马昕. 美国 FDA《植物药新药研究指南》的研究Ⅱ[D].黑龙江中医药大学硕士学位论文, 2010.
[2] 张晓东, 成龙, 李耿, 等. FDA 植物药指南修订有何新变化 [N]. 中国中医药报, 2016-6-16(5).

参 考 文 献

[1] 史清文, 李力更, 霍长虹, 等. 天然药物化学学科的发展以及与相关学科的关系 [J]. 中草药, 2011, 42(8): 1457-1463.

[2] Schrör K. Acetylsalicylic Acid [M]. Weinheim: Wiley-VCH, 1986: 5-24.

[3] Sneader W. Drug Discovery: A History [M]. Chichester: Wiley, 2005: 280-283.

[4] 成龙. FDA 植物药指南对我国中药新药研发的启示 [J]. 科技中国, 2019, (3): 62-65.

2 林源植物药资源

2.1 概　述

中国高等植物特有种高达 15 000～18 000 种，具有物种丰富度高、特有种属多、区系起源古老和栽培植物种质资源丰富等特点。中国森林立地分类系统分为东部季风森林立地区域、西北干旱立地区域、青藏高寒立地区域。根据温度带、大地貌、中地貌、土壤容量，分为不同的森林立地带、森林立地区、森林立地类型区、森林立地类型[1,2]。林源植物药的资源主要包括上述森林立地分类系统中的野生药材、森林内人工抚育的药材、森林内或林缘的半野生药材、仿野生种植药材等。目前，中国林源植物药野生资源短缺，林下经济发展良好，对林源植物药的需求越来越大，保护野外种质资源、大力发展人工培植是必然趋势[3]。

2.2 林源植物林药复合模式

国务院办公厅于 2012 年 7 月 30 日颁发了《国务院办公厅关于加快林下经济发展的意见》，国务院办公厅转发了工业和信息化部、国家中医药管理局等 12 部门关于《中药材保护和发展规划（2015—2020 年）》的通知（2015-4-14），2015 年 4 月，国家林业局又编制完成了《全国集体林地林药林菌发展实施方案（2015—2020）》，在相关政策的推动下，林源植物林药（包括药用食用菌）的可持续发展模式是林药复合模式，也是林下经济的主要形式之一。

目前关于该模式的研究主要集中于林地环境对药材的影响，林下药材种植对周围环境、林木的影响，林药间作系统中药用植物产量的空间分布规律，实施林药复合模式所取得的经验及成效等方面[4-6]，以便筛选出合理的间作模式，见文框 2-1。

文框 2-1　清原：林地复合经营一举多赢

辽宁省抚顺市清原县为全国森林可持续经营管理试验示范点、履行《联合国森林文书》示范单位、森林经营样板林基地和森林认证制度试点单位。在森林可持续经营发展战略的指导下，清原县全力推进森林复合经营模式，建立了南长岭、金凤岭、大边沟、大孤家、祁家堡、北三家等森林复合经营试验示范基地3.9万多亩（1亩≈667m^2），逐渐形成了以红松为主的坚果经济林、以林下参为主的中药材和以山野菜为主的森林食品三大林业产业基地。基地在长白落叶松林下栽植刺五加、刺嫩芽，形成了落叶松、红松、刺五加三层“林-林-菜”立体复合经营模式，居于上层的落叶松以培育大径材为目标，生长于林下的刺五加、刺嫩芽还具有经济利益。清原县积极探索森林可持续经营模式，培育了大量优质的人工林及药用资源，开创了生态保护与森林培育并举、森林经营与产业开发共赢、深化改革与林业发展互动的可持续经营新格局，实现了“生态得保护、产业得发展、林农得实惠”的目标[1]。

[1] 刘丽艳. 清原：林地复合经营一举多赢[OL]. http://www.forestry.gov.cn/main/449/content-1008042.html,2017[2017-7-18].

我国幅员辽阔，由于不同区域地形、气候、森林植被类型等各不相同，林源植物林药复合模式有着明显的区域特色。例如，东北地区林下种植的林源植物药物种主要包括[7]：党参（*Codonopsis pilosula*）、龙胆草（*Gentiana scabra*）、玉竹（*Polygonatum odoratum*）、防风（*Saposhnikovia divaricata*）、黄芪（*Astragalus membranaceus*）、紫草（*Astragalus membranaceus*）、穿山龙（*Dioscorea nipponica*）、苍术（*Atractylodes lancea*）、刺五加（*Acanthopanax senticosus*）、白鲜皮（*Dictamnus dasycarpus*）、牛蒡子（*Arctium lappa*）、蒲公英（*Taraxacum mongolicum*）、射干（*Belamcanda chinensis*）、黄檗（*Phellodendron amurense*）、桔梗（*Platycodon grandiflorus*）、藁本（*Ligusticum sinense*）、北柴胡（*Bupleurum chinense*）、多被银莲花（*Anemone raddeana*）、升麻（*Cimicifuga foetida*）、细辛（*Asarum sieboldii*）、芍药（*Paeonia lactiflora*）、天南星（*Arisaema heterophyllum*）、荆芥（*Nepeta cataria*）、珊瑚菜（*Glehnia littoralis*）、人参（*Panax ginseng*）、西洋参（*Panax quinquefolius*）、威灵仙（*Clematis chinensis*）、茜草（*Rubia cordifolia*）、独角莲（*Typhonium giganteum*）、狼毒（*Euphorbia fischeriana*）、黄花乌头（*Aconitum coreanum*）、平贝母（*Fritillaria ussuriensis*）、苦参（*Sophora flavescens*）、白头翁（*Pulsatilla chinensis*）、远志（*Polygala tenuifolia*）、紫菀（*Aster tataricus*）、东当归（*Angelica acutiloba*）、黄精（*Polygonatum sibiricum*）、黄芩（*Scutellaria baicalensis*）、铃兰（*Convallaria majalis*）、车前（*Plantago asiatica*）、百合（*Lilium brownii*）、益母草（*Leonurus artemisia*）、活血丹（*Glechoma longituba*）、丹参（*Salvia miltiorrhiza*）、山慈姑（*Iphigenia indica*）、延胡索（*Corydalis yanhusuo*）、紫苏（*Perilla frutescens*）、五味子（*Schisandra chinensis*）、牛至（*Origanum vulgare*）、侧金盏花（*Adonis amurensis*）、掌叶覆盆子（*Rubus chingii*）、蝙蝠葛（*Menispermum dauricum*）、菟丝子（*Cuscuta chinensis*）、北重楼（*Paris verticillata*）、胡桃楸（*Juglans mandshurica*）、

红豆杉（*Taxus chinensis*）、槲寄生（*Viscum coloratum*）、杜鹃（*Rhododendron simsii*）、暴马丁香（*Syringa reticulata*）、接骨木（*Sambucus williamsii*）、天麻（*Gastrodia elata*）等。华北地区林下种植的林源植物药物种主要包括[8]：桔梗（*Platycodon grandiflorus*）、丹参（*Salvia miltiorrhiza*）、远志（*Polygala tenuifolia*）、知母（*Anemarrhena asphodeloides*）等。南方小流域林下种植的林源植物药物种主要包括黄连（*Coptis chinensis*）、杜仲（*Eucommia ulmoides*）、厚朴（*Magnolia officinalis*）、黄檗（*Phellodendron amurense*）、当归（*Angelica sinensis*）等。热带地区林下种植的林源植物药物种主要包括：砂仁（*Amomum villosum*）、巴戟天（*Morinda officinalis*）、黄连（*Coptis chinensis*）、天麻（*Gastrodia elata*）等。北亚热带林下种植的林源植物药物种主要包括：芍药（*Paeonia lactiflora*）、牡丹（*Paeonia suffruticosa*）、白术（*Atractylodes macrocephala*）、番薯（*Ipomoea batatas*）等。云南省推进林下三七（*Panax pseudoginseng* var. *notoginseng*）、天麻（*Gastrodia elata*）、石斛（*Dendrobium nobile*）、白及（*Bletilla striata*）、黄精（*Polygonatum sibiricum*）、天门冬（*asparagus cochinchinensis*）等大宗药材优质种源的选育与繁育进程[9]。

2.3 林源植物药用资源的人工培植

2.3.1 野生林源植物资源的保护

随着植物源的原料药用量越来越高，在反对过度开发的大环境下，现在专家学者们都致力于研究濒危物种的化学和生物替代品，以期达到对野外林源植物资源的保护。《濒危野生动植物种国际贸易公约》（The Convention on International Trade in Endangered Species of Wild Fauna and Flora，CITES）[1]的决议旨在保护方面发起新的伙伴关系。植物多样性中心（Centre of Plant Diversity，CPD）[2]成立于1998 年，作为世界自然基金会（World Wide Fund for Nature，WWF）[3]与世界自然保护联盟（International Union for Conservation of Nature，IUCN）[4]之间的联合机构，旨在确定在世界上保护价值最高的地区保护最大数量的植物物种。2002 年 4 月，《生物多样性公约》缔约方通过了全面的全球植物保护战略（Global Strategy for Plant Conservation，GSPC）[5]。GSPC 力求将世界各地的植物灭绝速度放慢，中国也参加了全球植物保护战略行动。

1 https://www.cites.org/eng
2 植物多样性中心：保护指南和战略[剑桥：世界自然基金会 (WWF) 和世界自然保护联盟 (IUCN), 1994-1997 年]
3 https://en.jinzhao.wiki/wiki/World_Wide_Fund_for_Nature
4 About IUCN:IUCN's Vision and Mission. https://www.iucn.org. IUCN. Retrieved 27 November 2015
5 https://www.cbd.int/gspc/targets.shtml. The targets 2011-2020. Convention on Biological Diversity

植物资源的质与量是植物资源评价的重要标准[10]。林源植物药用资源的人工培植在扩大种植规模、提高资源产量的基础上，更加重视增加活性物质（即有效成分）含量提高资源品质。活性物质（active substance）是具有生物活性（biological activity）的成分[1]，也是活性药物成分（active pharmaceutical ingredient，API）[2]。现在已经有在线服务可以识别大多数药物的有效成分，如美国FDA上市药品检索系统（FDA Drug Approvals and Databases）[3]、药物非活性成分数据库（Inactive Ingredient Search for Approved Drug Products）[4]、提供澳大利亚药物信息的药品数据库等[5]。例如，桑葚的主要活性物质包括花色苷、白藜芦醇、芦丁、多糖、桑色素、鞣质、挥发油、矿物质及微量元素、磷脂等。桑葚味甘性寒，入心肝、肾经，有滋阴补血作用，治阴虚津少、失眠等，具有调节免疫、保护神经细胞、抗氧化、保护心脑血管系统、抗癌等多种药理活性[11]，其中活性抗菌成分桑黄酮G（kuwanon G）是一种铃蟾素受体（bombesin receptor）拮抗剂[12]。苦参（*Sophora flavescens*）的生理活性物质以生物碱和黄酮为主，具有丰富的药理作用，如抗过敏、抗菌、抗炎、抗肿瘤、抗病毒、抗心律失常、镇静、镇痛等。在苦参根中发现苦参碱（matrine）、苦参碱氧化物（matrine oxide）和喹喏啉生物碱（quinolizidine alkaloid）等成分[13-16]。

天然药用植物中的次生代谢产物是植物适应、抵御环境的物质基础，也是发挥防病治病作用的物质基础。天然次生代谢产物分子有极高的适应性，如抵御微生物的侵染、种间化感、相互竞争等。次生代谢产物这些有效的药用成分在药用植物中的含量客观地反映了该植物的内在质量。次生代谢产物影响植物和环境之间的相互作用。因此，环境的改变影响次生代谢产物的积累。例如，杜仲（*Eucommia ulmoides*）皮中5种主要次生代谢产物有京尼平苷酸[6]（geniposidic acid，GPA）、绿原酸[7]（chlorogenic acid，CA）、京尼平苷[8]（geniposide，GP）、桃叶珊瑚苷[9]（aucubin，AU）、松脂醇二葡萄糖苷[(+)-pinoresinol di-O-β-D-glucopyranoside，PDG]等[17]，在年周期中，杜仲皮的这些次生代谢产物的生长积累呈动态变化，土壤中的矿质元素含量对杜仲叶中次生代谢产物含量的影响较大。

---

1 https://www.medicinenet.com/drug_interactions_know_the_ingredients/views.htm. Lee D, Marks J M. 2009. Drug Interactions: Know the Ingredients, Consult Your Physician. MedicineNet

2 https://en.jinzhao.wiki/wiki/Active_ingredient

3 https://www.accessdata.fda.gov/scripts/cder/iig/

4 https://www.fda.gov/drugs/development-approval-process-drugs/drug-approvals-and-databases

5 https://www.nps.org.au/medical-info/medicine-finder. Medicines. NPS MedicineWise. October 28, 2012

6 (1*S*, 4a*S*, 7a*S*)-1-(β-D-吡喃葡萄糖基氧基)-7-羟甲基-1,4a,5,7a-四氢环戊烷[c]吡喃-4-羧酸

7 (1*S*, 3*R*, 4*R*, 5*R*)-3-[[3-(3,4-二羟基苯基)-1-氧代-2-丙烯基]-氧]-1, 4, 5-三羟基环己烷甲酸

8 (1*S*, 4a*S*, 7a*S*)-1-(β-D-吡喃葡萄糖基氧基)-7-羟甲基-1,4a,5,7a-四氢环戊二[c]吡喃-4-羧酸甲酯

9 (2*S*, 3*R*, 4*S*, 5*S*, 6*R*)-2-{(1*S*, 4a*R*, 5*R*, 7a*S*)-5-羟基-7-羟甲基-1,4a,5,7a-四氢-环戊二烯[c]吡喃-1-基氧基}-6-羟甲基-四氢-吡喃-3,4,5-三醇

喜树（*Camptotheca acuminata*）是我国特有的一种高大落叶乔木，也是一种速生丰产的优良树种，主要含有抗肿瘤作用的喜树碱，具有抗癌、清热、杀虫的功能。以喜树碱药用植物资源的人工培植为例：喜树碱化合物相对稳定地存在于成熟和幼嫩的组织中，10-羟基喜树碱化合物特异性地积累于幼嫩组织中[18]。不同品系的喜树均表现出幼嫩枝叶喜树碱含量高于成熟组织的特点[19]。以国家二级重点保护植物喜树和国家一级重点保护植物南方红豆杉（*Taxus chinensis*）为目的树种，在其林下种植抗癌药用植物长春花（*Catharanthus roseus*），进行人工配置以形成乔灌草群落[20]。以喜树、南方红豆杉和迷迭香三种植物配置成乔灌草群落。在人工复合群落目的活性物质定向培育中研究目的活性物质含量，确定最佳的喜树人工复合群落定向培育措施[21]。

2.3.2 生物量增量

生物量增量也就是植物资源的产量增加量，种植的目的就是要得到植物资源的增量，以更多地被人类加工利用。平地人工复合群落配置模式中喜树、南方红豆杉、长春花的单位面积总生物量大于坡地[22]。立体混交配置可增加单位面积上的生物量积累，同时也提高土地利用效率[21]。

2.3.3 有效利用空间

立体混交配置能够较大限度地利用地上、地下营养空间。喜树、南方红豆杉、迷迭香立体种植区地上营养空间利用率最高达 29.40%[21]。对不同种植配置空间分布格局分析说明，人工复合群落空间占据能力比喜树和南方红豆杉纯种种植强[22]。栝楼（*Trichosanthes kirilowii*）一般都采用高肥管理模式，地力较高。生姜在习性上为喜阴作物，栝楼为生姜提供了良好的小生态环境，也更有利于生姜有机物及风味物质的积累。栝楼-生姜立体种植模式下的单株鲜姜重比单独种植生姜的单株鲜姜重高，可溶性糖含量、姜辣素[1]含量亦较高[23]。

2.3.4 目的活性物质含量增量

人工复合群落有利于目的活性物质的生物合成。人工复合群落中喜树碱含量峰值明显高于喜树纯种种植中喜树碱[2]的含量[20]。目的活性物质含量增量表现在立体混交配置有利于紫杉醇[3]的积累。立体种植区的南方红豆杉中紫杉醇平均含量为

1 姜辣素是姜酚、姜脑等与生姜有关辣味物质的总称。姜辣素有很强的对抗脂褐素的作用。姜辣素是由多种物质构成的混合物，各组分物质的分子结构中均含有 3-甲氧基-4-羟基苯基官能团，根据该官能团所连接烃链的不同，可把姜辣素分为姜酚、姜烯酚，副姜油酮、姜酮、姜辣二酮、姜辣二醇等不同类型

2 4-乙基-4-羟基-1*H*-吡喃[3′, 4′:6,7]氮茚[1,2]喹啉-3,14 (4*H*, 12*H*)-二酮

3 7,11-氨基-5*H*-环癸[3,4]苯并[1,2-b]氧基苯丙酸衍生物

0.162‰，南方红豆杉纯种种植区紫杉醇平均含量为 0.104‰[21]。研究表明，甘南州良好农业规范（GAP）种植唐古特大黄第 4 年 9 月、10 月的蒽醌总量分别为 4.30%及 5.13%，高于同年其他月份样品的蒽醌总量[24]。大黄蒽醌含大黄素[1]（emodin）、大黄酚[2]（chrysophanol）、大黄素甲醚[3]（physcion）、莲花掌苷[4]（lindleyin）、芦荟大黄素[5]（aloe-emodin）等成分。

2.3.5 目的活性物质含量的季节动态

植物的目的活性物质这些有效成分的含量呈现季节动态。气象因子与喜树、南方红豆杉及长春花生长发育的研究表明，在一定范围内土壤湿度与降雨量有利于喜树、南方红豆杉的高生长，较高的净辐射有利于喜树、南方红豆杉茎的生长。在一定范围内土壤温度有利于长春花的高生长和茎生长[22]。平地人工复合群落中喜树碱含量仅与土壤湿度显示出正相关关系[20]。在光合生理特性方面，无论平地与坡地，人工复合群落均提高了喜树的最大净光合速率，增加了喜树对强光的利用能力，提高了其光合能力[22]。植物利用太阳能合成有机物，其代谢产物参与植物营养和必需代谢过程。研究表明，光照强度对南方红豆杉中紫杉醇的合成有重要影响。遮阴度约为 50%时更有利于紫杉醇的合成[20]。紫杉醇在南方红豆杉体内的含量随南方红豆杉所受的光强增强而升高。同时南方红豆杉中 10-去乙酰基巴卡亭Ⅲ[6]（10-DAB）、10-去乙酰紫杉醇[7]（10-DAT）、7-表-10-去乙酰紫杉醇[8]（7-epi-10-DAT）的含量主要受光因子调控[25]。

2.3.6 立体种植与植物生活史型

植物生活史型的研究，可以为野生植物的人工定向培育中生境选择和目的活性成分定向累积提供基于形态学的评价方法与理论，见文框 2-2。依据喜树、南方红豆杉和长春花人工复合群落目的活性物质含量增量期，通过采取一定的人为措施改变植物的生长状态，使其生活史型发生转化，能促进目的活性物质的合成和累积[20]。在喜树生活史型方面，无论是在坡地还是在平地，人工复合群落和纯种种

---

1 1,3,8-三羟基-6-甲基-9,10-蒽二酮

2 1,8-二羟基-3-甲基-10-蒽二酮

3 1,8-二羟基-3-甲氧基-6-甲基-9,10-蒽醌

4 4-(3-氧丁基)苯基 6-*O*-(3,4,5-三羟基苯甲酰基)-β-D-吡喃葡萄糖苷

5 1,8-二羟基-3-羟甲基蒽醌

6 CAS: 32981-86-5

7 b-(苯甲酰氨基)-a-羟基-苯丙酸{2a*R*-[2aa,4b,4ab,6b,9a (a*R**,b*S**), 11a,12a,12aa,12ba]}-12b-(乙酰氧基)-12-(苯甲酰氧基)-2a,3,4,4a,5,6,9,10,11,12,12a,12b-十二氢-4,6,11-三羟基-4a,8,13,13-四甲基-5-氧代-7,11-甲醇-1*H*-环癸[3,4]苯并[1,2-b]氧代-9-叶酯

8 CAS: 78454-17-8

植的生活史型均为V生活史型，差异表现得并不显著。人工复合群落的南方红豆杉受到的环境胁迫大于纯种种植，无性生殖比例加大[22]。

文框 2-2 植物生活史型

植物生活史是指植物在一生中所经历的以细胞分裂、细胞增殖、细胞分化为特征，最终产生与亲代基本相同的子代的生殖、生长和发育的循环过程。根据植物的生态幅（ecological amplitude）、适合度（fitness）和能量分配格局将植物生活史型划分为V生活史型、S生活史型和C生活史型3个基本类型，以及VS生活史型、SV生活史型、CS生活史型、SC生活史型等6个具有混合特征的过渡类型[1]。

初生代谢产物和次生代谢产物与植物生活史型及其生活史型之间相互转换的关系密切。初生代谢产物主要用于营养生长，次生代谢产物主要用于促进繁育和拮抗环境胁迫。植物生活史型在特定时空中依生境的连续变化而发生相互转换，呈现出具有动态特征的植物生活史型谱。

根据植物生活史型理论与刺五加的种群特征、形态结构、生理特性和繁殖特点，可把林内、林窗和林缘生境刺五加分别划分为VS、S和C等3种生活史型。采用主成分分析法对刺五加生活史型的划分进行了论证，结果表明，根据植物生态幅和环境扰动状况对植物生活史型进行划分是恰当的[2]。甘草生境不同，所采取的生活史对策也不同，这是甘草形成不同生活史型的前提条件。

采用生境划分法和形态性状主成分分析法对甘草生活史型划分的结果表明：野生甘草为C生活史型；半野生甘草为VCS生活史型；栽培甘草为V生活史型；随着生长年限的增加，栽培甘草可能逐步向S生活史型过渡，即V→S。由于时空的连续变化，生境类型也发生过渡性变化，因此甘草生活史型之间可以相互转化。除V、C、S 3个基本生活史型外，还可形成VC、VS、CS和VCS 4个过渡生活史型[3]。

总的来说，不同生活史型的植物不仅生活史整体格局不同，植物的初生代谢、次生代谢、生长发育、繁殖特征和能量分配均大不相同。植物生活史型的理论可用来指导农业、林业及中医药种植和栽培等的生产与实践。

[1] 祖元刚，王文杰，杨逢建，等. 植物生活史型的多样性及动态分析 [J]. 生态学报，2002,(11): 1811-1818.
[2] 曹建国. 刺五加生活史型特征及其形成机制的研究 [D]. 哈尔滨：东北林业大学博士学位论文, 2004.
[3] 赵则海. 乌拉尔甘草生活史型特征及生态机理 [D]. 哈尔滨：东北林业大学博士学位论文, 2004.

白屈菜（*Chelidonium majus*）次生代谢产物（单宁、黄酮和生物碱）含量与营养生长和有性生殖呈负相关，与克隆生殖呈正相关。相较于空地的生境，林[榆树（*Ulmus pumila*）和白扦（*Picea meyeri*）]下的生境条件差，使白屈菜向克隆生长 C 型（clonal growth C）转变，同时也促进了次生代谢产物（单宁、黄酮和生物碱）的积累[26]。在南方红豆杉田间栽培中应注意上层树种搭配、修剪，从而形成适当的 UV-B 辐射胁迫以诱导紫杉醇含量及生物量增量，达到高产、优质的生态培植目标[27]。

2.3.7 人工调控手段诱导目的活性物质含量增量

由于植物的次生代谢产物在生态相互作用的大环境中有着极其重要的适应性作用，通过人工调控手段可以诱导目的活性物质含量增量，也就是促进植物体中次生代谢产物含量的增加。植物激素是植物体内的微量信号分子，植物的生长及其对环境刺激的反应受到植物激素的调节。应用不同人工调控手段诱导南方红豆杉中紫杉醇含量增量，研究诱导紫杉醇含量增量的代谢机理[25]。萘乙酸（NAA）处理南方红豆杉后，促进7-木糖-10-去乙酰紫杉醇（7-xyl-10-DAT）、7-epi-10-DAT转化为10-DAT、紫杉醇，增加南方红豆杉体内紫杉醇的含量；吲哚乙酸（IAA）和萘乙酸（NAA）的复合产品（ABT）处理南方红豆杉后，促进10-DAB的合成，进而促进南方红豆杉中紫杉醇含量的升高[25]。在温室培养条件下，聚乙二醇（polyethylene glycol，PEG）6000处理对幼苗期长春花产生胁迫效应，文多灵（vindoline，VIN）含量先升高后下降，长春质碱[1]（catharanthine，CAT）含量先下降后升高，而长春碱[2]（vinblastine，VBL）含量逐渐升高[28]。

2.4 原植物鉴定

2.4.1 概述

传统植物鉴定多基于形态学分类，见文框 2-3。植物药材鉴定的方法主要有基原（来源）鉴定法、性状鉴定法、显微鉴定法、理化鉴定法、生物鉴定法。其中，性状鉴定法与显微鉴定法是常用方法。药材鉴定能准确有效地区别药材的真伪，鉴别易混品和伪品[29]。近年来逐渐发展和完善了细胞生物学技术、生物鉴定法、色谱鉴别和光谱鉴别等新技术，组织化学定位、荧光显微技术、X 射线显微技术、指纹图谱多维信息的化学模式识别技术和计算机图像技术在植物药性状与显微鉴

---

1 甲基-(2-α,5-β,6-α,18-β)-3,4-二去氢异糖胺-18-羧酸酯

2 CAS: 143-67-9

别中得到了广泛的应用[30]。

文框 2-3 《中国植物志》

《中国植物志》是目前世界上最大型、种类最丰富的一部巨著，全书 80 卷 126 册，5000 多万字。其记载了我国 301 科 3408 属 31 142 种植物的科学名称、形态特征、生态环境、地理分布、经济用途和物候期等。该书基于全国 80 余家科研教学单位的 312 位作者和 164 位绘图人员 80 年的工作积累、45 年的艰辛编撰才得以最终完成[1]。2009 年其获得国家自然科学奖一等奖。

从《中国植物志》可以了解中国境内植物的品种、数量，如要开发鉴定人参（*Panax ginseng*）的方法，应事先知道人参的近缘种，利用《中国植物志》查明中国境内 *Panax* 属的物种，采集各物种的样本[2]。《中国植物志》在植物鉴定中发挥重要作用。

[1] FRPS《中国植物志》全文电子版网站：http://www.iplant.cn/frps2019/.

[2] 黄家乐，邵鹏柱. 生物信息学在中药材分子鉴别中的应用 [J]. 中国中药杂志, 2012, 37(8): 1072-1075.

分子生物学（molecular biology）[1]是从分子水平研究生物大分子的结构与功能从而阐明生命现象本质的科学。分子生物学研究生物分子内包括生物分子之间的相互作用的 DNA、RNA 与蛋白质及它们的生物合成，以及这些生物大分子之间相互作用的调节[2]。分子生物学技术包括分子克隆（molecular cloning）、聚合酶链反应（polymerase chain reaction，PCR）、凝胶电泳（gel electrophoresis）[31]、Southern 印迹（Southern blot）[32]、Northern 印迹（Northern blot）[33]、蛋白质印迹（Western blot）[34-35]、DNA 微阵列（DNA microarray）[36,37]、等位基因特异性寡核苷酸（allele-specific oligonucleotide，ASO）等。单核苷酸多态性（single nucleotide polymorphism，SNP）[3]是指在人类可遗传的变异中最常见的在基因组水平上由单个核苷酸的变异所引起的 DNA 序列多态性，这种在基因组水平上由单个核苷酸的变异形成的遗传标记，数量很多，多态性丰富。SNP 检测服务有 5 种方式：一是针对染色体上的不同 SNP 位点分别设计 PCR 引物和 TaqMan 探针，进行实时荧光 PCR 扩增 TaqMan 探针法；二是基于荧光标记单碱基延伸原理的 SNaPshot 基因分型技术；三是通过实时监测升温过程中双链 DNA 荧光染料与 PCR 扩增产物的结合情况来判断的高分辨率熔解曲线分析（HRM）；四是通过引物延

1 https://en.jinzhao.wiki/wiki/Molecular_biology

2 Alberts B, Johnson A, Lewis J, et al. 2002. Molecular Biology of the Cell. 6th ed. New York: Garland Science: 1-10

3 https://en.jinzhao.wiki/wiki/Single-nucleotide_polymorphism

伸或切割反应与灵敏、可靠的基质辅助激光解吸电离-飞行时间质谱仪（MALDI-TOF-MS）技术相结合，实现基因分型检测的 Mass Array 分子量阵列技术；五是采用因美纳（Illumina）公司的 BeadXpress 系统进行批量 SNP 位点检测的 Illumina BeadXpress 法。SNP 本质上是 DNA 序列中单个碱基的置换，SNP 确实可以使人容易患病或影响对药物的敏感性。SNP 已经取代了限制性片段长度多态性（restriction fragment length polymorphism，RFLP）疾病联系分析的需要，是继 RFLP 和微卫星 DNA 之后出现的第三代遗传标记技术。多位点 VNTR 分析（MLVA）是一种基于可变数目串联重复（VNTR）对微生物分离株进行亚型分型的分子分型方法，现在 VNTR 等位基因的分析方法也在继续使用，但通常通过聚合酶链反应（PCR）方法进行[1]。分子生物学研究蛋白质功能的最基本技术之一是分子克隆，使用 PCR 和/或限制性内切核酸酶（限制酶）将编码目的蛋白的 DNA 克隆到质粒中[38]。例如，将小分子单克隆抗体技术引入中药药效物质的基础研究，利用中药活性成分的单克隆抗体制备相应的免疫亲和色谱柱，实现从药材或复方中特异性地“敲除”该化合物，而“原样”保留其他成分在量和比例关系上不变，通过药理药效的比较研究，来明确揭示该成分与整体中药或复方功能主治的关联度[39]。

林源植物药的原植物鉴定使用的分子标记技术分为 4 类[40]：一是以传统的 Southern 杂交为基础的 DNA 分子标记技术；二是以 PCR 为基础的分子标记技术；三是以重复序列为基础的分子标记技术；四是以 mRNA 为基础的分子标记技术。

以传统的 Southern 杂交为基础的 DNA 分子标记技术包括限制性片段长度多态性（RFLP）。RFLP 是利用同源 DNA 序列变异的技术，依据限制酶位点的不同位置的同源 DNA 分子的样品之间的差异，可以说明这些片段的相关性[41]。

聚合酶链反应（PCR）是一种在分子生物学中用于扩增多个数量级的 DNA 片段的单拷贝或几个拷贝的技术，产生数千到数百万个特定 DNA 序列的拷贝[2]。PCR 用于测序的 DNA 克隆、基因克隆和操纵、基因诱变等。PCR 的一个主要限制是关于靶序列的信息是必需的，以便产生允许其选择性扩增的引物[42]。特定引物的 PCR 标记技术用针对特定药材经筛选建立的引物进行特异条带的扩增，通过条带的有无进行鉴定。该技术重复性好、鉴定准确，局限性在于每种药材需要单独建立特定的标记探针。提取到合格的 DNA 是实现鉴定的前提。该技术不适用于无背景信息的药材。该类方法需要事先知道研究对象的 DNA 序列信息。

应用聚合酶链反应-限制性酶切图谱分子鉴定法对川贝母药材（干鳞茎）进行

1 Kwok PY, Chen X. Detection of single nucleotide polymorphisms. Curr Issues Mol Biol, 2003 5(2): 43-60. PMID: 12793528.

2 http://learn.genetics.utah.edu/content/labs/pcr/(PCR. Genetic Science Learning Center, University of Utah)

鉴别，可将川贝类药材与非川贝类药材区别开来[43]。2010 年版《中华人民共和国药典》（以下简称《中国药典》）中收录的位点特异性 PCR 鉴定（allele-specific diagnostic PCR）方法在石斛、紫苏等中药材品种的鉴别中得到了广泛应用[44]。

扩增片段长度多态性（amplified fragment length polymorphism，AFLP）[1]使用限制性内切核酸酶消化基因组 DNA，连接限制性片段进行扩增。通过使用引物实现与衔接子序列、限制性位点序列和限制性位点片段内的几个核苷酸互补，通过放射自显影或荧光方法或通过自动化毛细血管测序仪将聚丙烯酰胺凝胶上的扩增片段分离和显现。AFLP 技术能够同时检测不同基因组区域的多态性，具有高度敏感性和可重复性[2]。AFLP 技术已广泛用于鉴定植物相关物种的遗传变异。与其他标记技术[包括随机扩增多态性 DNA（randomly amplified polymorphic DNA，RAPD）[3]、限制性片段长度多态性（RFLP）和微卫星（microsatellite）[4]]相比，AFLP 技术具有许多优点，在整个基因组水平上不仅具有更高的重现性、分辨率和灵敏度[45]，而且还具有一次放大 50～100 个片段的能力，此外，扩增期间不需要先前的序列信息[46]。KeyGene 公司是荷兰最大的农业生物技术公司，AFLP 专利的持有者。

2.4.2 DNA 条形码鉴定技术

DNA 条形码（DNA barcode）是指生物体内能够代表该物种的、标准的、有足够变异的、易扩增的且相对较短的 DNA 片段，使用生物体 DNA 中的短遗传标记，将其识别为特定物种，可以根据先前存在的分类来识别未知样本[5]。也就是说，DNA 条形码通过使用来自基因组特定区域的短 DNA 序列提供了识别特定物种的标准化方法，以提供用于识别物种的“条形码”[47]。DNA 条形码鉴定技术是利用少数几个引物扩增生物中的一段序列，通过序列比对进行鉴定。在传统植物分类学及相关研究的基础上，DNA 条形码鉴定技术鉴定能力较强，这种技术适用于任何无背景信息的材料，可以和全球生物 DNA 条形码数据库整合使用，进行检索和鉴定，适用于药材及基原的任何部位，技术重复性好。其局限性在于提取到合格的 DNA 是实现鉴定的前提[48]。DNA 条形码数据库的可靠性是植物药材 DNA 条形码鉴定的关键，目前已有的公共数据库有 GenBank、EMBL、NCBI 等，见文框 2-4。

---

1 https://en.jinzhao.wiki/wiki/Amplified_fragment_length_polymorphism

2 http://www.keygene.com/(Retrieved 10 February 2013)

3 https://en.jinzhao.wiki/wiki/RAPD

4 https://en.jinzhao.wiki/wiki/Microsatellite

5 https://en.jinzhao.wiki/wiki/DNA_barcoding

文框 2-4　NCBI 与 DNA 序列数据库

NCBI（National Center for Biotechnology Information）是一个医学和生物学研究成果交换平台，由不同类型的数据库和分析软件所组成[1]。Taxonomy 数据库是当中的一员，其主要功能是管理生物品种名称和分类条目，让用户连接到 NCBI 等数据库内有关该物种的所有数据。当物种的 DNA 或蛋白质序列收载到核酸或蛋白质数据库后，NCBI 便会新增该物种的资料到 Taxonomy 数据库内。中药材鉴定经常是比较正品和伪品的差异，透过 Taxonomy 数据库便可检视正品、亲缘种和伪品的所有数据[2]。

DNA 序列数据库是生物信息学的重要工具。植物药材鉴定技术主要利用物种间 DNA 序列差异的现象来达到区分物种的目的[3]。鉴定植物药材时，经常要从 DNA 数据库中下载序列与待测品比较或设计特异性 PCR 引物。NCBI 的 Nucleotide 数据库、欧洲生物信息学研究所（European Bioinformatics Institute，EBI）的 EMBL DNA 数据库和日本 DNA 数据库（DNA Databank of Japan，DDBJ）为世界三大序列数据库，当中又以 NCBI 的数据库使用最为广泛。

[1] https://www.ncbi.nlm.nih.gov/.
[2] http://www.ncbi.nlm.nih.gov/taxonomy.
[3] 黄家乐，邵鹏柱. 生物信息学在中药材分子鉴别中的应用 [J]. 中国中药杂志, 2012, 37(8): 1072-1075.

植物药 DNA 分子鉴定经历了以 RFLP、RAPD 和 DNA 条形码技术为代表的 3 个阶段，形成了基于分子杂交信号、PCR 扩增指纹、核酸序列分析的三大 DNA 鉴定技术体系[48]。国家药典委员会讨论通过在《中国药典》增补本中列入中药材 DNA 条形码分子鉴定指导原则，该指导原则通过对大样本量中药材进行 DNA 条形码分子鉴定研究，建立以 ITS2 为核心、psbA-trnH 为辅的植物类药材 DNA 条形码鉴定体系和以 COI 为主、ITS2 为辅的动物类药材 DNA 条形码鉴定体系[48]。目前，ITS2 序列是去除 5.8S rRNA 序列和 28S rRNA 序列的核糖体 DNA 序列间隔区，为植物类药材鉴定的核心序列，可以鉴定大多数植物类药材及其易混品种。ITS2 序列已成功应用于豆科等多个科属药用植物及药材鉴定。ITS2 序列也可以作为忍冬科植物的 DNA 条形码候选序列。psbA-trnH 序列作为 ITS2 序列的补充序列[49]，是植物叶绿体基因组中去除 *psbA* 基因及 *trnH* 基因的基因间隔区序列，为植物类药材鉴定的补充序列。基于 ITS2 序列可 100%成功鉴定秦艽药材及其混伪品[50]。ITS/ITS2 序列作为 DNA 条形码能稳定、准确地鉴别羌活、宽叶羌活与其混伪品[51]。土荆皮及其混伪品的 ITS2 序列的种间遗传距离远大于土荆皮 ITS2 序列的种内遗传距离。药材土荆皮正伪品的 ITS2 序列二级结构差异显著[52]。应用

ITS2 二级结构可鉴定茄属（*Solanum*）药用植物，可以将 ITS2 二级结构信息作为系统发育信息的有益补充加入到目前 DNA 条形码分析中[53]。

用于 DNA 条形码的软件需要集成现场信息管理系统（field information management system，FIMS）、实验室信息管理系统（laboratory information management system，LIMS）、序列分析工具、连接现场数据和实验室数据的工作流跟踪、数据库提交工具与管道自动化、系统规模工具。Geneious Pro 是多平台支持的基因、蛋白质结构分析软件，用于结构标注和对比分析等，也可用于序列分析组件构建。生命条形码数据系统（barcode of life data system，BOLD）[1]是专门用于 DNA 条形码的序列数据库，提供了一个分析 DNA 序列的在线平台。

2.4.3 近红外光谱鉴定技术

近红外光谱技术（infrared spectroscopy，IR）的原理是根据近红外光谱区与有机分子中含氢基团（O—H、N—H、C—H）振动的倍频和各级倍频的吸收区一致，将药材粉末直接进行压片，通过扫描样品的近红外光谱，图谱比对及化学计量学处理后进行鉴定[2]，可以得到样品中有机分子含氢基团的特征信息。近红外光谱技术通用于任何无背景信息的材料，可建立数据库进行检索和鉴定，技术重复性好、鉴定准确、样品处理非常简单、鉴定快速无损。近红外光谱技术在中药专属性鉴别、中药真伪鉴别和其内在质量评价及道地药材鉴定方面的应用有很大的优势[53,54]。

应用近红外光谱技术鉴别真伪的研究包括：一把伞南星（*Arisaema erubescens*）与天南星（*Arisaema heterophyllum*）的快速鉴别[55]，人参（*Panax ginseng*）与西洋参（*Panax quinquefolius*）的快速鉴别[56]，淫羊藿（*Epimedium brevicornu*）[57]、三七及其伪品[58]、厚朴（*Magnolia officinalis*）等药材的定性鉴别[59]，卷柏属（*Selaginella*）药用植物种下类型鉴别及种间关系分析[60]，大黄橐吾（*Ligularia duciformis*）真伪鉴别[61]，人参鉴别[62]，白芷（*Angelica dahurica*）类中药材的鉴定[63]。应用近红外光谱技术鉴别药材产地方面的研究包括：不同产地生地黄（*Rehmannia glutinosa*）[64]的鉴别、雪莲花（*Saussurea involucrata*）的产地来源[65]、牡荆属（*Vitex*）的植物来源[60]等。应用近红外光谱技术测定含量的研究包括：快速测定地黄中的梓醇含量[66]，测定川芎（*Ligusticum chuanxiong*）中的阿魏酸含量[67]，定量分析连翘（*Forsythia suspensa*）药材[68]、测定连翘（*Forsythia suspensa*）中连翘酯苷的含量[69]，测定酒炖熟地黄中的还原糖含量[70]等。

---

1 https://en.jinzhao.wiki/wiki/Barcode_of_Life_Data_Systems

2 https://en.jinzhao.wiki/wiki/Infrared_spectroscopy

参考文献

[1] 王公军. 森林立地分类在林业调查设计中的应用 [J]. 吉林农业, 2017, 6: 8.

[2] 张万儒, 盛炜彤, 蒋有绪, 等. 中国森林立地分类系统 [J]. 林业科学研究, 1992, 6: 29.

[3] 任建武, 刘玉军, 马超, 等. 林源药用植物资源可持续利用与产业化 [J]. 林业资源管理, 2011(1): 35-39.

[4] 路飞, 陈为, 张良, 等. 全国林药、林菌发展区划布局研究 [J]. 林业建设, 2014, 10(5): 20-25.

[5] 王继永, 王文全, 刘勇. 林药间作系统对药用植物产量的影响 [J]. 北京林业大学学报, 2003, 25(6): 55-59.

[6] 黄映晖, 刘松. 北京山区林下经济发展研究 [J]. 中国农学通报, 2014, 30(11): 83-89.

[7] 林树坤. 发展林药间作与仿生栽培的前景和应注意的问题 [J]. 中国林业特产, 2016, 140(2): 88-89, 94.

[8] 周杨, 苗雨露, 孙志蓉. 我国林药林菌经济模式发展现状及其优势分析 [J]. 中国现代中药, 2016, 18(1): 97-101.

[9] 赵仁, 马炳康, 曹云霞, 等. 云南气候环境与药物资源分布状况及发展建议 [J]. 云南中医中药杂志, 2006, 27(4): 63-65.

[10] 何兰, 姜志宏. 天然产物资源化学 [M]. 北京: 科学出版社, 2008.

[11] 陈诚, 李洪波, 杨欣, 等. 中药桑椹活性物质的研究进展 [J]. 中药材, 2010, 33(10): 1160-1163.

[12] Park K M, You J S, Lee H Y, et al. Kuwanon G: an antibacterial agent from the root bark of *Morus alba* against oral pathogens [J]. Journal of Ethnopharmacology, 2003, 84(2-3): 181-185.

[13] Cha J D, Moon S E, Kim J Y, et al. Antibacterial activity of sophoraflavanone G isolated from the roots of *Sophora flavescens* against methicillin-resistant *Staphylococcus aureus* [J]. Phytotherapy Research, 2009, 23(9): 1326-1331.

[14] Choi B M, Oh G S, Lee J W, et al. Prenylated chalcone from *Sophora flavescens* suppresses Th2 chemokine expression induced by cytokines via heme oxygenase-1 in human keratinocytes [J]. Archives of Pharmacal Research, 2010, 33 (5): 753-760.

[15] Zhang Y Y, Zhu H Y, Ye G, et al. Antiviral effects of sophoridine against coxsackievirus B3 and its pharmacokinetics in rats [J]. Life Sciences, 2006, 78 (17): 1998-2005.

[16] Zhou H, Lutterodt H, Cheng Z H, et al. Anti-Inflammatory and antiproliferative activities of trifolirhizin, a flavonoid from *Sophora flavescens* roots [J]. Journal of Agricultural and Food Chemistry, 2009, 57 (11): 4580-4585.

[17] 赫锦锦. 杜仲皮及雄花中次生代谢产物的变化规律研究 [D]. 开封: 河南大学硕士学位论文, 2010.

[18] 祖元刚, 唐中华, 于景华, 等. 喜树碱和10-羟基喜树碱受喜树生长发育调控的不同特点[J]. 植物学报, 2003, 45(4): 494-499.

[19] 常影. 喜树不同品系喜树碱含量差异形成机制研究 [D]. 哈尔滨: 东北林业大学硕士学位论文, 2009.

[20] 庞海河. 喜树、南方红豆杉和长春花人工复合群落目的活性物质定向培育的研究 [D]. 哈尔滨: 东北林业大学硕士学位论文, 2007.

[21] 王纪坤. 喜树、南方红豆杉和迷迭香人工复合群落目的活性物质定向培育研究 [D]. 哈尔滨: 东北林业大学硕士学位论文, 2006.

[22] 孙佳音. 喜树、南方红豆杉和长春花人工复合群落生物量及生产力的研究 [D]. 哈尔滨:东北林业大学硕士学位论文, 2007.

[23] 崔小兵, 董根生, 陶银, 等. 栝楼、生姜立体种植模式效益初探 [J]. 安徽农学通报, 2014, 20(14): 50-52.

[24] 马丹. 甘南州 GAP 种植基地唐古特大黄采收期、质量标准及药效学研究 [D]. 兰州: 甘肃中医药大学硕士学位论文, 2015.

[25] 高银祥. 人工调控促进南方红豆杉中紫杉醇及相关紫杉烷增量的研究 [D]. 哈尔滨: 东北林业大学硕士学位论文, 2009.

[26] 王文杰, 李文馨, 许慧男, 等. 不同生境白屈菜(*Chelidonium majus*)生活史型特征及其与不同器官单宁、黄酮、生物碱含量的关系 [J]. 生态学报, 2008, 28 (11): 5228-5237.

[27] 于景华, 李德文, 庞海河, 等. UV-B 辐射对南方红豆杉生活史型和紫杉烷类含量的影响[J]. 生态学报, 2011, 31 (1): 75-81.

[28] 刘英, 张衷华, 李德文, 等. PEG6000 对长春花幼苗期的胁迫效应和生物碱含量的影响 [J]. 华中农业大学学报, 2013, 32(5): 40-44.

[29] 陈士林, 郭宝林, 张贵君, 等. 中药鉴定学新技术新方法研究进展 [J]. 中国中药杂志, 2012, 37(8): 1043-1055.

[30] 龙芳, 李会军, 李萍, 等. 新技术和新方法在中药性状与显微鉴别中的应用 [J]. 中国中药杂志, 2012, 37(8): 1076.

[31] Lee P Y, Costumbrado J, Hsu C Y, et al. Agarose gel electrophoresis for the separation of DNA fragments [J]. Journal of Visualized Experiments, 2012, (62): 3923.

[32] Brown T. Southern blotting: Current Protocols in Immunology [M]. New York: Wiley, 2001.

[33] Shan L H. Northern blot [J]. Methods in Enzymology, 2013, 530: 75-87.

[34] Mahmood T, Yang P C. Western Blot: technique, theory, and trouble shooting [J]. North American Journal of Medical Sciences, 2012, 4(9): 429-434.

[35] Kurien B T, Scofield H. Western blotting [J]. Methods, 2006, 38(4): 283-293.

[36] Tarca A L, Romero Roberto, Draghici S. Analysis of microarray experiments of gene expression profiling [J]. American Journal of Obstetrics and Gynecology, 2016, 195(2): 373-388.

[37] Leonard D G B. Molecular Pathology in Clinical Practice [M]. Cham Heidelberg New York Dordrecht London: Springer International Publishing, 2016.

[38] 赵琰, 屈会化, 王庆国. 利用单克隆抗体特异性敲除技术解析中药药效物质基础的新方法 [J]. 中国中药杂志, 2013, 38(17): 2906-2910.

[39] Lessard J C. Molecular cloning [J]. Methods in Enzymology, 2013, 529: 85-98.

[40] 黄璐琦, 刘昌孝. 分子生药学 [M]. 北京: 科学出版社, 2015.

[41] Saiki R K, Scharf S, Faloona F, et al. Enzymatic amplification of beta-globin genomic sequences and restriction site analysis for diagnosis of sickle cell anemia [J]. Science, 1985, 230(4732): 1350-1354.

[42] Garibyan L, Avashia N. Polymerase chain reaction [J]. Journal of Investigative Dermatology, 2013, 133: 1-4.

[43] 徐传林，李会军，李萍，等. 川贝母药材分子鉴定方法研究 [J]. 中国药科大学学报，2010, 41(3): 226-230.
[44] 罗玉明，张卫明，丁小余，等. 紫苏属药用植物的 rDNA ITS 区 SNP 分子标记与位点特异性 PCR 鉴别 [J]. 药学学报，2006, 41(9): 840.
[45] Mueller U G, Wolfenbarger L L. AFLP genotyping and fingerprinting [J]. Trends Ecol Evol, 1999, 14(10): 389-394.
[46] Meudt H M, Clarke A C. Almost forgotten or latest practice? AFLP applications, analyses and advances [J]. Trends Plant Sci, 2007, 12(3): 106-117.
[47] Hebert P D N, Cywinska A, Ball S L, et al. Biological identifications through DNA barcodes [J]. Proceedings of the Royal Society B, 2003, 270: 313-321.
[48] 陈士林，姚辉，韩建萍，等. 中药材 DNA 条形码分子鉴定指导原则 [J]. 中国中药杂志，2013, 38(2): 141-148.
[49] 刘震，陈科力，罗焜，等. 忍冬科药用植物DNA条形码通用序列的筛选 [J]. 中国中药杂志，2010, 35(19): 2527-2532.
[50] 罗焜，马培，姚辉，等. 多基原药材秦艽 ITS2 条形码鉴定研究 [J]. 药学学报，2012, (12): 1710-1717.
[51] 辛天怡，姚辉，罗焜，等. 羌活药材 ITS/ITS2 条形码鉴定及其稳定性与准确性研究 [J]. 药学学报，2012, 47(8): 1098-1105.
[52] 高婷，朱珣之，宋经元. 有毒中药土荆皮的ITS2条形码序列分析鉴定 [J]. 世界科学技术——中医药现代化，2013, (3): 387-392.
[53] 杨烁，薛渊元，李美慧，等. ITS2 二级结构系统发育信息在茄属药用植物 DNA 条形码鉴定中的应用价值 [J]. 中国中药杂志，2017, 42(3): 456-464.
[54] 赵中振，梁之桃. 近红外光谱技术在中药鉴定中的应用与优势 [J]. 中国中药杂志，2012, 37(8): 1062-1065.
[55] 陆丹，邓海山，池玉梅，等. 近红外光谱技术鉴别虎掌南星与天南星 [J]. 中成药，2011, 33(5): 841-844.
[56] 黄亚伟，王加华，李晓云，等. 基于近红外光谱的人参与西洋参的快速鉴别研究 [J]. 光谱学与光谱分析，2010, 30(11): 2954-2957.
[57] 范茹军，秦晓晔，宋岩，等. 基于近红外光谱的淫羊藿定性鉴别及定量检测 [J]. 中国实验方剂学杂志，2010, 16(13): 85-89.
[58] 张延莹，张金巍，刘岩. 近红外光谱技术鉴别三七及其伪品 [J]. 中药材，2010, 33(3): 364-366.
[59] 余驰，姜红，刘爱萍. 近红外漫反射光谱法建立厚朴药材的定性模型 [J]. 药物分析杂志，2009, 29(4): 656-658.
[60] 辛海量，胡园，张巧艳，等. 4 种牡荆属植物来源生药的近红外漫反射指纹图谱聚类分析[J]. 时珍国医国药，2008, 19(12): 3037-3038.
[61] 赵龙莲，张录达，李军会，等. 小波包熵和 Fisher 判别在近红外光谱法鉴别中药大黄真伪中的应用 [J]. 光谱学与光谱分析，2008, 28(4): 817-820.
[62] 王钢力，田金改，聂黎行，等. 近红外光谱鉴别高丽参的研究 [J]. 中草药，2008, 39(2): 277-280.

[63] 吴拥军, 李伟, 相秉仁, 等. 近红外光谱技术用于白芷类中药的鉴定研究 [J]. 中药材, 2001, 24(1): 26-28.

[64] 白雁, 李雯霞, 谢彩霞, 等. 3 种不同产地生地黄近红外图谱的判别分析 [J]. 计算机与应用化学, 2011, 28(3): 311-313.

[65] 赵杰文, 蒋培, 陈全胜. 雪莲花产地鉴别的近红外光谱分析方法 [J]. 农业机械学报, 2010, 41(8): 111-114.

[66] 许麦成. 近红外漫反射光谱法快速测定地黄中梓醇含量 [J]. 中药材, 2011, 33(7): 1072-1074.

[67] 王小梅, 焦龙, 刘小丽, 等. 近红外漫反射光谱法定量分析川芎中的阿魏酸含量 [J]. 药物分析杂志, 2011, (6): 1016-1019.

[68] 王星, 游志恒, 白雁. 近红外漫反射光谱法定量分析连翘药材 [J]. 光散射学报, 2010, 22(1): 56-60.

[69] 王星, 白雁, 陈志红, 等. 近红外光谱法测定连翘中连翘酯苷含量 [J]. 中国中药杂志, 2009, 34(16): 2071-2075.

[70] 白雁, 贾永, 王东, 等. 应用近红外漫反射光谱技术测定酒炖熟地黄中的还原糖含量 [J]. 中药材, 2006, 29(10): 1035-1038.

3　林源植物化学成分

3.1　糖苷类化合物

3.1.1　概述

糖苷类化合物（glycosides）[1]又称苷类，是由糖或糖的衍生物（如糖醛酸）的半缩醛羟基与另一非糖物质中的羟基以缩醛键（苷键）脱水缩合而成的环状缩醛衍生物。糖苷类化合物水解后能生成糖与非糖化合物，非糖部分称为苷元（aglycone）。苷是糖与非碳水化合物分子结合的部分。对于糖和糖苷配基（苷元）部分可以用酸水解、碱水解、酶水解等方法破坏糖苷键（glycosidic bond）的作用，最重要的切割酶是糖苷水解酶（glycoside hydrolase）。费歇尔糖苷化（Fischer glycosidation）是指在强酸催化剂的存在下，通过未保护的单糖与醇的反应合成糖苷。例如，王灼琛[1]采用 Helferich 法立体选择合成了苯甲醇-β-D-葡萄糖苷（BA-G）和 2-苯乙醇-β-D-葡萄糖苷（2-PE-G）。柯尼希斯-克诺尔反应（Koenigs-Knorr 反应）是糖化学中的一个取代反应，在金属盐的存在下，如碳酸银或氧化汞的冷凝，用糖基卤化物与醇反应生成糖苷，这是一种最古老而简单的糖基化反应。

按照苷元分类，糖苷可分为醇苷（alcoholic glycoside）、蒽醌苷（anthraquinone glycoside）、香豆素糖苷（coumarin glycoside）、色酮糖苷（chromone glycoside）、氰化糖苷（cyanogenic glycoside）、黄酮苷（flavonoid glycoside）、酚苷（phenolic glycoside）、皂苷（saponin）、甾体糖苷或强心苷（steroidal glycosides or cardiac glycoside）、含硫苷（thioglycoside）。按照苷键原子分类，糖苷可分为氧苷、硫苷、碳苷、氮苷等[2]。

醇苷（alcoholic glycoside）[3]是通过苷元上醇羟基与糖的衍生物的半缩醛或半缩酮的羟基脱一分子水缩合而成的化合物，属于氧苷的一种类型，在柳属（*salix*）植物中发现的水杨苷[4]（salicin）就是一种醇苷，此外还有红景天苷[5]（rhodioloside）、毛茛总苷（ranunculin）、京尼平苷（geniposide）、苯乙醇苷（phenylethanoid

1 https://en.jinzhao.wiki/wiki/Glycoside

2 http://www.chem.qmul.ac.uk/iupac/2carb/33.html

3 https://en.jinzhao.wiki/wiki/Glycoside#Alcoholic_glycosides

4 2-(羟甲基)苯己基吡喃糖苷

5 2-(4-羟苯基)-乙基-β-D-吡喃葡萄糖苷

glycoside）、环烯醚萜苷类（iridoids glycosides）化合物等。醇苷具有很强的生物活性，水杨苷在体内转化为水杨酸。由天然产物水杨苷中发明的阿司匹林，具有止痛、解热和消炎效果。红景天苷具有强壮身体和增强适应能力的作用，毛茛苷具有杀虫、抗菌作用，具有抗肿瘤作用的甘草酸等也属于醇苷。从山杨（*Populus davidiana*）中分离得到了新的水杨苷衍生物 $C_{33}H_{38}O_{16}$[2]。

硫苷（thioglycoside）又称芥子油苷，是一种含硫的阴离子亲水性植物次生代谢产物，水解后生成异硫氰酸酯类（芥子油）与葡萄糖。在十字花科植物细胞中存在着大量的硫苷，硫苷在十字花科植物中广泛分布，并与芥子酶共存，酶解时生成具有刺激气味的异硫氰酸酯类，如在黑芥子中发现的芥子苷[1]（sinigrin）和在白芥子中发现的白芥子苷（sinalbin）。硫苷都具有相同的基本结构，其核心结构都是 β-D-葡萄糖连接一个磺酸盐醛肟基团和一个来源于氨基酸的侧链，其中—C═N 上所连接的基团为顺式结构。根据侧链 R 的氨基酸来源不同，可以将硫苷分为脂肪族（侧链来源于甲硫氨酸、丙氨酸、缬氨酸、亮氨酸和异亮氨酸）、芳香族（侧链来源于酪氨酸和苯丙氨酸）及吲哚族（侧链来源于色氨酸）硫苷。硫苷的降解产物异硫氰酸酯是目前公认的抗癌和预防癌症效果最好的天然产物之一。莱菔硫烷（sulforaphane）又称萝卜硫素，为 D,L-1-异硫氰基-4*R*-（甲基亚硫酰基）丁烷，是目前所研究的异硫氰酸酯中的一种抗癌效果最好的天然产物[3]，广泛存在于甘蓝、花椰菜、青花菜等十字花科植物中，是蔬菜中具有防癌、抗癌作用的活性物质，对食道癌、结肠癌、肺癌、乳腺癌等有很好的防治效果。

氰苷（cyanogenic glycoside）[2]是具有 α-羟基腈的苷，苷元为含氰基（—C═N）的氰醇衍生物，如紫色白菜花青苷（glucocapparin）[4]。氰苷在水中溶解度较大、不稳定，易被同存于植物体中的酶水解。在不同条件下氰苷易被稀酸和酶催化水解，生成的苷元 α-羟基腈很不稳定，立即分解为醛（酮）和氢氰酸。糖苷配基含有氰醇基（cyanohydrin）。在大约 11%的栽培植物中发现了氰苷，但总体上只有 5%的植物被人类选择利用[5]。氰苷的代表化合物是苦杏仁中的苦杏仁苷（amygdalin），已经在菊科、豆科、亚麻科和蔷薇科等植物 2500 多个种属中发现。从蔷薇科植物山杏（*Armeniaca sibirica*）、高粱（*Sorghum bicolor*）中分离出了氰苷。大麦（*Hordeum vulgare*）、亚麻（*Linum usitatissimum*）、白车轴草（*Trifolium repens*）和木薯（*Manihot esculenta*）产生亚麻苦苷（linamarin）与百脉根苷（lotaustralin）。

杏仁苷[3]是一种维生素 B_{17}，又称为 laetrile、amygdalin，CAS 号: 29883-15-6，对其合成的新衍生物 laetrile 作为治疗癌症的潜在药物进行了研究，并且其被大力

1 1-(β-D-吡喃葡萄糖基硫基)-丁-3-亚乙烯基氨基氧基磺酸钾

2 https://en.wikipedia.org/wiki/Glycoside#Cyanogenic_glycosides

3 (*R*)-α-[(6-*O*-β-D-吡喃葡萄糖基-β-D-吡喃葡萄糖基)-氧基]苯乙腈

推广为替代药物（alternative medicine）[6]，见文框 3-1。

文框 3-1 《化学文摘》

《化学文摘》简称 CA，是世界最大的化学文摘库，是目前世界上应用最广泛、最为重要的化学、化工及相关学科的检索工具[1]。其创刊于 1907 年，由美国化学学会化学文摘社（Chemical Abstracts Service，CAS）编辑出版，CA 报道的内容几乎涉及了化学家感兴趣的所有领域，其中除包括无机化学、有机化学、分析化学、物理化学、高分子化学外，还包括冶金学、地球化学、药物学、毒物学、环境化学、生物学及物理学等诸多学科领域。CA 的特点为收藏信息量大、收录范围广。期刊收录文献多达 9000 余种，包括来自 47 个国家和 3 个国际性专利组织的专利说明书、评论、技术报告、专题论文、会议录、讨论会文集等，涉及世界 200 多个国家和地区的 60 多种文字的文献。到目前为止，CA 已收文献量占全世界化工化学总文献量的 98%。自 1975 年第 83 卷起，CA 的全部文摘和索引采用计算机编排，报道时差从 11 个月缩短到 3 个月，美国国内的期刊及多数英文书刊在 CA 当月就能报道。网络版 SciFinder 更使用户可以查询到当天的记录。

CAS 登录号也是化学物质的学号，是美国 CAS 为化学物质制订的登记号，该号是检索有多个名称的化学物质信息的重要工具，是某种物质（化合物、高分子材料、生物序列）、混合物或合金的唯一的数字识别号码。

CAS 码不是唯一的，有可能是同一种物质 2 个 CAS 码或是同一个 CAS 码为 2 种物质，但是其准确性也大于物质名称。而且物质名称尤其是一些有机物的名称会很长，很难记忆和书写及数据传输，而 CAS 码就没有这方面的问题了，并且 CAS 码本身也包含纠错机制，就像超市中的条形码。

[1] 美国化学文摘 http://www.cas.org/.

黄酮苷（flavonoid glycoside）的配基是一种类黄酮。糖取代基多以氢氧化形式与黄酮碳骨架相连，形成 *O*-糖苷或是与黄酮 A 环上的 C 原子直接相连形成 C-糖苷，糖基在苷元上取代的位置多是在 C-3、C-5、C-7、C-3′、C-4′、C-5′。黄酮类化合物的重要作用是抗氧化作用并减少毛细血管脆性。常见的糖苷包括：橙皮苷[1]（hesperidin）（糖苷配基：橙皮素，糖分：芸香糖）、柚皮苷[2]（naringin）（糖

1 (*S*)-7-{[6-*O*-(6-脱氧-α-L-吡喃甘露糖基)-β-D-吡喃葡萄糖基]-氧基}-2,3-二氢-5-羟基-2-(3-羟基-4-甲氧基苯基)-4*H*-1-苯并吡喃-4-酮

2 7-{[2-*O*-(6-脱氧-α-L-吡喃甘露糖基)-β-D-吡喃葡萄糖基]-氧基}-5-羟基-2 (*S*)-(4-羟基苯基)-4*H*-1-苯并吡喃-4-酮

苷配基：柚皮素，糖分：葡萄糖）、芦丁[1]（rutin）（糖苷配基：槲皮素，糖分：葡萄糖）、栎素[2]（quercitrin）（糖苷配基：槲皮素，糖分：鼠李糖）等。糖基主要包括葡萄糖、半乳糖、鼠李糖、木糖、阿拉伯糖等，且部分糖基有乙酰化、丙二酰化等现象。

植物中常见的黄酮糖苷类化合物主要有花色苷类和黄酮醇类等。例如，从堇菜科植物紫花地丁（*Viola philippica*）中分离得到 6 个黄酮碳苷类化合物，分别为芹菜素-6,8-二-C-β-D-葡萄糖苷（apigenin-6,8-di-C-β-D-glucopyranoside）、芹菜素-6-C-β-D-葡萄糖-8-C-α-L-阿拉伯糖苷（apigenin-6-C-β-D-glucopyranosyl-8-C-α-L-arabinopyranoside）、芹菜素-6-C-β-D-葡萄糖-8-C-β-L-阿拉伯糖苷（apigenin-6-C-β-D-glucopyranosyl-8-C-β-L-arabinopyranoside）、芹菜素-6-C-β-D-葡萄糖-8-C-β-D-木糖苷（apigenin-6-C-β-D-glucopyranosyl-8-C-β-D-xylopyranoside）、芹菜素-6-C-α-L-阿拉伯糖-8-C-β-D-木糖苷（apigenin-6-C-α-L-arabinopyranosyl-8-C-β-D-xylopyranoside）和芹菜素-6,8-二-C-α-L-阿拉伯糖苷（apigenin-6,8-di-C-α-L-arabinopyranoside）；3 个黄酮氧苷类化合物分别为山柰酚-3-*O*-β-D-槐糖-7-*O*-α-L-鼠李糖苷（kaempferol-3-*O*-β-D-sophorosyl-7-*O*-α-L-rhamnopyranoside）、山柰酚-3,7-*O*-α-L-鼠李糖苷（kaempferol-3,7-di-*O*-α-L-rhamnopyranoside）和山柰酚-3-*O*-β-D-葡萄糖-7-*O*-α-L-鼠李糖苷（kaempferol-3-*O*-β-D-glucopyranosyl-7-*O*-α-L-rhamnopyranoside）[7]。

酚苷（phenolic glycoside）是苷元分子中的酚羟基与糖的端基碳原子缩合而成的苷，糖苷配基是简单的酚类结构。苯酚苷、萘酚苷、蒽醌苷、香豆素苷、黄酮苷、木脂素苷等均属于酚苷。例如，毛白杨（*Populus tomentosa*）叶中主要含有酚苷类化学成分，具有抗病毒、抗菌、抗炎、镇痛、利尿、细胞毒性及对心血管系统保护作用等多种活性。在越桔（*Vaccinium vitis-idaea*）中分离到的熊果苷[3]（arbutin）能够通过抑制体内酪氨酸酶的活性，阻止黑色素的生成，减少皮肤色素沉积，祛除色斑和雀斑，具有杀菌、消炎的作用[8]。

皂苷（saponin）[4]因其水溶液经振摇后易起持久的肥皂样泡沫而得名，能导致血液中红细胞溶血[5]。根据苷元结构的不同，皂苷可分为两类：三萜皂苷（triterpenoid saponin）和甾式皂苷（steroid saponin）。三萜皂苷又称酸性皂苷，具 30 个碳原子，大多数在苷元上带有羧基。甾式皂苷又称中性皂苷，具 27 个碳原子，不具羧基，在碱性溶液中形成较稳定的泡沫，能被碱式乙酸铅试剂沉淀。甘草皂苷可以祛痰，

1 3-[[6-*O*-(6-脱氧-α-L-吡喃甘露糖基)-β-D-吡喃葡萄糖基]-氧基]-2-(3,4-二羟基苯基)-5,74*H*-1-苯并吡喃-4-酮

2 3,3′,4′,5,7-五羟基黄酮二水合物

3 4-羟苯基-β-D-吡喃葡萄糖苷

4 https://en.jinzhao.wiki/wiki/Saponin

5 Saponins. Cornell University. 14 August 2008. Retrieved 23 February 2009

具皮质激素样作用和抗炎作用。从人参（*Panax Ginseng*）和西洋参（*Panax quinquefolius*）中分离得到的人参皂苷（ginsenoside）是三萜皂苷[9]。人参皂苷对神经系统、小肠传送功能、内分泌系统、免疫系统、信号转导、抗衰老、溶血、烧伤创面愈合、抗肿瘤增效、人的精子活力、药物代谢酶、降血糖方面都有重要的影响[10]。

香豆素苷（coumarin glycoside）的糖苷配基是香豆素（coumarin）[1]或其衍生物。其在伞形科、豆科、芸香科、菊科等植物中分布广泛，原多数用为香料，后发现其具有扩张冠状动脉、抑制肿瘤与防御紫外线烧伤等作用。从枳实的乙醇提取物中分离得到一个香豆素苷为5,7-二羟基香豆素 5-*O*-β-D-吡喃葡萄糖苷[11]。前胡（*Peucedanum praeruptorum*）中紫花前胡苷（nodakenin）也属于香豆素苷[12]。

甾体糖苷（steroidal glycosides）或强心苷（cardiac glycoside）[2]的糖苷配基部分是甾体核（steroidal nucleus）。甾体类物质在植物中主要以甾体糖苷和酰基化甾体糖苷的形式存在。在洋地黄属（*Digitalis*）、绵枣儿属（*Scilla*）和羊角拗属（*Strophanthus*）植物中也发现了这些糖苷的存在，其用于治疗心脏病，如充血性心力衰竭和心律失常。薯蓣皂苷、边缘茄碱和查茄碱具有抗肿瘤增殖活性[13]，糖链的单糖组成和结构对抗肿瘤活性有显著影响，糖链上的羟基在甾体糖苷的抗肿瘤活性中发挥关键作用。

甜菊糖（steviol glycosides）是一类由甜菊醇（steviol）四环二萜化合物连接不同数目的糖苷（glycoside）组成的糖苷混合物。这些糖苷具有作为糖苷配基部分的甜菊醇（steviol）。葡萄糖或鼠李糖-葡萄糖结合物结合到糖苷配基的末端以形成不同的化合物。甜菊糖苷（stevioside）和甜菊双糖苷 A（rebaudioside A）在许多国家被用作天然甜味剂，在甜叶菊属植物甜叶菊中发现的这些甜菊糖甜度为蔗糖甜度的 40～300 倍。甜菊糖苷具有降血糖作用[14]。

环烯醚萜苷（iridoid glycoside）含有环烯醚基（iridoid）[3]，例如，桃叶珊瑚苷（aucubin）、京尼平苷酸（geniposidic acid）、马钱苷（loganin）、梓醇（catalpol）和黄夹苦苷（theviridoside）等。6′-*O*-乙酰哈巴苷是玄参中分离得到的一个新的环烯醚萜糖苷化合物[15]。

苷类的理化性质多为固体、无色、无臭、具苦味，糖基少的可形成结晶。多数可溶于水、乙醇，有些苷可溶于乙酸乙酯与氯仿，难溶于乙醚、石油醚、苯等极性小的有机溶剂。糖苷具有旋光性。通过糖苷键的裂解，先使用某种方法将苷键切断，可以了解苷元结构、糖的组成、糖和糖的连接方式，以及苷元和糖的连

1 https://en.jinzhao.wiki/wiki/Coumarin

2 https://en.jinzhao.wiki/wiki/Cardiac_glycoside

3 https://en.jinzhao.wiki/wiki/Iridoid

接方式等。裂解方式包括：酸催化水解（acidolysis）、乙酰解反应（acetolysis）、碱催化水解和 β 消除反应（beta elimination）、酶催化水解反应、过碘酸裂解反应（Smith 降解法）、糖醛酸苷的选择性水解反应。

糖苷水解酶（glycoside hydrolase）[1]是一种水解糖苷键的酶。糖苷水解酶通常可以作用于 α-糖苷键或 β-糖苷键。由天然来源的葡糖苷酶将 D-葡萄糖转化为乙基-β-D-吡喃葡萄糖苷。糖苷水解酶 cfi-08 和 cfi-10 可水解人参皂苷 Rb1，产生唯一产物人参皂苷（Rd）[16]。现已经开发了不同的生物催化方法来合成糖苷，其中糖基转移酶（glycosyltransferase，GTF，EC 2.4）[2]和糖苷水解酶是较常见的催化剂。糖基转移酶是能够催化糖基从激活的供体转移到特定的受体分子上的一类酶，属于超基因家族[17]。苦柚中与苦味形成相关的鼠李糖糖基转移酶基因就是通过分离纯化方法获得具有特定糖基转移酶活性的蛋白质，然后根据蛋白质序列克隆相应的基因序列的这种方法克隆到的[18]。De Winter 等研究了使用纤维二糖磷酸化酶（cellobiose phosphorylase，CP）在离子液体中合成 α-糖苷，结果发现使用 CP 的最佳条件是存在于乙酸乙酯中[19]。

糖链结构的测定用于分析单糖的组成、糖之间的连接位置和顺序及苷键构型等，包括纯度测定、分子量测定、单糖的鉴定，多采用层析技术和色谱技术。可以采用纸层析、薄层层析、离子交换层析、液相色谱等对单糖类进行鉴定。电泳法是分离、鉴定糖的纯度的常用方法。用于糖及其复合物的分析方法主要有柱电泳、薄层电泳及毛细管电泳三类[20]。糖链易被催化水解，使苷键发生断裂。通过稀酸水解、甲醇解、乙酰解、碱水解、缓和水解法等可以将糖链水解成较小的片段，然后分析这些低聚糖的连接顺序。苷键构型的确定可以利用分子旋光差法（Klyne 法）、酶催化水解法等。^{1}H-NMR（nuclear magnetic resonance）法判断糖苷键的相对构型、^{13}C-NMR 法判断糖苷键的相对构型[21]。

3.1.2 硫代葡萄糖苷和异硫氰酸酯

硫代葡萄糖苷（glucosinolate，GL）[3]在一种被称为 β-葡萄糖苷酶（黑芥子酶）的糖蛋白酶的催化下水解产生异硫氰酸酯（isothiocyanate，ITC）。GL 是芥菜（*Brassica juncea*）和辣根（*Armoracia rusticana*）等很多辛辣植物的天然成分，是十字花科蔬菜中的一种重要的次生代谢产物。GL 在 β-葡萄糖苷酶的糖蛋白酶的催化下水解，转化为异硫氰酸酯，腈（nitrile）或硫氰酸酯（thiocyanate）、ITC 是具活性的 GL 水解产物[22]。提高硫苷酸酶的活性能够促进 ITC 的产生[23]。硫代

1 https://en.jinzhao.wiki/wiki/Glycoside_hydrolase

2 https://en.jinzhao.wiki/wiki/Glycosyltransferase

3 https://en.jinzhao.wiki/wiki/Glucosinolate

葡萄糖苷常与内源芥子酶（myrosinase，EC 3.2.1.147）同时存在于植物体内的不同部位[24]，当其被食用或机械破碎时，硫苷在内源芥子酶的作用下容易水解产生异硫氰酸酯、硫氰酸酯和腈类等不同化合物，这些降解产物具有较强的抗菌作用及通过诱导泛醌还原酶的活性成为致癌物质的阻断剂。同时，GL 是天然的抗氧化剂、天然保健产品的理想原料，能够防止表皮皱纹生成，补充营养，清除自由基，抗衰老。美国 B&D Nutritional Ingredients 公司已将含 10% GL 的青花椰菜多酚素食胶囊成功开发成预防癌症和肺病、抗衰老的功能保健品推向市场[25]。

GL 水解产生的 ITC 具有一定的刺激性气味，易挥发，易溶于乙醇、丙酮等有机溶剂中。ITC 在有机溶剂中相对稳定；在水中，随着 pH 升高，稳定性降低[26,27]。GL 由一个含糖基团、硫酸盐基团和可变的非糖侧链（R）组成，基于 R 侧链基团的不同，硫代葡萄糖苷可以分为 3 类：脂肪族硫代葡萄糖苷、芳香族硫代葡萄糖苷和吲哚族硫代葡萄糖苷[28]。ITC 含量的测定归纳起来可分为 6 大类：氧化还原法、重量法、紫外分光光度法、比色法、气相色谱法（GC）和液相色谱法，其中常用的分析方法是氧化还原法[23]。大多数 ITC 化合物具有一定的挥发性，用 GC 分离能对多组分的 ITC 进行分离和鉴定[29]。硫苷极性极强，且不同硫苷单体在结构上只有 R 侧链基团的微小差别，因此 GL 分离提纯的难度较高，能够提供更多的标准物质用于后续分析评价、开发和利用是产业化的关键所在[30]。白花菜苷（glucocapparin）是从老鼠瓜（*Capparis spinosa*）中提取分离出来的硫苷，对大鼠类风湿性关节炎有良好的治疗作用[31]。ITC 能够有效地防止饮食中多种致癌物包括多环芳烃、杂环胺和亚硝胺所引起的 DNA 损伤与癌症，ITC 还具有杀菌、抑制血小板聚集等作用[32-34]。

GL 和 ITC 具有抗肿瘤与抗氧化活性的异硫氰酸酯主要衍生物[1]，包括烯丙基异硫氰酸酯（allyl isothiocyanate，AITC）、苯基异硫氰酸酯（phenyl isothiocyanate，PITC）、苯甲基异硫氰酸酯（benzyl isothiocyanate，BITC）、苯乙基异硫氰酸酯（phenethyl isothiocyanate，PEITC）、萝卜硫素（sulforaphane，SFN）等[35]。异硫氰酸酯在抑制癌细胞生长的过程中，不产生对正常细胞有害的物质，对淋巴系统也没有危害[36]。

ITC 具有预防和治疗多种恶性肿瘤的功效。其中 AITC、BITC、PEITC 和 SFN 已被证明是具活力的天然抗癌产物。ITC 在多种细胞中都可以激活促分裂原活化的蛋白激酶（mitogen-activated protein kinase，MAP 激酶，MAPK）信号通路诱导细胞凋亡，包括人 T 细胞（Jurkat cell）、白血病细胞（human promyelocytic leukemia cell，HL-60）、胚胎肾细胞（human embryonic kidney cell 293）、宫颈癌细胞（HeLa

---

1 https://en.jinzhao.wiki/wiki/Allyl_isothiocyanate

cell）和纤维肉瘤细胞（HT1080）。ITC 可以调节代谢酶和细胞毒性[35]。PEITC 和 SFN 是通过抑制表皮生长因子受体（EGFR）与 HER2 阻断 AKT 信号通路，抑制肿瘤细胞的生长和增殖[37]，ITC 诱导细胞凋亡[38]。带有烯基官能团的 GL 具有明显的抗氧化作用。GLITC 的抗氧化能力高于 GL，GLITC 对脂质过氧化物的清除能力远强于 GL[39]。ITC 能激活 NRF2/ARE 信号通路，增强组织细胞的抗氧化能力，对多种呼吸系统和肺部疾病有预防作用[40]。通过激活 NRF2/ARE 信号通路，ITC 可以修复巨噬细胞的吞噬能力，清除肺部异物，显著降低多种肺部疾病的发病率和死亡率[41]。从恰玛古（即蔓菁 *Brassica rapa*）中提取的硫代葡萄糖苷对小鼠移植性肉瘤 S180、结肠癌细胞 CT-26 均显示出剂量依赖性的抗肿瘤作用[42]。

3.1.3 氰苷

氰苷（cyanogenic glycoside）是中药内源性毒性成分之一。氰苷是由氰醇衍生物的羟基和糖缩合形成的糖苷，是氰苷类中药的药效成分，其通过 β-己糖苷酶的作用生成葡萄糖和对应的羟基腈，羟基腈再自发或经 α-羟基腈裂解酶生成氢氰酸（HCN）而发挥药效，小剂量氢氰酸可以镇咳平喘，然而大量 HCN 则会导致呼吸麻痹甚至死亡，如人体口服氰化物的致死剂量为 0.5～3.5mg/kg[43-45]。《中国药典》2015 版中规定，苦杏仁中苦杏仁苷含量不得少于 3.0%，药典中收载的含有苦杏仁苷的中成药有 66 种，其中葶贝胶囊中具体规定了每粒胶囊（0.35g）中的苦杏仁苷含量不得少于 0.55mg[46]。

紫杉氰糖苷（taxiphyllin）是从苦竹笋（*Pleioblastus amarus*）中分离得到的氰苷化合物，在体外能显著抑制酪氨酸酶活性，是一种强有效的酪氨酸酶抑制剂[47]，见文框 3-2。

文框 3-2 酪氨酸酶抑制剂

酪氨酸酶（tyrosinase）是一类络合铜离子的金属酶类氧化酶，是可以控制黑色素生成的限速酶[1]。黑色素合成首先是单酚的羟基化，其次是邻二酚转化为相应的邻醌，邻醌（o-quinone）经历几次反应，最终形成黑色素。黑色素异常生成造成的色素沉着导致动物衰老及果蔬褐变，生物体合成黑色素的酪氨酸酶的异常可能会导致黑色素瘤。酪氨酸酶催化合成的黑色素可以保护昆虫免受紫外线过度辐射，也与昆虫蜕皮过程中的鞣化及伤口愈合有关。人类酪氨酸酶是一种跨膜蛋白。在人体中，酪氨酸酶被归类为黑素体，蛋白质的催化活性结构域位于黑素体内[2-4]。

酪氨酸酶抑制剂（tyrosinase inhibitors）应用在美容保健、色素型皮肤病的治疗中，能达到美白及治疗色素紊乱症的作用。其在病虫害防治及食品保鲜等方面，能够抑制果蔬褐变，延长货架期，常见的酪氨酸酶抑制剂如半胱氨酸、抗坏血酸、柠檬酸等已应用于食品的保鲜中[5]。

酪氨酸酶抑制剂的抑制机理表现为可逆抑制，即抑制剂与酶的结合是一个可逆的动态平衡过程，抑制剂浓度增大会导致酶活力下降[6]。异甘草素-葡萄糖芹菜苷、异甘草苷和甘草查耳酮对酪氨酸酶单酚酶活性具有竞争性抑制作用[7]。以酪氨酸酶抑制剂作为化妆品美白添加剂的作用靶点主要是通过抑制酪氨酸酶的活性和调节酪氨酸酶的转录[8]。对青蒿素提取物进行纳米金属离子处理后，发现其不仅能够有效抑制酪氨酸酶活性，而且表现出良好的抑菌活性[9]。

[1] 傅博强，李欢，王小如，等. 甘草黄酮类化合物对酪氨酸酶单酚酶的抑制 [J]. 天然产物研究与开发, 2005, 17(4): 391-395.

[2] 胡泳华，贾玉龙，陈清西. 酪氨酸酶抑制剂的应用研究进展 [J]. 厦门大学学报(自然科学版), 2016, 55(5): 760-768.

[3] 李航，赵国华，阚建全，等. 天然产物对酪氨酸酶的抑制及抑制机理的研究进展 [J]. 日用化学工业, 2003, 33(6): 383-386.

[4] Theos A C, Hurbain I, Peden A A, et al. Functions of adaptor protein (AP)-3 and AP-1 in tyrosinase sorting from endosomes to melanosomes [J]. Molecular Biology of the Cell, 2005, 16(11): 5356-5372.

[5] 孙蓓，李潇，卢永波. 影响皮肤黑素沉着的美白制剂及其作用机制研究进展 [J]. 中国美容医学, 2015, 24(22): 82-85.

[6] Kwon B S, Haq A K, Pomerantz S H, et al. Isolation and sequence of a cDNA clone for human tyrosinase that maps at the mouse c-albino locus [J]. Proceedings of the National Academy of Sciences of the United States of America, 1987, 84(21): 7473-7477.

[7] Basavegowda N, Idhayadhulla A, Lee Y R. Preparation of Au and Ag nanoparticles using *Artemisia annua* and their *in vitro* antibacterial and tyrosinase inhibitory activities [J]. Mater Sci Eng C Mater Biol Appl, 2014, 43: 58-64.

[8] Kumar C M, Sathisha U V, Dharmesh S, et al. Interaction of sesamol (3, 4-methylenedioxyphenol) with tyrosinase and its effect on melanin synthesis [J]. Biochimie, 2011, 93(3): 562-569.

[9] 叶丽，刘亚青，巨修练. 酪氨酸酶抑制剂的研究进展 [J]. 化学与生物工程, 2013, 30(8): 14-20.

3.2 萜类化合物

3.2.1 概述

萜类化合物（terpenoid）[1]是五碳前体异戊烯焦磷酸（IPP）的衍生物。萜类化合物是异戊二烯五碳单位通过头尾相连的方式构成的[2]，见文框 3-3。

1 https://en.jinzhao.wiki/wiki/Terpenoid

2 Firn R. Nature’s Chemicals [M]. Oxford: Biology, 2010

文框 3-3 茶叶香气中的萜类成分

茶（*Camellia sinensis*）的香气物质包括萜烯类及其衍生物、脂肪族类及其衍生物、芳香族衍生物，含氮、氧等杂环类及其他化合物。萜类茶香物质是以香叶醇、芳樟醇为代表的花香物质，在一定程度上决定了茶叶的香气品质，通过气相色谱分离鉴定出近百种之多[1]。其含量呈现出季节动态变化：在春季茶鲜叶挥发油中，萜类物质含量占总挥发油含量的51.26%，在夏季只占17.2%。茶叶香气中的萜类成分主要包括以下几种[2-5]。

链状单萜：芳樟醇、香叶醇、橙花醇、丙酸橙花酯、甲基丙酸橙花酯、丁酸橙花酯、顺,反β-罗勒烯、香叶醛、橙花醛、甲酸香叶酯、乙酸橙花酯、香叶丙酮。

环状单萜：α-萜品烯、宁烯、α-萜品醇、α-蒎烯、β-蒎烯、γ-萜品烯、二氢香芹烯醇、香芹烯醇、葑醇、香芹酚、γ-萜品醇、薄荷醇、黄樟脑、芳樟醇氧化物、β-桉叶醇、β-环柠檬醛、乙酸萜品酯。

链状倍半萜：α-法尼烯、α-法尼醇、橙花叔醇、α-紫罗兰酮、β-紫罗兰酮、3,4-二氢-α-紫罗兰酮、3-氧代-β-紫罗兰酮、5,6-环氧紫罗兰酮、2,3-环氧-α-紫罗兰酮、1-羟基-4-氧代-α-紫罗兰酮、1,2-苏式-1,2-二羟基-β-紫罗兰酮。

单环倍半萜：β-倍半水芹烯、α-葎草烯、特檀香烯、顺-茶螺烯酮、茶螺烃、6,7-环氧-二氢茶螺烃、6-羟基-二氢茶螺烃。

双环倍半萜：α-杜松烯、γ-摩璐烯、α-摩璐烯、α-杜松醇、β-石竹烯、杜松醇、去氢白菖蒲烯、α-荜澄茄醇、表-荜澄茄醇、榧叶醇、二氢海葵内酯、4-二氢海葵内酯、4-乙烯基愈创木酚、4-乙基愈创木酚、异丁子香酚、百里香酚。

三环倍半萜：α-古巴烯、α-荜澄茄烯、α-柏木醇、α-雪松烯、雪松醇、β-达玛烯酮、α-达玛酮、β-达玛酮。

[1] 张婉婷，张灵枝，王登良. 加工工艺对乌龙茶香气成分影响的研究进展 [J]. 中国茶叶，2010, (4): 10-13.
[2] 张正竹，施兆鹏，宛晓春. 萜类物质与茶叶香气(综述) [J]. 安徽农业大学学报，2000, 27(1): 51-54.
[3] 林正奎，华映芳，谷豫红，等. 茶鲜叶挥发油化学成分的研究 [J]. 植物学报，1982, 24(2): 23-28.
[4] 曾晓雄. 茶叶香气中萜类物质的生物合成及其茶树无性系分类 [J]. 福建茶叶，1988, (2): 21-24.
[5] 李名君. 茶叶香气研究进展 [J]. 国外农学-茶叶，1984, (4): 1-15.

半萜（hemiterpene）为含有一分子异戊二烯单位的最小萜类，是从光合作用活跃的组织中释放出的一种挥发性物质。

单萜（monoterpene）为含有两分子异戊二烯单位的萜烯及其衍生物。其最早是从松节油中分离得到的，大多集中在花或挥发性精油中，应用在调味品和香料中。青蒿素属于单环倍半萜，是青蒿中抗疟的有效成分。

环烯醚萜（iridoid）是一类特殊的单萜，也称伊蚁内酯，最早是从伊蚁的分泌物中分离得到的。环烯醚萜主要分为环烯醚萜及其苷和裂环环烯醚萜及其苷两大类。梓醇和梓苷属于4-位无取代的环烯醚萜及其苷类，是地黄中降血糖的有效成分。

倍半萜（sesquiterpene）为由 3 分子异戊二烯单位聚合而成、分子中含有 15 个 C 原子的天然萜类化合物。倍半萜存在于精油中，多作为植物抗毒素，具有抵御微生物的抗生素作用。

二萜（diterpene）为由 4 分子异戊二烯单位聚合而成、分子中含有 20 个 C 原子的天然萜类化合物。其包括叶绿醇、赤霉素、树脂酸及一些植物抗毒素。红豆杉植物中发现的紫杉醇就属于二萜化合物。

三萜（triterpene）为含有 30 个 C 原子，由两条 15 个 C 原子组成的碳链相连，每条碳链含有 3 分子异戊二烯单位的天然萜类化合物。其分为五环萜和四环三萜两类，鲨鱼油、甘草、五味子的有效成分中都有三萜类物质。

四萜（tetraterpene）为含有 40 个 C 原子，由 8 分子异戊二烯单位聚合而成的天然萜类化合物。四萜含有较多的共轭双键，通常具有颜色。胡萝卜素是一种四萜化合物，β-胡萝卜素为黄色。

多萜（polyterpene）含有的异戊二烯单位多于8个。橡胶、杜仲胶就属于多萜类化合物。

3.2.2 二萜类化合物

植物通过 3-羟基-3-甲基戊二酸单酰辅酶 A 还原酶（HMG-CoA 还原酶）途径合成二萜类化合物，牻牛儿基焦磷酸是主要的中间体。二萜类化合物具有抗肿瘤活性、抗菌、抗病毒、抗炎、免疫抑制、降低血压及防止血栓形成的作用。二萜类化合物抗肿瘤活性作用与诱导肿瘤细胞凋亡、抑制细胞增殖、直接细胞毒作用及破坏肿瘤组织血管的形成作用相关[48]。

大八角（*Illicium majus*）根中的二萜类化合物抗 B3 型柯萨奇病毒的活性及毒性与其分子中的含氧取代密切相关[49]。大戟科植物续随子（*Euphorbia lathyris*）中分离纯化的 3 种千金二萜烷化合物千金子素（euphorbia factor）L1、千金子素 L2 和千金子素 L3，对子宫颈癌、子宫内膜癌、卵巢透明细胞癌和卵巢囊腺癌等 5 种人妇科肿瘤细胞增殖显示出抑制活性，千金二萜烷化合物抑制肿瘤细胞增殖的活性可能与母核上的环外双键及邻位取代基有关[50]。温郁金（*Curcuma wenyujin*）具有降脂、护肝、抗肿瘤、抗辐射等广泛的药理活性，其二萜类化合物 C 能抑制人结肠腺癌 SW620 细胞的生长并诱导其凋亡，其作用机制可能与抑制 MAPK

（MAP 激酶）信号转导通路、活化胱天蛋白酶（caspase）-3 有关[51]。半边旗（*Pteris semipinnata*）中二萜类化合物 5F（11-羟基-15-氧-16-烯-贝壳杉烷-19 酸）诱导人胰腺癌细胞株 AsPC-1 凋亡，其诱导凋亡与上调凋亡调节物（P53 upregulated modulator of apoptosis，PUMA）有关[52]。香茶菜（*Rabdosia amethystoides*）中冬凌草甲素（oridonin）在多种肿瘤细胞株上通过引起细胞毒作用和细胞凋亡发挥其潜在抗肿瘤活性，可能与抗凋亡蛋白 Bcl-xL、Mc-1 的下调有关。冬凌草甲素、冬凌草乙素（ponicidin）和 KA（kamebakaurin）等在不同细胞模型上均能发挥抑制核因子 κB（NF-κB）活化的功能。以苞叶香茶菜庚素（melissoidesin G，MOG）为先导化合物研究其诱导人白血病细胞株 HL-60 凋亡的相关分子机制发现，MOG 能够通过破坏细胞内正常的氧化还原平衡，引起氧化应激，进一步导致线粒体功能失调而参与细胞凋亡进程，最终激活胱天蛋白酶-3 和胱天蛋白酶-7 引起胱天蛋白酶依赖性细胞凋亡[53]。毛叶香茶菜（*Rabdosia japonica*）富含具有细胞毒活性的对映贝壳杉烷类二萜，对人早幼粒白血病细胞（HL-60）、人卵巢癌细胞（HO8910）[1]和人肺癌细胞（A549 cell）[2]的生长表现出强的抑制作用[54]。南方红豆杉（*Taxus chinensis*）愈伤组织诱导、培养与外植体种类、培养基种类、光照有较大关联，10-脱乙酰基巴卡丁Ⅲ（10-DAB）、巴卡亭Ⅲ、三尖杉宁碱、紫杉醇和东北红豆杉素 5 种紫杉烷二萜类成分的富集受植物生长调节剂种类及浓度的影响显著[55]。

3.2.3　三萜类化合物

三萜类是一类化学化合物，由 6 个异戊二烯单元组成的萜烯单元组成。从库页悬钩子（*Rubus sachalinensis*）的干燥茎枝的乙酸乙酯提取物中分离得到 2α,3β,19α-三羟基-24-酮-齐墩果-12-烯-28-酸-β-D-吡喃葡萄糖苷等 12 个三萜类化合物[56]。多孔菌科真菌茯苓（*Poria cocos*）含有羊毛甾烷型四环三萜类化合物，具有抗肿瘤的生物活性[57]。库页悬钩子（*Rubus sachalinensis*）乙酸乙酯提取物中分离得到 12 个三萜类化合物，其中坡模酸具有较好的细胞毒性[56]。灵芝三萜能明显抑制前列腺癌细胞的生长，其主要通过调控细胞周期和减少凋亡蛋白，从而抑制肿瘤细胞增殖及促进细胞凋亡[58]。从北五味子（*Schisandra chinensis*）中用高速逆流色谱和制备型液相色谱两种技术分离出北五味子总三萜。北五味子总三萜对由酒精摄入引发的急性和慢性肝损伤都具有明显的干预作用[59]。桔梗（*Platycodon grandiflorus*）经水煮醇沉、反相和亲水两种模式的固相萃取后得到有效成分三萜皂苷类组分脱皮桔梗苷（deapi-platycoside）E 和桔梗苷（platycoside）E[60]。从忍冬属（*Lonicera* L.）植物中分离得到的三萜皂苷主要为齐墩果烷型、羽

1 https://www.bncc.org.cn/pro/p1/1/p_353826.html
2 https://en.jinzhao.wiki/wiki/A549_cell

扇豆烷型和乌苏烷型三萜皂苷，苷元分别为常春藤三萜皂苷元、齐墩果酸、白桦脂酸和坡模酸等。糖链接在皂苷元的 C-3 位或 C-28 位，构成糖链的单糖有 α-L-呋喃阿拉伯糖、α-L-吡喃鼠李糖、β-D-吡喃葡糖糖和 β-D-吡喃木糖。从翻白草（*Potentilla discolor*）中分离并鉴定出了 3-*O*-β-D-葡萄糖-(1→2)-β-D-木糖-19α-羟基-乌苏-12-烯-28-酸等 6 个三萜类单体化合物[61]。从大风子科植物爪哇脚骨脆（*Casearia velutina*）的树干中分离得到木栓酮-2,3-内酯等 11 个已知三萜类化合物[62]。利用柱层析和高效液相色谱等分离技术从珍珠花（*Lyonia ovalifolia*）的叶中分离得到了3β-*O*-α-L-阿拉伯吡喃糖氧基-齐墩果-12-烯-23,25-二醇等 3 个三萜皂苷类化合物，其具有体外抗肿瘤活性[63]。《中国药典》2010 年版在山银花含量测定项中新增了皂苷类成分的测定。忍冬属植物三萜皂苷的生物活性包括对肝脏的保护作用、抗炎与抗菌作用、免疫调节和抗过敏作用、抗肿瘤、治疗老年痴呆及杀虫、灭螺作用等[64]。

3.2.4 白头翁属植物三萜皂苷

白头翁属（*Pulsatilla*）植物约有 43 种，为多年生草本，主要分布于欧洲和亚洲。我国白头翁属植物约有 11 种，分布于云南东北部、四川西部、青海、内蒙古、辽宁、吉林、黑龙江等省区。本属植物多含白头翁素等化合物，其可供药用、治痢疾等[1]。白头翁属植物毒性高，可作土农药，人服用会产生心脏源性毒素和氧化毒素，减慢人体的心率，过量使用会导致腹泻、呕吐和抽搐、低血压与昏迷[65]。白头翁提取物用于治疗生殖问题，如经前期综合征和附睾炎，作为镇静剂治疗咳嗽[66]。

白头翁属植物含有的主要化学成分为齐墩果酸型及羽扇豆烷型三萜皂苷，其生物活性主要有抗炎、抗菌、抗肿瘤、增强认知能力及神经细胞保护等作用[67]。从白头翁（*Pulsatilla chinensis*）的 70%乙醇提取物中提取到中齐墩果酸[2]（oleanolic acid）、白头翁皂苷 A3（anemoside A3）、白头翁皂苷 B4（anemoside B4）、23-羟基白桦酸（23-hydroxybetulinic acid）、刺人参皂苷 S（cirenshenoside S）、白头翁皂苷 B（anemoside B）、白头翁皂苷 C[3]（anemoside C）等三萜化合物[68]。该属植物三萜皂苷的结构解析常用质谱、核磁共振、红外光谱及酸碱水解等方法相结合[67]。白头翁醇提物对荷瘤鼠 H22 肝癌移植瘤具有抗肿瘤作用，其作用机理可能与抗肿瘤血管生成作用有关[69]。白头翁药材含量较高的成分白头翁皂苷 B4 对人肝癌细胞 HepG2 具有显著的抑制作用。白头翁皂苷 B4 调控肝癌细胞周期，阻滞 G_2/M 期更替，诱导细胞凋亡，是肝癌治疗的潜在候选分子[70]。

1 http://www.iplant.cn/frps2019/ frps?id=白头翁属[2019-12-18]

2 (3-β)-3-羟基油酸-12-烯-28-油酸

3 CAS:162341-28-8

3.2.5 甘草属植物三萜类化合物

甘草属（*Glycyrrhiza* Linn.）植物为多年生草本，全属约有 20 种，我国有 8 种，主要分布于黄河流域以北各省区。甘草属植物部分种类的根和根茎含甘草酸（glycyrrhizic acid）、甘草次酸（glycyrrhetic acid）、甘草黄苷（liquiritin）等多种成分，有解毒、消炎、祛痰镇咳之效，可治疗胃及十二指肠溃疡、肝炎、咽喉红肿、咳嗽、痈节肿毒等症[1]。

甘草酸是甘草（*Glycyrrhiza uralensis*）根的主要甜味成分[2]。甘草酸的钾、钙盐易溶于水，用作食品和化妆品中的乳化剂与凝胶形成剂。甘草酸化合物在日本作该化合物的前药，在日本用于预防慢性丙型肝炎（liver carcinogenesis）患者的肝癌发生[71]。研究发现甘草酸的早期治疗可能预防急性发作型自身免疫性肝炎患者的疾病进展[72]。甘草酸可能主要通过修饰蛋白质、修饰染色质等作用，调控 MAPK 信号通路、Toll 样受体信号通路等多途径发挥其药理作用[73]。甘草酸代谢过程为：首先口服摄入后，由肠道细菌水解成 18β-甘草次酸，从肠中被完全吸收后，β-甘草酸被代谢为 3β-单糖苷酰-18β-甘草次酸，其口服生物利用度差，主要部分由胆汁消除[74]。

甘草酸、甘草次酸及其衍生物等甘草属三萜类化合物能够抑制 11β-羟基类固醇脱氢酶活性，还可能有助于促进其抗炎和盐皮质激素活性[75]。它在体外具有广谱的抗病毒活性[76]。该类化合物具有抗人类免疫缺陷病毒（human immunodeficiency virus，HIV）、严重急性呼吸综合征（severe acute respiratory syndrome，SARS）、单纯疱疹病毒（herpes simplex virus 1 and 2，HSV-1 和 HSV-2）、流感病毒（influenza virus）（包括 H5N1）、水痘-带状疱疹病毒（varicella-zoster virus，VZV）、甲型肝炎病毒（hepatitis A virus）、乙型肝炎病毒（hepatitis B virus，HBV）、丙型肝炎病毒（hepatitis C virus，HCV）、戊型肝炎病毒（hepatitis E virus，HEV）、EB 病毒（Epstein-Barr virus，EBV）、人巨细胞病毒（human cytomegalovirus）、黄病毒（flavivirus）、日本脑炎病毒（Japanese encephalitis virus，JEV）等作用[77-81]。

甘草酸属于五环三萜齐墩果烷型化合物，由 1 个 18β-甘草次酸分子和 2 个葡萄糖醛酸分子组成，有 α 和 β 两种异构体。甘草次酸是由甘草酸水解脱去糖酸链而形成的，主要用于调味、治疗消化性溃疡，并具有镇咳祛痰药的特性，具有抗病毒、抗真菌、抗原虫、抗菌活性[82]、抗炎活性[83]、抗肿瘤活性[84]、抗支气管哮喘[85]的作用。甘草次酸抑制前列腺素 PGE-2 和 PGF-2α 的酶活性及 15-酮-13,14-二氢代谢物的增加。前列腺素抑制胃液分泌，但刺激胰腺分泌，显著增加肠的能

1 http://www.iplant.cn/frps2019/frps?id=甘草属[2019-12-18]

2 https://en.jinzhao.wiki/wiki/Glycyrrhizin

动性，引起胃中的细胞增殖，可治疗消化性溃疡。甘草次酸的结构与可的松相似，是甘草抗炎作用的基础[86]。在甘草次酸的化学结构中，官能团是羟基。通过加入适当的官能团，可以获得非常有效的甘草次酸人造甜味剂[87]。

甘珀酸（carbenoxolone，CBX）[1]是具有类固醇样结构的甘草次酸衍生物，促进胃黏膜上皮细胞修复，具有较强的抗炎活性，治疗消化性食管炎、口腔溃疡、其他炎症等，对小鼠急性肝损伤具有保护作用[88]。CBX 通过阻断 11β-羟基类固醇脱氢酶（11β-HSD）活性可逆地抑制皮质醇转化为无活性的代谢物可的松。11β-HSD 还可逆地催化 7-酮胆固醇转化为 7-β-羟基胆固醇[89]。

3.2.6 环烯醚萜类化合物

环烯醚萜类化合物是一种广泛形式的环戊烷吡喃的单萜类[2]。其生物合成衍生自 8-氧代果酸。环烯醚萜类化合物通常以糖苷的形式存在于植物内，常与葡萄糖结合成苷。其多存在于木犀科、唇形科、茜草科、玄参科等双子叶植物中，具有抗炎、抗肿瘤、治疗糖尿病、保肝、神经系统保护作用及对心血管系统的保护作用等多种生物活性，可作为 DNA 合成酶抑制剂[90]，见表 3-1。

表 3-1 环烯醚萜类化合物及其活性

序号	环烯醚萜类化合物	活性	植物来源	参考文献
1	胡黄莲苷（picroside）Ⅰ、Ⅱ	具有神经保护作用，显著增强神经生长因子（NGF）诱导的 PC12D 细胞中轴突的生长	胡黄莲属植物胡黄莲（*Picrorhiza scrophulariiflora*）	[91]
2	8-O-E-p-甲氧基桂皮烯醛基哈帕苷、8-O-Z-p-甲氧基桂皮烯醛基哈帕苷、6′-O-E-p-甲氧基桂皮烯醛基哈帕苷、6′-O-Z-p 甲氧基桂皮烯醛基哈帕苷、E-玄参苷、Z-玄参苷、哈帕苷	具有神经保护作用，显著对抗谷氨酸盐诱导的小鼠皮质神经元神经退行性病变	玄参属植物北玄参（*Scrophularia buergeriana*）	[92]
3	8-O-乙酰基哈帕苷	抗肿瘤活性，对十四酰佛波醋酸酯（TPA，肿瘤细胞生长促进剂）诱导产生的 EB 病毒早期抗原（EBV-EA）有显著抑制作用	筋骨草属植物金疮小草（*Ajuga decumbens*）	[93]
4	瓜氨酸 A（citrulline A）、瓜氨酸苷（citrulline glycoside）	抗肿瘤活性，抑制转录因子活化蛋白-1（AP-1）活性	巴戟天属植物海滨木巴戟（*Morinda citrifolia*）	[94]

1 https://en.jinzhao.wiki/wiki/Carbenoxolone

2 https://en.jinzhao.wiki/wiki/Iridoid

续表

序号	环烯醚萜类化合物	活性	植物来源	参考文献
5	京尼平	抗炎作用与 NF-κB/IκB-β 通路、抑制 NO 生成和抗血管生成活性相关	栀子属植物栀子（*Gardenia jasminoides*）	[95]
6	水晶兰苷	有显著的抗炎、镇痛活性	巴戟天属植物巴戟天（*Morinda officinalis*）	[96]
7	含有莫罗忍冬苷、马钱子苷的环烯醚萜总苷	总苷能有效预防及治疗糖尿病诱发的肾病变	山茱萸属植物山茱萸（*Cornus officinalis*）	[97]
8	环烯醚萜苷提取物	减少氧化应激，抑制炎症应答，在改善 CYP2E1 功能等方面对急性肝损伤起到了保护作用	列当属植物列当（*Orobanche coerulescens*）	[98]
9	甲基梓醇和梓醇	对由氯仿与组胺刺激所致兔皮血管通透性增加的保护效应	醉鱼草属植物醉鱼草（*Buddleja lindleyana*）	[99]
10	连翘酯苷 A（forsythoside A）	保护乙酰氨基酚诱导的 HepG2 细胞损伤	连翘属植物连翘（*Forsythia suspensa*）	[100]

3.3 生　物　碱

3.3.1 概述

生物碱（alkaloid）是含有一个或多个氮原子，主要由氨基酸或其直接衍生物合成而来的一类次级代谢物[1]。生物碱具环状结构，难溶于水，与酸可以形成盐，有一定的旋光性和吸收光谱，大多有苦味。其呈无色结晶状，少数为液体。生物碱有几千种，主要类型包括：有机胺类，如麻黄碱（ephedrine）、益母草碱[2]（leonurine）、秋水仙碱（colchicine）；吡咯烷类，如古豆碱[3]（hygrine）、党参碱[4]（codonopsine）、千里光碱（senkirkine）、野百合碱[5]（monocrotaline）；吡啶类，如烟碱[6]（nicotine）、槟榔碱[7]（arecoline）、苦参碱[8]（matrine）、半边莲碱（lobeline）；

1 https://en.jinzhao.wiki/wiki/Alkaloid

2 益母草碱 4-胍基-1-丁醇丁香酸酯

3 (2*R*)-2-丙酮基-1-甲基吡咯烷

4 (2*R*)-2α-(3,4-二甲氧基苯基)-1,5β-二甲基-3β,4α-吡咯烷二醇

5 14,19-二氢-12,13-二羟基(13α,14α)-20-降氯塔烷-11,15-二酮

6 (*S*)-1-甲基-2-(3-吡啶基)吡咯烷或者(–)-1-甲基-2-(3-吡啶基)吡咯烷

7 1-甲基-1,2,5,6-四氢吡啶-3-羧酸甲酯盐酸盐

8 1,2,5,6-四氢-1-甲基-3-吡啶羧酸甲基酯氢溴酸盐

异喹啉类，如粉防己碱[1]（tetrandrine）、汉防己乙素[2]（hanfangichin B）、可待因（codeine）、小檗碱（berberine）、吗啡碱（morphine）；吲哚类，如利血平[3]（reserpine）、毒扁豆碱（physostigmine）、长春新碱（vincristine）、麦角新碱（ergometrine）、吴茱萸碱（evodiamine）；莨菪烷类，如阿托品（atropine）、莨菪碱（hyoscyamine）、东莨菪碱（hyoscine）；咪唑类，如毛果芸香碱（pilocarpine）；喹唑酮类，如常山碱[4]（dichroine）；嘌呤类，如咖啡因（caffeine）、茶碱（theophylline）；甾体类，如茄碱（solanine）、环常绿黄杨碱 D（cyclovirobuxine D）、藜芦胺碱（veratramine）、浙贝母碱[5]（verticine）、澳洲茄碱（solasonin）；萜类，如石斛碱[6]（dendrobine）、龙胆碱（gentianine）、乌头碱（aconitine）；其他类，如加兰他敏[7]（galanthamine）、雷公藤定碱[8]（wilfordine）。

生物碱具有广泛的药理活性[101]：抗疟（奎宁 quinine）、抗哮喘（麻黄碱 ephedrine）、抗癌（高三尖杉酯碱 omacetaxine mepesuccinate）、拟胆碱（加兰他敏 galantamine）、血管扩张剂（长春碱 vincamine）、抗心律失常（奎尼丁 quinidine）、镇痛（吗啡 morphine）、抗菌（螯合菊酯 chelerythrine）和抗糖尿病（胡椒碱 piperine）等。许多生物碱已经在传统或现代医学中使用，或作为药物发现的前体化合物。有的生物碱可作为精神药物，如裸头草辛（psilocin）。兴奋剂如可卡因（cocaine）、咖啡因（caffeine）、尼古丁（nicotine）、可可碱（theobromine），已被用于内源性药物。生物碱有的具有毒性，如阿托品（atropine）、托溴铵（tubocurarine，TC）[102-106]。

3.3.2　附子生物碱

附子为毛茛科植物乌头（*Aconitum carmichaeli*）的子根加工品，具有回阳救逆、补火助阳、散寒止痛的功效。生物碱是附子的主要化学成分。附子具有强心作用，治疗量可兴奋迷走中枢、减慢心率、微降血压；中毒量可使犬出现心动过速、室性纤维颤动、扑动等心律失常。其表现出抗炎止痛、抗心律不齐、解热、抗癫痫、降压和心动过缓等活性。

---

1 [4aS-(4a*R**,16a*R**)]-3,4,4a,5,16a,17,18,19-八氢-12,21,22,26-四甲氧基-4,17-二甲基-16*H*-1,24:6,9-二苯-11,15-甲基-2*H*-吡啶[2′,3′:17,18][1,11]-二氧杂环戊二烯[2,3,4-ij]-异喹啉

2 (1-β)-2,2′-二甲基-6,6′,12-三甲氧基小檗胺-7-醇

3 (3β,16β,17α,18β,20α)-11,17-二甲氧基-18-[(3,4,5-三甲氧基苯甲酰基)-氧基]-育亨本-16-羧酸甲酯

4 3-[3-(3-羟基哌啶-2-基)-2-氧代丙基]-喹唑啉-4(3*H*)-酮

5 (3β,5α,6α)-瑟烷-3,6,20-三醇-二氢异海鞘素

6 (3α,6α,7*R*,8*S*,9*R*,10α,11α)-石斛碱-12-酮；石斛-12-酮

7 6*H*-苯并呋喃(3a,3,2-ef) (2)苯并氮杂-6-醇-4a,5,9,10,11,12-六氢-3-甲氧基

8 CAS：37239-51-3

从附子中分离得到二萜生物碱类化合物，分别为海替生（cyclohexane）、8-乙氧基-14-苯甲酰基中乌头原碱（8-ethoxy-14-benzoyl aconitine）、10-羟基乌头碱（10-hydroxy aconitine）、次乌头碱（hypaconitine）、北草乌碱（mesaconitine）、尼奥灵（neoline）、附子灵（fuziline）、宋果灵（Songorine）、去氢松果灵（songoramine）、北乌宁（beiwutinine）、中乌宁（mesaconine）、多根乌头碱（karakoline）、异塔拉定（isotalatizidine）、乌头原碱（aconine）、8-甲氧基中乌宁（8-methoxymesaconine）、次乌宁（hypaconine）、3-去氧乌头原碱（3-deoxyaconine）、8-甲氧基次乌宁（8-methoxyhypaconine）、塔拉萨敏（talatisamine）、查斯曼宁（chasmanine）[107,108]。乌头碱在生附子中含量为0.004%，次乌头碱在生附子中含量为0.12%，北草乌碱在生附子中含量为0.033%[109]。

乌头碱是一种C19-新二萜类化合物，为片状结晶，溶于无水乙醇、乙醚和水，微溶于石油醚。其具有成盐和离子亲脂结构，具有高结合亲和力，使得分子可以通过血脑屏障，毒性很大。乌头碱在通道蛋白的α亚基上的神经毒素结合位点处与受体结合，能够打开更长的钠离子通道。细胞中钙离子浓度的增加刺激神经递质乙酰胆碱释放到突触间隙。乙酰胆碱结合突触后膜上的乙酰胆碱受体以打开钠离子通道，产生新的动作电位[110]。乌头碱（aconitine）是通过萜类生物合成途径（MEP途径）合成的[1]。乌头碱的合成与牻牛儿基牻牛儿基焦磷酸合酶基因（GGPS）的表达密切相关。Weisner课题组完成了附子C19-去甲二萜生物碱（C19-norditerpenoid）生物碱塔拉胺（talatisamine）的全合成，还发现了其他C19-亚硝基萜类化合物的全合成，如查斯曼宁碱和13-去氧吗啡碱[111]。

乌头碱被细胞色素P450（cytochrome P450，CYP450）同工酶代谢。参与I相代谢的CYP450超家庭（CYP1A1/2、CYP1B1、CYP2A6、CYP2B6、CYP2C8、CYP2C9、CYP2C19、CYP2D6、CYP2E1、CYP3A4/5/7）是参与体内药物代谢的主要酶。通过液相色谱-质谱法测定人肝微粒体中乌头碱代谢的CYP，结果发现共有6种CYP介导的代谢物（M1～M6）[112]。

3.3.3 罂粟壳生物碱

罂粟壳为植物罂粟（*Papaver somniferum*）的干燥成熟果壳。其为《中国药典》收载品种，具有毒性和成瘾性，是唯一列入麻醉药品管理的中药饮片，临床上主要用于镇咳、止泻、止痛等。附子中罂粟碱（papaverine）、那可汀（narcotine）、吗啡（morphine）、可待因（codeine）、蒂巴因（thebaine）5种具有代表性的生物碱含量较高。有关罂粟壳中几种生物碱的化学检测方法包括薄层色谱法、化学

1 https://en.jinzhao.wiki/wiki/Aconitine

显色法、电化学法、免疫分析法、气相色谱法（GC）、气相色谱-质谱法（GC-MS）、高效液相色谱法（HPLC）和液相色谱-质谱联用法（LC-MS）等[113]。

为加强对罂粟壳的监督管理，保证药品生产和医疗配方使用，防止流入非法渠道，国家药品监督管理局颁布了《关于印发〈罂粟壳管理暂行规定〉的通知》（1998年），根据2005年《麻醉药品和精神药品管理条例》（国务院令第442号），罂粟壳已被列入麻醉药品品种目录。2008年在卫生部发布的《食品中可能违法添加的非食用物质和易滥用的食品添加剂品种名单（第一批）》中，罂粟壳就被列为非食用物质，禁止在食品中添加。这些相关法规规定了其生产、采购、使用与研发的具体要求[114]。

土耳其、印度、澳大利亚、法国、西班牙和匈牙利六国被联合国授权为合法种植罂粟的国家。澳大利亚、土耳其和印度是药用罂粟与罂粟药物（吗啡或可待因）的主要生产国，这些罂粟主要用作制药的原料。美国是合法罂粟的主要客户，从印度和土耳其等传统的生产商那里采购其80%的麻醉原料[115,116]。

到目前为止，人们已经完全弄清了吗啡的生物合成途径，由酪氨酸出发，首先生成去甲基罂粟——全去甲劳丹碱（norlaudanosoline），然后依次转化成心果碱（reticuline）、多花罂粟碱（floripavine）、沙利地诺（salutaridinol）、蒂巴因（thebaine）和可待因（codeine），最后生成吗啡（morphine）。蒂巴因 6-*O*-脱甲基酶（T6ODM）和可待因 *O*-去甲基化酶（CODM）参与了从罂粟中产生的吗啡的生物合成[117]。

3.3.4　植物源生物碱乙酰胆碱酯酶抑制剂

乙酰胆碱酯酶抑制剂（acetylcholin-esterase inhibitor，AChEI）[1]是一种抑制乙酰胆碱酯酶的药物[118]，是阿尔茨海默病（alzheimer's disease，AD）[2]治疗药物的研究热点。AChEI可能会减弱帕金森病中的精神病症状（特别是视觉幻觉）[119]。植物源生物碱是乙酰胆碱酯酶（AChE）抑制剂先导化合物的重要来源。具有AChE抑制活性的植物源生物碱种类丰富，主要包括甾体类、三萜类、石松碱类、异喹啉类和吲哚类生物碱，其中对AChE有抑制作用且IC_{50}低于10μmol/L的化合物有70多个[120,121]。

从黄杨科植物柳叶野扇花（*Sarcococca saligna*）[122]和羽脉野扇花（*Sarcococca hookeriana*）[123]、夹竹桃科植物止泻木（*Holarrhena antidysenterica*）[124]、百合科植物花贝母（*Fritillaria imperialis*）[125]、黄杨科植物乳突黄杨（*Buxus papillosa*）[126]

1 https://en.jinzhao.wiki/wiki/Acetylcholinesterase_inhibitor

2 https://en.jinzhao.wiki/wiki/Alzheimer%27s_disease

与锦熟黄杨（*Buxus sempervirens*）[127]、石杉属植物蛇足石杉（*Huperzia serrata*）[128]、石松属植物石子藤石松（*Lycopodium casuarinoides*）[129]、孤挺花属植物凤蝶朱顶红（*Hippeastrum papilio*）[130]、雪片莲属植物夏雪片莲（*Leucojum aestivum*）[131]、全能花属植物全能花（*Pancratium illyricum*）[132]、百合科植物玉簪（*Hosta plantaginea*）[133]、蒺藜科植物骆驼蒿（*Peganum nigellastrum*）[134]、莲科植物荷花（*Nelumbo nucifera*）[135]、木兰科植物二乔木兰（*Magnolia soulangeana*）[136]、琼楠属植物 *Beilschmiedia alloiophylla* 和 *Beilschmiedia kunstleri*[137]、紫堇属植物齿瓣延胡索（*Corydalis turtschaninovii*）[138]、黄连属植物黄连（*Coptis chinensis*）[139]、防己科千金藤属植物 *Stephania venosa*[140]、罂粟科白屈菜属植物白屈菜（*Chelidonium majus*）[141]、芸香科植物 *Esenbeckia leiocarpa*[142]、芸香科植物两面针（*Zanthoxylum nitidum*）[143]、夹竹桃科植物海南狗牙花（*Ervatamia hainanensis*）[144]、茜草科植物钩藤（*Uncaria rhynchophylla*）[145]、豆科植物柔荑花牧豆树（*Prosopis juliflora*）[146]、胡椒科植物胡椒（*Piper nigrum*）[147]等中分离得到生物碱化合物对丁酰胆碱酯酶（BChE）和乙酰胆碱酯酶（AChE）具有抑制活性。

黄藤为防己科天仙藤属植物天仙藤（*Fibraurea recisa*）的藤茎，收载于 2015 年版《中国药典》，具有清热解毒、泻火通便的功效，主要含有异喹啉类生物碱，具有抗真菌、抗炎、抗肿瘤等药理作用。黄藤总生物碱的主要成分为黄藤素，具有显著抑制乙酰胆碱酯酶（AChE）活性的作用。应用靶向亲和-液相色谱-质谱联用技术能够快速筛选黄藤总生物碱中乙酰胆碱酯酶抑制剂，见文框 3-4。

文框 3-4　靶向亲和技术

靶向亲和技术主要利用亲和原理，将待测的具有潜在活性的小分子混合物与生物活性受体（主要是酶类）在接近生理条件下的缓冲液中混合，得到受体-配体复合物和未结合的小分子化合物，通过超滤除去未结合的小分子，复合物经有机溶剂处理，将小分子配体释放出来，再通过 LC-MS 技术，直接或者间接检测解离的复合物[1]。与传统生物活性筛选方法（即在化合物库中逐一筛选）相比，此方法灵敏、快速，且不改变蛋白质结构，可以高通量地筛选出活性化合物，已广泛用于筛选与靶蛋白结合的药物中，成为药物筛选的重要工具。

亲和层析（affinity chromatography）是基于抗原和抗体及酶与底物或受体和配体之间的高度特异性相互作用分离生物化学混合物的方法。它是一种色谱实验室技术，通过利用分子性质来纯化混合物内的生物分子。亲和层析分为免疫亲和（immunoaffinity）层析、固定化金属离子亲和层析（immobilized metal ion affinity chromatography，IMAC）、重组蛋白（recombinant protein）层析、凝集素亲和层析（lectin affinity chromatography）等。

生物学靶标（biological target）是在活体中被定向或结合的实体，如内源性配体或药物，从而导致其行为或功能的改变。生物学靶标最常见的是蛋白质，如酶、离子通道蛋白和受体。生物学靶标通常用于药物研究以描述身体中的天然蛋白质，其活性被药物修饰，生物学靶标通常被称为药物靶标（drug target）。目前市售药物最常见的药物靶点包括[2-3]：蛋白质、G 蛋白偶联受体（50%药物靶标）、酶（特别是蛋白激酶、蛋白酶、酯酶和磷酸酶）、离子通道蛋白、核激素受体、结构蛋白（如微管蛋白）、膜转运蛋白、核酸等。识别疾病的生物来源和潜在的干预目标是使用逆向药理学方法发现药物的第一步。已经鉴定了许多不同药物靶标的发现方法，如药物亲和力响应目标稳定性（drug affinity responsive target stability，DARTS）。

[1] 何忠梅，吕娜，南敏伦，等. 靶向亲和-液相色谱-质谱联用技术快速筛选黄藤总生物碱中乙酰胆碱酯酶抑制剂 [J]. 分析化学, 2017, 49(2): 211-216.
[2] https://en.jinzhao.wiki/wiki/Affinity_chromatography.
[3] https://en.jinzhao.wiki/wiki/Biological_target.

3.3.5 阿朴啡类生物碱

阿朴啡（aporphine）[1]是喹啉生物碱之一。在植物睡莲（*Nymphaea caerulea*）中发现的常用的阿朴啡类生物碱是阿朴啡。非洲民间应用来自其他植物的阿朴啡（aporphine）治疗癌症和锥虫病，可能机制是其抑制拓扑异构酶活性[148]。

阿朴啡是一种 5-HT1a 部分激动剂（antagonist）[149,150]。阿朴啡是一种多巴胺 D1 拮抗剂（dopamine D1 antagonist）。阿朴啡及其相关生物碱丁哌卡因（bupivacaine）、甘氨酸（boldine）、亮氨酸（glaucine）和柯立康宁（corytuberine）均为抗精神病药（antipsychotic），发挥纳洛酮可逆性抗伤害感受的活性（naloxone-reversible antinociceptive activity），除了柯立康宁（corytuberine）是抗惊厥药（anticonvulsant）[151,152]。例如，S(+)-N-丙基诺拉莫吗啡（propylnorapomorphine）的衍生物具有作为低副作用特征的抗精神病药物的潜力。S(+)-N-丙基诺拉莫吗啡对内切边缘多巴胺具有高度选择性[153]。

从秃疮花（*Dicranostigma leptopodum*）和云南地不容（*Stephania yunnanensis*）[154]、桐叶千金藤（*Stephania hernandifolia*）[155]、粉防己（*Stephania tetrandra*）[156]、簇花清风藤（*Sabia fasciculata*）[157]、莲（*Nelumbo nucifera*）[158,159]、延胡索（*Corydalis yanhusuo*）[160]、广西地不容（*Stephania kwangsiensis*）[161]、山鸡椒（*Litsea cubeba*）[162]、

1 https://en.jinzhao.wiki/wiki/Aporphine

蝙蝠葛（*Menispermum deuricum*）[163]、罂粟科植物 *Platycapnos spicata*[164]、台湾唐松草（*Thalictrum fauriei*）[165]、喙果皂帽花（*Dasymaschalon rostratum*）[166]、假鹰爪属植物 *Desmos dasymachalus*[167]、北美鹅掌楸（*Liriodendron tulipi- fera*）[168]，以及生长于泰国东北部的弱小暗罗（*Polyalthia debilis*）[169]等植物中分离得到阿朴啡类生物碱。

分离得到的阿朴啡类生物碱主要包括：紫堇块茎碱（corytuberine）、stepharine、紫堇碱（corydine）、异紫堇碱（isocorydine）、异紫堇碱（isocorydine）[154]、N-乙酰番荔枝碱（N-acetylanonaine）、甲氧番荔枝碱（xylopine）、鹅掌楸碱（liriodenine）和毛叶含笑碱（lanuginosine）[170]、5-氧阿朴啡碱[157]、2-羟基-1-甲氧基阿朴啡[158]、荷叶碱、N-降荷叶碱和 O-降荷叶碱[159]、9-O-去甲基蝙蝠葛宁氧化异阿朴啡型生物碱[155]、去氢阿朴啡（dehydroaporphine）类生物碱[161]、氧化异阿朴啡类（oxoisoaporphine-type alkaloid）[163]、(+)-南天竹宁[164]、二聚体生物碱及其甲基衍生物[165]、氧化阿朴啡类生物碱[166]、阿朴啡类生物碱（aporphinoid alkaloids）[167]、鹅掌楸碱氧化阿朴啡生物碱[168]及二-7,7,-去氢阿朴啡生物碱[169]等。阿朴啡类生物碱活性主要有抗癌活性[154]，荷叶碱具有降脂减肥、抗氧化、抑菌、抗癌活性[170]、抗疟活性[169]、杀锥虫[167]作用，鹅掌楸碱对革兰氏阳性细菌、耐酸细菌和一些真菌微生物具有抑制作用[168]。

3.3.6 干预 NF-κB 上游通路对 p65 核转运的调控作用的生物碱

核因子激活的 B 细胞的 κ 轻链增强（nuclear factor kappalight-chain- enhancer of activated B cell，NF-κB）[1]是一种蛋白质复合物，其控制转录的 DNA、细胞因子产生和细胞存活，涉及诸如应激、细胞因子、自由基、重金属、紫外线照射、氧化的低密度脂蛋白（LDL）和细菌或病毒抗原等刺激的细胞反应。NF-κB 在调节免疫反应感染（κ 轻链）中起关键作用的是免疫球蛋白。NF-κB 调控癌症、炎症和自身免疫性疾病、脓毒性休克、病毒感染与免疫发育不良。NF-κB 也涉及突触可塑性和记忆的过程[171]。

NF-κB 被真核细胞广泛用作控制细胞增殖和细胞存活的基因的调节剂[172,173]。NF-κB 的缺陷导致凋亡的敏感性增加，导致细胞死亡增加。NF-κB 调节抗凋亡基因，特别是 *TRAF1* 和 *TRAF2*，消除了胱天蛋白酶家族的活性[174,175]。在肿瘤细胞中，NF-κB 在 41%的鼻咽癌中是有活性的[176]。一些肿瘤细胞分泌导致 NF-κB 活化的因子，阻断 NF-κB 可导致肿瘤细胞停止增殖、死亡或变得对抗肿瘤剂的作用更敏感。因此，NF-κB 可作为抗癌治疗靶点[177]。NF-κB 促进癌细胞 Fas 介导的细胞凋

1 https://en.jinzhao.wiki/wiki/NF-%CE%BAB

亡[178]。NF-κB 作为细胞内最重要的核转录因子，参与许多细胞内信号通路的转导及遗传信息的转录与调控，其信号转导通路主要包括 NF-κB 抑制蛋白（IκB）激酶的活化、IκB 蛋白的降解及 p65 的核转运，其中 p65 核转运结合 DNA 是 NF-κB 发挥作用的关键[179]。

生物碱类药用植物活性成分调控 p65 核转运的作用机制及靶点主要包括：冬叶青小檗碱[180]抑制 IKK 激酶活性、IκB 磷酰化和 IκB 降解靶点；凤龙青藤碱[181]抑制 NF-κB/p65 与 DNA 结合活性；罂粟碱[182]抑制 IKK 激酶活性，以及 p65 磷酸化与核转运靶点；益母草碱[183]抑制 IκBα 降解和 p65 磷酸化靶点；莲心甲基莲心碱[184]通过调节 ERK/NF-κB 通路抑制 IκB 磷酸化及 p65 蛋白表达靶点；穿心莲内酯[185]抑制 p65 磷酸化水平以及降低 p65 与 DNA 结合活性。

3.4 黄酮类化合物

3.4.1 概述

黄酮类化合物（flavonoid）[1]是一类植物次生代谢产物。在化学上，其以 2-苯基色原酮为母核，黄酮具有由两个苯环（A 和 B）与杂环（C）组成的 15 碳骨架的一般结构。其是具有 C6-C3-C6 基本碳架结构的一类化合物。其按母核分为黄酮、黄酮醇、二氢黄酮、查耳酮等诸多类型。黄酮类化合物包括花黄素（anthoxanthin）、黄酮（flavone）、黄酮醇（flavanonol）、黄酮烷（flavanone）、花青素（anthocyanidin）、异黄酮（isoflavonoid）。根据 IUPAC 命名法[2]其可以分为以下几种。

（1）类黄酮或生物类黄酮（flavonoid or bioflavonoid）。

（2）异黄酮：衍生自 3-苯基色烯-4-酮（3-苯基-1,4-苯并吡喃酮）结构[3-phenylchromen-4-one (3-phenyl-1,4-benzopyrone) structure]。

（3）新黄酮（neoflavonoid）[3]：从 4-苯基衍生的香豆素（4-苯基-1,2-苯并吡喃酮）结构[4-phenylcoumarine (4-phenyl-1,2-benzopyrone) structure]，见文框 3-5。

文框 3-5　国际纯粹与应用化学联合会

国际纯粹与应用化学联合会（International Union of Pure and Applied Chemistry，IUPAC）是一个联合各国化学会的非政府组织，以公认的化学命名

1 https://en.jinzhao.wiki/wiki/Flavonoid

2 IUPAC National Adhering Organizations. http://iupac.org. 2 June 2011. Archived from the original on 4 June 2011. Retrieved 8 June 2011

3 https://en.jinzhao.wiki/wiki/Neoflavonoid

权威著称，是世界公认的制定化学元素和化合物命名标准的权威机构，也是国际科学理事会（ICSU）的成员[1]。IUPAC 秘书处设在瑞士的苏黎世，有 54 个国家会员组织和 3 个国家赞助组织。

自成立以来，IUPAC 由许多不同的委员会负责管理。这些委员会执行不同的项目，包括标准化命名、寻找化学方法和出版作品。IUPAC 以化学和其他科学领域的术语标准化而著称的同时，在化学、生物学和物理学等许多领域都有出版物，并致力于改善科学教育。IUPAC 通过其最古老的常设委员会——同位素丰度和原子量委员会（Commission on Isotopic Abundances and Atomic Weights，CIAAW）来标准化元素的原子量。

[1] https://iupac.org/who-we-are/.

黄酮类化合物在食用植物中广泛分布，欧芹、蓝莓、茶叶、柑橘、可可、花生等含有大量的黄酮成分。USDA 数据库（US Department of Agriculture Flavonoid Database）提供黄酮类化合物的饮食摄入量数据：在《美国国家健康与营养调查》（*National Health and Nutrition Examination Survey*，NHANES）的调查中，成年人平均黄酮摄入量为 190mg/d，以黄烷-3-酚为主要成分；在欧盟，尽管个别国家之间存在很大的差异，根据欧洲食品安全局（European Food Safety Authority，EFSA）的数据，平均黄酮摄入量为 140mg/d，欧盟和美国消费的主要类黄酮为黄烷-3-醇，主要来自茶叶[186,187]。

3.4.2 黄酮类化合物的活性

黄酮类化合物在体外（*in vitro*）研究中具有广泛的生物和药理活性，包括抗过敏[188]、抗炎、抗氧化[189]、抗微生物、抗细菌[190,191]、抗真菌和抗病毒[192,193]、抗癌[194]、抗腹泻[195]等。黄酮具有抑制拓扑异构酶的酶活性作用[196,197]，体外研究能够诱导在混合谱系白血病（MLL）基因中 DNA 突变[198]。黄酮类化合物作为抗氧化剂已进行了深入研究。黄酮类化合物在治疗肿瘤、心血管疾病、糖尿病，以及抗菌、抗氧化、抗衰老、抗 HIV 等多方面具有活性[199]，并具有清除自由基的作用[200]。

莱纳斯保林研究所（Linus Pauling Institute）[1]是设在美国俄勒冈州立大学的一个研究机构。莱纳斯保林研究所和欧洲食品安全局（European Food Safety Authority，EFSA）[2]的研究表明，黄酮类物质在体内吸收较差，一般低于 5%，体

1 https://en.jinzhao.wiki/wiki/Linus_Pauling_Institute

2 https://en.jinzhao.wiki/wiki/European_Food_Safety_Authority

内吸收的大部分被迅速代谢和排泄出体外[201,202]。黄酮类化合物具有抗氧化活性，人食用黄酮类化合物后观察到体内血液抗氧化能力增加[203]。

炎症（inflammation）已经牵涉众多局部和全身性疾病，如可能引起癌症[204]、心血管病症[205]、糖尿病[206]和乳糜泻等[207]。黄酮可能通过其抑制活性氧或氮化合物的能力影响抗炎机制。黄酮可以抑制促炎症的酶参与产生自由基，如环加氧酶、脂氧合酶或诱导型一氧化氮合酶，可以修改细胞内信号转导途径中的免疫细胞，或脑卒中后的脑细胞[208]。原花青素和黄酮的抗炎机制包括：调控花生四烯酸途径的抑制基因转录，抑制促炎症的酶的活性，以及分泌抗炎介质[209]。

对黄酮类化合物与预防癌症之间的关系的临床研究发现：膳食类黄酮摄入与女性胃癌风险降低有关，使吸烟者的消化道癌风险降低[210,211]。黄酮类化合物对多种常见癌症如肺癌、乳腺癌、结肠癌、前列腺癌、肝癌、白血病、卵巢癌、胃癌等皆有显著的防治效果。黄酮类化合物抗肿瘤的机制主要有：抗氧化、抗自由基、诱导肿瘤细胞凋亡、影响细胞周期、调节免疫、抑制肿瘤新生血管形成、抑制环氧合酶2活性、抑制端粒酶活性、干扰细胞信号转导、调节抑癌基因和癌基因关系等[212]。

黄酮类化合物初步的心血管疾病研究揭示了如下机制[213]。

（1）抑制凝血、血栓形成或血小板聚集。

（2）降低动脉粥样硬化的风险。

（3）降低动脉血压和高血压风险。

（4）降低氧化应激和调节在血管细胞内相关的信号转导途径。

（5）改变血管炎症机制。

（6）改善内皮和毛细血管功能。

（7）调节血脂水平。

（8）调节碳水化合物和葡萄糖代谢。

（9）调节老化机制。

2016年，美国国立卫生研究院（National Institutes of Health，NIH）的临床试验研究了植物黄酮对心血管疾病的膳食作用，由于受调查的人们习惯性饮食摄入量明显降低[214]，基于人群的研究未能显示出强有力的效果。

黄酮类化合物抗动脉粥样硬化的机制主要有：保护内皮细胞功能、抑制血管平滑肌细胞增殖、调节脂质代谢紊乱、抗氧化低密度脂蛋白、抑制黏附分子防止血栓形成和抗血小板聚集[215]。黄酮类化合物具有抗氧化、抗炎、扩张血管、抑制心律失常及抗血小板聚集等多种与心血管保护作用相关的药理活性，并具有降脂活性[216]。

黄酮类化合物可以防治阿尔茨海默病。在抗阿尔茨海默病（alzheimer's disease，AD）动物实验模型的研究中发现，黄酮类化合物能够有效改善AD模型动物的学习记忆能力，延迟疾病病理进程，通过减少炎性介质产生、抑制β淀粉样蛋白（β amyloid protein，Aβ）聚集和 tau 蛋白磷酸化、阻断自由基产生等多途径调节细胞信号通路，缓解氧化应激状态，最终起到神经保护作用。黄酮、异黄酮、黄烷醇、黄烷酮、花青素等黄酮类化合物具有抗老年痴呆的作用[217]。

黄酮类化合物主要是通过清除自由基、减轻脂质过氧化、调节糖脂代谢，包括降低机体内甘油三酯（TG）、总胆固醇（TC）、低密度脂蛋白（LDL-C）水平，增加高密度脂蛋白（HDL-C）含量、提高机体胰岛素敏感性、改善胰岛素抵抗、调节相关基因、蛋白表达、抑制 α-淀粉酶和/或 α-葡萄糖苷酶活性、提高机体免疫力等途径降低血糖以保护机体，从而起到防治糖尿病及其并发症的作用[218]。

黄酮类化合物具有直接的抗菌（antibacterial）活性，与抗生素的协同活性，在机体内抑制细菌毒力因子的能力[219]。体内研究发现口服槲皮素可保护豚鼠免受第 1 组致癌物幽门螺杆菌的作用[220]。对癌症和营养的前瞻性调查发现，饮食黄酮摄入可以降低欧洲妇女胃癌风险[221]。

3.4.3 黄酮类化合物的半合成改造

在黄酮类化合物的有色光谱（color spectrum）研究中，植物中的黄酮类化合物合成在高能量和低能量辐射下由光色谱诱导。低能量辐射被植物色素所接受，而高能量辐射被类胡萝卜素、叶黄素及除植物色素之外的其他色素所接受。在苋属（*Amaranthus*）、大麦（*Hordeum vulgare*）、玉蜀黍（*Zea mays*）、高粱（*Sorghum bicolor*）和萝卜（*Raphanus sativus*）中观察到了植物甾醇介导的黄酮生物合成的光形态发生过程。红光促进黄酮类化合物的合成。从基因工程微生物中有效生产黄酮类化合物[222]。

黄酮类化合物的半合成改造（semi-synthetic alteration）试验研究了固定的南极假丝酵母脂肪酶可用于催化黄酮类化合物的区域选择性酰化[223]。黄酮类化合物因溶解度差、生物利用度不高等自身缺点而被限制了在临床上的广泛应用。以天然黄酮为研究对象，通过结构改造研究其针对不同生理活性的构效关系，力求克服其自身缺点，开发出一批具有新颖结构的黄酮类药物的先导化合物[224]。黄酮母核、2,3 位双键、5-OH 和 3′,4′-OH 的存在对抑制肿瘤细胞的增殖具有显著的作用[225]。

3.4.4 黄酮类化合物和 CYP 酶的代谢相互作用

细胞色素 P450（cytochrome P450，CYP450）是以血红素作为辅因子的超家族的蛋白质[1]。CYP 在酶反应中使用各种小分子和大分子作为底物。它们通常是电子转移链中的末端氧化酶，在减压状态下，与一氧化碳复合[226]。目前已知超过

1 https://en.jinzhao.wiki/wiki/Cytochrome_P450

20 万种不同的 CYP 蛋白[227]。细胞色素 P450 酶在雌激素和睾酮合成与代谢中起重要作用，包括药物和内源性代谢产物，如肝脏中的胆红素。人类基因组计划已经确定了 57 个人的基因编码的各种细胞色素 P450 酶[228]。

黄酮类化合物对 CYP 酶有较强的抑制作用，该作用是某些黄酮类化合物预防和抑制肿瘤的重要机制之一[229]。大豆苷元（7,4′-二羟基异黄酮）在肝微粒体的单羟基化代谢中主要由 CYPIA2 所介导[230]。在体外试验中发现槲皮素能增加大鼠、人肝微粒体 CYP3A 酶的活性[231]。用单克隆荧光偏振免疫分析法分析大鼠体内的血药浓度表明，槲皮素对 CYP3A 具有诱导作用[232]。黄酮类基本结构和其 7 位、4′位有羟基取代能增强 CYP3A4 的抑制活性，而在 2′和 3′位有羟基取代的、4′位有甲氧基取代的黄酮类与异黄酮类基本结构反而减弱了 CYP3A4 的抑制活性[233]。

3.4.5 *O*-甲基化类黄酮类化合物

O-甲基化类黄酮类化合物（*O*-methylated flavonoid）[1]由黄酮类化合物与甲基化的羟基基团结合而成。*O*-甲基化影响黄酮溶解度。*O*-甲基化黄酮生成意味着存在可接受多种底物的特异性 *O*-甲基转移酶[234]。这些酶介导特异性羟基上的 *O*-甲基化，如 4′（如长春花）或 3′（如水稻）的位置[235,236]。那些位置可以是邻位、间位、对位，3-OH 位可以有一个特殊的 3-*O*-甲基转移酶。橙（柑橘）具有这样的酶活性[237]。

O-甲基化黄烷酮（*O*-methylated flavanone）包括：橙皮素（hesperetin）、高圣草酚（homoeriodictyol）、异樱花素（isosakuranetin）、樱花素（sakuranetin）、sterubin（一种美国加利福尼亚州本土植物的有效神经保护成分）。*O*-甲基化黄烷酮醇（*O*-methylated flavanonol）主要有二氢山柰素（dihydrokaempferide）。*O*-甲基化黄酮醇（*O*-methylated flavonol）包括山柰酚（kaempferol）、杨梅素（myricetin）、环素（cycline）[2]、康布雷托（combretol）[3]、西伯利亚落叶松黄酮（laricitrin）、5-*O*-甲基杨梅素（5-*O*-methylmyricetin）[4]、丁香黄素（syringetin）[5]、阿亚黄素（ayanin）[6]、杜鹃黄素（azaleatin）、异鼠李素（isorhamnetin）、商陆素（ombuin）、藿香黄酮醇（pachypodol）、瑞士黄酮（retusin）[7]、3′-甲基鼠李素（rhamnazin）、鼠李素（rhamnetin）、

1 https://en.jinzhao.wiki/wiki/O-methylated_flavonoid

2 7-二羟基-3-甲氧基-2-(3,4,5-三羟基苯基)-色烯-4-酮

3 5-羟基-3,3′,4′,5′,7-五甲氧基黄酮

4 3,7-二羟基-5-甲氧基-2-(3,4,5-三羟基苯基)-4*H*-色烯-4-酮

5 3,5,7-三羟基-2-(4-羟基-3,5-二甲氧基苯基)-4*H*-1-苯并吡喃-4-酮

6 3′,5-二羟基-3,4′,7-三甲氧基黄酮

7 5-羟基-3,7,3′,4′-四甲氧基黄酮

柽柳黄素（tamarixetin）、尤帕他林（eupatolitin）[1]、纳苏代丁（natsudaidain）[2]。

O-甲基化黄酮（*O*-methylated flavone）主要包括：金合欢素（acacetin）、金圣草黄素（chrysoeriol）、香叶木素（diosmetin）、泽兰黄酮（nepetin）、川陈皮素（nobiletin）、千层纸素（oroxylin A）、sinensetin、柑橘黄酮（tangeritin）、汉黄芩素（wogonin）。*O*-甲基化异黄酮（*O*-methylated isoflavone）主要包括：生物素A（biochanin A）、毛蕊异黄酮（calycosin）、刺芒柄花素（formononetin）、黄豆黄素（glycitein）、野鸢尾黄素（irigenin）、异樱黄素（5-*O*-methylgenistein）、红轴草素（pratensein）、樱黄素（prunetin）、PSI-鸢尾黄素（PSI-tectorigenin）、鸢尾黄素（tectorigenin）。

柑橘黄酮（tangeritin）是在柑橘皮中发现的*O*-多甲氧基化黄酮[3]。柑橘黄酮具有降低胆固醇的潜力[238]。一项关于大鼠的研究表明，其对帕金森病具有潜在的保护作用[239]。柑橘黄酮作为抗癌剂也显示出巨大的潜力。在体外研究中，柑橘黄酮似乎抵消了癌细胞的某些适应。柑橘黄酮诱导白血病细胞凋亡，同时保留正常细胞[240]。在两种人乳腺癌细胞系和一种结肠癌细胞系的研究中，柑橘黄酮阻止在G_1（生长）细胞周期进程中的所有三种细胞系相的周期进展，而不会在肿瘤细胞系中诱导细胞凋亡。一旦从肿瘤细胞中除去柑橘黄酮，其细胞周期进程恢复正常[241]。柑橘黄酮在体外研究显示出了抗诱发剂[242]、抗创伤[243]和抗增殖作用[244]，并抑制自然杀伤细胞的活性[245]。

国内外报道的多甲氧基黄酮（polymethoxylated flavone，PMF）有近80种，其广泛分布于芸香科、茜草科等科属植物中[246]。枳实中的多甲氧基黄酮类化合物分别为橘皮素（tangeretin，Ⅰ）、川陈皮素（nobiletin，Ⅱ）、4′,5,7,8-四甲氧基黄酮（4′,5,7,8-tetramethoxyflavone，Ⅲ）、5-降甲基蜜橘黄素（5-demethylnobiletin，Ⅳ）[247]。

3.5　苯丙烷类化合物

3.5.1　概述

苯丙烷类化合物（phenylpropanoid）通过莽草酸途径或丙二酸/乙酸途径合成[4]，含有一个或几个C6-C3单位。其在苯核上由酚羟基或烷氧基取代。其主要包括：苯丙烯、苯丙醇、苯丙酸及其缩酯、香豆素、木脂素、黄酮和木质素等。

1　3,3′,4′,5-四羟基-6,7-二甲氧基黄酮

2　2-(3,4-二甲氧基苯基)-3-羟基-5,6,7,8-四甲氧基-4*H*-色烯-4-酮

3　https://en.jinzhao.wiki/wiki/Tangeritin

4　https://en.jinzhao.wiki/wiki/Phenylpropanoid

苯丙酸类（phenylpropionic acid）的基本结构是酚羟基取代的芳香羧酸。其常与不同的醇、氨基酸、糖、有机酸等结合成酯，多具有较强的生理活性。

香豆素（coumarin）是一类邻羟桂皮酸的内酯，具有芳甜香气。香豆素母核为苯骈 α-吡喃酮[1]。环上常有取代基（—OH、OR、—Ph、异戊烯基等）。香豆素分为简单香豆素类、呋喃香豆素类（furocoumarin）、吡喃香豆素类（pyranocoumarin）、α-吡喃酮环上有取代基的香豆素类，还包括二聚体和三聚体。C-3、C-4 上常有取代基：苯基、羟基、异戊烯基等。

木脂素（lignan）是一类由苯丙素氧化聚合而成的天然产物[2]。其通常指其二聚物，两分子苯丙素以侧链中 b 碳原子（8-8′）连接而成的化合物。非以 b 碳原子相连（如 3-3′-新木脂素、8-3′-新木脂素）。

3.5.2　天然苯丙烷类化合物与正氧化低密度脂蛋白

动脉粥样硬化（atherosclerosis）是动脉硬化的特殊形式，动脉壁由于白细胞（泡沫细胞）的侵入和积累而增厚，并且因内膜平滑肌细胞的增殖产生动脉粥样硬化斑块[3]。动脉粥样硬化是影响动脉血管的综合征，主要是动脉壁白细胞的慢性炎症反应。通过功能性高密度脂蛋白（high-density lipoprotein，HDL）[4]和低密度脂蛋白（low-density lipoprotein，LDL）[5]，从巨噬细胞中充分去除脂肪和胆固醇。

氧化低密度脂蛋白受体 1（oxidized low-density lipoprotein receptor 1，Ox-LDL 受体 1）是一种蛋白质，人体 LDL 受体的基因编码为 *LDLR* 基因。LOX-1 是属于 C 型凝集素超家族的受体蛋白。其基因通过环 AMP 信号通路调节与蛋白质结合，内化和降解氧化低密度脂蛋白。该蛋白可能参与 Fas 诱导的细胞凋亡的调节。该蛋白质可能作为清道夫受体起作用。Ox-LDL 可能是动脉粥样硬化的致病因素之一。5 个苯丙烷类化合物即毛蕊花糖苷（acteoside）、悬垂连翘苷 B（forsythoside B）、三糖苯丙素苷（arenarioside）、四糖苯丙素（ballotetroside）和 I-咖啡酰-L-苹果酸都可以降低氧化低密度脂蛋白含量[248]。

3.5.3　苯丙素苷类化合物

苯丙素苷类化合物（phenylpropanoid glycoside，PPG）是一类含有取代苯乙基和取代肉桂酰基的天然糖苷，苷元为取代苯乙基，取代肉桂酰基以酯键与 β-D-

1 https://en.jinzhao.wiki/wiki/Coumarin

2 https://en.jinzhao.wiki/wiki/Lignan

3 https://en.jinzhao.wiki/wiki/Atherosclerosis

4 https://www.cdc.gov/cholesterol/ldl_hdl.htm（LDL and HDL: Bad and Good Cholesterol. Centers for Disease Control and Prevention. CDC. Retrieved 11 September 2017）

5 https://en.jinzhao.wiki/wiki/Low-density_lipoprotein

吡喃葡萄糖相连，还可以连接其他的糖。因其具有抗菌、抗肿瘤、抗病毒、护肝等多种生理活性而日益受到人们的重视[249]。例如，从圆穗兔耳草（*Lagotis ramalana*）全草中分离得到了4个化合物：毛蕊花糖苷（acteoside）、米团花苷A（leucosceptoside A）、松果菊苷（echinacoside）、肉苁蓉苷A（cistanoside A）[1][250]，见表3-2。

表3-2　植物源苯丙素苷类化合物

序号	原植物	苯丙素苷类化合物	活性	参考文献
1	吴茱萸（*Evodia rutaecarpa*）	芥子醇9-O-阿魏酰基-4-O-β-D-葡萄糖苷	抗肿瘤活性	[251]
2	肉苁蓉（*Cistanche deserticola*）	肉苁蓉苯乙醇总苷（毛蕊花糖苷和松果菊苷）	纳米乳经鼻给药防治阿尔茨海默病	[252]
3	刺儿菜（*Cirsium setosum*）	银槭醇9-O-反式-对-香豆酰基-4-O-β-D-葡萄糖苷、红景天苷、苯甲醇-O-β-D-吡喃葡萄糖苷	对心脏、脑、神经、肝、肾、肺、皮肤的保护作用，抗细胞凋亡、抗癌、抗炎、抗衰老、抗疲劳、抗缺氧、抗病毒、抗骨质疏松、抗糖尿病等	[253]
4	厚鳞柯（*Lithocarpus pachylepis*）	蛇菰宁（balanophonin）A、蛇菰宁B	抗炎活性	[254]
5	美洲兜兰（*Phragmipedium caudatum*）	二苯乙烯苷类成分	抗增殖活性	[255]
6	山豆根（*Euchresta japonica*）	(8R)-3-(4-羟苯基)-1-丙醇-2-O-β-D-吡喃葡萄糖苷、刺楸素D、（E）-4-羟基肉桂醇-4-O-[2′-O-β-D-呋喃芹糖基(1′→2′)]-β-D-吡喃葡萄糖苷	对急性肝损伤的肝细胞具有保护活性	[256]
7	二歧马先蒿（*Pedicularis dichotoma*）	毛蕊花糖苷、异毛蕊花糖苷、米团花苷A、紫地黄苷D、角胡麻苷、异角胡麻苷、顺角胡麻苷、橘霉素C、乌金苷B、达伦多苷B、无刺枣苄苷Ⅰ、红景天苷	抗疲劳活性	[257]
8	玄参（*Scrophularia ningpoensis*）	6-O-反式肉桂酰基-1-O-α-D-呋喃果糖基β-D-吡喃葡萄糖、4-O-咖啡酰基3-O-α-吡喃鼠李糖基-D-吡喃葡萄糖、安格洛苷C（angroside C）等	抗血小板聚集	[258]
9	侧柏（*Platycladus orientalis*）	4-O-(1′,3′-二羟基丙基2′-)-二氢松柏醇9-O-β-D-葡萄糖苷、(–)-异落叶松脂素9′-O-β-D-葡萄糖苷	抗氧化活性	[259]

1 2-(4-羟基-3-甲氧基苯基)-乙基-3-*O*-(6-脱氧-α-L-吡喃甘露糖基)-β-D-吡喃葡萄糖苷

苯丙素苷类化合物具有抗肿瘤、逆转耐药作用，苯丙素苷（PPG）增加细胞株 LoVo/Adr 细胞对阿霉素（adriamycin，ADR）的摄入及细胞胞质区积聚是其逆转耐药的机制之一。苯丙素苷类化合物可降低阿霉素对 LoVo/Adr 细胞的半数抑制浓度（IC_{50}）值，具有逆转作用，还可引起 LoVo/Adr 细胞凋亡[260]。

3.6 醌类化合物

3.6.1 概述

醌类化合物（quinonoid）的母核是 1,4-苯醌或环己二烯二酮，是一类酚的氧化产物，具有不饱和酮结构，在同一苯环上有两个共轭的酮基。羟基蒽醌衍生物根据—OH 在母核上分布的位置不同，分为大黄素型和茜草素型两种类型。醌类化合物包括苯醌（benzoquinone）、萘醌（naphthoquinone）、菲醌（phenanthraquinone）、蒽醌（anthraquinone）[1]及它们的衍生物[261]。苯醌、萘醌多以游离状态存在，蒽醌类常常结合成苷存在于植物中。一些醌类化合物具有抗肿瘤活性。醌类化合物应用在泻药（番泻叶苷）、抗微生物和抗寄生虫（红根草邻醌与阿托伐醌）、抗肿瘤（大黄素和胡桃醌）、抑制 PGE-2 生物合成[arnebinone[2]与紫草呋喃醌（arnebifuranone）[3]]及抗心血管疾病（丹参酮）等方面，见表 3-3。

表 3-3　天然来源的醌类化合物

序号	来源	醌类化合物	活性	参考文献
1	巴戟天（*Morinda officinalis*）	2-羟基-1-甲氧基蒽醌、3-羟基-1-甲氧基-2-甲基蒽醌、1,3-二羟基-2-甲氧基蒽醌、2-甲基蒽醌、1,3-二羟基-2-甲基蒽醌、2-羟甲基蒽醌、3-羟基-1,2-二甲氧基蒽醌、1,8-二羟基-3-甲氧基-6-甲基蒽醌	抗癌活性	[262]
2	软紫草（*Arnebia euchroma*）	去氧阿卡宁、阿卡宁、乙酰阿卡宁、β′,β-二甲基丙烯酰阿卡宁、异丁酰阿卡宁	对磷酸二酯酶 PDE4 的抑制作用	[263]
3	软紫草（*Arnebia euchroma*）	紫草素、去氧紫草素、乙酰紫草素、β′,β-二甲基丙烯酰紫草素、α-甲基丁酰紫草素、异丁酰紫草素	对炎症细胞因子的抑制作用	[264]

1 https://en.jinzhao.wiki/wiki/Anthraquinone

2 8-乙烯-2,3-二甲氧基-8-甲基-5-丙-1-烯-2-基-6,7-二氢-5*H*-萘-1,4-二酮

3 (Z)-6-[5-(3-呋喃基)-2-甲基戊-2-烯基]-2,3-二甲氧基-1,4-苯醌

续表

序号	来源	醌类化合物	活性	参考文献
4	核桃楸（*Juglans mandshurica*）	胡桃醌、5,8-二羟基-1,4-萘醌、1,3-二羟基-2-甲氧基蒽醌、1-羟基-2-甲基-4-甲氧基蒽醌、2,6-二甲氧基对苯醌、1-甲基-3,8-二羟基-6-甲氧基蒽醌、1,3-二羟基蒽醌、2-羟基-3-甲基蒽醌	抗癌活性	[265]
5	狭叶蓬莱葛（*Gardneria angustifolia*）	二萜醌类化合物	抗炎活性	[266]
6	丹参（*Salvia miltiorrhiza*）	二萜菲醌类化合物：丹参酮ⅡA、丹参酮Ⅰ及隐丹参酮	丹参酮ⅡA可改善大脑中动脉闭塞所致局灶性脑缺血大鼠的神经功能，明显缩小脑梗死范围，显著降低局灶性脑缺血小鼠血清中丙二醛（MDA）的含量，增加超氧化物歧化酶（SOD）的活性	[267,268]
7	西藏杓兰（*Cypripedium tibeticum*）	7-羟基-2-甲氧基-1,4-菲醌（西藏杓兰醌A），7-羟基-2,10-二甲氧基-1,4-菲醌（西藏杓兰醌B）	—	[269]
8	凤仙花（*Impatiens balsamina*）	1,4-萘醌类	环加氧酶-2 抑制剂	[270]
9	头状球百合（*Bulbine capitata*）	异呋喃萘醌类	抗疟和抗氧化活性	[271]
10	猪笼草（*Nepenthes mirabilis*）	萘醌类：nepenthone F 和 nepenthone G	抗氧化活性	[272]

3.6.2 萘醌

萘醌（naphthoquinone）形成许多天然化合物的中心化学结构[1]，代表性的化合物是维生素 K，维生素 K 是 1,4-萘醌（1,4-naphthoquinone）的衍生物，具有与醌亚单元稠合的一个芳环的平面分子。2-甲基萘醌也称为维生素 K3，胡桃醌、白花丹和茅膏醌（droserone）等化合物属于天然萘醌。萘醌衍生物有细胞毒性，具有抗细菌、抗真菌、抗病毒、杀虫、抗炎和解热特性，可用于治疗寄生虫病[273]。

蛋白酪氨酸磷酸酶 1B（protein tyrosine phosphatase 1B，PTP-1B）是近年来发现的治疗 2 型糖尿病的新靶点，1,2-萘醌类化合物对 PTP-1B 有较好的抑制活性，在 R3 位引入强的吸电子基团且较小体积的亲水性取代基团，在 R6 位引入

1 https://en.jinzhao.wiki/wiki/Naphthoquinone

较大体积的取代基及 R4 位的芳基，在 R7 位引入较小体积的取代基团，均有利于化合物活性的提高[274]。

3.7　化学成分质量控制方法

3.7.1　概述

林源植物的化学分析方法多采用薄层色谱法（thin layer chromatography，TLC）[1]和高效液相色谱法（high performance liquid chromatography，HPLC）[2]、气相色谱法（gas chromatography，GC）[3]、液相色谱与质谱法（liquid chromatography mass spectrometry，LC-MS）[4]技术等。

质量评价研究中定性评价目前常采用 TLC、GC 和 HPLC 鉴别。定量评价目前主要采用液相色谱法及气相色谱法测定植物化学成分的量，并应用于相应药材的资源、品种和炮制前后的成分变化的比较研究，以及对相关产品的质量进行控制，见文框 3-6。

文框 3-6　芥子中芥子碱类和硫代葡萄糖苷类成分质量评价研究

白芥属（*Sinapis*）芥子（*Sinapis semen*）中主要含有 4 种芥子碱类成分，包括芥子碱（sinapine）、4-羟基苯甲酰胆碱（4-hydroxybenzoyl choline）。4-羟基苯甲酰胆碱常作为鉴别白芥子药材的指标性成分。芥子碱在植物中的主要存在形式为芥子碱硫氰酸盐（sinapine thiocyanate）。黑芥子硫苷酸钾（sinigrin）和白芥子硫苷酸钾（sinalbin）为芥子中特有的硫代葡萄糖苷类成分[1]。

对芥子中芥子碱的分析多采用薄层色谱法（TLC）和高效液相色谱-紫外光谱法（HPLC-UV），主要选用苯基柱和 C_{18} 柱。由于芥子碱在碱性条件下会转变为芥子酸，因此在液相色谱分析时流动相普遍加入酸性物质以保证芥子碱的稳定性[2]。

对芥子中硫代葡萄糖苷的分析主要采用气相色谱法（GC）、高效液相色谱法（HPLC）及液相色谱与质谱法（mass spectrometry）技术。用 GC 分析硫代葡萄糖苷的分解产物异硫氰酸酯等挥发性成分，采用液相色谱与紫外光谱联用（LC-UV）分析多种硫代葡萄糖苷类物质。分析芥子中含有的硫代葡萄糖苷类物质

1 https://en.jinzhao.wiki/wiki/Thin-layer_chromatography

2 https://en.jinzhao.wiki/wiki/High-performance_liquid_chromatography

3 https://en.jinzhao.wiki/wiki/Gas_chromatography

4 https://en.jinzhao.wiki/wiki/Liquid_chromatography%E2%80%93mass_spectrometry

多采用电喷雾离子阱质谱（electrospray ion trap mass spectrometry，ESI-IT-MS）[3]、快原子轰击质谱（fast atom bombardment mass spectrometry，FAB-MS）、电喷雾四极杆飞行时间质谱（electrospray quadrupole-time-of-flight mass spectrometry，ESI-Q-TOF-MS）、电喷雾三重四极杆质谱(electrospray triple-quadrupole tandem mass spectrometry，ESI-TQ-MS）及电喷雾傅里叶变换离子回旋共振质谱（electrospray fourier transform ion cyclotron resonance mass spectrometry，ESI-FTICRMS）等[4-6]。对芥子碱类物质的分析多采用 LC/ESI-Q-TOF-MS 和 ESI-IT-MS。

定性评价研究目前常采用 TLC、GC、HPLC 和质谱技术鉴别白芥子与黄芥子。TLC 和 HPLC-UV 用于鉴别白芥子中芥子碱硫氰酸盐、sinalbin 和 4-羟基苯甲酰胆碱，以及研究 sinigrin 和 sinalbin 的质谱裂解规律与离子碎片规律[7,8]。定量评价研究主要采用液相色谱法和气相色谱法，亦可建立相关色谱指纹图谱用于整体质量评价。

[1] 陈天文. 液相色谱-电喷雾离子阱质谱对芥子碱的测定方法 [J]. 分析试验室, 2008, 27(5): 115-117.
[2] 逄镇, 张村, 李丽, 等. 白芥子及其炮制品的HPLC 鉴别 [J]. 北京中医药大学学报, 2008, 31(10): 699-701.
[3] 张青山, 王卓, 孔铭, 等. 芥子中芥子碱类和硫代葡萄糖苷类成分化学稳定性和质量评价研究进展 [J]. 中草药, 2015, 46(1): 148-156.
[4] Bialecki J B, Ruzicka J, Weisbecker C S, et al. Collision-induced dissociation mass spectra of glucosinolate anions [J]. J Mass Spectrom, 2010, 45(3): 272-283.
[5] Cataldi T R, Lelario F, Orlando D, et al. Collision-induced dissociation of the A+ 2 isotope ion facilitates glucosinolates structure elucidation by electrospray ionization-tandem mass spectrometry with a linear quadrupole ion trap [J]. Anal Chem, 2010, 82(13): 5686-5696.
[6] Lee K C, Chan W, Liang Z, et al. Rapid screening method for intact glucosinolates in Chinese medicinal herbs by using liquid chromatography coupled with electrospray ionization ion trap mass spectrometry in negative ion mode [J]. Rapid Commun Mass Spectrom, 2008, 22(18): 2825-2834.
[7] Sakushima A, Ohnishi S, Kubo H, et al. Study of sinapinyl but-3-enylglucosinolate (boreavan A) and related compounds by mass spectrometry [J]. Phytochem Anal, 1997, 8(6): 312-315.
[8] Velíšek J, Mikulcová R, Míková K, et al. Chemometric investigation of mustard seed [J]. LWT-Food Sci Technol, 1995, 28(6): 620-624.

色谱法（chromatography）是用于分离混合物的技术[1]。将混合物溶解在流动相中，流动相携带其通过固定相将混合物的各种成分以不同的速度行进，使它们分离。化合物分配系数的微妙差异导致固定相上的差异保留，从而影响分离。色

1 https://en.jinzhao.wiki/wiki/Chromatography

谱法分为制备色谱法和分析色谱法。制备色谱法的目的是将混合物的组分分离以备后用，是一种纯化（purification）分离形式。分析色谱法用于确定混合物中分析物的有无或含量多少。

色谱技术（techniques by chromatographic）包括柱层析（column chromatography）和平面色谱法（planar chromatography），平面色谱法又分为纸色谱法（paper chromatography）和薄层色谱法（thin layer chromatography，TLC）、位移色谱法（displacement chromatography）。色谱技术按流动相物理状态（techniques by physical state of mobile phase）分为气相色谱法（gas chromatography）和液相色谱法（liquid chromatography）。超临界流体色谱法（supercritical fluid chromatography）[1]是亲和层析（affinity chromatography）的一种。分离技术（technique by separation mechanism）包括离子交换层析（ion exchange chromatography）、分子排阻色谱法（size exclusion chromatography，SEC）、扩展床吸附色谱分离（expanded bed adsorption chromatographic separation）。特殊技术（special technique）包括反相色谱法（reversed-phase chromatography）、疏水相互作用层析（hydrophobic interaction chromatography）、二维色谱法（two-dimensional chromatography）、模拟移动床层析（simulated moving-bed chromatography）、热解气相色谱法（pyrolysis gas chromatography）、快速蛋白质液相色谱法（fast protein liquid chromatography）、逆流色谱法（countercurrent chromatography）和手性色谱法（chiral chromatography）。

3.7.2　薄层色谱法

薄层色谱法（thin layer chromatography，TLC）是用于分离非挥发性混合物的色谱技术。在一层玻璃、塑料或铝箔上进行薄层色谱，其中涂覆有薄层的吸附材料硅胶、氧化铝或纤维素等作为固定相，将样品涂布在板上后，通过毛细管作用将溶剂或溶剂混合物作为流动相吸入板中。因为不同的分析物以不同的速率在TLC板上升，连续地产生吸附、解吸附、再吸附、再解吸附，所以实现了分离。由于各组分在溶剂中的溶解度不同，以及吸附剂对它们的吸附能力的差异，最终将混合物分离成一系列斑点。使用保留因子（Rf）测定斑点量化值，即被分离的成分斑点行进的距离除以流动相所移动的总距离。

Rf=溶质移动的距离/溶液移动的距离，表示物质移动的相对距离。各种物质的Rf随要分离化合物的结构、滤纸或薄层板的种类、溶剂、温度等不同而不同，但在条件固定的情况下，Rf对每一种化合物来说是一个特定数值。保留因子是特征性的，但将根据移动相和固定相的确切条件而改变。薄层色谱法可用于监测反

1 https://en.jinzhao.wiki/wiki/Supercritical_fluid_chromatography

应进程，确定给定混合物中存在的化合物，并确定物质的纯度。

3.7.3　高效液相色谱法

液相色谱法（liquid chromatography，LC）是其中流动相为液体的分离技术。高效液相色谱法（high performance liquid chromatography，HPLC）样品被高压液体（流动相）强迫通过填充有由不规则或球形颗粒、多孔整体层或多孔膜组成的固定相的柱。正相液相色谱法（NPLC）的固定相比流动相具有更大的极性，如作为流动相的甲苯，以二氧化硅作为固定相。反相液相色谱法（RPC）的流动相比固定相具有更大的极性，如使用流动相的水-甲醇混合物和以 C_{18}（十八烷基甲硅烷基）作为固定相，见文框 3-7。

文框 3-7　高效液相色谱法

高效液相色谱法（HPLC）是以液体为流动相，采用高压输液系统，将具有不同极性的单一溶剂或不同比例的混合溶剂、缓冲液等流动相泵入装有固定相的色谱柱，在柱内各成分被分离后，进入检测器进行检测的技术。其包括以下几种[1]。

1）吸附色谱法（adsorption chromatography）

吸附色谱法是指利用吸附性的不同而进行的色谱分离和分析的方法，它是基于在溶质和用作固定固体吸附剂上的固定活性位点之间的相互作用来达到提取和分离的目的的。

2）分配色谱法（partition chromatography）

分配色谱法是根据样品中各组分在流动相与固定相中分配系数的差异进行分离的方法。

3）离子色谱法（ion chromatography）

离子交换层析（通常称为离子色谱法）使用离子交换机制根据各自的电荷分离分析物。其有两种离子交换色谱：阳离子交换色谱和阴离子交换色谱。

4）分子排阻色谱法/凝胶色谱法（size exclusion chromatography）

SEC 根据分子大小（或根据分子流体动力学直径或流体动力学体积）更精确地分离分子，是低分辨率色谱技术，也可用于确定三级结构和四级结构的纯化蛋白质。

5）键合相色谱法（bonded phase chromatography）

键合相色谱法是将固定相共价结合在载体颗粒上，克服了分配色谱法中由于固定相在流动相中有微量溶解，以及流动相通过色谱柱时的机械冲击，固定相不断损失，色谱柱的性质逐渐改变等缺点。键合相色谱法可分为正相色谱法和反相色谱法。

正相色谱法（normal phase chromatography）：采用极性固定相（如聚乙二醇、氨基与腈基键合相）；流动相为相对非极性的疏水性溶剂（烷烃类如正已烷、环己烷），常加入乙醇、异丙醇、四氢呋喃、三氯甲烷等以调节组分的保留时间。该方法常用于分离中等极性和极性较强的化合物（如酚类、胺类、羰基类及氨基酸类等）。

反相色谱法（reversed phase chromatography）：一般用非极性固定相（如 C_{18}、C_8）；流动相为水或缓冲液，常加入甲醇、乙腈、异丙醇、丙酮、四氢呋喃等与水互溶的有机溶剂以调节保留时间。该方法适用于分离非极性和极性较弱的化合物。反相色谱法在现代液相色谱中应用最为广泛，据统计，它占整个 HPLC 应用的 80%左右。

6）亲和色谱法（affinity chromatography）

亲和色谱法基于分析物与特定分子之间的选择性非共价相互作用，利用生物分子对金属（Zn、Cu、Fe 等）的亲和力。色谱柱通常是手动制备的，这些色谱柱可以加载不同的金属以创建具有目标亲和力的色谱柱。

相关术语包括：色谱图（chromatogram）、基线（base line）、噪音（noise）、漂移（drift）、色谱峰（peak）、前延峰（leading peak）和拖尾峰（tailing peak）、峰底、峰高（peak height，H）、峰宽（peak width，W）、半峰宽、峰面积（peak area，A）、保留时间（retention time，t_R）、分离度（resolution，R）、拖尾因子（tailing factor，T）、死体积（dead volume）、理论塔板数（theoretical plate number，N，色谱柱柱效参数之一）、保留因子（K）、分离因子（separation factor）等[2]。

[1] https://encyclopedia.thefreedictionary.com/chromatography.

[2] https://baike.baidu.com/item/高效液相色谱/5639633.

3.7.4 气相色谱法

气相色谱法（gas chromatography，GC）是流动相为气体、在填充柱或毛细管柱中进行的一种分离技术。毛细管柱对于复杂的混合物通常具有更高的分辨率，见文框 3-8。

文框 3-8 气相色谱仪

气相色谱仪（gas chromatograph）是用于复杂样品中分离化学物质的化学分析仪器。气相色谱仪使用称为柱的流通窄管，根据样品的各种化学和物理性质，样品的不同化学成分以不同的速率通过气流（载气，流动相），并与聚硅氧烷和聚乙二醇等固定相相互作用，随着化学品离开色谱柱的末端，它们以电子方式进行检测和鉴定。柱中的固定相的功能是分离不同的组分，导致每个组分在不同的时间（保留时间）离开色谱柱。可用于改变保留次序或时间的其他参数是载气流速、色谱柱长度和温度[1]。

在 GC 分析中，通常使用微型注射器（或固相微萃取纤维或气体源切换系统）将已知体积的气体或液体分析物注入塔的“入口”（头部）。当载气将分析物分子扫过柱时，通过将分析物分子吸附到柱壁上或柱中的包装材料上来抑制该运动。分子沿着色谱柱行进的速率取决于吸附的强度，也取决于分子的类型和固定相材料。由于每种类型的分子具有不同的行进速率，当分析物的各种组分沿着柱进行分离，因到达柱末端的保留时间不同，从而达到分离目的。检测器用于监测柱的出口流；因此，可以确定每个组分到达出口的时间和该组分的量。物质通过从柱中排出（洗脱）的顺序和分析物在柱中的保留时间来确定（定性）[2]。

自动进样器提供了将样品自动引入入口的方法，自动插入可提供更好的再现性和时间优化，有不同种类的自动进样器，可以使用 XYZ 机器人与旋转机器人等机器人技术进行分类或分析。载气（流动相）的选择很重要。氢气具有与氦气效率相当的流速范围。氦气是不易燃、最常用的载气。由于近年来氦气的价格大幅度上涨，导致越来越多的色谱技术人员转而使用氢气。

检测器包括：催化燃烧检测器（CCD）、放电电离检测器（DID）、干电解电导检测器（DELCD）、电子捕获检测器（ECD）、火焰光度检测器（FPD）、原子发射检测器（AED）、霍尔电解电导检测器（ELCD）、氦离子化检测器（HID）、氮磷检测器（NPD）、碱性火焰探测器（AFD）、红外探测器（IRD）、光电离检测器（PID）、脉冲放电电离检测器（PDD）、热离子电离检测器（TID）等。常用的检测器是火焰离子化检测器（FID）和热导检测器（TCD）。

一些气相色谱仪连接到用作检测器的质谱仪，称为 GC-MS。一些 GC-MS 连接到用作备用检测器的 NMR 光谱仪，称为 GC-MS-NMR。一些 GC-MS-NMR 连接到用作备用检测器的红外分光光度计，称为 GC-MS-NMR-IR。大多数分析可以通过 GC-MS 直接得出结论[3]。

[1] Harris, Daniel C. 24. Gas Chromatography [M]. Quantitative chemical analysis. W. H. Freeman and Company, 1999: 675-712.

[2] Higson S. Analytical Chemistry [M]. Oxford: University Press, 2004.

[3] https://encyclopedia.thefreedictionary.com/gas+chromatography.

3.7.5 质谱法

质谱法（mass spectrometry，MS）是一种电离化学物质并根据其质荷比排序离子的分析技术。质谱是作为质荷比的函数的离子信号的曲线图。MS 用于确定样品的元素或同位素特征和分子质量，并阐明分子的化学结构。用电子轰击等方法使样品被 MS 电离。样品的分子破碎成带电碎片，根据其质荷比分离，通过加速它们并使其经受电场或磁场，相同质荷比的离子将经历相同量的偏转，能够通过电子倍增器等检测带电粒子的机器来检测离子，得到带有质荷比的函数、检测离子的相对丰度的光谱。通过将已知质量与鉴定的质量相关联或通过特征分解模式来鉴定样品中的原子或分子，见文框 3-9。

文框 3-9 质谱仪

质谱仪（mass spectrometer）由三部分组成：离子源、质量分析仪和检测器。根据样品的相（固体、液体、气体）和未知物种的各种离子化机理的效率，存在各种各样的电离技术[1,2]。提取系统从样品中除去离子，然后通过质谱仪将其定位到检测器上。碎片的质量差异允许质量分析仪按离子质荷比进行排序。检测器测量指标数值从而提供用于计算每个离子丰度的数据。一些检测器还给出空间信息，如多通道板。所述离子源是离子化所分析的材料（分析物）的质谱仪的一部分。离子通过磁场或电场传输到质量分析仪。电离技术一直是确定通过质谱法分析样品的关键。电喷雾电离和化学电离用于气体与蒸汽。在化学电离源中，通过电离源中碰撞期间的化学离子-分子反应将分析物电离。常用的是电喷雾电离（ESI）技术和基质辅助激光解吸电离（MALDI）技术[1,3]。由于分子的精确结构或肽序列通过碎片来确定。因此质谱的解释需要各种技术的组合使用。通常，识别未知化合物的第一个策略是将化合物的实验质谱与质谱库进行比较。如果搜索没有匹配，则必须进行人工解释或利用质谱的软件辅助解释。在质谱仪中发生的电离和碎裂过程通过计算机模拟分配结构或肽序列。一个片段结构信息在电脑中分段，并将所得模式与观察光谱进行比较。这种模拟通常由包含已知分解反应的已发布模式的碎片库（fragmentation library）支持。利用这一想法的软件已被开发用于小分子和蛋白质的研究中[4,5]。

[1] Fenn J B, Mann M, Meng C K, et al. Electrospray ionization for mass spectrometry of large biomolecules [J]. Science, 1989, 246(4926): 64-71.

[2] Tanaka K, Waki H, Ido Y, et al. Protein and polymer analyses up to *m/z* 100 000 by laser ionization time-of flight mass spectrometry [J]. Rapid Commun Mass Spectrom, 1988, 2(20): 151-153.

[3] Karas M, Bachman D, Bahr U, et al. Matrix-assisted ultraviolet laser desorption of non-volatile compounds [J]. Int J Mass Spectrom Ion Proc, 1987, 78: 53-68.

[4] https://baike.baidu.com/item/%E8%B4%A8%E8%B0%B1.

[5] https://encyclopedia.thefreedictionary.com/Mass+spectrometry.

串联质谱仪（tandem mass spectrometer）[1]是一种能多轮质谱，通常通过某些形式的分子碎片进行分离。例如，一个质谱仪可以将许多亚稳离子（metastable ion）与许多进入质谱仪的肽分离。然后，第二质量分析仪使亚稳离子稳定，同时它们与气体碰撞，导致它们通过碰撞诱导解离（collision-induced dissociation，CID）而碎裂。然后，第三质量分析仪对由肽产生的片段进行排序。串联MS也可以在单个质量分析仪中随时间完成，如在四极离子阱（quadrupole ion trap）中。有各种破碎方法用于串联MS分离，包括碰撞诱导离解（collision-induced dissociation，CID）、电子俘获解离（electron-capture dissociation，ECD）、电子转移解离（electron-transfer dissociation，ETD）、红外多光子解离（infrared multiphoton dissociation，IRMPD）、黑体红外辐射解离（blackbody infrared radiative dissociation，BIRD）、电子剥离解离（electron-detachment dissociation，EDD）和表面诱导解离（surface-induced dissociation，SID）等。串联质谱主要应用于蛋白质鉴定[275]。

串联质谱法可实现多种串联方式。许多商用质谱仪使用选择反应检测（selected reaction monitoring，SRM）扫描和子离子扫描等扫描方式。放射性碳素断代（radiocarbon dating）[2]是加速器质谱法（accelerator mass spectrometry，AMS）使用非常高的在兆伏特范围的电压将负离子加速进入一种串联质谱仪中。

分析仪和检测器的特定组合通常用化合物首字母缩略词来简明扼要地表示，如基质辅助激光解吸飞行时间质谱（matrix-assisted laser desorption/ionization time of flight，MALDI-TOF）仪、电感耦合等离子体质谱（inductively coupled plasma mass spectrometry，ICP-MS）仪、加速器质谱（accelerator mass spectra，AMS）仪、热离子-质谱（thermal ionization mass spectrometry，TIMS）仪和火花源质谱（spark source mass spectrometry，SSMS）仪等。时间飞行质谱（time-of-flight mass spectrometry，TOFMS）[3]是通过离子在一定距离真空无场区内，按照其中离子的质荷比经由时间测量来确定。离子由已知强度的电场加速[276]。该加速度导致离子具有与具相同电荷的任何其他离子相同的动能。离子的速度取决于质荷比。测量离子到达已知距离的检测器的时间。这个时间将取决于离子的速度，因此是其质荷比的量度，从这个比例和已知的实验参数可以确定离子。飞行时间（time-of-flight，TOF）分析仪是通过不同的离子经过电场加速至同样的动能，然后测量它们到达检测器的时间。如果粒子都具有相同的电荷时，动能将是相同的，它们的速度将只能由质荷比决定。质量较低的离子将首先到达探测器。应用较多的是表面增强激光解吸电离-飞行时间质谱（SELDI-TOF-MS）[277]，见表3-4。

1 https://en.jinzhao.wiki/wiki/Tandem_mass_spectrometry

2 https://en.jinzhao.wiki/wiki/Radiocarbon_dating

3 https://en.jinzhao.wiki/wiki/Time-of-flight_mass_spectrometry

表 3-4　飞行时间质谱应用

序号	技术	病症或代谢物	应用分析	参考文献
1	SELDI-TOF-MS	早期肝硬化	患者血清蛋白质谱筛选模型	[277]
2	SELDI-TOF-MS	胰腺癌	胰腺癌诊断模型、胰腺癌血清蛋白谱型	[278]
3	SELDI-TOF-MS	结直肠腺瘤	结直肠腺瘤血清蛋白质谱	[279]
4	SELDI-TOF-MS	肝癌	—	[280]
5	SELDI-TOF-MS	血清	血清中的乳腺癌标志物	[281]
6	SELDI-TOF-MS	干眼症患者	泪液中多肽和蛋白质的大规模筛选模型中的生物标志物	[282]
7	SELDI-TOF-MS	多囊卵巢	多囊卵巢综合征卵泡液中的差异蛋白	[283]
8	GC-TOF-MS	哺乳动物血清和尿液	代谢谱分析	[284]
9	SELDI-TOF-MS	雌激素活性	雌激素激动剂筛选的蛋白质组学	[285]

3.7.6　液相色谱-质谱法（LC-MS）

液相色谱-质谱法（liquid chromatography-mass spectrometry，LC-MS）[1]是一种高效液相色谱法（high performance liguid chromatography，HPLC）和MS结合在一起的分析化学技术，HPLC体现物理分离能力，MS体现质量分析能力。当液相色谱分离具有多种组分的混合物时，质谱主要负责检测分析具有高分子特异性和检测灵敏度的各组分的结构特征。LC-MS可应用于生物技术、环境监测、食品加工、制药、农产品质量安全及化妆品等领域[286]。LC-MS系统还包含有效地将分离的组分从LC色谱柱转移到MS离子源中的界面的技术[287]，如电喷雾电离（ESI）、大气压化学电离（APCI）和大气压光电离（APPI）。双重MS离子源包括ESI/APCI、ESI/APPI、APCI/APPI离子源[288-291]。开发一种新的方法是耦合纳米HPLC系统和配备电子离子的质谱仪EI LC-MS联用技术[292,293]。

LC-MS被认为是蛋白质组学和制药实验室的主要分析技术[294]，广泛用于药代动力学研究，可以通过进行药代动力学研究来确定药物从身体器官和肝脏血液中清除的速度。MS分析仪分析时间更短，与通常连接到HPLC系统的紫外检测器相比，具有更高的灵敏度和特异性[295]。

LC-MS/MS最常用于复杂样品的蛋白质组学分析，通过SDS聚丙烯酰胺凝胶电泳（SDS-PAGE）或阳离子交换高效液相色谱（HPLC-SCX）分离样品后，可以鉴定超过1000种蛋白质[295]。肽质量指纹图谱或LC-MS/MS用于衍生单个肽序列的分析[296]。LC-MS可以分离精细和复杂的天然混合物。超过85%的天然化合物是极性和热不稳定的，GC-MS无法处理这些样品。LC-MS基于MS的系统有助于从复杂的生物样品中获得关于广谱化合物的更详细的信息，可以用于天然产物

1 https://en.jinzhao.wiki/wiki/Liquid_chromatography%E2%80%93mass_spectrometry

的分析和植物中次生代谢物的分析[297]。LC-NMR 也用于植物代谢组学分析，可以研究分子水平的植物系统[298,299]，LC-MS 在植物代谢组学中的首次应用是检测了来自南瓜韧皮组织的代谢产物寡糖、氨基酸、氨基糖和糖核苷酸[300]。LC-MS 可以高效分离和鉴定葡萄糖、蔗糖、棉籽糖、水苏糖和毛蕊花糖[301]。

总的说来，LC-MS 能够快速确认分子量和鉴定结构，用于药物开发的 LC-MS 是用于肽图谱（peptide mapping）、糖蛋白测定（glycoprotein mapping）、天然产物去除（natural products dereplication）[1]、生物亲和力筛选（bioaffinity screening）、体内药物筛选（*in vivo* drug screening）、代谢稳定性筛选（metabolic stability screening）、代谢物鉴定（metabolite identification）、杂质鉴定（impurity identification）、定量生物分析（quantitative bioanalysis）和质量控制（quality control）的高度自动化的方法（highly automated method）[302]，具体内容见表 3-5。

表 3-5　应用 LC-MS 技术的分析

序号	技术	分析对象	研究内容	参考文献
1	LC-MS	赤芍、白芍	色谱峰与细胞抑制率的谱效关系	[303]
2	HPLC-MS/MS	罂粟壳生物碱	定性、定量分析吗啡、可待因、罂粟碱、蒂巴音和那可丁 5 种生物碱	[304]
3	LC-MS/MS	荷叶生物碱	生物碱在大鼠体内的组织分布	[305]
4	LC-MS/MS	延胡索	延胡索活性部位入血成分分析	[306]
5	LC-MS	甲醇咖啡豆提取物和商业苹果酒	分离 18 种绿原酸	[307]
6	LC-MS/MS	非甾体抗炎药物	使用亲水性聚合物柱（MSpak GF-310 4B），通过液相色谱（LC）-电喷雾电离串联质谱（MS-MS）分析	[308]
7	LC-MS	白藜芦醇	用带有正离子大气压化学电离（APCI）质谱检测的反相 HPLC 分析酒中白藜芦醇含量	[309]
8	LC-MS/MS	蛋白质磷酸化分析	IMAC 富集的肽的 LC-MS/MS 分析鉴定大鼠肝脏中超过 200 种蛋白质的 300 多个磷酸化位点	[310]

3.7.7　气相色谱-质谱法（GC-MS）

气相色谱-质谱法（gas chromatography-mass spectrometry，GC-MS）是一种结合气相色谱和质谱特征的分析方法，用于鉴定测试样品中的不同物质[300]。GC-MS 可以分析和检测微量的物质。GC-MS 被认为是法医鉴定的“黄金标准”，用于执行 100%特异性检验，可以肯定地识别特定物质的存在，见表 3-6。

---

1 dereplication 直译为去重复化，指去除已知化合物重复的分离工作

表 3-6 应用 GC-MS 技术的分析

序号	技术	分析对象	研究内容	参考文献
1	GC-MS	广藿香-广陈皮药对	体外指纹谱与体内代谢谱	[311]
2	GC-MS	*AMPKα2* 基因与 2 型糖尿病的关系	代谢谱	[312]
3	GC-MS 指纹图谱	莪术挥发油	采用“中药色谱指纹图谱计算机相似性评价系统”进行模式分析及相似度计算	[313]
4	气相色谱-闻香器（GC-O）和 GC-MS	葡萄酒的离子交换树脂（XAD）-4 提取物	C_{18} 半制备柱的 HPLC 系统中将第二提取物分馏，气味剂通过 GC-MS 进行定量	[314]
5	GC-MS	马鞭草科植物中酚类化合物咖啡酸、阿魏酸、儿茶素	GC-MS 用于甲硅烷基化后酚类化合物的鉴定	[315]
6	GC-MS	大麻素	使用 GC-MS 测定尿液中的大麻素	[316]

3.7.8 超高效液相色谱-质谱联用技术（UPLC-MS/MS）

超高效液相色谱（ultra performance liquid chromatography，UPLC）[1]借助于 HPLC（高效液相色谱）的理论及原理，涵盖了小颗粒填料、超低系统体积及快速检测手段等全新技术，增加了分析的通量、灵敏度及色谱峰容量。超高效液相色谱法是一个新兴的技术，作为世界第一个商品化 UPLC 产品的 Waters ACQUITY UPLCTM 超高效液相色谱系统在 1996 年问世，之后像安捷伦、岛津等公司也陆续开始生产超高效色谱仪，UPLC 出现小颗粒、高性能微粒固定相的高效液相色谱的色谱柱，如常见的十八烷基硅胶键合柱，它的粒径是 5μm，而超高效液相色谱的色谱柱会达到 3.5μm，甚至 1.7μm。这样的孔径更加有利于物质分离，见表 3-7。

表 3-7 应用 UPLC-MS/MS 技术的分析

序号	技术	分析对象	技术分析	参考文献
1	UPLC-MS/MS	紫杉醇及其注射液的杂质谱	—	[317]
2	UPLC-ESI-Orbitrap-MS	金钗石斛生物碱	—	[318]
3	UPLC/Q-TOF-MS	附子半夏配伍相反的物质基础	通过主成分分析法和正交偏最小二乘判别法分析	[319]
4	HPLC/ESI-MSn	生附片的化学成分	通过保留时间、质荷比及多级串联质谱数据，共鉴定了 48 个成分	[320]

1 https://en.jinzhao.wiki/wiki/High-performance_liquid_chromatography

续表

序号	技术	分析对象	技术分析	参考文献
5	UPLC/Q-TOFMS	乌头与贝母配伍的化学成分变化	检测后经过 Masslynx4.1 分析	[321]
6	UPLC/MS	附子配伍过程中二萜类生物碱的吸收转运	—	[322]
7	UPLC-ESI/Q-TOF-MS/MS	对荷梗中的化学成分进行定性分析	在电喷雾四极杆飞行时间质谱（ESI-Q-TOF-MS/MS）正离子模式下进行检测，根据精确分子量和碎片离子分析，并结合数据库匹配技术进行结构鉴定	[323]

参 考 文 献

[1] 王灼琛. 芳基烷基葡萄糖苷的合成、表征及其增香和抑菌活性研究 [D]. 合肥: 安徽农业大学博士学位论文, 2011.

[2] Bae K H. A new salicin derivative from the stem bark of *Populus davidiana* [J]. Chinese Chemical Letters, 2009, 20: 1321-1323.

[3] 张金虎. 硫苷及其降解产物异硫氰酸酯的微胶囊化研究 [D]. 北京: 北京化工大学硕士学位论文, 2013.

[4] 郭宁, 郑姝宁, 武剑, 等. 紫菜薹、紫色芜菁和紫色白菜花青苷分析 [J]. 园艺学报, 2014, 41(8): 1707-1715.

[5] Gleadow R M, Møller B L. Cyanogenic glycosides: synthesis, physiology, and phenotypic plasticity [J]. Annual Review of Plant Biology, 2014, 65: 155-185.

[6] Milazzo S, Horneber M. Laetrile treatment for cancer [J]. The Cochrane Database of Systematic Reviews, 2015, (4): CD005476.

[7] 曹捷. 紫花地丁黄酮苷类成分的定性定量研究 [D]. 上海: 复旦大学硕士学位论文, 2013.

[8] 丁国斌, 陈璧, 汤朝武. 熊果苷对体外培养的人黑素细胞的作用 [J]. 第四军医大学学报, 2001, 22(20): 1846-1848.

[9] Sun H X, Xie Y, Ye Y P. Advances in saponin-based adjuvants [J]. Vaccine, 2009, 27(12): 1787-1796.

[10] 王海南. 人参皂苷药理研究进展 [J]. 中国临床药理学与治疗学, 2006, 11(11): 1201-1206.

[11] 张永勇, 叶文才, 范春林, 等. 酸橙中一个新的香豆素苷 [J]. 中国天然药物, 2005, 3(3): 141-143.

[12] 张村, 肖永庆, 李丽, 等. 白花前胡化学成分研究(Ⅴ)[J]. 中国中药杂志, 2012, 37(23): 3573-3576.

[13] 赵雪淞, 李盛钰, 杨旭, 等. 甾体糖苷抗肿瘤活性构效关系研究 [J]. 食品工业科技, 2016, 37(11): 345-349.

[14] 曹芳, 冯文静, 陈明, 等. 甜菊糖苷降血糖作用研究 [J]. 中国药物与临床, 2009, 9(2): 127.

[15] 邹臣亭, 杨秀伟. 玄参中一个新的环烯醚萜糖苷化合物 [J]. 中草药, 2000, 31(4): 241-243.

[16] 高娟. 糖苷酶转化人参皂苷的研究 [D]. 长春: 东北师范大学博士学位论文, 2012.

[17] 郭淑, 罗红梅, 宋经元, 等. 糖基转移酶在植物次生代谢途径中的研究进展 [J]. 世界科学技术(中医药现代化), 2012, 14(6): 2126-2130.

[18] Frydman A, Weisshaus O, Bar-Peled M, et al. Citrus fruit bitter flavors: isolation and functional characterization of the gene *Cm1*, *2RhaT* encoding a 1, 2 rhamnosyltransferase, a key enzyme in the biosynthesis of the bitter flavonoids of citrus [J]. The Plant Journal, 2004, 40(1): 88-100.

[19] de Winter K, van Renterghem L, Wuyts K, et al. Chemoenzymatic synthesis of β-D-glucosides using cellobiose phosphorylase from clostridium thermocellum [J]. Advanced Synthesis and Catalysis, 2015, 357(8): 1961-1969.

[20] 焦安英, 李永峰, 李玉文. 多糖糖链一级结构的测定技术 [J]. 中国甜菜糖业, 2008, 3: 37-39.

[21] 缪振春, 冯锐, 周永新, 等. 甙中寡糖链结构测定的核磁共振研究 [J]. 军事医学科学院院刊, 1999, 23(2): 35-39.

[22] Maria T, Mithen R. Glucosinolates, isothiocyanates and human health [J]. Phytochem Rev, 2009, 8(1): 269-282.

[23] 姜子涛, 张清峰, 李荣. 异硫氰酸酯的产生、化学性质及测定方法 [J]. 中国调味品, 2005, 314(4): 9-14.

[24] 李娟, 朱祝军. 植物中硫代葡萄糖苷生物代谢的分子机制 [J]. 细胞生物学杂志, 2005, 27: 519-524.

[25] 林海鸣, 郑晓鹤, 周军, 等. 硫代葡萄糖苷及异硫氰酸酯的抗癌和抗氧化作用进展 [J]. 中国现代应用药学, 2015, 32(4): 513-520.

[26] Ohm Y, Takatani K S. Decomposition rate of allyl isothiocyanate in aqueous solution [J]. Biosci Biotechnol Biochem, 1995, 59(1): 102-103.

[27] Sekiyama Y, Mizukami Y, Takada A, et al. Vapor pressure and stability of allyl isothiocyanate [J]. J Food Hyg Soc Jpn, 1994, 35(4): 365-370.

[28] 张青山, 王卓, 孔铭, 等. 芥子中芥子碱类和硫代葡萄糖苷类成分化学稳定性和质量评价研究进展 [J]. 中草药, 2015, 46(1): 148-156.

[29] 陈兰英, 毕明芳, 余倩, 等. 异硫氰酸酯的分析方法 [J]. 化学世界, 2014, 5: 300-310.

[30] 林丽君, 聂黎行, 李耀磊, 等. 硫代葡萄糖苷提取、纯化、分离方法概述 [J]. 中国药事, 2015, 29(10): 1079-1082.

[31] 姜丽娟, 美丽万·阿不都热依木, 阿吉艾克拜尔·艾萨. 维药老鼠瓜中主要硫苷的提取及抗风湿作用 [J]. 中国医药导报, 2008, 5(6): 34-35.

[32] Guo Z, Smith T J, Wang E, et al. Structure actovoty relationships of arylalkyl isothiocyanates for the inhibition of 4-(methylnitrosamino)-1-(3-pyridyl)-1-butanone metabolism and the modulation of xenobiotic metablizing enzymes in rats and mice [J]. Carcinogenesis, 1993, 14(6): 1167-1173.

[33] Morse M A, Zu H, Galati A J, et al. Dose related inhibition by dietary phenethyl isothiocyanate of esophageal tumorgenesis and DNA methyation induced by N-nitroso methylbenzylamine in rats [J]. Cancer Letters, 1993, 72(1-2): 103-110.

[34] Depree J A, Howard T M, Savage G P. Flavour and pharmaceutical properties of the volatie sulphur compounds of Wasabi (*Wasabia japonica*) [J]. Food Research International, 1998, 31(5): 329-337.

[35] Conaway C C, Yang Y M, Chung F L. Isothiocyanates as cancer chemopreventive agents: their

biological activities and metabolism in rodents and humans [J]. Curr Drug Metab, 2002, 3(3): 233-255.

[36] Barillari J, Iori R, Papi A, et al. Kaiware Daikon (*Raphanus sativus* L.) extract: a naturally multipotent chemopreventive agent [J]. J Agric Food Chem, 2008, 56(17): 7823-7830.

[37] Gupta P, Kim B, Kim S H, et al. Molecular targets of isothiocyanates in cancer: recent advances [J]. Mol Nutr Food Res, 2014, 58(8): 1-23.

[38] Yu R, Jiao J J, Duh J L, et al. Phenethyl isothiocyanate, a natural chemopreventive agent, activates c-jun n-terminal kinase 1 [J]. Cancer Research, 1996, 56(13): 2954-2959.

[39] Cabello-Hurtado F, Gicquel M, Esnault M A. Evaluation of the antioxidant potential of cauliflower (*Brassica oleracea*) from a glucosinolate content perspective [J]. Food Chem, 2012, 132(2): 1003-1009.

[40] Fahey J W, Talalay P. Antioxidant functions of sulforaphane: a potent inducer of phase II detoxication enzymes [J]. Food Chem Toxicol, 1999, 37(9-10): 973-979.

[41] Harvey C J, Thimmulappa R K, Sethi S, et al. Targeting Nrf2 singaling improves bacterial clearance by alveolar macrophages in patients with COPD and in a mouse model [J]. Science Translational Medicine, 2011, 3(78): 78ra32.

[42] 张涛, 安熙强, 刘君琳, 等. 维药恰玛古硫代葡萄糖苷的提取纯化工艺及其抗肿瘤作用 [J]. 中成药, 2015, 38(8): 1831-1835.

[43] 秦玲玲, 刘易, 龚莹, 等. 中药内源性氰苷类毒性成分的安全限量方法研究 [J]. 国际药学研究杂志, 2017, 44(6): 651-655, 659.

[44] Chang J, Zhang Y. Catalytic degradation of amygdalin by extracellular enzymes from Aspergillus niger [J]. Proc Biochem, 2012, 47(2): 195-200.

[45] Shim S M, Kwon H. Metabolites of amygdalin under simulated human digestive fluids [J]. Int J Food Sci Nutr, 2010, 61(8): 770-779.

[46] 刘易. 中成药中氰苷类有毒成分的筛查、定量测定和体外转化研究 [D]. 北京: 中国人民解放军军事医学科学院硕士论文学位, 2016.

[47] 程科军, 陈竞, 梁高林, 等. Taxiphyllin: 苦竹笋中具有酪氨酸酶抑制活性的氰苷 [J].天然产物研究与开发, 2005, 17(6): 733-735, 772.

[48] 海广范, 张慧, 郭兰青. 二萜类化合物药理学作用研究进展 [J]. 新乡医学院学报, 2015, 31(1): 77-80.

[49] 王亚丹, 张贵杰, 屈晶, 等. 大八角根中二萜类化学成分及其抗柯萨奇病毒活性 [J]. 国际药学研究杂志, 2013, 40(6): 772-777.

[50] 王思明, 王溪, 苏晓会, 等. 续随子中千金二萜烷化合物抑制人妇科肿瘤细胞增殖活性的研究 [J]. 中国药理学通报, 2011, 27(6): 774-776.

[51] 沈雁, 吕宾, 张烁, 等. 温郁金中新二萜类化合物 C 诱导人结肠腺癌 SW620 细胞凋亡的相关通路研究 [J]. 中国药理学通报, 2011, 27(3): 396-401.

[52] 杨斌, 刘序森, 袁泉恒. 半边旗中二萜类化合物 5F 诱导人胰腺癌细胞凋亡机制的探讨 [J]. 中华中医药杂志, 2010, 25(3): 355-358.

[53] 梁宇光. 香茶菜属二萜类化合物抗肿瘤作用的构效关系及其分子机制研究 [D]. 北京: 中国人民解放军军事医学科学院硕士学位论文, 2007.

[54] 白素平, 杨振华, 范秉琳, 等. 毛叶香茶菜二萜成分的细胞毒活性研究 [J]. 新乡医学院学

报, 2005, 22(5): 407-410.

[55] 姚晓, 步达, 陈建伟, 等. 南方红豆杉愈伤组织培养及其紫杉烷二萜类成分的分析 [J]. 中草药, 2014, 45(18): 2696-2702.

[56] 任珊珊, 张屏, 格根塔娜, 等. 蒙药悬钩子木三萜类成分及其生物活性研究 [J]. 中药材, 2017, 40(2): 354-358.

[57] 董红敬. 茯苓皮三萜提取物化学成分及抗肿瘤活性研究 [D]. 北京: 中国中医科学院博士学位论文, 2015.

[58] 王涛. 灵芝三萜的提纯及其对前列腺癌细胞生长的影响 [D]. 广州: 南方医科大学博士学位论文, 2016.

[59] 朱力杰. 北五味子总三萜、木脂素对酒精性肝损伤的保护作用及其机制的研究 [D]. 沈阳: 沈阳农业大学博士学位论文, 2014.

[60] 邢倩倩, 傅青, 金郁, 等. 亲水/反相二维色谱法制备桔梗中的三萜皂苷 [J]. 色谱, 2014, 32(7): 767-772.

[61] 李玉云, 肖草茂, 姚闽, 等. 翻白草三萜类化学成分研究 [J]. 中药材, 2013, 36(7): 1099-1101.

[62] 李飞飞, 郭志琴, 柴兴云, 等. 爪哇脚骨脆中三萜类化学成分研究(英文)[J]. 中国药学: 英文版, 2012, 21(3): 273-277.

[63] 滕杨, 张涵淇, 周俊飞, 等. 毛果南烛叶中的三萜皂苷化合物及其抗肿瘤活性 [J]. 有机化学, 2017, 37(9): 2416-2422.

[64] 陈雨, 王奇志, 冯煦. 忍冬属植物三萜皂苷类化学成分研究进展 [J]. 中草药, 2013, 44(12): 1679-1686.

[65] Yarnell E, Abascal K. Botanical treatments for depression: part 2 - herbal corrections for mood imbalances [J]. Alternative and Complementary Therapies, 2011, 7(3): 138-143.

[66] Vaughan J G, Judd P A. The Oxford Book of Health Foods [M]. New York: Oxford University Press, 2003: 127.

[67] 关颖丽, 刘建宇, 许永男. 白头翁属植物三萜皂苷及生物活性研究进展 [J]. 沈阳药科大学学报, 2009, 26(1): 81-84.

[68] 许慧君. 白头翁质量评价与五环三萜皂苷类成分的药物代谢动力学研究 [D]. 石家庄: 河北医科大学博士学位论文, 2012.

[69] 朱丽晶, 钱晓萍, 李敏, 等. 白头翁醇提物抗荷瘤鼠肿瘤血管生成作用的实验研究 [J]. 现代肿瘤医学, 2011, 19(12): 2382-2385.

[70] 王海侠, 郑新勇, 郜尽. 白头翁皂苷 B4 体外抑制人肝癌细胞 HepG2 增殖并诱导其凋亡[J]. 上海交通大学学报(医学版), 2011, 31(10): 1481-1485.

[71] Arase Y, Ikeda K, Murashima N, et al. The long term efficacy of glycyrrhizin in chronic hepatitis C patients [J]. Cancer, 1997, 79(8): 1494-1500.

[72] Yasui S, Fujiwara K, Tawada A, et al. Efficacy of intravenous glycyrrhizin in the early stage of acute onset autoimmune hepatitis [J]. Digestive Diseases and Sciences, 2011, 56(12): 3638-3647.

[73] 赵雨坤, 李立, 刘学, 等. 基于系统药理学探索甘草有效成分甘草甜素的药理作用机制 [J]. 中国中药杂志, 2016, 41(10): 1916-1920.

[74] Glavač K N, Kreft S. Excretion profile of glycyrrhizin metabolite inhuman urine [J]. Food

Chemistry, 2012, 131(1): 305-308.

[75] Asl M N, Hosseinzadeh H. Review of pharmacological effects of *Glycyrrhiza* sp. and its bioactive compounds [J]. Phytotherapy Research, 2008, 22(6): 709-724.

[76] Shamsa F, Ohtsuki K, Hasanzadeh E, et al. The anti-inflammatory and anti-viral effects of an ethnic medicine: glycyrrhizin [J]. Journal of Medicinal Plants, 2000, 9: 1-28.

[77] Pompei R, Flore O, Marccialis M A, et al. Glycyrrhizic acid inhibits virus growth and inactivates virus particles [J]. Nature, 1997, 281(5733): 689-690.

[78] Sekizawa T, Yanagi K, Itoyama Y. Glycyrrhizin increases survival of mice with herpes simplex encephalitis [J]. Acta Virologica, 2001, 45(1): 51-54.

[79] Michaelis M, Geiler J, Naczk P, et al. Glycyrrhizin exerts antioxidative effects in H5N1 influenza a virus-infected cells and inhibits virus replication and pro-inflammatory gene expression [J]. PLoS ONE, 2001, 6(5): e19705.

[80] Baba M, Shigeta S. Antiviral activity of glycyrrhizin against varicella-zoster virus *in vitro* [J]. Antiviral Research, 1987, 7(2): 99-107.

[81] 蒲洁莹, 何莉, 吴思宇, 等. 甘草属植物中三萜类化合物的抗病毒作用研究进展 [J]. 病毒学报, 2013, 29(6): 673-679.

[82] Salari M H, Sohrabi N, Kadkhoda Z, et al. Antibacterial effects of enoxolone on periodontopathogenic and capnophilic bacteria isolated from specimens of periodontitis patients [J]. Iranian Biomedical Journal, 2003, 7(1): 39-42.

[83] 董方圆, 王杰军. 甘草次酸及其衍生物的抗炎机制 [J]. 大连医科大学学报, 2014, (2): 195-197.

[84] 高振北, 康潇, 许传莲. 甘草次酸抗肿瘤作用机制的研究进展 [J]. 中国中药杂志, 2011, 36(22): 3213-3216.

[85] 陈伟, 马磊, 杨立山. 甘草次酸对支气管哮喘大鼠 IgE、IL-4 及 TNF-α 的影响 [J]. 中药药理与临床, 2015, (3): 52-55.

[86] Kato H, Kanaoka M, Yano S, et al. 3-monoglucuronyl-glycyrrhetinic acid is a major metabolite that causes licorice-induced pseudoaldosteronism [J]. The Journal of Clinical Endocrinology and Metabolism, 1995, 80(6): 1929-1933.

[87] So I, Seizo T. Molecular design of sweet tasting compounds based on 3β-amino-3β-deoxy-18β-glycyrrhetinic acid: amido functionality eliciting tremendous sweetness [J]. Chemistry Letters, 2005, 34(3): 356-367.

[88] 肖旭, 姚青, 王基云, 等. 甘珀酸钠对小鼠急性肝损伤保护作用的研究 [J]. 宁夏医科大学学报, 2010, 32(1): 36-38.

[89] Connors B W. Tales of a dirty drug: carbenoxolone, gap junctions, and seizures [J]. Epilepsy Currents, 2012, 1(2): 66-68.

[90] 董天骄, 崔元璐, 田俊生, 等. 天然环烯醚萜类化合物研究进展 [J]. 中草药, 2011, 42(1): 185-193.

[91] Li P, Matsunaga K, Ohizumi Y. Nerve growth factor- potentiating compounds from picrorhizae rhizoma [J]. Biol Pharm Bull, 2000, 23(7): 890-892.

[92] Kim S R, Lee K Y, Koo K A, et al. Four new neuroprotective iridoid glycosides from *Scrophularia buergeriana* roots [J]. J Nat Prod, 2002, 65(11): 1696-1699.

[93] Takasaki M, Yamauchi I I, Haruna M, et al. New glycosides from *Ajuga decumbens* [J]. J Nat Prod, 1998, 61(9): 1105-1109.

[94] Sang S M, Liu G M, He K, et al. New unusual iridoids from the leaves of noni (*Morinda citrifolia* L.) show inhibitory effect on ultraviolet B-induced transcriptional activator protein-1(AP-1) activity [J]. Bioorg Med Chem, 2003, 11(12): 2499-2502.

[95] Koo H J, Song Y S, Kim H G, et al. Antiinflammatory effects of genipin, an active principle of gardenia [J]. Europ J Pharmacol, 2004, 495(2-3): 201-208

[96] Choi J, Lee K T, Choi M Y, et al. Antinociceptive anti-inflammatory effect of monotropein isolated from the root of *Morinda officinalis* [J]. Biol Pharm Bull, 2005, 28(10): 1915-1918.

[97] Xu H Q, Hao H P. Effects of iridoid total glycoside from *Cornus officinalis* on prevention of glomerular over-expression of transforming growth factor beta 1 and matrixes in an experimental diabetes [J]. Biol Pharm Bull, 2004, 27(7): 1014-1018.

[98] Quan J S, Piao L, Xu H X, et al. Protective effect of iridoid glucosides from *Boschniakia rossica* on acute liver injury induced by carbon tetrachloride in rats [J]. Biosci Biotechnol Biochem, 2009, 73(4): 849-854.

[99] Gutierrez R M P, Solis R V, Baez E G, et al. Effect on capillary permeability in rabbits of iridoids from *Buddleia scordioides* [J]. Phytotherapy Research, 2006, 20(7): 542-545.

[100] Shao S Y, Yang Y N, Feng Z M, et al. New iridoid glycosides from the fruits of *Forsythia suspensa* and their hepatoprotective activities [J]. Bioorganic Chemistry, 2017, 75: 303-309.

[101] 徐智，吴德玲，张伟，等. 生物碱类化合物的研究进展 [J]. 广东化工, 2014, 41(17): 84.

[102] Russo P, Frustaci A, Del Bufalo A, et al. Multitarget drugs of plants origin acting on Alzheimer’s disease [J]. Curr Med Chem, 2013, 20(13): 1686-1693.

[103] Sinatra R P, Jahr J S, Watkins-Pitchford J M. The Essence of Analgesia and Analgesic [M]. Cambridge, England: Cambridge University Press, 2010: 82-90.

[104] Cushnie T P, Cushnie B, Lamb A J. Alkaloids: an overview of their antibacterial, antibiotic-enhancing and antivirulence activities [J]. Int J Antimicrob Agents, 2014, 44(5): 377-386.

[105] Qiu S, Sun H, Zhang A H, et al. Natural alkaloids: basic aspects, biological roles, and future perspectives [J]. Chin J Nat Med, 2014, 12(6): 401-406.

[106] 王璐，丁家昱，刘秀秀. 附子中胺醇型二萜生物碱的鉴定及其强心活性研究 [J]. 药学学报, 2014, 49(12): 1699-1704.

[107] 孙森凤，张颖颖. 附子的化学成分研究进展 [J]. 化工时刊, 2017, 31(6): 12-14.

[108] Takeda K, Sato S, Kobayashi H, et al. The anthocyanin responsible for purplish blue flower colour of *Aconitum chinense* [J]. Phytochemistry. 1994, 36(3): 613-616.

[109] Dewick P M. Medicinal Natural Products. A Biosynthetic Approach [M]. 2nd ed. Hoboken: Wiley, 2002.

[110] Gutser U T, Friese J, Heubach J F, et al. Mode of antinociceptive and toxic action of alkaloids of *Aconitum* spec. [J]. Naunyn Schmiedeberg’s Archive of Pharmacology, 1998, 357(1): 39-48.

[111] Chan T Y, Tomlinson B, Tse L K, et al. Aconitine poisoning due to Chinese herbal medicines: a review [J]. Veterinary and Human Toxicology, 1994, 36(5): 452-455.

[112] Tang L, Ye L, Ly C, et al. Involvement of CYP3A4/5 and CYP2D6 in the metabolism of

aconitine using human liver microsomes and recombinant CYP450 enzymes [J]. Toxicology Letters, 2001, 202(1): 47-54.
[113] 张婷. 调味料中罂粟壳的主要生物碱 LC-MS 检验 [J]. 中国刑警学院学报, 2016, (1): 74-76.
[114] 陈鸣. 罂粟壳的临床应用与管理现状 [J]. 中国药房, 2016, 27(25): 3641-3643.
[115] Scott J B, Hay F S, Wilson C R. Phylogenetic analysis of the downy mildew pathogen of oilseed poppy in Tasmania, and its detection by PCR [J]. Mycological Research, 2004, (108): 198-205.
[116] Williams S. On Island, Insularity, and Opium poppies: Australia secret pharmacy [J]. Environment and Planning D: Society and Space, 2010, 28: 290-310.
[117] Hagel J M, Facchini P J. Dioxygenases catalyze the O-demethylation steps of morphine biosynthesis in opium poppy [J]. Nature Chemical Biology, 2010, 6(4): 273-275.
[118] Colovic M B, Krstic D Z, Lazarevic-Pasti T D, et al. Acetylcholinesterase inhibitors: pharmacology and toxicology [J]. Current Neuropharmacology, 2013, 11(3): 315-335.
[119] Taylor D M, Paton C, Shitij K. Maudsley Prescribing Guidelines in Psychiatry [M]. 11th ed. West Sussex: Wiley-Blackwell, 2012.
[120] 何忠梅, 吕娜, 南敏伦, 等. 靶向亲和-液相色谱-质谱联用技术快速筛选黄藤总生物碱中乙酰胆碱酯酶抑制剂 [J]. 分析化学, 2017, 45(2): 211-216.
[121] 孙春红, 邹峥嵘. 植物来源的生物碱类乙酰胆碱酯酶抑制剂研究进展 [J]. 中草药, 2014, 45(21): 3172-3184.
[122] Rahman A U, Ul-Haq Z, Khalid A, et al. Pregnane-type steroidal alkaloids of *Sarcococca saligna*: a new class of cholinesterase inhibitors [J]. Helv Chim Acta, 2002, 85(2): 678-688.
[123] Devkota K P, Lenta B N, Choudhary M I, et al. Cholinesterase inhibiting and antiplasmodial steroidal alkaloids from *Sarcococca hookeriana* [J]. Chem Pharm Bull (Tokyo), 2007, 55(9): 1397-1401.
[124] Yang Z D, Duan D Z, Xue W W, et al. Steroidal alkaloids from *Holarrhena antidysenterica* as acetylcholinesterase inhibitors and the investigation for structure-activity relationships [J]. Life Sciences, 2012, 90(23-24): 929-933.
[125] Lin B Q, Ji H, Li P, et al. Inhibitors of acetylcholine esterase *in vitro*-screening of steroidal alkaloids from *Fritillaria* species [J]. Planta Med, 2006, 72(9): 814-818.
[126] Rahman A U, Parveen S, Khalid A, et al. Acetyl and butyrylcholinesterase-inhibiting triterpenoid alkaloids from *Buxus papillosa* [J]. Phytochemistry, 2001, 58(6): 963-968.
[127] Orhan I E, Khan M T H, Erdem M A, et al. Selective cholinesterase inhibitors from *Buxus sempervirens* L. and their molecular docking studies [J]. Current Computer-Aided Drug Design, 2011, 7(4): 276-286.
[128] 易家宝, 颜 杰, 李旭明. 石杉碱甲结构改造的研究进展 [J]. 天然产物研究与开发, 2009, 21(6): 1080-1083.
[129] Hirasawa Y, Kato E, Kobayashi J, et al. Lycoparins A-C, new alkaloids from *Lycopodium casuarinoides* inhibiting acetylcholinesterase [J]. Bioorg Med Chem, 2008, 16(11): 6167-6171.
[130] de Andrade J P, Berkov S, Viladomat F, et al. Alkaloids from *Hippeastrum papilio* [J]. Molecules, 2011, 16(8): 7097-7104.

[131] Berkov S, Codina C, Viladomat F, et al. N-Alkylated galanthamine derivatives: potent acetylcholinesterase inhibitors from *Leucojum aestivum* [J]. Bioorg Med Chem Lett, 2008, 18(7): 2263-2266.

[132] Iannello C, Pigni N B, Antognoni F, et al. A potent acetylcholinesterase inhibitor from *Pancratium illyricum* L. [J]. Fitoterapia, 2014, 92: 163-167.

[133] Wang Y H, Zhang Z K, Yang F M, et al. Benzylphenethylamine alkaloids from *Hosta plantaginea* with inhibitory activity against tobacco mosaic virus and acetylcholinesterase [J]. J Nat Prod, 2007, 70(9): 1458-1461.

[134] Zheng X Y, Zhang Z J, Chou G X, et al. Acetylcholinesterase inhibitive activity-guided isolation of two new alkaloids from seeds of *Peganum nigellastrum* Bunge by an *in vitro* TLC-bioautographic assay [J]. Archiv Pharm Res, 2009, 32(9): 1245-1251.

[135] Yang Z, Zhang X, Du J, et al. An aporphine alkaloid from *Nelumbo nucifera* as an acetylcholinesterase inhibitor and the primary investigation for structure-activity correlations [J]. Nat Prod Res, 2012, 26(5): 387-392.

[136] Rollinger J M, Schuster D, Baier E, et al. Taspine: bioactivity-guided isolation and molecular ligand-target insight of a potent acetylcholinesterase inhibitor from *Magnolia*×*soulangiana* [J]. J Nat Prod, 2006, 69(9): 1341-1346.

[137] Mollataghi A, Coudiere E, Hadi A H, et al. Anti-acetylcholinesterase, anti-α-glucosidase, anti-leishmanial and anti-fungal activities of chemical constituents of *Beilschmiedia* species [J]. Fitoterapia, 2012, 83(2): 298-302.

[138] Hung T M, Na M, Dat N T, et al. Cholinesterase inhibitory and anti-amnesic activity of alkaloids from *Corydalis turtschaninovii* [J]. J Ethnopharmacol, 2008, 119(1): 74-80.

[139] Jung H A, Min B S, Yokozawa T, et al. Anti-alzheimer and antioxidant activities of coptidis rhizoma alkaloids [J]. Biol Pharm Bull, 2009, 32(8): 1433-1438.

[140] Ingkaninan K, Phengpa P, Yuenyongsawad S, et al. Acetylcholinesterase inhibitors from *Stephania venosa* Tuber [J]. J Pharm Pharmacol, 2006, 58(5): 695-700.

[141] Cho K M, Yoo I D, Kim W G. 8-hydroxydihydrochelerythrine and 8-hydroxydihydrosanguinarine with a potent acetylcholinesterase inhibitory activity from *Chelidonium majus* [J]. Biol Pharm Bull, 2006, 29(11): 2317-2320.

[142] Cardoso-Lopes E M, Maier J A, da Silva M R, et al. Alkaloids from stems of *Esenbeckia leiocarpa* Engl. (Rutaceae) as potential treatment for Alzheimer disease [J]. Molecules, 2010, 15(12): 9205-9213.

[143] Yang Z D, Zhang D B, Ren J, et al. Skimmianine, a furoquinoline alkaloid from *Zanthoxylum nitidum* as a potential acetylcholinesterase inhibitor [J]. Med Chem Res, 2012, 21: 722-725.

[144] Zhan Z J, Yu Q, Wang Z L, et al. Indole alkaloids from *Ervatamia hainanensis* with potent acetylcholinesterase inhibition activities [J]. Bioorg Med Chem Lett, 2010, 20(21): 6185-6187.

[145] Yang Z D, Duan D Z, Du J, et al. Geissoschizine methyl ether, a corynanthean-type indole alkaloid from *Uncaria rhynchophylla* as a potential acetylcholinesterase inhibitor [J]. Nat Prod Res, 2012, 26(1): 22-28.

[146] Choudhary M I, Nawaz S A, Zaheerul-ul-Hap Z U, et al. Juliflorine: a potent natural peripheral anionic-site-binding inhibitor of acetylcho-linesterase with calcium-channel blocking potential,

a leading candidate for Alzheimer's disease therapy [J]. Biochem Biophys Res Commun, 2005, 332(4): 1171-1177.
[147] Chonpathompikunlert P, Wattanathorn J, Muchimapura S. Piperine, the main alkaloid of Thai black pepper, protects against neurodegeneration and cognitive impairment inanimal model of cognitive deficit like condition of Alzheimer's disease [J]. Food Chem Toxicol, 2010, 48(3): 798-802.
[148] Hoet S, Stévigny C, Block S, et al. Alkaloids from *Cassytha filiformis* and related aporphines: antitrypanosomal activity, cytotoxicity, and interaction with DNA and topoisomerases [J]. Planta Medica, 2004, 70(5): 407-413.
[149] Leopoldo M, Lacivita E, Berardi F, et al. Serotonin 5-HT7 receptor agents: structure-activity relationships and potential therapeutic applications in central nervous system disorders [J]. Pharmacology and Therapeutics, 2011, 129(2): 120-148.
[150] Hedberg M H, Linnanen T, Jansen J M, et al. 11-substituted (R)-aporphines: synthesis, pharmacology, and modeling of D2A and 5-HT1A receptor interactions [J]. Journal of Medicinal Chemistry, 1996, 39(18): 3503-3513.
[151] Linnanen T, Brisander M, Unelius L, et al. Atropisomeric derivatives of 2′,6′-disubstituted (R)-11-phenylaporphine: selective serotonin 5-HT(7) receptor antagonists [J]. Journal of Medicinal Chemistry, 2001, 44 (9): 1337-1340.
[152] Zetler G. Neuroleptic-like, anticonvulsant and antinociceptive effects of aporphine alkaloids: bulbocapnine, corytuberine, boldine and glaucine [J]. Archives Internationales de Pharmacodynamie et de Therapie, 1998, 296: 255-281.
[153] Baldessarini R J, Campbell A, Ben-Jonathan N, et al. Effects of aporphine isomers on rat prolactin [J]. Neuroscience Letters, 1994, 176 (2): 269-271.
[154] 闫倩, 李如霞, 辛爱一, 等. 异紫堇碱及其类似物的抗癌活性研究 [J]. 中国中药杂志, 2017, 42(16): 3152-3158.
[155] 唐丽佳, 邓璐璐, 陈霞. 桐叶千金藤中的一个新氧化异阿朴啡型生物碱 [J]. 中国药学杂志, 2014, 49(21): 1882-1884.
[156] 司端运, 赵守训. 粉防己地上部分的何朴啡类生物碱成分 [J]. 济宁医学院学报, 1991, 14(2): 1-6.
[157] 黄艳, 李齐修, 刘元簇, 等. 簇花清风藤的化学成分研究 [J]. 中草药, 2014, 45(6): 765-769.
[158] 吴昊, 刘斌, 王伟, 等. 荷叶的化学对照品 2-羟基-1-甲氧基阿朴啡研究 [J]. 药物分析杂志, 2010, 34(11): 763-765.
[159] 王普, 罗旭彪, 陈波, 等. 大孔吸附树脂分离纯化荷叶中阿朴啡类生物碱 [J]. 中草药, 2006, 37(3): 355-358.
[160] 杨鑫宝, 杨秀伟, 刘建勋. 延胡索物质基础研究 [J]. 中国中药杂志, 2014, 39(1): 20-27.
[161] 闵知大, 刘信顺, 孙文基. 小花地不容生物碱的研究 [J]. 药学学报, 1980, 16(7): 557.
[162] 张水英, 郭强, 高小力, 等. 樟科药用植物山鸡椒的化学成分和药理活性研究进展 [J]. 中国中药杂志, 2014, 39(5): 769-776.
[163] 侯翠英, 薛红. 蝙蝠葛化学成分的研究 [J]. 药学学报, 1984, 19(6): 471-472.
[164] 郑敏. 罂粟科植物 *Platycapnos spicata* 中的生物碱(+)-南天竹宁对麻醉的血压正常大鼠的

急性心血管作用 [J]. 国外医药(植物药分册), 2005, 20(1): 29.

[165] 李向日. 台湾唐松草中 4 种二聚体阿朴啡生物碱 [J]. 国外医药(植物药分册), 2000, (3): 179.

[166] 周立东, 余竞光, 郭伽, 等. 喙果皂帽花中的 A 环具醛基黄酮类成分和氧化阿朴啡类生物碱 [J]. 中国中药杂志, 2001, 26(1): 39-41.

[167] Asaruddin M. 假鹰爪属植物 *Desmos dasymachalus* 中的杀锥虫成分 [J]. 国外医学: 中医中药分册, 2002, 24(4): 233-234.

[168] 王永奇. 鹅掌秋碱的抗菌和抗真菌活性 [J]. 国外药学(植物药分册), 1981, (5): 44.

[169] 王立青. 弱小暗罗中新的二去氢阿朴啡抗疟生物碱 [J]. 国外医药(植物药分册), 2004, 19(6): 248.

[170] 戴谆, 宋金春. 杨小青荷叶碱的药理作用研究进展 [J]. 中国药师, 2016, 19(5): 988-991.

[171] Gilmore T D. Introduction to NF-kappaB: players, pathways, perspectives [J]. Oncogene, 2006, 25(51): 6680-6684.

[172] Freudenthal R, Locatelli F, Hermitte G, et al. Kappa-B like DNA-binding activity is enhanced after spaced training that induces long-term memory in the crab *Chasmagnathus* [J]. Neuroscience Letters, 1998, 242(3): 143-146.

[173] Merlo E, Freudenthal R, Romano A. The IkappaB kinase inhibitor sulfasalazine impairs long-term memory in the crab *Chasmagnathus* [J]. Neuroscience, 2002, 112(1): 161-172.

[174] Vlahopoulos S A, Cen O, Hengen N, et al. Dynamic aberrant NF-κB spurs tumorigenesis: a new model encompassing the microenvironment [J]. Cytokine and Growth Factor Reviews, 2015, 26(4): 389-403.

[175] Sheikh M S, Huang Y. Death receptor activation complexes: it takes two to activate TNF receptor 1 [J]. Cell Cycle, 2003, 2(6): 550-552.

[176] Li Y Y, Chung G T Y, Lui V W Y, et al. Exome and genome sequencing of nasopharynx cancer identifies NF-κB pathway activating mutations [J]. Nature Communications, 2017, 8: 14121.

[177] Escárcega R O, Fuentes-Alexandro S, García-Carrasco M, et al. The transcription factor nuclear factor-kappa B and cancer [J]. Clinical Oncology, 2007, 19(2): 154-161.

[178] Liu F, Bardhan K, Yang D F, et al. NF-κB directly regulates Fas transcription to modulate Fas-mediated apoptosis and tumor suppression [J]. The Journal of Biological Chemistry, 2012, 287(30): 25530-25540.

[179] 袁丹, 王玉倩, 黄萍, 等. 药用植物活性成分调控 p65 核转运总结与展望 [J]. 中国中药杂志, 2017, 7: 1-14.

[180] Goto H, Kariya R, Shimamoto M, et al. Antitumor effect of berberine against primary effusion lymphoma via inhibition of NF-κB pathway [J]. Cancer Science, 2012, 103(4): 775-781.

[181] Chai X Y, Guan Z J, Yu S C, et al. Design, synthesis and molecular docking studies of sinomenine derivatives [J]. Bioorg Med Chem Lett, 2012, 22(18): 5849-5852.

[182] Sung B, Ahn K S, Aggarwal B B. Noscapine, a benzylisoquinoline alkaloid, sensitizes leukemic cells to chemotherapeutic agents and cytokines by modulating the NF-kappaB signaling pathway [J]. Cancer Research, 2010, 70(8): 3259-3268.

[183] Liu X H, Pan L L, Yang H B, et al. Leonurine attenuates lipopolysaccharide-induced inflammatory responses in human endothelial cells: involvement of reactive oxygen species and NF-κB pathways [J]. Eur J Pharm, 2012, 680(1-3): 108-114.

[184] 周代星，占成业，何雪心. 甲基莲心碱对 Ang II 诱导血管平滑肌细胞增殖及 ERK/NF-κB 通路的影响 [J]. 中国新药杂志, 2009, 18(15): 1440-1442.

[185] Zhu T, Wang D X, Zhang W, et al. Andrographolide protects against LPS-induced acute lung injury by inactivation of NF-κB [J]. PLoS ONE, 2013, 8(2): e56407.

[186] Vogiatzoglou A, Mulligan A A, Lentjes M A, et al. Associations between flavan-3-ol intake and CVD risk in the Norfolk cohort of the European Prospective Investigation into Cancer (EPIC-Norfolk) [J]. Free Radical Biology and Medicine, 2015, 84: 1-10.

[187] Chun O K, Chung S J, Song W O. Estimated dietary flavonoid intake and major food sources of U.S. adults [J]. The Journal of Nutrition, 2007, 137(5): 1244-1252.

[188] Yamamoto Y, Gaynor R B. Therapeutic potential of inhibition of the NF-kappaB pathway in the treatment of inflammation and cancer [J]. Journal of Clinical Investigation, 2001, 107(2): 135-142.

[189] Cazarolli L H, Zanatta L, Alberton E H, et al. Flavonoids: prospective drug candidates [J]. Mini Reviews in Medicinal Chemistry, 2008, 8(13): 1429-1440.

[190] Cushnie T P T, Lamb A J. Recent advances in understanding the antibacterial properties of flavonoids [J]. International Journal of Antimicrobial Agents, 2011, 38(2): 99-107.

[191] Manner S, Skogman M, Goeres D, et al. Systematic exploration of natural and synthetic flavonoids for the inhibition of *Staphylococcus aureus* biofilms [J]. International Journal of Molecular Sciences, 2013, 14(10): 19434-19451.

[192] Cushnie T P T, Lamb A J. Antimicrobial activity of flavonoids [J]. International Journal of Antimicrobial Agents, 2005, 26(5): 343-356.

[193] Friedman M. Overview of antibacterial, antitoxin, antiviral, and antifungal activities of tea flavonoids and teas [J]. Molecular Nutrition and Food Research, 2007, 51(1): 116-134.

[194] de Sousa R R R, Queiroz K C S, Souza A C S, et al. Phosphoprotein levels, MAPK activities and NF-kappaB expression are affected by fisetin [J]. J Enzyme Inhib Med Chem, 2007, 22(4): 439-444.

[195] Schuier M, Sies H, Illek B, et al. Cocoa-related flavonoids inhibit CFTR-mediated chloride transport across T84 human colon epithelia [J]. J Nutr, 2005, 135(10): 2320-2325.

[196] Esselen M, Fritz J, Hutter M, et al. Delphinidin modulates the DNA-damaging properties of topoisomerase II poisons [J]. Chemical Research in Toxicology, 2009, 22(3): 554-564.

[197] Bandele O J, Clawson S J, Osheroff N. Dietary polyphenols as topoisomerase Ⅱ poisons: bring substituents determine the mechanism of enzyme-mediated DNA cleavage enhancement [J]. Chemical Research in Toxicology, 2008, 21(6): 1253-1260.

[198] Barjesteh D K S, Janssen J, Maas L M, et al. Dietary flavonoids induce MLL translocations in primary human CD34+ cells [J]. Carcinogenesis, 2007, 28(8): 1703-1709.

[199] 马锐，吴胜本. 中药黄酮类化合物药理作用及作用机制研究进展 [J]. 中国药物警戒, 2013, 10(5): 286-290.

[200] 魏朝良，于德红. 安利佳黄酮类化合物及清除自由基机制的探讨 [J]. 中成药, 2005, 27(2): 239-241.

[201] Lotito S B, Frei B. Consumption of flavonoid-rich foods and increased plasma antioxidant capacity in humans: cause, consequence, or epiphenomenon? [J]. Free Radical Biology and

Medicine, 2006, 41(12): 1727-1746.

[202] Williams R J, Spencer J P, Rice-Evans C. Flavonoids: antioxidants or signalling molecules? [J]. Free Radical Biology and Medicine, 2004, 36(7): 838-849.

[203] Stauth D. Studies force new view on biology of flavonoids [N]. Oregon State University, 2007-3-5,1.

[204] Ravishankar D, Rajora A K, Greco F, et al. Flavonoids as prospective compounds for anti-cancer therapy [J]. The International Journal of Biochemistry and Cell Biology, 2013, 45(12): 2821-2831.

[205] Manach C, Mazur A, Scalbert A. Polyphenols and prevention of cardiovascular diseases [J]. Current Opinion in Lipidology, 2005, 16(1): 77-84.

[206] Babu P V A, Liu D M, Gilbert E R. Recent advances in understanding the anti-diabetic actions of dietary flavonoids [J]. The Journal of Nutritional Biochemistry, 2013, 24(11): 1777-1789.

[207] Ferretti G, Bacchetti T, Masciangelo S, et al. Celiac disease, inflammation and oxidative damage: a nutrigenetic approach [J]. Nutrients, 2012, 4(4): 243-257.

[208] Izzi V, Masuelli L, Tresoldi I, et al. The effects of dietary flavonoids on the regulation of redox inflammatory networks [J]. Frontiers in Bioscience (Landmark Edition), 2012, 17(7): 2396-2418.

[209] Martinez-Micaelo N, González-Abuín N, Ardèvol A, et al. Procyanidins and inflammation: molecular targets and health implications [J]. BioFactors, 2012, 38(4): 257-265.

[210] Romagnolo D F, Selmin O I. Flavonoids and cancer prevention: a review of the evidence [J]. J Nutr Gerontol Geriatr, 2012, 31(3): 206-238.

[211] González C A, Sala N, Rokkas T. Gastric cancer: epidemiologic aspects [J]. Helicobacter, 2013, 18(Supplement 1): 34-38.

[212] 张玉萌，郑作文. 黄酮类化合物抗肿瘤作用分子机制研究进展 [J]. 中国药物应用与监测, 2006, 3(6): 50-53.

[213] Cappello A R, Dolce V, Iacopetta D, et al. Bergamot (*Citrus bergamia* Risso) flavonoids and their potential benefits in human hyperlipidemia and atherosclerosis: an overview [J]. Mini Reviews in Medicinal Chemistry, 2015, 16(8): 1-11.

[214] Wang X, Ouyang Y Y, Liu J, et al. Flavonoid intake and risk of CVD: a systematic review and meta-analysis of prospective cohort studies [J]. The British Journal of Nutrition, 2014, 111(1): 1-11.

[215] 缪静. 黄酮类化合物抗动脉粥样硬化机制研究进展 [J]. 山西中医, 2011, 27(7): 47-48.

[216] 马洁桃，张岭，王茵. 黄酮类化合物的降脂活性及其作用机制的研究进展 [J]. 中国预防医学杂志, 2011, 12(4): 370-372.

[217] 刘德承，李文德，黄韧. 黄酮类化合物抗 AD 机制的研究进展 [J]. 药学研究, 2013, 32(5): 298-301.

[218] 程丽艳，史红. 10 种黄酮类化合物对糖尿病致病机制中重要通路的抑制作用 [J]. 中国新药杂志, 2010, (9): 793-796.

[219] Taylor P W, Hamilton-Miller J M, Stapleton P D. Antimicrobial properties of green tea catechins [J]. Food Science and Technology Bulletin, 2005, 2(7): 71-81.

[220] González-Segovia R, Quintanar J L, Salinas E, et al. Effect of the flavonoid quercetin on

inflammation and lipid peroxidation induced by *Helicobacter pylori* in gastric mucosa of guinea pig [J]. Journal of Gastroenterology, 2008, 43(6): 441-447.

[221] Zamora-Ros R, Agudo A, Luján-Barroso L, et al. Dietary flavonoid and lignan intake and gastric adenocarcinoma risk in the European Prospective Investigation into Cancer and Nutrition (EPIC) study [J]. American Journal of Clinical Nutrition, 2012, 96(6): 1398-1408.

[222] Trantas E, Panopoulos N, Ververidis F. Metabolic engineering of the complete pathway leading to heterologous biosynthesis of various flavonoids and stilbenoids in Saccharomyces cerevisiae [J]. Metabolic Engineering, 2009, 11(6): 355-366.

[223] Passicos E, Santarelli X, Coulon D. Regioselective acylation of flavonoids catalyzed by immobilized Candida antarctica lipase under reduced pressure [J]. Biotechnol Lett, 2004, 26(13): 1073-1076.

[224] 陈永钧, 龙晓英, 潘素静, 等. 黄酮类化合物的药效机制及构效关系研究进展 [J]. 中国实验方剂学杂志, 2013, 19(11): 337-344.

[225] 程亚涛, 徐昕, 王鹏龙, 等. 9 种黄酮类化合物对肿瘤细胞的抑制活性及构效关系研究 [J]. 西北药学杂志, 2014, (2): 187-190.

[226] Lamb D C, Lei L, Warrilow A G S, et al. The first virally encoded cytochrome p450 [J]. Journal of Virology, 2009, 83(16): 8266-8269.

[227] Nelson D R.The Cytochrome P450 Homepage [J]. Human Genomics, 2009, 4: 59-65.

[228] Berka K, Hendrychová T, Anzenbacher P. Membrane position of ibuprofen agrees with suggested access path entrance to cytochrome P450 2C9 active site [J]. The Journal of Physical Chemistry A, 2011, 115(41): 11248-11255.

[229] 何佳珂, 于洋, 陈西敬, 等. 黄酮类化合物的药物代谢研究进展 [J]. 中国中药杂志, 2010, 35(21): 2789-2794.

[230] 彭文兴. 大豆苷元(7, 4′-二羟基异黄酮)代谢机制及对细胞色素 P450 的影响 [D]. 长沙: 中南大学博士学位论文, 2003.

[231] Moon J Y, Lee D W, Park K H, et al. Inhibition of 7-ethoxycoumarin O-deethylase activity in rat liver microsomes by naturally occurring flavonoids: structure-actitivity relationships [J]. Xenobiotica, 1998, 28(2): 117-126.

[232] Yu C P, Wu P P, Hou Y C, et al. Quercetin and rutin reduced the bioavailability of cyclosporine from Neoral, an immunosuppressant, through activating P-glycoprotein and CYP 3A4 [J]. J Agric Food Chem, 2011, 59(9): 4644-4648.

[233] Tsujimoto M, Horie M, Honda H, et al. The structure - activity correlation on the inhibitory effects of flavonoids on cytochrome P450 3A activity [J]. Biol Pharm Bull, 2009, 32(4): 671-676.

[234] Kim D H, Kim BG, Lee Y, et al. Regiospecific methylation of naringenin to ponciretin by soybean O-methyltransferase expressed in *Escherichia coli* [J]. Journal of Biotechnology, 2005, 119(2): 155-162.

[235] Schroder G, Wehinger E, Lukacin R, et al. Flavonoid methylation: a novel 4′-O-methyltransferase from *Catharanthus roseus*, and evidence that partially methylated flavanones are substrates of four different flavonoid dioxygenases [J]. Phytochemistry, 2004, 65(8): 1085-1094.

[236] Kim B G, Lee Y, Hur, H G, et al. Flavonoid 3′-O-methyltransferase from rice: CDNA cloning, characterization and functional expression [J]. Phytochemistry, 2006, 67(4): 387-394.

[237] Brunet G, Ibrahim R K. O-methylation of flavonoids by cell-free extracts of calamondin orange [J]. Phytochemistry, 1980, 19(5): 741-746.

[238] Kurowska E M, Manthey J A. Hypolipidemic effects and absorption of citrus polymethoxylated flavones in hamsters with diet-induced hypercholesterolemia [J]. J Agric Food Chem, 2004, 52(10): 2879-2886.

[239] Datla K P, Christidou M, Widmer W W, et al. Tissue distribution and neuroprotective effects of citrus flavonoid tangeretin in a rat model of Parkinson’s disease [J]. NeuroReport, 2001, 12(17): 3871-3875.

[240] Hirano T, Abe K, Gotoh M, et al. Citrus flavone tangeretin inhibits leukaemic HL-60 cell growth partially through induction of apoptosis with less cytotoxicity on normal lymphocytes [J]. Br J Cancer, 1995, 72(6): 1380-1388.

[241] Chaumontet C, Droumaguet C, Bex V, et al. Flavonoids (apigenin, tangeretin) counteract tumor promoter-induced inhibition of intercellular communication of rat liver epithelial cells [J]. Cancer Letters, 1997, 114(1-2): 207-210.

[242] Calomme M, Pieters L, Vlietinck A, et al. Inhibition of bacterial mutagenesis by Citrus flavonoids [J]. Planta Medica, 1996, 62(3): 222-226.

[243] Bracke M E, Vyncke B M, Van Larebeke N A, et al. The flavonoid tangeretin inhibits invasion of MO4 mouse cells into embryonic chick heart *in vitro* [J]. Clinica Experimental Metastasis, 1989, 7(3): 283-300.

[244] Kandaswami C, Perkins E, Soloniuk D S, et al. Antiproliferative effects of citrus flavonoids on a human squamous cell carcinoma *in vitro* [J]. Cancer Letters, 1991, 56(2): 147-152.

[245] Depypere H T, Bracke M E, Boterberg T, et al. Inhibition of tamoxifen’s therapeutic benefit by tangeretin in mammary cancer [J]. Eur J Cancer, 2000, 36Suppl 4: S73.

[246] 宋家玲，杨永建，李强，等. 多甲氧基黄酮类化合物研究进展 [J]. 中国实验方剂学杂志, 2012, 18(17): 308-313.

[247] 韩金旦，王奎武，沈莲清. 枳实中多甲氧基黄酮类化合物的研究 [J]. 时珍国医国药, 2010, 21(10): 2469-2470.

[248] 现代药物与临床编辑部. 天然苯丙烷类化合物对氧化低密度脂蛋白诱导的内皮细胞毒性的抑制作用 [J]. 现代药物与临床, 2004, 19(3): 120-121.

[249] 许敬英, 苏奎, 周静. 苯丙素苷类化合物的研究进展(II) [J]. 时珍国医国药, 2007, 18 (7): 1770-1772.

[250] 杨爱梅，鲁润华，师彦平. 圆穗兔耳草中苯丙素苷类化合物 [J]. 天然产物研究与开发, 2007, 19(2): 263-265.

[251] 赵楠，李占林，李达翃，等. 吴茱萸中 1 个新的苯丙素苷类化合物 [J]. 中草药, 2015, 46(1): 15-18.

[252] 胡君萍，曹丹丹，居博伟，等. 肉苁蓉苯乙醇总苷纳米乳在体鼻腔吸收研究 [J]. 中国中药杂志, 2020, (20): 4896-4901.

[253] 柯睿，朱恩圆，俞桂新. 小蓟中一个新的苯丙素苷类化合物 [J]. 药学学报, 2010, (7): 879-882.

[254] 李秋萍. 从石栎属厚鳞石栎种子中分离得到苯丙素类化合物 [J]. 国际中医中药杂志, 2013, 35(8): 712.
[255] 高越, 郗砚彬. Ak. *Phragmipedium calurum* 中分离得到的苯丙素型化合物及其抗增殖活性 [J]. 国际中医中药杂志, 2013, (3): 200.
[256] 杨盛理, 贺浩珂, 田梦茵, 等. 山豆根中的苯丙素苷类成分 [J]. 中国中药杂志, 2020, (22): 5525-5529.
[257] 褚洪标, 曾红, 梁生林, 等. 二岐马先蒿苯丙素类活性成分研究 [J]. 中草药, 2014, 45(9): 1223-1227.
[258] 黄才国, 李医明, 贺祥, 等. 玄参中苯丙素苷 XS-8 对兔血小板 cAMP 和兔血浆中 PGI2/TXA2 的影响 [J]. 第二军医大学学报, 2004, 25(8): 920-921.
[259] 吴利苹, 俞雅芮, 刘梦影, 等. 侧柏叶中的 1 个新苯丙素苷 [J]. 中草药, 2020, 51(3): 563-570.
[260] 马强, 张方信, 吕志诚. 苯丙素甙化合物逆转大肠癌 LoVo/Adr 细胞多药耐药性 [J]. 第四军医大学学报, 2009, (22): 2670-2672.
[261] 魏蕾. 醌类化合物的分布和药理作用 [J]. 现代中药研究与实践, 2013, 27(1): 33-35.
[262] 李晨阳, 高昊, 焦伟华, 等. 巴戟天根皮中的醌类成分的分离与鉴定 [J]. 沈阳药科大学学报, 2011, 28(1): 30-36, 60.
[263] 赵海青, 刘军锋, 刘珂. 新疆紫草羟基萘醌类化学成分的研究及对 PDE4 的抑制作用[J]. 中国实验方剂学杂志, 2010, 16(10): 96-99.
[264] 魏星, 赵海青, 邵萌, 等. 新疆紫草羟基萘醌类成分对炎症细胞因子的抑制作用 [J]. 中国中医药信息杂志, 2011, 18(5): 40-41, 110.
[265] 周媛媛, 刘雨新, 孟颖, 等. 青龙衣中的醌类成分研究 [J]. 中医药学报, 2015, 43(3): 9-10.
[266] 王燕, 孙磊, 乔善义. 黑骨藤中的一个二萜醌类化合物 [J]. 中国中药杂志, 2010, 35(12): 1648.
[267] 姚舜, 鲁艳. 参饮中二萜醌类化学成分研究 [J]. 湖北中医杂志, 2006, 28(2): 54.
[268] 赵霞. 丹参中具脑缺血损伤保护作用的脂溶性二萜醌类化合物的药学初步研究 [D]. 杭州: 浙江大学硕士学位论文, 2008.
[269] 刘东, 鞠建华, 邹忠杰, 等. 西藏杓兰中两个新菲醌类化合物的分离与结构鉴定 [J]. 药学学报, 2005, 40(3): 255-257.
[270] 张宁宁. 凤仙花中的环加氧酶-2 抑制剂 1,4-萘醌类 [J]. 国际中医中药杂志, 2003, 25(6): 355-356.
[271] 龚苏晓. 头状球百合根中具有抗疟和抗氧化作用的异呋喃萘醌类 [J]. 国外医学(中医中药分册), 2002, 24(2): 113.
[272] 高越, 郗砚彬. 从食肉性植物奇异猪笼草中分离得萘醌和类黄酮成分及其抗骨质疏松和抗氧化活性的研究 [J]. 国际中医中药杂志, 2015, (8): 698.
[273] Babula P, Adam V, Havel L, et al. Naphthoquinones and their pharmacological properties [J]. Ceska a Slovenska Farmacie, 2007, 56(3): 114-120.
[274] 于倩. 1, 2-萘醌类化合物抑制 PTP-1B 蛋白的构效关系及分子动力学模拟 [D]. 天津: 天津大学硕士学位论文, 2007.
[275] Boyd R. Linked-scan techniques for MS/MS using tandem-in-space instruments [J]. Mass Spectrometry Reviews, 1994, 13(5-6): 359-410.

[276] Stephens W E. A pulsed mass spectrometer with time dispersion [J]. Phys Rev, 1946, 69: 691.
[277] 邓敬桓, 陈智平, 李山, 等. SELDI-TOF-MS 技术建立早期肝硬化患者血清蛋白质谱筛选模型 [J]. 广西医科大学学报, 2013, 30(5): 692-694.
[278] 陆金晶. 基于 SELDI-TOF-MS 的胰腺癌诊断模型的建立及胰腺癌血清蛋白谱型的初步研究 [D]. 南京: 东南大学硕士学位论文, 2013.
[279] 陶堤堤, 周中银, 罗和生, 等. SELDI-TOF-MS分析结直肠腺瘤血清蛋白质谱的变化 [J]. 现代生物医学进展, 2013, (3): 438-441.
[280] 王秀丽, 高春芳, 赵光, 等. 应用 SELDI-TOF-MS 技术分析肝癌患者血清蛋白质谱的手术前后变化 [J]. 实用医药杂志, 2010, 27(2): 97-99.
[281] Boehm D, Lebrecht A, Rchwirz R, et al. Use of surface-enhanced laser desorption/ionisation time-of-flight mass spectrometry (SELDI-TOF-MS) to detect breast cancer markers in serum [J]. Journal of Clinical Oncology, 2009, 27(15_suppl): e22133.
[282] Grus F H, Poduct V N, Bruns K, et al. SELDI-TOF-MS protein chip array profiling of tears from patients with dry eye [J]. Investigative Ophthalmology and Visual Science, 2005, 46(3): 863-876.
[283] 程静, 卢晓声, 张慧娜, 等. 应用 SELDI-TOF-MS 筛选多囊卵巢综合征卵泡液中差异蛋白的研究 [J]. 医学研究杂志, 2015, 44(11): 91-94.
[284] Dunn W B, Broadhurst D, Ellis D I, et al. A GC-TOF-MS study of the stability of serum and urine metabolomes during the UK Biobank sample collection and preparation protocols [J]. International Journal of Epidemiology, 2008, 37 Suppl 1: i23-i30.
[285] Walker C C, Salinas K A, Harris P S, et al. A proteomic (SELDI-TOF-MS) approach to estrogen agonist screening [J]. Toxicological Sciences, 2007, 95(1): 74-81.
[286] Chaimbault P, Jacob C, Kirsch G, et al. Recent Advances in Redox Active Plant and Microbial Products [M]. Netherlands: Springer, 2014: 31-94.
[287] Pitt J J. Principles and applications of liquid chromatography-mass spectrometry in clinical biochemistry [J]. The Clinical Biochemist Reviews, 2017, 30(1): 19-34.
[288] Arpino P. Combined liquid chromatography mass spectrometry. Part Ⅲ. Applications of thermospray [J]. Mass Spectrometry Reviews, 1992, 11(1): 3-40.
[289] Niessen W M A. Liquid Chromatography-Mass Spectrometry, Third Edition [M]. Boca Raton: CRC Taylor and Francis, 2001: 50-90.
[290] Arpino P. Combined liquid chromatography mass spectrometry. Part Ⅰ. Coupling by means of a moving belt interface [J]. Mass Spectrometry Reviews, 1989, 8: 35-55.
[291] Murray K K. Coupling matrix-assisted laser desorption/ionization to liquid separations [J]. Mass Spectrometry Reviews, 1997, 16(5): 283-299.
[292] Cappiello A, Famiglini G, Palma P, et al. Overcoming matrix effects in liquid chromatography-mass spectrometry [J]. Analytical Chemistry, 2008, 80(23): 9343-9348.
[293] Cappiello A, Famiglini G, Mangani F, et al. A simple approach for coupling liquid chromatography and electron ionization mass spectrometry [J]. Journal of the American Society for Mass Spectrometry, 2002, 13(3): 265-273.
[294] 闫清华. 基于 Label free 蛋白质组学和 LC-Q-TOF-MS 代谢组学的四君子汤干预脾虚证机制研究 [D]. 甘肃农业大学博士学位论文, 2017.

[295] Latha P. Phenotyping Crop Plants for Physiological and Biochemical Traits [M]. London: Academic Press, an imprint of Elsevier, 2016.

[296] Wysocki V H, Resing K A, Zhang Q F, et al. Mass spectrometry of peptides and proteins [J]. Methods, 2005, 35(3): 211-222.

[297] Stobiecki M, Skirycz A, Kerhoas L, et al. Profiling of phenolic glycosidic conjugates in leaves of *Arabidopsis thaliana* using LC/MS [J]. Metabolomics, 2006, 2(4): 197-219.

[298] Jorge T F, Rodrigues J A, Caldana C, et al. Mass spectrometry-based plant metabolomics: metabolite responses to abiotic stress [J]. Mass Spectrometry Reviews, 2016, 35(5): 620-649.

[299] 李兴, 余玲玲, 胡凯锋. 结合核磁共振技术与液质联用技术的代谢组学数据采集、处理和分析 [J]. 生命科学仪器, 2016, 14 (6): 3-9.

[300] 常玉玮, 王国栋. LC-MS 在植物代谢组学分析中的应用 [J]. 生命科学, 2015, 8: 978-985.

[301] 傅青. 天然产物中的寡糖和糖苷类化合物的分离与表征研究 [D]. 北京: 中国科学院研究生院博士学位论文, 2011.

[302] Lee M S, Kerns E H. LC/MS applications in drug development [J]. Mass Spectrometry Reviews, 1990, 18(3-4): 187-279.

[303] 宋玉超, 马海波, 张旗, 等. 赤芍、白芍的 LC-MS 色谱峰与细胞抑制率的谱效关系研究 [J]. 现代药物与临床, 2012, 27(2): 103-106.

[304] 林黛琴, 王婷婷, 万承波. 高效液相色谱-串联质谱法快速测定食品中 5 种罂粟壳生物碱 [J]. 质谱学报, 2016, 9: 1-9.

[305] 叶林虎, 孔令提, 闫明珠, 等. LC-MS/MS 法研究荷叶生物碱在大鼠体内的组织分布 [J]. 中国新药杂志, 2017, 13: 1503-1505.

[306] 程星烨, 石钺, 孙虹, 等. 延胡索活性部位入血成分的 LC-MS/MS 研究 [J]. 药学学报, 2009, 44(2): 167-174.

[307] Clifford M N, Johnston K L, Knight S, et al. A hierarchical scheme for LC-MS identification of chlorogenic acid [J]. Journal of Agricultural and Food Chemistry, 2003, 51(10): 2900-2911.

[308] Lee X P, Kumazawa T, Hasegawa C, et al. Determination of nonsteroidal anti-inflammatory drugs in human plasma by LC-MS-MS with a hydrophilic polymer column [J]. Forensic Toxicology, 2010, 28(2): 96-104.

[309] Wang Y, Catana F, Yang Y N, et al. An LC-MS method for analyzing total resveratrol in grape juice, cranberry juice, and in wine [J]. Journal of Agricultural and Food Chemistry, 2002, 50(3): 431-435.

[310] Moser K, White F M. Phosphoproteomic analysis of rat liver by high capacity IMAC and LC-MS/MS [J]. Journal of Proteome Research, 2006, 5(1): 98-104.

[311] 陈琳. 基于GC-MS结合保留指数的广藿香-广陈皮药对的体外指纹谱与体内代谢谱研究[D]. 中山: 广东药学院硕士学位论文, 2015.

[312] 杨常成, 范伟, 梁逸曾. 运用GC-MS代谢谱研究*AMPKα2*基因与2型糖尿病的关系[J]. 中南药学, 2014, (8): 739-742.

[313] 曾建红. 广西莪术挥发油 GC-MS 指纹图谱的构建及其谱效关系的研究 [D]. 长沙: 中南林业科技大学博士学位论文, 2012.

[314] Aznar M, López R, Cacho J F, et al. Identification and quantification of impact odorants of aged red wines from Rioja. GC-olfactometry, quantitative GC-MS, and odor evaluation of

HPLC fractions [J]. Journal of Agricultural and Food Chemistry, 2001, 49(6): 2924-2929.

[315] Proestos C, Sereli D, Komaitis M. Determination of phenolic compounds in aromatic plants by RP-HPLC and GC-MS [J]. Food Chemistry, 2006, 95(1): 44-52.

[316] Huestis M A, Mitchell J M, Cone E J. Detection times of marijuana metabolites in urine by immunoassay and GC-MS [J]. Journal of Analytical Toxicology, 1995, 19(6): 443.

[317] 张才煜, 李婕, 高家敏, 等. UPLC-MS/MS 法研究紫杉醇及其注射液的杂质谱 [J]. 药学学报, 2016, 51(6): 965-971.

[318] 何芋岐, 鲁艳柳, 李利生, 等. 基于 UPLC-ESI-Orbitrap-MS 技术对金钗石斛生物碱的分析 [J]. 中国实验方剂学杂志, 2017, 23(20): 30-35.

[319] 周思思, 马增春, 梁乾德, 等. 基于 UPLC/Q-TOF-MS 分析附子半夏配伍相反的物质基础 [J]. 化学学报, 2012, 70(3): 284-290.

[320] 越皓, 皮子凤, 宋凤瑞, 等. 生附片化学成分的 HPLC/ESI-MSn 研究 [J]. 化学学报, 2008, 66(2): 211-215.

[321] 王超, 王宇光, 梁乾德, 等. 乌头与贝母配伍化学成分变化的 UPLC/Q-TOFMS 研究 [J]. 化学学报, 2011, 69(16): 1920-1928.

[322] 韩天娇, 宋凤瑞, 刘忠英, 等. 附子配伍过程中二萜类生物碱在 Caco-2 小肠吸收细胞模型中吸收转运的 UPLC/MS 研究 [J]. 化学学报, 2011, 69(15): 1795-1802.

[323] 单锋, 袁媛, 康利平, 等. 基于 UPLC-ESI/Q-TOF-MS/MS 技术分析荷梗中的化学成分 [J]. 中国中药杂志, 2015, 40(16): 3233-3238.

第二部分

方　法　学

4 林源植物疗法

4.1 概 述

林源植物疗法（phytotherapy）[1]与植物草药（herbalism）密切相关[2]，植物疗法是将植物和植物提取物用于治疗目的以达到预期的医疗用途[1,2]。现代植物疗法可以使用常规方法来评估植物药的质量，更多地使用诸如高效液相色谱法、气相色谱法、紫外/可见分光光度法或原子吸收光谱法等现代方法来鉴定物种、测量细菌污染、评估药用效力等[3]。植物疗法不同于顺势疗法（homeopathy）和源于传统治疗的药物治疗（anthroposophic medicine），一些植物疗法被视为传统医学的治疗方法（traditional medicine）[3]。

4.2 传 统 医 学

传统医学（traditional medicine）也称为土著或民间医学（folk medicine）[4]。世界卫生组织（WHO）定义传统医学为：基于知识、技能、信仰的一些做法、本土经验及不同的文化理论用来维护健康，预防、诊断、改善或治疗身体和精神疾病。

在一些亚洲和非洲国家，高达 80%的人口依赖于传统医学的初级卫生保健。传统医学在传统文化之外被采用时，往往被称为替代医学。传统医药实践包括阿育吠陀（ayurveda）、悉达医学（Siddha medicine）、尤那尼（Unani）、古伊朗医药（ancient Iranian medicine）、伊朗医药（Persian）、伊斯兰医药（Islamic medicine）、传统中国医药（traditional Chinese medicine）、韩医学（traditional Korean medicine）、格鲁吉亚民间医学（Georgian folk medicine）等[4]。传统医学核心学科包括草药学（herbalism）、民族医学（ethnomedicine）、民族植物学（ethnobotany）和

---

1 https://en.jinzhao.wiki/wiki/Herbalism#Phytotherapy

2 https://cn.bing.com/dict/herbalism. What is herbalism? Canadian Herbalist Association of British Columbia. 2015. Retrieved 25 February 2017

3 https://en.jinzhao.wiki/wiki/Traditional_medicine

4 https://en.jinzhao.wiki/wiki/Traditional_medicine

医学人类学（medical anthropology）。

植物疗法是一种整体疗法，在传统中医理论指导下，同时将西医理论作为植物药的指导原则，需要在西方医疗体系下，运用现代基于实验的研究方法对植物药进行细分化、分离、提取有效活性化合物，从分子水平层面进行行为模式的探讨，以阐述药效及药代动力学性质[5]，见文框 4-1。

文框 4-1 《植物疗法研究杂志》(*Phytotherapy Research*)

由英国伦敦大学药学院 F.J. Evans 教授担任主编的《植物疗法研究杂志》（*Phytotherapy Research*）（季刊）自 1987 年正式出版。该刊作为植物药研究的国际论坛，将对植物药的药理学研究、毒理学研究、临床研究，以及植物化学研究等的成果和进展进行报道，也刊载专题综述。该刊编委会由美国、英国、法国、中国、日本、印度、瑞典、巴西、德国、尼日利亚、以色列及保加利亚等国的著名专家组成。热点研究如对柑橘属（*Citrus*）植物的临床药理学进行了系统评价[1]，石榴（*Punica granatum*）的抗癌活性[2]，姜黄（*Curcuma longa*）对皮肤健康的影响等[3]。在 PubMed、Scopus、Ovid、Wiley、ProQuest、ISI 和 Science Direct 电子数据库广泛地搜索黄连与小檗碱药理和临床研究，截止到 2015 年，使用“黄连”和“小檗碱”作为搜索词，已发现 1200 多篇新文章研究了小檗碱的性质和临床用途[4]。

[1] Mannucci C, Navarra M, Calapai F, et al. Clinical pharmacology of *Citrus bergamia*: a systematic review. Phytotherapy Research, 2017, 31(1): 27-39.

[2] Panth N, Manandhar B, Paudel K R. Anticancer activity of punica granatum (pomegranate): a review. Phytotherapy Research, 2017, 31(4): 568-578.

[3] Al-Karawi D, Mamoori D A A, Tayyar Y. The role of curcumin administration in patients with major depressive disorder: mini meta-analysis of clinical trials [J]. Phytotherapy Research, 2016, 30(2): 175-183.

[4] http://onlinelibrary.wiley.com/journal/10.1002/(ISSN)1099-1573.

4.3 中国传统医药

4.3.1 概述

中国传统医药（traditional Chinese medicine，TCM）是建立在 2000 多年的中国医疗实践基础上的，包括中药、针灸、推拿、气功和饮食疗法等各种形式。其基本原则认为“循环经络是人体的生命能量（卡或气）的通道，具有连接到身体器官的分支机构”。其理论源于《黄帝内经》《伤寒论》和《本草纲目》等医学古籍，包括阴阳和五行等概念。中医诊断是通过“望、闻、问、切”进行。通过测量脉搏，检查舌头、皮肤和眼睛，观察人的饮食习惯和睡眠习惯及其他许多方面来诊断症状。

4.3.2 药性理论

在传统中医理论中，根据药物与人体相互作用的效应，药性理论主要包括四气、五味、归经、升降浮沉、药物配伍、毒性等，见文框 4-2。

文框 4-2 “量子中医理论”与生物光子分析技术

“量子中医理论”是将传统中医的“证”视为涵括其内的量子的叠加态，从而形成机体电磁辐射，人体的“气”主要以电磁辐射形式存在于体内[1]。植物药可通过与机体的相互作用而调整机体叠加态，从而对人体的整体状态进行调治，以趋于“阴平阳秘”的平衡状态[2]。

植物药具寒、凉、温、热的药物四性，当与人体相互作用时而发生效应，可引起人体电磁场的相应变化，表现形式可以为生物光子发射现象，可借助相关的生物光子分析仪器进行数据记录，这种生物光子分析仪器可对植物药四性及归经进行定量描述[3,4]。

[1] 韩金祥. 论中医理论哲学观与量子理论哲学观的可通约性 [J]. 中医研究, 2011, 24(3): 1-4.
[2] 韩金祥. 中医理论与量子理论思维方式的相容性和可转化性探讨 [J]. 山东中医药大学学报, 2013, 37(4): 267-270.
[3] 曾令烽, 陈云波, 程淑意, 等. 植物药疗法研究现状及药物四性定量循证思维初探 [J]. 中华中医药杂志, 2016, 31(6): 2060-2064.
[4] 赵肖磊, 王秀秀, 杨美娜, 等. 生物光子相干性理论的形成、发展与争议 [J]. 生物医学工程研究, 2013, 32(2): 124-130.

“四气”是指寒、凉、温、热。药有“寒、热、温、凉”四气，首现于《神农本草经》。例如，《神农本草经》“疗寒以热药”，可用于治疗“寒”证的草药具有偏“热”属性。四气也称“四性”，作为对人体内部阴阳盛衰、冷热变化的药物作用倾向。

“五味”是指药物有酸、苦、甘、辛、咸 5 种不同的味道，是对药物真实味道的抽象化，其作为药物作用的高度概括，具有不同的治疗作用。

“归经”指药物在机体某些部位选择性地产生特定的治疗作用，即治疗效应主要对某脏腑或经络或某几经络发生优势治疗作用，而对其他经络的作用较小或甚至不起效用。药物归经主要基于脏腑经络理论，并以所涉及的主体病证体征为准绳。药物归经侧重于药物作用的区域倾向，其与人体经络系统在本质上是一致的。

“升降浮沉”主要针对药物作用于机体后对病位及病势所产生的趋向，如上升、下降、外行（发散）、内行（下泻）等。

“毒性”指生物有害性，是药物作用于人体的有害效应。

四性及归经是传统中医药性理论最核心、根本的指标；五味及升降浮沉，是对药性理论进一步的扩充[5]。

4.3.3 方药配伍

在植物疗法层面起着至关重要作用的是方药配伍、调和药性等平衡效应[6]。阴阳是事物的对立统一属性，五行是一种简化的生命模型[7]。阴阳的概念也适用于人体。例如，身体的上部和背部被分配到阳，而身体的下部被认为具有阴性特征。阴阳表征也延伸到各种身体功能，更重要的是疾病症状，如冷热感觉分别为阴阳症状。身体的阴阳被认为是缺乏或过度丰富，伴有特征性症状组合的现象，如阴虚如热感，会出现盗汗、失眠、干咽、口干、深色尿、红色舌头、毛皮粗糙等症状，见文框 4-3。

文框 4-3 阴阳五行

阴阳指世界上一切事物中都具有的两种既互相对立又互相联系的力量；阴阳学说认为阴阳两种相反的气是天地万物的源泉。阴阳相合，万物生长，在天形成风、云、雷、雨等各种自然气象，在地形成河海、山川等大地形体，在方位则是东、西、南、北四方，在气候则为春、夏、秋、冬四季。

五行即由“木、火、土、金、水”5 种基本物质的运行和变化所构成。五行以日常生活的 5 种物质：金、木、水、火、土元素，作为构成宇宙万物及各种自然现象变化的基础[1]。这 5 类物质各有不同属性，如木有生长发育之性；火有炎热、向上之性；土有和平、存实之性；金有肃杀、收敛之性；水有寒凉、滋润之性。

阴阳与五行两大学说的合流形成了中国传统思维的框架，是我国古代哲学的源流和基础[2]。唯物辩证法中的对立统一观点，与阴阳学说相一致。

[1] https://baike.baidu.com/item/%E9%98%B4%E9%98%B3%E4%BA%94%E8%A1%8C/782340?fr = aladdin.

[2] https://encyclopedia.thefreedictionary.com/Traditional+Chinese+medicine.

中医将人体的生命能量的通道称为循环经络，是连接到身体器官及功能的分支机构。经络理论对人体的看法主要侧重于身体的功能，如消化功能、呼吸功能、维持温度等。中医思想的趋势是寻求人体动态的功能活动，而不是寻找执行活动的固定体细胞结构，因此中医没有与西方相似的解剖系统。中医所用的主要功能结构是五脏、六腑和经络。“脏”指被认为是阴性的5个实体：心脏、肝脏、脾脏、肺脏、肾脏。“腑”指的是六阳器官：小肠、大肠、胆囊、膀胱、胃和三焦。经络分为十二经脉和奇经八脉。经络学说即研究人体经络的生理功能、病理变化及其与脏腑相互关系的学说。它补充了脏象学说的不足，是中药归经的又一理论基础。1996年有了现代经络学说分型：“细胞群-自身调节-体液-神经协同模型”[8,9]。

疾病被认为是阴、阳、气、血、脏腑、经络等的功能或相互作用和/或人体与环境的相互作用的不和谐（或不平衡）。中医有5种诊断方法：检查、听诊、嗅诊、查询和触诊。中医医生根据诊断辨证施治后，开出处方即所说的方剂给患者。

辨证论治是中医认识疾病和治疗疾病的基本原则，又称辨证施治。植物药的四性属性，可对人体的阴阳偏颇进行调摄，而此“状态”在传统中医理论中也称为“证”。在传统临床辨证论治的医疗实践中，医者常先通过对“证”的分析、综合，即辨清疾患的病因、性质、部位及邪正关系，对“证”的性质做出概括及判断；然后“有斯证，即用斯药”，根据对“证”独特性的辨析，对不同患者进行个体化药物配伍治疗，见文框4-4。

文框 4-4 辨证论治

辨证论治是中医认识疾病和治疗疾病的基本原则，又称辨证施治。“辨证”就是把四诊（望诊、闻诊、问诊、切诊）所收集的资料、症状和体征，通过分析、综合，辨清疾病的病因、性质、部位以及邪正之间的关系，并概括、判断为某种性质的证。论治又称为“施治”，即根据辨证的结果，确定相应的治疗方法[1]。

临床常用的辨证方法大概有八纲辨证、气血津液辨证、脏腑辨证、六经辨证、卫气营血辨证、三焦辨证、经络辨证。

八纲辨证归纳为表证、里证、寒证、热证、虚证、实证、阴证、阳证。气病辨证一般概括为气虚、气陷、气滞、气逆4种。血病的常见征候可概括为血虚证、血瘀证和血热证。自从《温病条辨》以上、中、下三焦论述温病的证治以来，三焦辨证就成为温病辨证的方法之一。经络辨证是以经络学说为理论依据，对患者所反映的症状、体征进行分析、综合，以判断病属何经、何脏、何腑，并进而确定发病原因、病变性质及病机的一种辨证方法。

[1] https://baike.baidu.com/item/%E8%BE%A8%E8%AF%81%E8%AE%BA%E6%B2%BB.

方剂中“方”指医方，是治病的药方。方剂一般由君药、臣药、佐药、使药4部分组成。“君、臣、佐、使”的提法最早见于《黄帝内经》，君药是方剂中针对主证起主要治疗作用的药物，是必不可少的，其药味较小，药量根据药力相对较其他药大。臣药协助君药，以增强治疗作用。佐药是协助君药治疗兼证或次要症状，或抑制君药、臣药的毒性和峻烈性，或为其反佐。使药引方中诸药直达病症所在，或调和方中诸药的作用。例如，《伤寒论》的麻黄汤由麻黄、桂枝、杏仁、甘草四味药组成，主治恶寒发热、头疼身痛、无汗而喘、舌苔薄白、脉浮紧等，属风寒表实证。方中麻黄辛温解表、宣肺平喘，针对主证为君药；桂枝辛温解表、通达营卫，助麻黄峻发其汗为臣药；杏仁肃肺降气，助麻黄以平喘为佐药；甘草调和麻黄、桂枝峻烈发汗之性为使药。《伤寒论》内将方剂按太阳、阳明、少阳、太阴、少阴、厥阴六经症候变化分类，突出了中医辨证论治的思想，见文框 4-5。

文框 4-5　中药配伍

药物的用法包括配伍禁忌、用药禁忌、剂量和服法等。药物的“七情”是把单味药的应用同药与药之间的配伍形成不同的 7 种作用：单行、相须、相使、相畏、相杀、相恶、相反[1]。

单行就是指用单味药治病。病情比较单纯，选用一种针对性强的药物即能获得疗效，如清金散单用一味黄芩治轻度的肺热咳嗽，现代单用鹤草芽驱除绦虫，以及许多行之有效的“单方”等。

相须即性能、功效相类似的药物配合应用，可以增强其原有疗效。例如，石膏与知母配合，能明显地增强清热泻火的治疗效果；大黄与芒硝配合，能明显地增强攻下泻热的治疗效果[2]。

相使即在性能、功效方面有某种共性的药物配合应用，以一种药物为主，另一种药物为辅，能提高主药物的疗效。例如，补气利水的黄芪与利水健脾的茯苓配合时，茯苓能提高黄芪补气利水的治疗效果；清热泻火的黄芩与攻下泻热的大黄配合时，大黄能提高黄芩清热泻火的治疗效果。

相畏即一种药物的毒性反应或副作用，能被另一种药物减轻或消除。例如，生半夏和生南星的毒性能被生姜减轻与消除，所以说生半夏和生南星畏生姜。

相杀即一种药物能减轻或消除另一种药物的毒性或副作用。例如，生姜能减轻或消除生半夏和生南星的毒性或副作用，所以说生姜杀生半夏和生南星的毒。由此可知，相畏、相杀实际上是同一配伍关系的两种提法，是药物间相对而言的[3]。

相恶即两种药物合用，一种药物与另一种药物相作用而致原有功效降低，甚至丧失药效。例如，人参恶莱菔子，因莱菔子能削弱人参的补气作用。

相反即两种药物合用能产生毒性反应或副作用，如“十八反”“十九畏”中的若干药物[4-6]。

[1] 潘浪胜. 三种中药药对的物质基础研究 [D]. 杭州：浙江大学博士学位论文, 2004.
[2] 郭建明，段金廒，郝海平，等. 基于药物体内代谢过程的中药配伍禁忌研究思路与方法 [J]. 中草药, 2011, 42(12): 2373-2378.
[3] 范欣生，尚尔鑫，陶静，等. “十八反”同方配伍探讨 [J]. 中医杂志，2011，52(12): 991-994.
[4] 宿树兰，段金廒，李文林，等. 基于物质基础探讨中药“十八反”配伍致毒/增毒机制 [J]. 中国实验方剂学杂志, 2010, 16(1): 123-129.
[5] 唐于平，吴起成，丁安伟，等. 对中药“十八反”、“十九畏”的现代认识 [J]. 中国实验方剂学杂志, 2009, 15(6): 79-82.
[6] https://baike.baidu.com/item/七情配伍.

4.4 现代医学

4.4.1 概述

医学（medicine）是治疗和预防疾病的科学实践。当代医学应用生物医学科学、生物医学研究、遗传学和医学技术来诊断、治疗与预防疾病，通过药物或手术，诸如心理治疗、外部夹板、牵引力、医疗器械、生物制剂和电离辐射等各种疗法治疗疾病[1]。

4.4.2 临床实践

在现代临床实践中，医生亲自评估患者，以便使用临床判断来诊断、治疗和预防疾病。医患关系通常从对患者的检查的病史和医疗记录开始，其次是医疗采访和体检。使用听诊器等基本诊断医疗设备，当面问清患者的症状，医生可以让患者做血液检查等医疗检查、进行活检，开处方药物或采用其他疗法。鉴别诊断方法有助于医生根据所提供的信息排除病情，见文框 4-6。

文框 4-6　处方

为规范处方管理，提高处方质量，促进合理用药，保障医疗安全，根据《中华人民共和国执业医师法》《中华人民共和国药品管理法》（以下简称《药品管

1 https://en.jinzhao.wiki/wiki/Medicine

理法》)《医疗机构管理条例》《麻醉药品和精神药品管理条例》等有关法律、法规，制定《处方管理办法》(2006 年 11 月 27 日经卫生部部务会议讨论通过，2007 年 2 月 14 日发布，自 2007 年 5 月 1 日起施行)。

根据《处方管理办法》第二条规定：本办法所称处方，是指由注册的执业医师和执业助理医师（以下简称医师）在诊疗活动中为患者开具的、由取得药学专业技术职务任职资格的药学专业技术人员（以下简称药师）审核、调配、核对，并作为患者用药凭证的医疗文书。处方包括医疗机构病区用药医嘱单。处方是医生对患者用药的书面文件，是药剂人员调配药品的依据，具有法律、技术、经济责任[1]。

经注册的执业医师在执业地点取得相应的处方权。

处方标准

一、处方内容

1. 前记：包括医疗机构名称、费别、患者姓名、性别、年龄、门诊或住院病历号，科别或病区和床位号、临床诊断、开具日期等。可添列特殊要求的项目。

麻醉药品和第一类精神药品处方还应当包括患者身份证明编号，代办人姓名、身份证明编号。

2. 正文：以 Rp 或 R（拉丁文 Recipe“请取”的缩写）标示，分列药品名称、剂型、规格、数量、用法用量。

3. 后记：医师签名或者加盖专用签章，药品金额以及审核、调配，核对、发药药师签名或者加盖专用签章。

二、处方颜色

1. 普通处方的印刷用纸为白色。

2. 急诊处方印刷用纸为淡黄色，右上角标注“急诊”。

3. 儿科处方印刷用纸为淡绿色，右上角标注“儿科”。

4. 麻醉药品和第一类精神药品处方印刷用纸为淡红色，右上角标注“麻、精一”。

5. 第二类精神药品处方印刷用纸为白色，右上角标注“精二”。

处方药（Rx）就是必须凭执业医师或执业助理医师处方才可调配、购买和使用的药品[2]；而非处方药（OTC）则为不需要凭医师处方即可自行判断、购买和使用的药品。

[1] https://baike.baidu.com/item/%E5%A4%84%E6%96%B9/3419360?fr=aladdin.

[2] https://baike.baidu.com/item/%E5%A4%84%E6%96%B9%E8%8D%AF/107520?fr=aladdin.

临床检查包括[1]：生命体征包括身高、体重、体温、血压、脉搏、呼吸频率和血红蛋白氧饱和度，患者的一般外观和疾病的具体指标（营养状况、存在黄疸、苍白等）、皮肤、头、眼、耳、鼻、心血管（心脏与血管）、呼吸道（大气道和肺部）、腹部与直肠、生殖器（如怀孕患者或怀孕）、肌肉骨骼（包括脊柱和四肢）、神经（意识、脑、颅神经、脊髓及周围神经）、精神（导向、精神状态、异常知觉或思想的症状）。治疗计划可能包括增加额外的医学实验室测试和医学影像学研究，开始治疗，转诊给专家观察。

4.4.3　基础科学

解剖学（anatomy）研究生物体的物理结构。与宏观或大体解剖相比，细胞学和组织学涉及微观结构。

生物化学（biochemistry）研究生物体中产生的化学物质，特别是其化学成分的结构和功能。

生物力学（biomechanics）是利用结构和生物系统的功能的方法手段研究力学。

生物统计学（biostatistics）是最广泛意义上的统计学，应用于生物领域。生物统计学的知识对于医学研究的规划、评估和解释至关重要。这也是流行病学和循证医学的基础。

生物物理学（biophysics）是一门跨学科的科学，使用物理和物理化学方法来研究生物系统。

细胞学（cytology）是对个体细胞的微观研究。

胚胎学（embryology）研究生物体的早期发育。

内分泌学（endocrinology）研究激素及其在整个体内的作用。

流行病学（epidemiology）是对疾病危害人类健康进程中人口统计学方面的研究，包括特定人群中疾病分布、影响因素以及防治措施和策略等。

遗传学（genetics）研究基因及其在生物遗传中的作用。

组织学（histology）是通过光学显微镜、电子显微镜和免疫组织化学研究生物组织的结构。

免疫学（immunology）是对免疫系统的研究，其中包括人类的天生性和适应性免疫系统。

医学物理学（medical physics）是物理学原理在医学中的应用研究。

微生物学（microbiology）是对微生物的研究，包括原生动物、细菌、真菌和病毒。

1 https://en.jinzhao.wiki/wiki/Physical_examination

分子生物学（molecular biology）是对遗传物质的复制、转录和翻译过程的分子基础的研究。

神经科学（neuroscience）包括与神经系统研究有关的学科。神经科学的一个主要焦点是人脑和脊髓的生物学与生理学。一些相关的临床专业包括神经病学、神经外科学和精神病学。

营养科学（nutrition science）与营养学是研究食物和饮料与健康及疾病的关系，特别是在确定最佳饮食方面。营养治疗由营养师进行，并且用于糖尿病、心血管疾病、体重和饮食失调、过敏、营养不良与肿瘤性疾病。

病理学（pathology）研究疾病的原因、过程、进展和解决。

药理学（pharmacology）研究药物与机体（含病原体）相互作用及其规律和作用机制的一门学科。

光生物学（photobiology）研究非电离辐射与活生物体之间的相互作用。

生理学（physiology）研究身体的正常功能和基本的功能机制。

放射生物学（radiobiology）是电离辐射与活生物体之间相互作用的研究。

毒理学（toxicology）研究药物和毒药的危害作用。

4.4.4 手术

手术（surgery）是使用手术和器械对患者进行调查或治疗诸如疾病或损伤等病理状况，以帮助改善身体功能、外观或修复不需要的破裂区域的医学专业[1]，如鼓膜穿孔。手术有许多亚专业，包括普通外科、眼科、心血管外科、结肠直肠外科、神经外科、口腔和颌面外科、肿瘤外科、矫形外科、耳鼻喉外科、整形外科、足踝外科、移植外科、创伤外科、泌尿外科、血管外科和小儿外科。麻醉学是手术分割出来的一部分。其他医学专业可以采用外科手术，如眼科和皮肤科，但不被视为手术亚专业。

4.4.5 内科

内科（internal medicine）是处理成人疾病预防、诊断和治疗的医学专业[2]。

内科有很多亚专科（或亚科）：血管学/血管医学（angiology/vascular medicine）、心内科（cardiology）、重症监护医学（critical care medicine）、内分泌科（endocrinology）、消化内科（gastroenterology）、老年病学（geriatrics）、血液学（hematology）、肝病科（hepatology）、传染病科（infectious disease）、肾脏病学（nephrology）、神经内科（neurology）、肿瘤科（oncology）、儿科（pediatrics）、

1 https://en.jinzhao.wiki/wiki/Surgery

2 https://en.jinzhao.wiki/wiki/Internal_medicine

肺科（肺病学/呼吸病学/胸部医学）（pulmonology/pneumology/respirology/chest medicine）、风湿病科（rheumatology）、运动医学科（sports medicine）。

4.4.6　诊断专业

临床实验室（clinical laboratory）科学是临床诊断服务，将实验室技术应用于患者的诊断和管理[1]。在这些医学实验室工作的人员是训练有素的技术人员，不具有研究生医学学位，但通常拥有本科医学学位，他们实际提供具体服务所需的测试、测定和程序。诊断专业包括输血医学（transfusion medicine）、细胞病理学（cellular pathology）、临床化学（clinical chemistry）、血液学（hematology）、临床微生物学（clinical microbiology）和临床免疫学（clinical immunology）。

病理学（pathology）是处理疾病研究和由它们产生的形态学、生理学变化的医学分支[2]。作为诊断专业，病理学可以被认为是现代医学科学知识的基础，在循证医学（evidence-based medicine）中起着重要的作用。许多现代分子检测如流式细胞术（flow cytometry）、聚合酶链反应（polymerase chain reaction，PCR）、免疫组织化学（immunohistochemistry）、细胞遗传学（cytogenetics）、基因重排研究（gene rearrangement study）和荧光原位杂交（fluorescent *in situ* hybridization，FISH）都属于病理学领域。

诊断放射学（diagnostic radiology）涉及身体的成像[3]，如通过X射线（X-ray）、X射线计算机断层扫描（X-ray computed tomography）、超声检查（ultrasonography）和核磁共振断层扫描（nuclear magnetic resonance tomography）。介入放射科医师（interventional radiologist）可以在成像的身体内进行干预或诊断取样。

核医学（nuclear medicine）涉及通过向身体施用放射性标记物质（放射性药物）来研究人体器官系统，然后可以通过伽马照相机或正电子发射断层扫描（PET）扫描仪在其身体外部成像[4]。每种放射性药物都是一种特异性研究神经递质途径、代谢途径、血液流动或其他功能的示踪剂。放射性核素通常是γ发射体或正电子发射体。核医学与放射学有一定程度的重叠，PET/CT扫描仪等组合装置的出现就证明了这一点。

临床神经生理学（clinical neurophysiology）涉及测试神经系统的中枢和周边方面的生理特性或功能[5]。这些测试可分为自发或连续运行的电活动和刺激诱发反

1 https://en.jinzhao.wiki/wiki/Medical_laboratory
2 https://en.jinzhao.wiki/wiki/Pathology
3 https://en.jinzhao.wiki/wiki/Radiology
4 https://en.jinzhao.wiki/wiki/Nuclear_medicine
5 https://en.jinzhao.wiki/wiki/Clinical_neurophysiology

应。其亚专科包括脑电图（electroencephalography）、肌电图（electromyography）、诱发电位（evoked potentia）、神经传导研究（nerve conduction study）和多导睡眠监测（polysomnography）。

参 考 文 献

[1] Capasso F, Gaginella T S, Grandolini G, et al. Phytotherapy a quick reference to herbal medicine [M]. Berlin/Heidelberg: Springer, 2003.

[2] Alaoui-Jamali M. Alternative and Complementary Therapies for Cancer: Integrative Approaches and Discovery of Conventional Drugs [M]. Boston: Springer, 2010.

[3] Gad H A, El-Ahmady S H, Abou-shoer M I, et al. Application of chemometrics in authentication of herbal medicines: a review [J]. Phytochemical Analysis, 2013, 24(1): 1-24.

[4] Barnerjee B G. Folk Illness and Ethnomedicine [M]. New Delhi: Northern Book Center, 1988.

[5] 曾令烽, 陈云波, 程淑意, 等. 植物药疗法研究现状及药物四性定量循证思维初探 [J]. 中华中医药杂志, 2016, 31(6): 2060-2064.

[6] 刘艳丽, 韩金祥. 阴阳五行的科学内涵 [J]. 中华中医药学刊, 2014, 32(3): 468-471.

[7] 文理, 刘巍, 顾植山, 等. 近十年中医的阴阳五行研究发展概况及评论 [J]. 中华中医药杂志, 2009, 24(11): 1481-1485.

[8] 周明眉, 范自全, 贾伟, 等. 传统医药的整体性与现代医药的局部性的融合——代谢组学在中药复方研究中的应用 [J]. 中国天然药物, 2009, 7(2): 95-100.

[9] 王广基, 郝海平, 阿基业, 等. 代谢组学在中药方剂整体药效作用及机制研究中的应用与展望 [J]. 中国天然药物, 2009, 7(2): 82-89.

5　林源植物药提取分离、纯化与结构解析

5.1　提　取

5.1.1　概述

提取（extraction）是一种分离工艺（separation）方法，将物质与基质分离[1]，包括液-液萃取（liquid-liquid extraction）和固相萃取（solid phase extraction）。两相之间溶质的分布差异是分离的平衡条件，研究被分析物如何从水中移动到有机层中。常见的提取方法有：液-液萃取、固相萃取、固相微萃取（solid phase micro-extraction）、索氏提取（Soxhlet extraction）和泡沫萃取（fizzy extraction）等。提取物通常使用两个不混溶相来将溶质从一相分离至另一相。典型的实验室提取物是水相中的有机化合物和有机相。根据 Hildebrand 溶解度参数（hildebrand solubility parameter）的极性顺序排出常用的乙酸乙酯对水的萃取剂极性：乙酸乙酯＜丙酮＜乙醇＜甲醇＜丙酮：水（7：3）＜乙醇：水（8：2）＜甲醇：水（8：2）＜水。可以使用离心蒸发器或冷冻干燥器使提取物呈干燥状态。

提取技术[2]包括超临界流体萃取（supercritical fluid extraction，SFE）、超声提取（ultrasonic extraction）、热回流提取（heat reflux extraction）、机械化学辅助提取（mechanochemical-assisted extraction）、微波辅助萃取（microwave-assisted extraction）、即时控制压降萃取（instant controlled pressure drop extraction，DIC）和渗透萃取（perstraction）。渗透萃取是从液-液萃取中开发的新型膜分离技术，其中两个液相通过膜接触[1]。

5.1.2　液-液萃取

液-液萃取（liquid-liquid extraction，LLE）又称为溶剂萃取或抽提，是基于它们在两种不混溶液体（通常为水和有机溶剂）中的相对溶解度来分离化合物的一种方法[3]，将进料溶液中的一种（或多种）溶质转移到另一种不混溶液体溶剂中。在溶剂萃取中，分配系数（K_d）作为物质萃取程度的量度。LLE 是使用分离漏斗

---

1 https://en.jinzhao.wiki/wiki/Separation_process

2 https://en.jinzhao.wiki/wiki/Supercritical_fluid_extraction

3 https://en.jinzhao.wiki/wiki/Liquid%E2%80%93liquid_extraction

或逆流分配等设备进行的化学实验室基础技术。例如，超声辅助液-液萃取具有操作简便、快速、节能、萃取效率高、重现性好等特点，适合于香精成分的提取[2]。离子液体作为一种新型的环境友好的绿色有机溶剂替代传统的挥发性有机溶剂用于痕量离子，已用于金属螯合物的萃取，是一种有前途的萃取技术[3]。

LLE 提取技术包括：分批单级萃取（batchwise single stage extraction）、分散液-液微萃取（dispersive liquid-liquid microextraction，DLLME）、直接有机萃取（direct organic extraction）、多级逆流连续过程（multistage countercurrent continuous process）、混合澄清器（mixer-settler）、离心萃取（centrifugal extractor）、离子对萃取（ion pair extraction）、双水相萃取（aqueous two-phase extraction）等。

分批单级萃取是一种新型微萃取技术，基于使用微量注射器将微升级萃取剂快速注入样液内，在分散剂-水相内形成萃取剂微珠[4]。DLLME 是从水样中提取少量有机化合物的方法，可用于提取有机化合物如有机氯化物和有机磷农药及水样中取代的苯化合物[5]，可以提取蛋白质，也可以从咖啡豆和茶叶中提取咖啡因[6,7]等。分批萃取精馏是适用于精细化工和制药等小批量、高附加值产品生产行业分离共沸物和近沸点混合物的重要技术，操作参数如回流比、溶剂流率、精馏塔塔板数和原料组成等对分离效果有影响[8]。逆流萃取（countercurrent extraction）依靠萃取动力学和泵的旋转所产生的吸力进行。高效逆流萃取采取高速旋转的螺旋柱作为分离场所，在多维离心力场的作用下，溶质与溶剂的混合更彻底，分离的效果好。连续多级逆流分步结晶工艺（continuous multistage countercurrent fractional crystallization process）这种分离提纯技术与传统的结晶和精馏技术相比，分离效率高、能耗低、设备投资少、分离纯度高，解决了一般精馏技术难以解决的共沸物及热敏物质分离的难题。工业结晶分离过程是基于固-液相平衡理论，由于它的最高操作温度在物料的熔点附近，因此降低了对设备的要求，结晶和熔融过程在同一设备内进行，简化了设备结构和操作流程，适合于大规模连续生产[9]。在多级方法中，水性萃取剂从一个提取单元被传送到下一个单元作为含水进料，而将有机相在相反的方向上移动[10]。离子对萃取（ion pair extraction）中的被萃物质是一种疏水性的离子缔合物，金属以络阴离子或络阳离子形式进入有机相，分为阴离子萃取和阳离子萃取两类，可以通过仔细选择抗衡离子来提取金属[11]。

5.1.3 固相萃取

固相萃取（solid phase extraction，SPE）是一种制备样品的方法[1]，通过将化合物溶解或悬浮在液体混合物中，根据其物理和化学性质的不同与混合物中的其

1 https://en.jinzhao.wiki/wiki/Solid_phase_extraction

他化合物分离[12]。

SPE使用溶解或悬浮的液体作为流动相，通过利用样品中的溶质与固定相的亲和力不同，从而将混合物分离成需要或者不需要的组分。用合适的洗脱液冲洗固定相，然后收集所需的分析物[13]。反相SPE是根据其极性分离分析物。反相SPE柱的固定相是由烃链衍生出来的由于疏水效应而保持中至低极性的化合物，只有非极性或极弱极性的化合物才会吸附到表面，可以用非极性溶剂洗涤柱来洗脱[14]。离子交换固相萃取是以离子间高能量的相互作用达到分离的目的。强极性的溶质可以从极性强的水或其他溶剂中分离出来，强离子交换树脂的交换容量不受pH影响，而弱离子交换树脂则依赖pH的变化[14]。利用原位聚合法通过热聚合在玻璃微管道内制备出阴离子交换型固相萃取微柱[15]。

5.1.4 固相微萃取

固相微萃取（solid phase micro-extraction，SPME）[1]是基于萃取涂层与样品之间的吸附/溶解-解吸平衡而建立起来的集进样、萃取、浓缩功能于一体的技术[16]。涂有提取相的纤维通常是液体（聚合物）或固体（吸附剂），可以提取不同种类的分析物[14]。萃取后，将 SPME 纤维转移到分离的仪器注射端口，如气相色谱或质谱分析仪，可以分析其中解吸的分析物。SPME 检测限可以达到某些化合物的万亿级的极限[17]。固相微萃取不仅操作简便，而且具有较高的采样灵敏度，获得的化学成分的信息量多于动态顶空法[18]。

5.1.5 索氏提取

索氏提取是从固体物质中萃取化合物的一种方法。索氏提取器（Soxhlet extractor）[2]是利用溶剂回流及虹吸原理，使固体物质连续不断地被纯的溶剂萃取，既节约溶剂，萃取效率又高。索氏提取器由三个主要部分组成：加热和回流循环溶剂的渗滤器，由厚滤纸制成的保留固体的套筒，以及周期性排空套管的虹吸机构。该系统的优点在于仅使用一批溶剂，不断地循环[19]。应用索氏提取可以制备辣椒素[20]，也可以应用索氏提取法提取黄芩中可作为天然防晒剂的黄芩黄酮[21]。

5.1.6 泡沫萃取

泡沫萃取（fizzy extraction）[3]是由 Paweł Urban 集团开发的用于分析溶于液体基质中的半挥发性物质的提取技术[22-24]。其用于从液体样品中提取半挥发性化合

1 https://en.jinzhao.wiki/wiki/Solid-phase_microextraction

2 https://en.jinzhao.wiki/wiki/Soxhlet_extractor

3 https://en.jinzhao.wiki/wiki/Fizzy_extraction

物，泡腾技术在起泡中起关键作用[25]。液体样品经受较小超压（约 150kPa）的载气，如 CO_2 搅拌，使提取室突然减压，导致泡腾，所产生的具有挥发性/半挥发性的物质的气泡在几秒钟内被释放到萃取室的顶部空间中，并转移到在线质谱仪等检测器上。这种提取的优点是在低温下速度快、简便性和可操作性[26]。利用响应面分析法优化泡沫法可以提取紫苏蛋白[27]。利用聚氨酯泡沫原位方法在紫草细胞培养过程中可以提取紫草色素[28]。

5.2 分离工艺

分离工艺（separation process）是实现一种化学物质分离成多种不同的产物的过程[1]，该分离可以用于小规模的分析，也可以用于以制备为目的的大规模的工业生产。通常的分离器是垂直立式离心机[29]，通常用离心机能够实现高线加速度环境[30]。

5.3 纯　化

化学纯化方法（purification method in chemistry）是物理分离感兴趣的化学物质与外来或污染物质。成功纯化的结果是达到分离目的。亲和纯化（affinity purification）通过利用物质与固定在柱上的抗体、酶或受体的亲和力将它们保留在柱上来纯化蛋白质。亲和纯化方法应用于人胃癌细胞端粒酶的亲和纯化[31]、白附子凝集素的亲和纯化[32]、陕西菜豆植物血凝素（phytohaemagg lutin，PHA）的亲和纯化[33]等。纯化工艺包括如下几种。

过滤（filtration）是将固体与液体或气体分离的机械方法，通过使进料流通过多孔片材，如布或膜，保留固体并允许液体通过。

离心（centrifugation）是指在电动机的帮助下光粒子以高速进行旋转的过程，使得不沉降在底部的细小颗粒沉降。

蒸发（evaporation）用于从非挥发性溶质中除去挥发性液体。

液-液萃取（liquid-liquid extraction）通过将粗物质溶解在可溶于原料中其他组分的溶剂中，以除去杂质或回收所需产物。

结晶（crystallization）通过冷却进料流或加入降低所需产物的溶解度从而使其形成晶体的沉淀剂，将产物与液体进料流分离，通常为非常纯的形式。然后通过过滤或离心将纯固体晶体与剩余的液体分离。

1 https://en.jinzhao.wiki/wiki/Separation_process

重结晶（recrystallization）在分析化学和合成化学工作中，购买的纯度可疑的试剂可能会重结晶，如溶解在非常纯的溶剂中，然后结晶，并回收晶体，以提高和/或验证其纯度。

吸附（adsorption）是通过能与杂质形成强非共价化学键的固体材料如活性炭的表面吸附进料流中的可溶性杂质。色谱法在固体的填充床上采用吸附和解吸技术，以净化单个进料流的多个组分。

蒸馏（distillation）广泛应用于石油炼制和乙醇纯化，根据挥发性液体的相对挥发性分离挥发性液体。

升华（sublimation）是将任何物质（通常在加热中）从固体改变为气体（或从气体到固体）而不经过液相的过程。

5.4 结构解析

结构解析（structural elucidation）可以阐明天然化合物的化学结构。在确定化合物的结构时，需要获得分子中所有原子之间的键合的模式和多重性。在可能的情况下，寻求分子中的原子的三维空间坐标。阐明分子结构的光谱法包括核磁共振（nuclear magnetic resonance，NMR）、质谱法和X射线晶体学等。质谱法（mass spectrometry，MS）是将待测物质离子化之后基于其质量与电荷比来鉴定各种化合物的方法。质谱法用来得到总分子量及片段质量。化合物在自然界中作为混合物存在，液相色谱和质谱的组合通常用于分离各种化学物质。已知化合物的质谱数据库是可用的，并且可用于将结构分配给未知的质谱。NMR是确定天然产物化学结构的主要技术。NMR产生关于结构中单个氢原子和碳原子的信息，允许详细重建分子的结构。旋光光谱（optical rotatory dispersion，ORD）、圆二色谱（circular dichroism，CD）和X射线衍射法（X-ray diffraction，XRD）等技术可以在原子尺度上识别三维结构的分辨能力，适用于晶体化合物，当分子具有不成对电子自旋官能团的结构时，可以进行电子核双共振（electron nuclear double resonance，ENDOR）和电子自旋共振（electron spin resonance，ESR）光谱解析。吸收光谱（absorption spectroscopy）和振动光谱（vibrational spectroscopy）、红外光谱（infrared spectroscopy，IR）与拉曼旋光活性（Raman optical activity，ROA）分别提供关于多重数量和邻接关系的重要支持信息及功能组的类型。进一步的推断分析结果包括循环伏安法（cyclic voltammetry）和X射线光电子能谱（x-ray photoelectron spectroscopy），见文框5-1。

文框 5-1 X 射线晶体衍射解析出青蒿素

1973年，云南省药物研究所和山东省中医药研究所分别从植物大头黄花蒿与黄花蒿中，一步到位拿到了青蒿素的结晶[1]。第一代一维核磁共振（NMR）无法解析出青蒿素的立体三维结构。用常规的X射线晶体衍射确定了青蒿素结晶具有对映体的$P2_12_12_1$空间群（文框图5-1），并且测得晶胞参数[2]。以电子云密度叠合图（文框图5-2）佐证分子立体结构（实、虚线示成键的空中取向），利用差值电子云密度图的计算程序，并从得到的差值电子云密度图上揭示出22个氢原子在空间的真实位置。衍射强度数据是由Phillips四圆衍射仪收集，采用石墨单色器（2θ=26.6°），CuK2辐射（λ=1.5418Å），收到了小于58°的全部强度数据，独立的衍射点为810个，可观察的衍射点619个。利用符号附加法得到相角，经tg公式修正，应用傅里叶综合法作电子密度函数的逼近，获得了全部非氢原子的结构信息，确定了青蒿素的分子结构[3]。

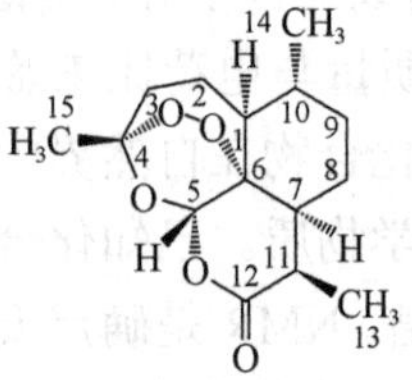

文框图5-1 青蒿素晶体结构

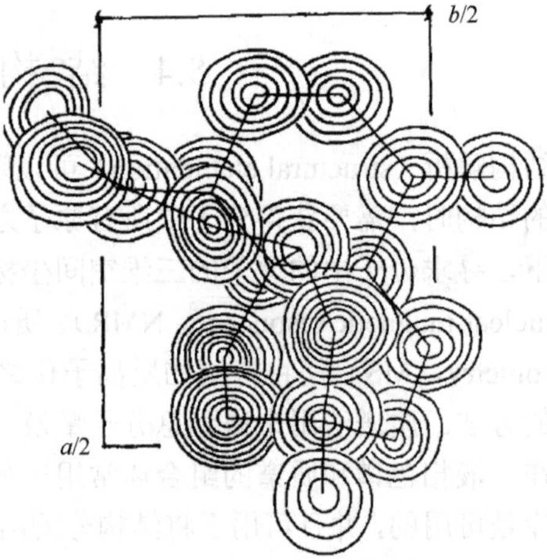

文框图5-2 青蒿素晶体结构三维电子云密度叠合图

[1] 青蒿素结构研究协作组. 一种新型的倍半萜内酯——青蒿素 [J]. 科学通报, 1977, 22(3): 123.

[2] 华庆新. X射线晶体衍射是解析出青蒿素三维结构的唯一方法 [J]. 生物化学与生物物理进展, 2017, 44(1): 17-20.

[3] 梁丽. 青蒿素分子和立体结构测定的历史回顾 [J]. 生物化学与生物物理进展, 2017, 44(1): 6-16.

此外，电子显微镜（electron microscopy）等方法也用于结构解析。

参考文献

[1] 李冬怀, 冯明, 肖泽仪. 渗透萃取技术概述 [J]. 四川化工, 2007, 10(3): 18-21.

[2] 曲国福, 陆舍铭, 孟昭宇, 等. 超声辅助液液萃取法提取烟用香精成分的研究 [J]. 分析试验室, 2007, 26(11): 57-60.

[3] 邓勃. 一种新型的液液萃取技术——离子液体萃取 [J]. 分析仪器, 2010, (6): 9-15.

[4] 邓勃. 一种新的液液萃取模式——分散液液微萃取 [J]. 现代科学仪器, 2010, (3): 123-130.

[5] Rezaee M, Assadi Y, Milani H M R, et al. Determination of organic compounds in water using dispersive liquid-liquid microextraction [J]. Journal of Chromatography A, 2006, 1116(1-2): 1-9.

[6] Shacter E. Organic extraction of Pi with isobutanol/toluene [J]. Analytical Biochemistry, 1984, 138(2): 416-420.

[7] Dong X, Li S, Sun J, et al. Association of coffee, decaffeinated coffee and caffeine intake from coffee with cognitive performance in older adults: National Health and Nutrition Examination Survey (NHANES) 2011-2014 [J]. Nutrients, 2020, 12(3): 840.

[8] 邬慧雄. 分批萃取精馏技术的研究 [D]. 天津: 天津大学硕士学位论文, 2001.

[9] 刘一鸣. 邻、对硝基氯苯连续多级逆流分步结晶过程的研究 [D]. 北京: 北京化工大学硕士学位论文, 2007.

[10] Binnemans K. Lanthanides and actinides in ionic liquids [J]. Chemical Reviews, 2007, 107(6): 2592-2614.

[11] Scholz F, Komorsky-Lovric S, Lovric M. A new access to Gibbs energies of transfer of ions across liquid|liquid interfaces and a new method to study electrochemical processes at well-defined three-phase junctions [J]. Electrochemistry Communications, 2000, 2(2): 112-118.

[12] Hennion M C. Solid-phase extraction: method development, sorbents, and coupling with liquid chromatography [J]. Journal of Chromatography A, 1999, 856(1-2): 3-54.

[13] Augusto F, Hantao L W, Mogollon N G S, et al. New materials and trends in sorbents for solid-phase extraction [J]. TrAC Trends in Analytical Chemistry, 2013, 43: 14-23.

[14] 刘磊. 生物样品自动化在线固相萃取-高效液相色谱分析方法学研究 [D]. 南开大学博士学位论文, 2013.

[15] 徐溢, 张晓凤, 张剑, 等. 原位聚合阴离子交换型固相萃取(SPE)微柱 [J]. 应用化学, 2006, 23(2): 144-148.

[16] 马继平, 王涵文, 关亚风. 固相微萃取新技术 [J]. 色谱, 2002, 20(1): 16-20.

[17] Vas G, Vékey K. Solid-phase microextraction: a powerful sample preparation tool prior to mass spectrometric analysis [J]. Journal of Mass Spectrometry, 2004, 39(3): 233-254.

[18] 刘百战, 高芸. 固相微萃取-气相色谱/质谱分析栀子花的头香成分 [J]. 色谱, 2000, 18(5): 452-455.

[19] Soxhlet F. Die gewichtsanalytische bestimmung des milchfettes [J]. Dingler's Polytechnisches Journal (in German), 1879, 232: 461-465.

[20] 彭书练, 夏延斌, 丁芳林. 索氏提取法制备辣椒素的工艺研究 [J]. 辣椒杂志, 2007, 5(4): 31-33.

[21] 石春红, 郑有飞, 李红双, 等. 黄芩中天然防晒剂的索氏提取工艺研究 [J]. 北方园艺, 2008, (12): 187-189.

[22] Chang C H, Urban Pl L. Fizzy extraction of volatile and semivolatile compounds into the gas phase [J]. Analytical Chemistry, 2016, 88(17): 8735-8740.

[23] Cortes D R, Hites R A. Detection of statistically significant trends in atmospheric concentrations of semivolatile compounds [J]. Environmental science & technology, 2000, 34(13): 2826-2829.

[24] Lasarte-Aragonés G, Lucena R, Cárdenas S. Effervescence-assisted microextraction—one decade of developments [J]. Molecules, 2020, 25(24): 6053.

[25] Wang T, Lenahan R. Determination of volatile halocarbons in water by purge-closed loop gas chromatography [J]. Bull Environ Contam Toxicol, 1984, 32(4): 429-438.

[26] Yang H C, Chang C H, Urban P L. Fizzy extraction of volatile organic compounds combined with atmospheric pressure chemical ionization quadrupole mass spectrometry [J]. J Vis Exp, 2017, (125): 56008.

[27] 吴存兵, 张钰涓, 邵伯进, 等. 响应面优化泡沫法提取紫苏饼粕蛋白的工艺 [J]. 安徽农业大学学报, 2017, 44(4): 574-579.

[28] 袁丽红, 欧阳平凯, 钱士辉. 聚氨酯泡沫原位提取培养紫草细胞生产紫草色素 [J]. 南京工业大学学报(自然科学版), 1998, 20(4): 3-5.

[29] 孙启才, 金鼎五. 离心机原理结构与设计计算 [M]. 北京: 机械工业出版社, 1987.

[30] 沈润杰, 何闻. 离心机动力学特性分析及设计技术 [J]. 工程设计学报, 2006, 13(3): 150-153, 161.

[31] 陈兵, 刘为纹, 房殿春, 等. 人胃癌细胞端粒酶的亲和纯化 [J]. 世界华人消化杂志, 1999, 7(9): 745.

[32] 肖智雄. 白附子凝集素的亲和纯化及其理化性质的研究 [J]. 四川大学学报(自然科学版), 1986, (4): 140-146.

[33] 吉昌华, 王成济. 陕西菜豆 PHA 的亲和纯化及鉴定 [J]. 医学争鸣, 1988, (5): 37-40.

6 林源植物药设计方法

6.1 药物设计

6.1.1 概述

药物设计（drug design）是基于生物学目标寻找新药的创新过程。药物设计研究分子相互作用的设计及与其结合的生物分子靶标[1]。药物设计经常依赖于计算机建模技术的计算机辅助药物设计（computer-aided drug design）。依赖于生物分子靶标三维结构知识的药物设计被称为基于结构的药物设计（structurebased drug design）[2]。“药物设计”更准确的术语是“配体设计”（ligand design），即与其靶标紧密结合的分子的设计[1]。虽然药物设计技术的配体结合亲和力预测是相当成功的，但是被优化前的配体药物的生物利用度、代谢半衰期、副作用等其他性质必须安全和有效。这些性质难以用合理的设计技术进行预测。临床阶段的药物开发在选择候选药物的药物设计过程中，将更多的注意力集中在其物理化学性质的预测上，目的是在后续的药物临床阶段使并发症更少一些[2]。体外试验越来越多地用于早期药物发现，以选择具有更有利于吸收、分布、代谢和排泄（absorption，distribution，metabolism and excretion，ADME）与毒理学特征的化合物[3]。

药物设计分为基于配体的药物设计（ligand-based drug design，LBDD）和基于结构的药物设计（structurebased drug design，SBDD）。

基于配体的药物设计（LBDD）依赖于生物靶标结合分子设计，在已知生物大分子靶点结构的情况下，直接考虑药物与靶点的相互作用来进行药物设计[3]。从一组已知活性的药物或有机小分子的结构出发，分析其结构与活性之间的构效关系，把结构与活性之间关系的规律作为设计新药的依据。这些分子可用于导出限定分子必须具有的用于结合靶标的最小必需结构特征的药效团模型（pharmacophore model）[4]。生物靶标（biological target）的模型可基于什么分子能与之结合，进

1 https://en.jinzhao.wiki/wiki/Drug_design

2 Reynolds C H, Merz K M, Ringe D. Drug Design: Structure-and Ligand-Based Approaches (1st ed.). Cambridge, UK: Cambridge University Press, 2010.

3 Guner O F. Pharmacophore Perception, Development, and Use in Drug Design. La Jolla, Calif: International University Line, 2000.

而使用该模型设计与靶标相互作用的新分子实体的知识构建[1]。定量结构-活性关系（quantitative structure-activity relationship，QSAR）[2]可以导出分子的结构性质与实验确定的生物活性之间的相关性。这些 QSAR 又可用于预测新类似物的活性[5]。

基于结构的药物设计（SBDD）依赖于通过诸如 X 射线晶体学（X-ray crystallography）或 NMR 光谱学（NMR spectroscopy）的方法获得的生物靶标的三维结构（three-dimensional structure）的信息[6]，是 X 射线晶体学、NMR、药物化学、分子模型、生物学、酶学和生物化学等许多学科概念的结合。基于生物靶标的结构，可以使用交互式图形来设计、预测与靶标具有高亲和力和选择性结合的候选药物，也可以使用各种自动计算程序来建议新的候选药物[7]。SBDD 成功地应用酶抑制剂作为靶标来设计药物，近几年科技进步使 SBDD 可能瞄准更复杂的生物学靶点，如调节免疫抑制和免疫激活的靶点[8]。

目前基于结构的药物设计方法分为三大类[9]：一是，小分子配体对接到受体的活性位点进行鉴定。通过搜索小分子的 3D 结构的大型数据库，查找能够与它匹配的化学分子结构，使用快速近似与受体结合的对接程序。这种方法被称为虚拟筛选（virtual screening）[3]。虚拟筛选与生物活性筛选的结合，可以优势互补，有效地促进新药的发现[10]。二是，新配体的新设计。这种方法通过以分步方式组装小块，在结合口嵌合内建立配体分子。这些片段可以是单个原子或分子片段。这种方法的关键优点是可以建立不包含在任何数据库中的新颖结构[11]。三是，对已知的配体提出类似物的优化。绑定位点识别（binding site）[4]是基于结构的药物设计的第一步[12]。蛋白质和核苷酸之间的相互作用与人类的各种疾病有着密切的关联，蛋白质和核苷酸结合的绑定位点会成为药物设计的重要支撑点，这种预测的意义重大[13]。

药物设计包括药物分子设计（molecular drug design）、配方设计（formulation design）和剂量设计（dosage design）。药物分子设计是新药创制的起点，能构建新的活性化合物。剂量设计是根据药效学和药物代谢动力学性质及药物剂型确定，体现了药物的有效性，确保了药物的安全性。药物的基本属性是安全性、有效性、稳定性和质量可控性。在新药创制的分子设计阶段，预先需要考虑到制剂的设计与制备、药代动力学-药效动力学（PK/PD）的良好匹配[14]。

6.1.2 药物靶标

生物分子靶标（biomolecular target）是参与一种特定的关键分子的代谢或信

1 https://en.jinzhao.wiki/wiki/Biological_target

2 https://en.jinzhao.wiki/wiki/Quantitative_structure%E2%80%93activity_relationship

3 https://en.jinzhao.wiki/wiki/Virtual_screening

4 https://en.jinzhao.wiki/wiki/Binding_site

号转导过程中的蛋白质或核酸，与特定的疾病状况、相关通路的病理、感染或存活的微生物病原体相关[1]。作为药物作用的靶点，通过研究药物设计和构效关系可以得到靶向特异性生物分子的先导化合物，通过靶向给药控释系统实现有效靶向给药及个体化治疗。

潜在的药物靶标不一定是疾病引起的，但是其改变可以影响疾病[15]，因此这些小分子被设计成为能够增强或抑制特异性疾病修饰途径中的靶点。例如，受体激动剂（agonists）、拮抗剂（antagonist）、反向激动剂或调节剂（inverse agonist, or modulator）、酶活化或抑制剂（enzyme activator or inhibitor）、离子通道开放剂（ion channel opener）、阻断剂（blocker）等被设计成为与靶标的结合位点互补的化合物[16,17]。小分子药物可以设计成不影响任何其他重要作用的“脱靶”分子，通常称为抗靶标（anti-target），抗靶标可以是一种受体、酶或者其他生物靶标，当其和药物作用时会引起不希望的不良反应（副反应）[18]。由于结合位点的相似性，药物与相关目标序列发生交叉反应的概率很高，具有产生最大副作用的潜力。最常用的药物是通过化学合成生产的有机小分子，通过生物过程生产的基于生物聚合物的药物变得越来越普遍[19]。此外，mRNA 的基因沉默技术（mRNA-based gene silencing technology）也可以应用于疾病的治疗[20]。

药物分子通常与多个靶标相互作用，多重药理学（polypharmacology）开创了合理设计下一代更有效、更低毒的治疗药物的新途径。多重药理学希望找到一种能够结合调控多种靶位的单一药物，但是药物在临床起效的过程中却受到多种靶位的调节[21]。例如，多激酶抑制剂索拉非尼（Sorafenib）能够抑制 RAF 激酶的活性。RAF 激酶是丝氨酸/苏氨酸蛋白激酶，而 c-Kit、FLT-3、VEGFR-2、VEGFR-3、PDGFR-β 为络氨酸激酶，这些激酶作用于肿瘤细胞信号通路、血管生成和凋亡过程。多激酶抑制剂（multitargeted kinase inhibitors，MKI）以肿瘤血管靶部位的 CRAF、VEGFR-2、VEGFR-3、PDGFR-β 等为靶点，抑制 Ras/Raf/MAPK 和 PI-3K/Akt/p70s6k 信号通路的激活而发挥抑制细胞增殖和血管生成的双重作用[22]。

6.1.3 合理的药物设计

合理的药物设计也被称为反向药理学（reverse pharmacology）或者前向药理学（forward pharmacology），与传统的药物发现（drug discovery）方法相反，该方法依赖于对动物培养细胞的试错测试，并将表观效应与治疗目的相匹配[23]。为了选择生物分子作为药物靶标，需要两条必要的信息。第一个必要信息是证明调节目标是疾病改变的证据，其显示生物学靶标突变与某些疾病状态之间的关联[24]。

1 https://en.jinzhao.wiki/wiki/Biological_target

第二个目标是可成药，这意味着它能够结合小分子，并且其活性可以被小分子调节[25]。一旦确定了合适的靶标，通过克隆、表达和纯化的方法，纯化的蛋白质用于筛选测定，确定目标的三维结构。通过筛选潜在药物化合物的文库，开始寻找与靶标结合的小分子。如果目标的结构可用就可以构建和评估晶体结构模型，进行候选药物的虚拟筛选，评估是否具有预期的口服生物利用度（oral bioavailability）、足够的化学和代谢稳定性及最小的毒性作用等性质[26]。构建具有活性预测能力的药效团模型，结合药效团模型和 Lipinski 五规则、分子对接方法等一系列评分方法来评估药物活性，如评估亲脂效力（lipophilic efficiency）[27]等，也可以采用转基因肝细胞、共培养技术、3D 培养法、高通量代谢装置及代谢、灌流模型等预测药物代谢的方法[28]。由于在设计过程中必须同时优化大量药物性质，有时采用多目标优化技术（multi-objective optimization）[29]。由于目前预测活性方法的局限性，药物设计仍然非常依赖于偶然性（serendipity）和有限理性（bounded rationality）[30,31]。

6.1.4 计算机辅助药物设计

计算机辅助药物设计（computer-aided drug design，CADD）方法是以计算机为工具，应用配体-受体相互作用原理，采用各种理论计算方法和分子模拟技术，再根据积累的大量活性化合物构效关系的研究成果，设计并优化出具有某一药效的先导化合物。CADD 包括活性位点分析法、数据库搜寻、全新药物设计 3 种[32]。

药物设计的根本目标是预测一种给定的分子是否会与目标结合及结合的强度。分子力学/分子动力学（molecular mechanics/molecular dynamics）最常用于估计小分子与其生物靶之间的分子间相互作用的强度（intermolecular interaction）。从头计算方法（ab initio calculation）或密度泛函理论（density functional theory）通常用于为分子力学计算提供优化的参数[1]，还提供影响结合亲和力的候选药物的电子性质如静电势、极化率等的估计[33]。分子力学方法能够提供结合亲和力的半定量预测。可以使用评分函数（scoring function，SF）来估计亲和力[2]。这些方法使用线性回归（linear regression）、机器学习（machine learning）、神经网络（neural net）或其他统计技术来将实验结合亲和力与小分子和靶标之间的计算导出的相互作用能量进行拟合，以获得预测结合亲和力方程[34,35]。

在理想情况下，计算方法能够在合成化合物之前预测结合亲和力，因此在理论上只需要合成一种化合物，从而节省时间和成本。目前的计算方法是不完善的，并且最多仅提供定性准确的亲和度估计。在发现最佳药物之前，仍然需要进行多

1 https://en.jinzhao.wiki/wiki/Ab_initio_quantum_chemistry_methods

2 https://en.jinzhao.wiki/wiki/Scoring_rule

次设计、合成和测试[36,37]。

在计算机帮助下的药物设计可以在药物发现的以下任何阶段中使用。

（1）使用虚拟筛选（基于结构或基于配体的设计）进行苗头化合物识别（hit identification using virtual screening）。

（2）苗头化合物引导的亲和力和选择性优化（hit-to-lead optimization of affinity and selectivity）（基于结构的设计、QSAR 等）。

（3）引导优化其他药物性质，同时保持亲和力（lead optimization of other pharmaceutical properties while maintaining affinity）。

为了克服由评分函数计算出的结合亲和力的不足预测，对于基于结构的药物设计，蛋白质-配体相互作用和复合 3D 结构信息已经用于分析。例如，根据蛋白质-配体 3D 信息和蛋白质-配体的相互作用的聚类分析，可以改善富集和有效挖掘潜在的候选药物[38-41]。

CADD 是常用的多靶点药物研发方法[42]。利用 PDB 数据库中靶点的“受体-配体”复合物晶体所构建的药效团模型进行中药来源的化合物的筛选，并在此基础上开展分子对接和打分函数评价，获得多靶点药物[43]。应用 Gaussian 软件计算分析了新天然产物的圆二色光谱（circular dichroism，CD）和旋光值及新天然产物的绝对构型[44]。

6.2 生物利用度控制

6.2.1 前药

前药（prodrug）指药物经过化学结构修饰后得到的在体外无活性或活性较小，在体内经酶或非酶物质的转化释放出活性药物而发挥药效的化合物[1]。前药分为载体前体药物和生物前体药物两类。生物利用度控制（bioavailability manipulation）、软药（soft drug）和孪药（twin drug）也分别与药物的结构修饰相关[45,46]。前药是自身无活性，在体内经生物转化后释放出有药效活性的代谢物或原药的化合物。前药设计已成为改善药物的一些不良性质如水溶性低、生物利用度差、半衰期太短及缺乏理想的靶向性等的一种重要手段[47]。

例如，抗肿瘤常用药喜树碱和紫杉醇的前药研究主要有：基于喜树碱的诊断治疗型抗癌前药的合成及其应用研究[48]、基于葡聚糖的刺激响应性喜树碱/阿霉素前药用于癌症的组合治疗[49]、基于醌氧化还原酶响应的喜树碱诊断治疗前药的制备及性能研究[50]、SN38 前药及其新剂型研究进展[51]、喜树碱环磷酸酯前药的合

1 https://en.jinzhao.wiki/wiki/Prodrug

成研究[52]等。紫杉醇等小分子糖基前药修饰降低了药物的毒副作用，提高了药物的抗肿瘤活性。

6.2.2 药物靶向作用

药物的靶向作用或寻靶（drug targeting）是优化药物筛选、提高治疗效果的重要方法[53]。例如，血管内皮生长因子（vascular endothelial growth factor，VEGF）及其受体 VEGFR 是抗肿瘤血管生成药物的靶向，雄激素受体（androgen receptor，AR）与糖皮质激素受体（glucocorticoid receptor，GR）是抗前列腺癌药物靶向等，见文框 6-1。

文框 6-1 靶向药物

靶向药物是指被赋予了靶向（targeting）能力的药物或其制剂[1]。例如，来源于天然产物的分子靶向抗肿瘤药物主要有：组蛋白去乙酰化酶抑制剂（histone deacetylase inhibitor，HDACI）罗米地辛（Romidepsin/Istodax）、泛素蛋白酶体系统（ubiquitin proteasome system，UPS）抑制剂 Leucettamol A[1]和马里佐米布（Marizomib）[2]（NPI-0052）、细胞周期蛋白依赖性激酶（cyclin-dependent kinase，CDK）抑制剂黄酮吡咯醇（Flavopiridol）[3]和星孢菌素（Staurosporine）[4]及其衍生物、热休克蛋白（heat shock protein，HSP）抑制剂格尔德霉素（Geldanamycin）、磷脂酰肌醇-3 磷酸激酶雷帕霉素靶蛋白（phosphatidylinositol 3-kinase-mammalian target of rapamycin，PI3K-mTOR）信号通路[5]抑制剂槲皮素、酪氨酸蛋白激酶（protein tyrosine kinase，PTK）抑制剂染料木素（Genistein）等[2]。

[1] https://baike.baidu.com/item/%E9%9D%B6%E5%90%91%E8%8D%AF%E7%89%A9.
[2] 张旭，蒙凌华. 源于天然产物或其衍生物的分子靶向抗肿瘤药物研究进展 [J]. 药学学报，2015, 50(10): 1232-1239.

---

1 CAS: 151124-32-2

2 三相加速器(Triphase Accelerator)生物技术公司生产的一种脑渗透蛋白酶体抑制剂

3 黄酮吡咯醇(Flavopiridol)是一种竞争型的 CDK 广谱抑制剂

4 星孢菌素(Staurosporine)是一种由链霉菌 *Streptomyces staurospores* 产生的生物碱，最初是作为抗真菌剂使用的。星孢菌素是一种广谱性的蛋白激酶抑制剂，可以抑制蛋白激酶 C(PKC)、cAMP 依赖性蛋白激酶(PKA)、磷酸激酶、核糖体蛋白 S6 激酶、表皮生长因子受体(EGFR)激酶和 Ca^{2+}/钙调蛋白依赖性蛋白激酶Ⅱ(钙/钙调 PKⅡ)

5 磷脂酰肌醇-3 激酶(phosphatidylinositol 3-kinases, PI3K)/蛋白激酶 B(protein kinase B, Akt)/哺乳动物雷帕霉素靶蛋白(mammalian target of rapamycin, mTOR)组成重要的自噬负调控通路

6.2.3 新化学实体

根据美国食品药品监督管理局（FDA）的规定，新化学实体[1]（new chemical entity，NCE）指以前没有用于人体治疗并可用作处方药的产品，可以治疗、缓解或预防疾病或用于体内疾病的诊断[2]。新分子实体[3]（new molecular entity，NME）是一种含有未经 FDA 批准或在美国销售的活性部分的药物[54-56]。它不包括现存药物的新型盐类、前药、代谢物、酯类、已知药物的组合物等。NCE 的活性部分是分子或离子，负责药物的生理或药理作用。NCE 是由创新公司在早期药物发现阶段开发的分子，其经过临床试验可以转化成用于治疗某种疾病的药物。

根据《食品药品监督管理局 2007 修正案》（*Food and Drug Administration Amendments Act of 2007*），所有新化学实体必须首先由咨询委员会审查，然后 FDA 才能批准这些产品。新化学实体发明创造完成后，不能自动获得专利权，必须履行一定申请程序并经严格审查后，才能授予专利权[57]。2003 年，阿斯利康公司披露了吉非替尼（Gefitinib）[4]，一种选择性表皮生长因子受体（epidermal growth factor receptor，EGFR）酪氨酸激酶抑制剂的制备方法的一个关键中间体，能够大幅度减少必须分离的中间体数目，且不再需要色谱分离的提纯过程，进而在工业大规模生产中能够高品质和高收率地制备吉非替尼[58]。

6.3 先导化合物

6.3.1 高通量筛选

先导化合物（lead compound）的随机筛选可以通过普通化学库筛选和通量筛选。高通量药物筛选（high-throughput screening，HTS）技术在过去的 10 多年比较流行，很多制药公司也正在使用这种技术寻找新的药物分子。该技术的缺点是这种筛选方法自身的复杂性和被筛选的化合物数量极其巨大。高内涵细胞定量成像分析系统也被称为高内涵筛选（high content screening，HCS）、高内涵分析（high content analysis，HCA），是通过自动化细胞成像，并综合生物信息学，对群体细胞表型进行定量分析，将细胞图像转化为数值数据，见文框 6-2。

1 https://en.jinzhao.wiki/wiki/New_chemical_entity

2 U.S. Food and Drug Administration (fda.gov)

3 Search Results new molecular entity (thefdalawblog.com)

4 http://adisinsight.springer.com/drugs/800007340. 吉非替尼(Gefitinib)又名伊瑞可、易瑞沙，属小分子化合物

文框 6-2　高内涵筛选

高内涵筛选（HCS）或高内涵分析（HCA）是一套自动化分析方法，利用整合的显微镜、图像处理技术及可视化工具从细胞或细胞群中提取数据，获得定量分析结果[1]。HCS 一般应用于高通量的样品荧光成像，提供定量分析结果，如细胞中靶标的空间分布及细胞器形态。此外，HCS 能够结合单个细胞的多重检测结果，同时分析单次实验中的多个细胞亚群。

基于数十年的荧光成像经验，Molecular Probes®高内涵筛选（HCS）产品在研发和设计中特别考虑了将其用于自动化成像的需求，可用于自动标定的细胞及细胞核染料，用于检测细胞健康的可靠的功能性探针，可轻松实现多重检测的广泛的荧光基团选择，实现自动化处理的灵活检测流程。整个 Thermo Scientific™ HCS 仪器产品组合精确地捕捉图像——高灵敏度，以及 HCS 全光谱范围内的高量子效率，保证了精准定量数据。应用 Thermo Scientific™ HCS Studio™软件实现快速数据分析[2]。

[1] https://www.thermofisher.com/cn/zh/home/life-science/cell-analysis/cellular-imaging/high-content-screening.html.

[2] CellInsight CX7 Pro HCS 平台 | Thermo Fisher Scientific-CN.

6.3.2　天然活性物质作为药物发现的起始材料

植物药中的天然活性物质在药物发现和筛选的过程中作为药物发现的起始材料起着重要作用[59]。在 1981 年至 2006 年间发展的 974 个小分子新化学实体中，63%是天然产物的天然衍生物或半合成衍生物。在某些治疗领域的抗菌药、抗肿瘤药、抗高血压药和抗炎药等药物中，来源于天然产物的药物已被传统使用多年，临床应用药物的 40%是天然产物或半合成的天然产物，80%的抗菌药物和 60%的抗癌药物源于天然产物，还有 24%的药物是根据天然产物的药效团创制的[60]。

来源于天然产物的药物主要有：酒石酸卡巴拉汀（Rivastigmine Tartrate）[1]来源于毒扁豆碱，临床治疗阿尔茨海默病；蒿乙醚（Arteether）来源于青蒿素，治疗疟疾；噻托溴铵（Tiotropium Bromide）[2]来源于东莨菪碱，治疗慢性阻塞性肺病；美格鲁特（Miglustat）[3]来源于 1-脱氧野尻霉素[4]，治疗法布里氏病；盐酸贝

1 (*S*)-*N*-乙基-*N*-甲基氨基甲酸-3-[(1-二甲氨基)乙基]苯酯酒石酸盐

2 Tiotropium Bromide (噻托溴铵)是毒蕈碱乙酰胆碱受体(mAChR)拮抗剂，可阻断乙酰胆碱配体的结合

3 由美国 ACTELION PHARMS 公司研制的治疗由葡萄糖脑苷脂酶出现功能性缺陷所引起的I型戈谢病的首例药物美格鲁特(Miglustat)胶囊剂，以商品名 Zavesca 于 2003 年 7 月获得美国 FDA 批准

4 1-脱氧野尻霉素属于强效 α-葡萄糖苷酶抑制剂，自桑科植物桑(*Morus alba*)的枝、叶、根中提取

洛替康（Belotecan）[1]来源于喜树碱，治疗卵巢癌等[14]。利用生物技术是扩大天然产物发现先导化合物的一个重要的方法。研究天然产物的基因组，从相关的生物体中分离出来次生代谢产物，生物合成的基因可以异种表达并生产出这种天然产物，可以克服自然资源的限制和化学全合成的困难，如青蒿素、吗啡的合成代谢工程。

天然活性物质未必能满足成药的要求，大多天然活性物质需要经过结构修饰。芦丁、大黄素、槲皮素、黄芩苷等黄酮类化合物化学修饰的主要方法有金属离子螯合，卤族元素和活性基团的引入等。

6.3.3 先导化合物的确定和标准

先导化合物（hit to lead，H2L）最初阶段是苗头化合物，早期药物发现的一个阶段，其中小分子从高通量筛选（HTS）中命中被评估并对其进行有限的优化以鉴定有希望的先导化合物，这些先导化合物在随后的药物发现步骤中进行先导优化（lead optimization，LO）。

通过高通量筛选确定苗头化合物，使用以下方法对苗头化合物进行确认和评估[61]：确认测试对所选靶标具有活性的化合物，且是可重复的。通过剂量反应曲线确定导致一半最大结合或活性的浓度（IC_{50} 或 EC_{50}），再通过不同试验来测定确认的苗头化合物。在功能性细胞测定中测试，对苗头化合物的功效进行二次筛选，使用不同的方法合成相关化合物，如组合化学、高通量化学或更经典的有机化学合成等方法，根据其合成可行性和其他参数确定化合物的合成。使用核磁共振（NMR）、等温滴定量热法（ITC）、动态光散射（DLS）、表面等离子体共振（SPR）、双极化干涉测量（DPI）、微量热泳法（MST）等生物物理测试方法，确认化合物有效地与靶标结合后，再确定苗头化合物的排名和聚类，在专门的数据库中检查苗头化合物的结构，以及确定它们是否可以申请专利等。

6.3.4 先导化合物的优化

药物发现阶段的目的是合成先导化合物，合成具有改善效力的新类似物，减少脱靶活性，以及提示合理的体内药代动力学的生理化学/代谢性质。通过对苗头化合物结构的化学修饰，通过使用结构-活动关系（SAR）的知识，以及通过目标的结构信息确定结构的设计及选择来实现先导化合物的优化，见文框 6-3。

---

1 (4*S*)-4-乙基-4-羟基-11-[2-(异丙基氨基)-乙基]-1,12-二氢-14H-吡喃[3′,4′;6,7]吲哚嗪[1,2-b]喹啉-3,14(4*H*)-二酮

文框 6-3　先导化合物结构优化策略

先导化合物结构优化策略包括以下几种。

1. 改变代谢途径提高代谢稳定性

通过改变代谢途径提高代谢稳定性的先导化合物结构优化策略包括封闭代谢位点、降低脂溶性、骨架修饰、生物电子等排及前药修饰等[1]。

2. 结构修饰降低潜在毒性

优化药物分子中的警惕结构及通过结构改造避免警惕结构产生活性代谢物，是药物早期研发中降低药物毒性风险的重要手段。降低药物毒性风险的结构优化策略包括封闭代谢位点、改变代谢途径、降低警惕结构反应性、生物电子等排及前药修饰等[2]。

3. 通过化学结构修饰改善水溶性

良好的水溶性药物更能有效地发挥药效，通过化学结构修饰改善水溶性的基本策略包括成盐修饰、引入极性基团、降低脂溶性、构象化、前药修饰等[3]。

4. 改善化合物的血脑屏障通透性

常用的几种改善化合物血脑屏障通透性的策略包括：增加脂溶性、减少氢键供体、简化分子、增加刚性、减少极性表面积、剔除羧基、前药策略、修饰为主动转运体底物及规避易被 P-糖蛋白识别的结构等[4]。

5. 降低药物 hERG 心脏毒性

由人类果蝇相关基因（human ether-a-go-go-related gene，hERG）编码的钾离子通道在人类生理、病理过程中扮演着十分重要的角色。在心肌细胞中，hERG 钾通道影响心脏动作电位的复杂过程。近年来，一些药物因阻断该通道引起 QT 间期延长而被撤市。降低与 hERG 相关心脏毒性的先导化合物结构优化策略包括：降低脂溶性、降低碱性、引入羟基、引入酸性基团及构象限制等[5]。

[1] 王江，柳红. 先导化合物结构优化策略(一) ——改变代谢途径提高代谢稳定性 [J]. 药学学报, 2013, 48 (10): 1521-1531.

[2] 刘海龙，王江，林岱宗，等. 先导化合物结构优化策略(二)——结构修饰降低潜在毒性 [J]. 药学学报, 2014, (1): 1-15.

[3] 栗增，王江，周宇，等. 先导化合物结构优化策略(三)——通过化学修饰改善水溶性 [J]. 药学学报, 2014, (9): 1238-1247.

[4] 洪玉，周宇，王江，等. 先导化合物结构优化策略(四)——改善化合物的血脑屏障通透性 [J]. 药学学报, 2014, (6): 789-799.

[5] 周圣斌，王江，柳红. 先导化合物结构优化策略(五)——降低药物 hERG 心脏毒性 [J]. 药学学报, 2016, 51(10): 1530-1539.

6.3.5 先导化合物的活性评价

基于生理学的活性评价以动物模型评价为特征，涉及药效学、药代动力学及安全性内容。基于靶标为核心的活性评价依据基因组学和蛋白质组学方面的研究，发现与疾病相关的某蛋白经过证实其具有表达产物的活性功能，经过克隆、分离、纯化得到离体靶标蛋白，建立评价化合物对靶标的结合能力的筛选模型。基于功能的活性评价是根据病理状态下组织或细胞特有的功能缺陷建立起来的活性评价体系[14]。

药物发现包括基于生理学效应的药物发现（physiology-based drug discovery）、基于机制的药物发现（mechanism-based drug discovery）和基于功能的药物发现（function-based drug discovery）。

药物开发是一旦通过药物发现过程确定了一种先导化合物，就将新的药物投放市场的过程，分为临床前研究阶段和临床阶段。

一是，临床前研究阶段。在临床前研究阶段，药物开发需要评估安全性、毒性、药代动力学和新陈代谢等这些参数，侧重于满足药品许可当局的监管要求。药物开发必须明确药物的物理化学性质：其化学成分、稳定性和溶解度及确定新化合物的主要毒性。临床前研究阶段主要器官毒性评估包括对心脏和肺、脑、肾、肝和消化系统的影响的法规要求，对身体其他部位的影响评估如新药物通过皮肤递送等大多使用分离的细胞等体外方法进行测试。此外，通过使用实验动物来证明药物代谢和毒性的复杂相互作用。

美国 FDA 对于抗病毒药物的临床前评价及抗 HIV 药物的耐药性评价包括：试验药物的抗病毒活性研究、试验药物的毒性和治疗指数研究、试验药物的作用机制研究、试验药物的 HIV 耐药性及交叉耐药研究[62]。美国 FDA 分别于 1997 年和 1998 年发布抗感染药物临床研究评价指导原则与开发抗菌药物临床试验总体考虑指导原则。抗菌药物的临床前研究包括体外研究和动物体内研究[63]。将从临床前测试收集的化学、生产制造和质量控制等的信息提交给美国 FDA 监管机构，作为调查新药申请或新药临床试验申请（investigation new drug application，IND）。如果 IND 被批准，则药物开发进入临床阶段。

中国《药品研究机构登记备案管理办法（试行）》（国药管安〔1999〕324 号）第十三条规定：“未登记备案的药品研究机构，药品监督管理部门不受理其新药的申报注册”，要求新药研究机构必须按规定登记备案。在进行新药研究之前，必须先取得经过药品监督管理部门审查合格发给的《药品研究机构登记备案证书》[64]。

二是，临床阶段（clinical phase）[65,66]临床试验涉及三到四步[1]。

Ⅰ期临床试验通常在健康志愿者中进行，确定安全性和剂量。

Ⅱ期临床试验用于初步评价疗效，并进一步探索新药对疾病患者的安全性。

Ⅲ期临床试验是确定安全性和有效性的关键性试验，将新药用于足够数量的靶向疾病患者。如果安全性和有效性得到充分证明，临床检测可能在此步骤中停止，NCE 进入新药申请阶段。

Ⅳ期临床试验是后批准试验，有时是 FDA 附带的条件，也称为市场后监测研究。

一旦新药开始进入临床试验，除了首次将新药投入诊所所需的测试，必须明确定义长期或慢性毒性，包括对以前没有监测到的生殖力、免疫系统及致癌性测试等。大多数新药在药物开发期间失败，因为它们具有不可接受的毒性，或者因为它们根本没有对靶向疾病达到预期的作用。

通常从发现到临床试验—批准，公司全部成本为数以亿计的美元[67,68]。在分析了 10 多年来 98 家公司的药物开发成本后，单一药物公司开发和批准的每种药物的平均成本为 3.5 亿美元[69]。但是对于在 10 年内批准 8～13 种药物的公司，每种药物的成本高达 55 亿美元，主要是由于营销的地理扩张和Ⅳ期临床试验的持续成本及对安全性的持续监测的花费。常规药物开发方案是由高校、政府和制药行业通过优化资源、相互合作完成的[70]。药物开发项目的性质特点是损耗率高、资金支出大和时间长[71,72]。

治疗疾病的候选新药在理论上可能包括 5000～10 000 种化合物。平均而言，其中约 250 种使用动物实验做测试，其中约 10 种能符合人体测试，成功率为 9.6%[73-76]。在药物开发过程中，慎重的决策是避免代价高昂的失败的关键[75]。在许多情况下，智能程序和临床试验设计可以防止假阴性结果。精心设计的剂量研究和比较安慰剂与黄金标准治疗组在实现可靠数据方面发挥重要作用[76]。

6.3.6 药代动力学-药效动力学（PK/PD）模型

药效动力学（pharmacodynamics，PD）研究药物的生化和生理作用[2]。药代动力学（pharmacokinetics，PK）分析化学代谢并发现一种化学品从被使用到其完全消除的过程[3]。药效动力学是药物如何影响生物体的研究，而药代动力学是研究生物体如何影响药物。两者一起影响剂量、效果和不良反应。药效动力学和药代动力学常组合参考。药代动力学-药效动力学（PK/PD）模型[4]分为直接链接 PK/PD

1 https://en.jinzhao.wiki/wiki/Phases_of_clinical_research

2 https://en.jinzhao.wiki/wiki/Pharmacodynamics

3 https://en.jinzhao.wiki/wiki/Pharmacokinetics

4 https://en.jinzhao.wiki/wiki/PK/PD_models

模型、间接链接 PK/PD 模型、间接反应 PK/PD 模型、细胞寿命和复杂反应模型 5 类。

PK/PD 模型是一种结合药代动力学和药效动力学两个经典药理学的技术。将药代动力学和药效动力学模型组分整合到一组数学表达式中，其允许描述响应于药物剂量的施用的效应强度的时间过程[77]。药代动力学-药效动力学（PK/PD）模型由于通过建模（modelling）手段将时间、暴露与效应等变量及变异因素（性别、肌酐清除率）整合在一起，揭示它们的内在关联，然后在给定剂量和设置变异程度的前提下，又可以用拟合（simulation）方法得到此时的药物的时程关系和效应的变化特征，对后续的研究具有明确的指导作用，避免研究进入误区。该模型一方面可以提高新药研发的成功率，另一方面极大地加速了新药研发的进程[78,79]。当前 PK/PD 模型研究主要集中在如下几类药物：抗生素、作用于中枢神经系统的药物、生物技术药物、心血管系统药物、作用于内分泌系统的药物和抗肿瘤药物[77]。

目前，多种计算程序可用于 PK/PD 模型研究，如 NONMEM、Scientist 和 WinNonlin、CAPP 和 PK-PD S2 等。计算程序的基本功能分为 3 部分，即 PK 参数估算、PD 参数估算和图形显示[80,81]。例如，将外周室游离药物浓度作为受体部位游离药物浓度的估计值，与体外受体结合试验得到的 EC_{50} 相结合建立 PK/PD 模型，成功地绘制出 3 种皮质类固醇激素的时间–效应曲线，对其在体内引起血糖升高、淋巴细胞和粒细胞数目改变的效应进行了准确预测[82]。应用 PK/PD 模型研究板蓝根总生物碱中主要成分表告依春（epigoitrin）[1]在酵母致热大鼠体内的药代动力学和药效动力学复合间接反应中的药效产生抑制模型[83]。

6.4 基于分子碎片的药物分子设计

药物是由若干个分子片段相互连接所构成的，功能性分子片段包含药物产生生物活性所必须的结构单元即药效基团，结构性分子片段则是将功能性分子片段连接起来从而形成特定结构的分子骨架。药物分子通常包含相似的分子片段。基于片段的药物发现[2]（fragment-based drug discovery，FBDD）是用来发现先导化合物[3]（lead compound）的一种药物发现方法。它基于识别小的化学片段，可能仅与生物靶标弱结合，经过修饰或组合技术产生具有较高亲和力的先导化合物。FBDD 通过 SPR、MS、NMR、X-ray 等生物物理方法快速筛选片段分子库，检测并发现分子量小、相对结合效率高的活性化合物，继之结合结构生物学研究进行分子优

1 CAS: 1072-93-1

2 https://en.jinzhao.wiki/wiki/Fragment-based_lead_discovery

3 https://en.jinzhao.wiki/wiki/Lead_compound

化设计，得到更为类药的先导化合物和候选化合物，进行创新性药物开发[84]。FBDD 可以与高通量筛选（high throughput screening，HTS）[1]进行比较。利用 HTS 方法筛选具有数百万种化合物的分子质量约 500Da 的文库。

在 FBDD 的早期阶段，通过文库筛选和定量（library screening and quantification）可以筛选数千种、分子质量约为 200Da 的化合物。在基于片段的药物发现中，WaterLOGSY（water-ligand observed via gradient spectroscopy）方法在药物初级筛选中非常有效。WaterLOGSY NMR、核磁共振饱和转移差谱（saturation transferred difference NMR，STD-NMR）和 19F-NMR 光谱等技术解决了片段低亲和力的问题，降低了筛选难度[85,86]。使用稳定同位素 ^{15}N 和 ^{13}C 标记蛋白质，然后借助二维异核单量子相干谱（heteronuclear single quantum coherence，HSQC）技术、表面等离子体共振（SPR）及等温滴定量热法（ITC）常规用于配体筛选和与靶蛋白的片段结合亲和力的定量分析[87-89]。一旦鉴定出片段（或片段的组合），蛋白质 X 射线晶体学被用于获得蛋白质片段复合物的结构模型中[90,91]。基于低分子量片段的文库筛选比传统的较高分子量化学文库有优势，可用于指导高亲和力蛋白质配体和酶抑制剂的有机合成[91]。

“分子碎片药物设计”（fragment-based drug design）技术可弥补 HTS 方法的不足[2]。Astex Therapeutics 公司将自己正在研发的这种技术称为 Pyramid™技术平台。这种新方法的特点是以分子量很小的药物分子碎片作为研究的开始。因为这些小分子碎片可能具有整个药物分子结构所包含的潜在生物活性。

其基本步骤可以简单归纳如下。

（1）设计靶向目标（target），包括靶蛋白、靶向酶、某种受体、某种致癌基因，甚至是某一生物化学过程、细胞周期中的某些关键环节。

（2）设计包含多种药物小分子碎片的化合物库。理想的小分子碎片应当对靶向目标（靶蛋白或靶向酶）的活性位点有一定的亲和性。

（3）利用事先设计好的靶向目标，筛选已合成出来的小分子碎片。

（4）根据筛选的结果即可得到活性较好的分子碎片，再将这些碎片作适当的组合就可得到先导化合物。

（5）对已经得到的先导化合物的化学结构进行进一步改造和进一步优化，即可得到临床研究的候选药物。

Pyramid™ 技术平台是将 X 射线晶体学、核磁共振波谱学、等温滴定量热法与分子碎片药物设计和一整套计算方法结合起来而建立的，用于筛选分子碎片的一种新技术。其最大的优点是敏感性极高，那些不能被传统生物活性筛选技术检测

1 https://en.jinzhao.wiki/wiki/High-throughput_screening
2 https://en.jinzhao.wiki/wiki/Fragment-based_lead_discovery

到的配体可以很容易被 Pyramid™ 技术识别出来。Pyramid™技术的另一个与众不同的特点是，它可以在原子水平上了解到配体与目标活性位点相结合的详细信息。

“分子碎片药物设计”技术从一开始就广泛引起了人们的注意和重视，并取得了令人鼓舞的成果。目前正在积极开发这种技术的公司主要有：Abbott Laboratories[1]、Astex Pharmaceuticals[2]、Novartis[3]、Plexxikon[4]、Vertex Pharmaceuticals[5]等。依据陈清奇的著作介绍[92]，目前通过“基于分子碎片的新药研发技术”而得到的新型小分子候选药物已有多种，其中 4 种化合物已进入了临床研究阶段。AT7519 就是其中的一种。AT7519 是一种口服有效的选择性周期蛋白依赖性激酶抑制剂（cyclin dependent kinase inhibitor，CDKI），属于细胞周期抑制剂类抗癌药，具有潜在抗癌活性，目前由 Astex Therapeutics 公司开展临床研究，并试用于各种癌症的治疗。AT7519 的作用机制可能为：通过选择性方式与 CDK 结合并抑制其活性，导致细胞周期停滞并诱导细胞凋亡，进而发挥抑制癌细胞增殖的作用[93]。

6.5 用于体内药物分析的色谱技术

用于体内药物分析的一些新兴色谱技术，如超临界流体色谱法、毛细管电泳法、手性柱色谱法、胶束色谱法、分子生物色谱法、色谱-固相微萃取联用法、色谱-质谱联用法、色谱-色谱联用法等。

6.5.1 超临界流体色谱法

超临界流体色谱法（supercritical fluid chromatography，SFC）是一种正相色谱法，用于分析和纯化低分子量化合物，分离热不稳定分子及手性化合物等。SFC 通常利用二氧化碳作为流动相，原理与高效液相色谱（HPLC）相似，由于超临界相是液体和气体性质趋同的状态，整个色谱流路必须加压。SFC 使用各种检测方法，包括紫外-可见光谱技术（UV/VIS）、质谱、FID 和蒸发光散射[94]。

使用超临界流体色谱法可以对抗癌药物紫杉醇的代谢产物及扑米酮和氯氮平等药物代谢产物的成分进行准确的分析[95]。用填充柱 SFC 和 APCI 及串联质谱检测器体外分析氯氮平、昂丹司琼、甲苯磺丁脲、扑米酮的代谢稳定性试验，在保证精密度、准确度和耐用性的前提下，1min 之内即可完成药物分析[96]。

1 https://en.jinzhao.wiki/wiki/Abbott_Laboratories
2 https://en.jinzhao.wiki/wiki/Astex_Pharmaceuticals
3 https://en.jinzhao.wiki/wiki/Novartis
4 https://en.jinzhao.wiki/wiki/Plexxikon
5 https://en.jinzhao.wiki/wiki/Vertex_Pharmaceuticals

6.5.2 毛细管电泳法

毛细管电泳（capillary electrophoresis，CE）是指毛细管区带电泳（capillary zone electrophoresis，CZE）、毛细管凝胶电泳（capillary gel electrophoresis，CGE）、毛细管等电聚焦（capillary isoelectric focusing，CIEF）、毛细管等速电泳和胶束电动色谱（micellar electrokinetic chromatography，MEKC）等电泳技术。在 CE 方法中，分析物通过电解质溶液在电场力的影响下迁移电场。电渗流可以根据离子迁移率和/或通过非共价相互作用达到分离目的[97]。毛细管可以轻松地重新填充和更换，以实现高效和自动化的注射。可以通过紫外或激光诱导荧光检测器对分析物进行检测分析。单毛细管和毛细管阵列仪器均可提供同时运行 16 个或更多样品的阵列系统，以提高产物产量[98]。毛细管电泳与微超滤技术联用可以测定人体血清中痕量尼美舒利[99]的含量。CE 技术应用在茶碱、高香草酸、烟酸及其代谢产物、奎宁和奎尼丁及其代谢产物等体内化学药物的分析中[100]。

6.5.3 手性柱色谱法

手性柱色谱法（chiral column chromatography）是变型柱色谱法，固定相包含的对映异构体为手性化合物和非手性化合物。相同分析物的两个对映异构体固定相与单个对映异构体固定相的亲和力不同，因此它们在不同的时间离开柱。手性固定相（chiral stationary phase，CSP）可以通过将合适的手性化合物附着到诸如硅胶的手性载体的表面上来制备。许多常见的手性固定相为寡糖，如纤维素或环糊精[101,102]。

手性柱色谱法在分离生物体液中的药物对映异构体及其药代动力学中发挥了重要的作用[103]。运用正相高效液相色谱-手性配位基交换流动相法，流动相中添加 L-脯氨酸、乙酸酮及三乙胺等物质可用于测定甲状腺功能亢进、甲状腺功能减退患者，通过对人血清中甲状腺素对映异构体进行测定，得到基线分离[104]。非手性 HPLC 法测定不同时刻血浆样品中苯丙哌林的浓度，再利用手性 HPLC 法测定两个对映异构体浓度的比值，计算得到血浆中(R)-苯丙哌林和(S)-苯丙哌林的浓度。该方法弥补了单纯使用 CSP 结构选择性差的缺点，使手性柱色谱法有了进一步的发展[105]。应用手性配体交换试剂，将金鸡纳生物碱与 2 价铜离子的配合物添加到流动相中，金鸡纳生物碱如辛可尼丁、奎宁或奎尼丁 α-氨基酸与 2 价铜离子形成非对映异构体后可在该体系下得到分离[106]。

6.5.4 胶束色谱法

胶束液相色谱（micellar liquid chromatography，MLC）[1]是一种使用水性胶束

1 https://en.jinzhao.wiki/wiki/Micellar_liquid_chromatography

（aqueous micellar）表面活性剂溶液作为流动相的反相液相色谱法。该技术主要用于增强各种溶质的保留和选择性。该技术的主要缺点之一是由胶束引起的效率降低。MLC 适合用于分离带电分子与中性物质的混合物[107]。胶束电动色谱（micellar electrokinetic chromatography，MEKC）[1]是一种用于分析化学的色谱技术。样品通过胶束（假固定相）和周围的缓冲水溶液（流动相）之间的差异进行分配分离[108]。

体内药物分析一般采用血清或尿液。胶束液相色谱法与其他色谱法相比较最大的优点是，胶束聚集体可以溶解样品蛋白质及其他化合物，将血清或尿液直接进样而不会引起蛋白质沉淀，也不会引起柱压升高，因此大大简化了前处理程序[109]。MLC 可以对对乙酰氨基酚、L-抗坏血酸、苯丙醇胺（HCL）、哌替啶、可待因和吗啡等成分进行良好的分离。

MEKC 在碱性条件下在开放式毛细管中进行，可产生强电渗流。十二烷基硫酸钠（SDS）是 MEKC 中最常用的表面活性剂。MEKC 的小样品和溶剂要求与高分辨能力使得该技术能够快速分析大量的化合物，具有良好的分辨率。表面活性剂在传统毛细管电泳仪中的应用已经大大扩大了通过毛细管电泳分离的分析物的范围。MEKC 可用于药物或饲料中抗生素的常规质量控制[110,111]。

参 考 文 献

[1] Tollenaere J P. The role of structure-based ligand design and molecular modelling in drug discovery [J]. Pharmacy World and Science, 1996, 18(2): 56-62.

[2] Waring M J, Arrowsmith J, Leach A R, et al. An analysis of the attrition of drug candidates from four major pharmaceutical companies [J]. Nature Reviews Drug Discovery, 2015, 14(7): 475-486.

[3] Yu H S, Adedoyin A. ADME-Tox in drug discovery: integration of experimental and computational technologies [J]. Drug Discovery Today, 2003, 8(18): 852-861.

[4] Güner O F. Pharmacophore Perception, Development, and Use in Drug Design [M]. La Jolla, Calif: International University Line, 2000.

[5] Tropsha A. QSAR in Drug Discovery [C]. *In:* Reynolds C H, Merz K M, Ringe D. Drug Design: Structure- and Ligand-Based Approaches. UK: Cambridge University Press, 2010: 151-164.

[6] Jhoti H, Leach A R. Structure-based Drug Discovery [M]. Berlin: Springer, 2007.

[7] Mauser H, Guba W. Recent developments in *de novo* design and scaffold hopping [J]. Current Opinion in Drug Discovery and Development, 2008, 11(3): 365-374.

[8] Navia M A, 郝勇. 基于结构的药物设计：在免疫药理和免疫抑制方面的应用 [J]. 国外医学(药学分册), 1994, 21(2): 73-76.

[9] Klebe G. Recent developments in structure-based drug design [J]. Journal of Molecular Medicine, 2000, 78(5): 269-281.

1 https://en.jinzhao.wiki/wiki/Micellar_electrokinetic_chromatography

[10] 刘艾林, 杜冠华. 虚拟筛选辅助新药发现的研究进展 [J]. 药学学报, 2009, 44(6): 566-570.
[11] Wang R X, Gao Y, Lai L H. LigBuilder: a multi-purpose program for structure-based drug design [J]. Molecular Modeling Annual, 2000, 6(7-8): 498-516.
[12] Leis S, Schneider S, Zacharias M. In silico prediction of binding sites on proteins [J]. Current Medicinal Chemistry, 2010, 17(15): 1550-1562.
[13] 石大宏. 基于序列的蛋白质-核苷酸绑定位点预测研究 [D]. 南京: 南京理工大学硕士学位论文, 2015.
[14] 郭宗儒. 药物设计策略 [M]. 北京: 科学出版社, 2012.
[15] Dixon S J, Stockwell B R. Identifying druggable disease-modifying gene products [J]. Current Opinion in Chemical Biology, 2009, 13(5-6): 549-555.
[16] Imming P, Sinning C, Meyer A. Drugs, their targets and the nature and number of drug targets [J]. Nature Reviews Drug Discovery, 2006, 5(10): 821-834.
[17] Anderson A C. The process of structure-based drug design [J]. Chemistry and Biology, 2003, 10(9): 787-797.
[18] Recanatini M, Bottegoni G, Cavalli A. In silico antitarget screening [J]. Drug Discovery Today: Technologies, 2004, 1(3): 209-215.
[19] Susanna W P, Rojanasakul Y. Biopharmaceutical Drug Design and Development (2nd ed.) [M]. Totowa NJ: Humana Press, 2008.
[20] Scomparin A, Polyak D, Krivitsky A, et al. Achieving successful delivery of oligonucleotides ——fromphysico-chemical characterization to *in vivo* evaluation [J]. Biotechnology Advances, 2015, 33(6 Pt 3): 12294-12309.
[21] 莱因哈德·伦内贝格. 心肌梗塞、癌症和干细胞——生物技术拯救生命 [M]. 北京: 科学出版社, 2009.
[22] 高俊茶. 多靶点激酶抑制剂sorafenib对肝纤维化大鼠及肝星状细胞胶原代谢的影响及其机制的研究 [D]. 石家庄: 河北医科大学博士学位论文, 2010.
[23] Takenaka T. Classical vs reverse pharmacology in drug discovery [J]. BJU Int, 2001, 88(s2): 7-10.
[24] Ganellin C R, Jefferis R, Roberts S M. The Small Molecule Drug Discovery Process - from Target Selection to Candidate Selection. Introduction to Biological and Small Molecule Drug Research and Development: Theory and Case Studies [M]. New York: Elsevier Ltd., 2013.
[25] Yuan Y X, Pei J F, Lai L H. Binding site detection and drug ability prediction of protein targets for structure-based drug design [J]. Current Pharmaceutical Design, 2013, 19(12): 2326-2333.
[26] Rishton G M. Nonleadlikeness and leadlikeness in biochemical screening [J]. Drug Discovery Today, 2003, 8(2): 86-96.
[27] Hopkins A L. Chapter 25: Pharmacological Space [C]. *In:* Wermuth C G. The Practice of Medicinal Chemistry (3rd ed.). America: Academic Press, 2008: 521-527.
[28] Kirchmair J. Drug Metabolism Prediction. Wiley's Methods and Principles in Medicinal Chemistry [M]. Germany: Wiley-VCH, 2014.
[29] Nicolaou C A, Brown N. Multi-objective optimization methods in drug design [J]. Drug Discovery Today Technologies, 2013, 10(3): e427-e435.

[30] Ban T A. The role of serendipity in drug discovery [J]. Dialogues in Clinical Neuroscience, 2006, 8(3): 335-344.

[31] Ethiraj S K, Levinthal D. Bounded rationality and the search for organizational architecture: an evolutionary perspective on the design of organizations and their evolvability [J]. Administrative Science Quarterly, 2004, 49(3): 404-437.

[32] 孙冬梅, 陈玉兴, 曾晓会, 等. 基于系统生物学的计算机辅助药物设计中药研发新模式 [J]. 中国实验方剂学杂志, 2014, 20(17): 223-227.

[33] Lewis R A. Chapter 4: the development of molecular modelling programs: the use and limitations of physical models [C]. *In*: Livingstone D J. Drug Design Strategies: Quantitative Approaches. Cambridge: Royal Society of Chemistry, 2011: 88-107.

[34] Rajamani R, Good A C. Ranking poses in structure-based lead discovery and optimization: current trends in scoring function development [J]. Current Opinion in Drug Discovery and Development, 2007, 10(3): 308-315.

[35] de Azevedo W F Jr, Dias R. Computational methods for calculation of ligand-binding affinity [J]. Current Drug Targets, 2008, 9(12): 1031-1039.

[36] Singh J, Chuaqui C E, Boriack-Sjodin P A, et al. Successful shape-based virtual screening: the discovery of a potent inhibitor of the type I TGFbeta receptor kinase (TbetaRI) [J]. Bioorganic and Medicinal Chemistry Letters, 2003, 13(24): 4355-4359.

[37] Becker O M, Dhanoa D S, Marantz Y, et al. An integrated in silico 3D model-driven discovery of a novel, potent, and selective amidosulfonamide 5-HT1A agonist (PRX-00023) for the treatment of anxiety and depression [J]. Journal of Medicinal Chemistry, 2006, 49(11): 3116-3135.

[38] Liang S, Meroueh S O, Wang G, et al. Consensus scoring for enriching near-native structures from protein-protein docking decoys [J]. Proteins, 2009, 75(2): 397-403.

[39] Oda A, Tsuchida K, Takakura T, et al. Comparison of consensus scoring strategies for evaluating computational models of protein-ligand complexes [J]. Journal of Chemical Information and Modeling, 2006, 46(1): 380-391.

[40] Deng Z, Chuaqui C, Singh J. Structural interaction fingerprint (SIFt): a novel method for analyzing three-dimensional protein-ligand binding interactions [J]. Journal of Medicinal Chemistry, 2004, 47(2): 337-344.

[41] Amari S, Aizawa M, Zhang J, et al. VISCANA: visualized cluster analysis of protein-ligand interaction based on the ab initio fragment molecular orbital method for virtual ligand screening [J]. Journal of Chemical Information and Modeling, 2006, 46(1): 221-230.

[42] 乔连生, 张燕玲. 计算机辅助药物设计在天然产物多靶点药物研发中的应用 [J]. 中国中药杂志, 2014, 39(11): 1951-1955.

[43] Ehrman T M, Barlow D J, Hylands P J. In silico search for multi-target anti-inflammatories in Chinese herbs and formulas [J]. Bioorg Med Chem, 2010, 18(6): 2204-2218.

[44] 张寿德. 计算机技术在天然产物结构和活性研究中的应用 [D]. 上海: 上海交通大学博士学位论文, 2012.

[45] 李安良. 生物利用度控制——前药和药物靶向作用 [M]. 北京: 化学工业出版社, 2008.

[46] 陈燕, 郝敬来, 仇缀百. 软药设计 [J]. 中国临床药学杂志, 2004, 13(4): 254-256.

[47] 朱胤慈，孙建国，彭英，等. 前药的药代动力学研究进展 [J]. 中国临床药理学与治疗学, 2013, 17(12): 1433-1440.
[48] 刘培炼. 基于喜树碱的诊断治疗型抗癌前药的合成及其应用研究 [D]. 广州：华南理工大学博士学位论文, 2016.
[49] 曹栋玲. 基于葡聚糖的刺激响应性喜树碱/阿霉素前药用于癌症的组合治疗 [D]. 苏州：苏州大学硕士学位论文, 2016 .
[50] 严冬航. 基于醌氧化还原酶响应的喜树碱诊断治疗前药的制备及性能研究 [D]. 广州：华南理工大学硕士学位论文, 2016.
[51] 邓彩赟，蒋成君，张晓敏，等. SN38 前药及其新剂型研究进展 [J]. 中国药房, 2016, 27(28): 4005-4009.
[52] 刘红霞，王大元，江涛. 喜树碱环磷酸酯前药的合成研究 [J]. 化学研究与应用，2016, 28(10): 1464-1468.
[53] 周鹏举，邓盛齐，龚前飞. 靶向给药研究的新进展 [J]. 药学学报, 2010, 45(3): 300-306.
[54] 邓菁，赵飞，李剑，等. 新化学实体的发现和早期评价 [J]. Journal of Chinese Pharmaceutical Sciences, 2012, 21(5): 369-387.
[55] 李玉丹，沙宇慧，杨悦. 关于数据保护制度中新化学实体界定的探讨 [J]. 中国新药杂志, 2013, (12): 1371-1375.
[56] 钱丽娜，崔健. 2015 年 FDA 批准罕见病新化学实体药物及专利信息分析 [J]. 中国新药杂志, 2016, (23): 2641-2646.
[57] 赵艳丽，苏剑英，王锋怀. 浅析新化学实体专利保护 [J]. 世界最新医学信息文摘, 2002, (4): 297-298.
[58] 肖西祥. 新化学实体药物专利布局策略——以阿斯利康公司药物吉非替尼在华系列专利为例 [J]. 中国发明与专利, 2012, (1): 53-55.
[59] Feher M, Schmidt J M. Property distributions: differences between drugs, natural products, and molecules from combinatorial chemistry [J]. Journal of Chemical Information and Computer Sciences, 2003, 43(1): 218-227.
[60] Newman D J, Cragg G M. Natural products as sources of new drugs over the last 25 years [J]. Journal of Natural Products, 2007, 70(3): 461-477.
[61] Cockbain J. Comprehensive medicinal chemistry [C]. *In*: Triggle J B, Taylor D J. Intellectual Property Rights and Patents (2nd ed.). Amsterdam: Elsevier, 2007: 779-815.
[62] 陈欢，王睿睿，郑永唐，等. 美国 FDA 关于抗 HIV 药物的临床前药效学评价标准 [J]. 中国药理学通报, 2012, 28(10): 1352-1355.
[63] 孙涛，李娅杰. 美国 FDA 关于抗菌药物临床前研究的考虑 [J]. 中国临床药理学杂志, 2008, 24(5): 469-472.
[64] 殷智，郜红利，张怀. 论中药新药临床前研究 [J]. 湖北民族学院学报(医学版), 2001, 18(1): 29-33.
[65] Friedman L M, Furberg C D, DeMets D L. Fundamentals of Clinical Trials Ⅱ (4th ed.) [M]. Germany: Springer, 2010.
[66] Ciociola A A, Cohen L B, Kulkarni P, et al. How drugs are developed and approved by the FDA: current process and future directions [J]. Am J Gastroenterol, 2014, 109(5): 620-623.
[67] Sertkaya A, Wong H H, Jessup A, et al. Key cost drivers of pharmaceutical clinical trials in the

United States [J]. Clinical Trials, 2016, 13(2): 117-126.
[68] Paul S M, Mytelka D S, Dunwiddie C T, et al. How to improve R&D productivity: the pharmaceutical industry's grand challenge [J]. Nature Reviews Drug Discovery, 2010, 9(3): 203-214.
[69] Su Y S, Hu H Y, Wu F S. How can small firms benefit from Open innovation? The case of new drug development in Taiwan [J]. Home International Journal of Technology Management, 2016, 72(30): 1-3.
[70] Maxmen A. Busting the billion-dollar myth: how to slash the cost of drug development [J]. Nature, 2016, 536(7617): 388-390.
[71] Boris B, Ralph V. Valuation in Life Sciences. A Practical Guide, 2nd ed. [M]. Germany: Springer Verlag, 2008.
[72] Nielsen N H. Financial Valuation Methods for Biotechnology [M]. Denmark: Biostrat Biotech Consulting, 2010.
[73] Stratmann Dr H G. Bad medicine: when medical research goes wrong. analog science fiction and fact. CXXX (9): 20. R&D costs are on the rise [J]. Medical Marketing and Media, 2010, 38(6): 14.
[74] Thomas D W, Burns J, Audette J, et al. Clinical Development Success Rates 2006-2015 BIO Industry Analysis [R]. USA: BIO, Biomedtracker, Amplion, 2016.
[75] Wang Y. Extracting knowledge from failed development programmes [J]. Pharm Med, 2012, 26(2): 91-96.
[76] Herschel M. Portfolio decisions in early development: don't throw out the baby with the bathwater [J]. Pharm Med, 2012, 26(2): 77-84.
[77] Derendorf H, Meibohm B. Modeling of pharmacokinetic/pharmacodynamic (PK/PD) relationships: concepts and perspectives [J]. Pharmaceutical Research, 1999, 16(2): 176-185.
[78] 柳晓泉, 陈渊成, 郝琨, 等. 药动学-药效学结合模型的研究进展及在新药研发中的应用 [J]. 中国药科大学学报, 2007, 38(6): 481-488.
[79] 刘昌孝. 中药药代动力学研究的难点和热点 [J]. 药学学报, 2005, 40(5): 395-401.
[80] 庄露凝, 谷元, 刘昌孝. 药动学-药效学模型在新药评价中的应用 [J]. 药物评价研究, 2011, 34(3): 161-166.
[81] 凌树森. 治疗药物检测新理论与新方法 [M]. 北京: 中国医药科学出版社, 2002.
[82] Derendorf H, Hochhaus G, Möllmann H, et al. Receptor-based pharmacodynamic analysis of corticosteroids [J]. J Clin Pharmacol, 1993, 33(2): 115-123.
[83] 黄芳, 陈渊成, 刘晓东. 板蓝根总生物碱中表告依春在发热大鼠体内的药动学-药效学结合模型研究 [J]. 中草药, 2007, 38(10): 1514-1519.
[84] 任景, 李健, 石峰, 等. 基于片段的药物发现方法进展 [J]. 药学学报, 2013, (1): 14-24.
[85] Ma R, Wang P C, Wu J H, et al. Process of fragment-based lead discovery-a perspective from NMR [J]. Molecules, 2016, 21(7): 854.
[86] Norton R S, Leung E W W, Chandrashekaran I R, et al. Applications of (19) F-NMR in fragment-based drug discovery [J]. Molecules, 2016, 21(7): 860.
[87] Harner M J, Frank A O, Fesik S W. Fragment-based drug discovery using NMR spectroscopy [J]. J Biomol NMR, 2013, 56(2): 65-75.

[88] Neumann T, Junker H D, Schmidt K, et al. SPR-based fragment screening: advantages and applications [J]. Curr Top Med Chem, 2007, 7(16): 1630-1642.

[89] Silvestre H L, Blundell T L, Abell C, et al. Integrated biophysical approach to fragment screening and validation for fragment-based lead discovery [J]. Proc Natl Acad Sci USA, 2013, 110(32): 12984-12989.

[90] Caliandro R, Belviso D B, Aresta B M, et al. Protein crystallography and fragment-based drug design [J]. Future Med Chem, 2013, 5(10): 1121-1140.

[91] Chilingaryan Z, Yin Z, Oakley A J. Fragment-based screening by protein crystallography: successes and pitfalls [J]. Int J Mol Sci, 2012, 13(10): 12857-12879.

[92] 陈清奇. 抗癌新药研究指南 [M]. 北京：科学出版社, 2009.

[93] Erlanson D A, McDowell R S, O'Brien T. Fragment-based drug discovery [J]. J Med Chem, 2004, 47(14): 3463-3482.

[94] Craig W, John B. Integration of supercritical fluid chromatography into drug discovery as a routine support tool: Ⅱ. investigation and evaluation of supercritical fluid chromatography for chiral batch purification [J]. Journal of Chromatography A, 2005, 1074: 175-185

[95] 胡丽平. 超临界流体色谱法在药物成分分析中的应用 [J]. 当代医药论丛, 2016, 14(6): 7-8.

[96] Hsieh Y S, Favreau L, Schwerdt J, et al. Supercritical fluid chromatography/tandem mass spectrometric method for analysis of pharmaceutical compounds in metabolic stability samples [J]. Journal of Pharmaceutical and Biomedical Analysis, 2006, 40(3): 799-804.

[97] Graham K. Capillary electrophoresis [J]. Biotechnology and Applied Biochemistry, 2011, 27(1): 9-17.

[98] Dovichi N. How capillary electrophoresis sequenced the human genome[J]. Angewandte Chemie International Edition, 2000, 39: 4463-4468.

[99] 张丽媛. 毛细管电泳药物分析研究及应用 [D]. 西安：陕西师范大学硕士学位论文, 2006.

[100] 张慧文, 何丽明. 高效毛细管电泳法在体内药物分析的应用 [J]. 中国医院药学杂志, 2007, 27(8): 1132-1136.

[101] Li Y J, Song C H, Zhang L Y, et al. Fabrication and evaluation of chiral monolithic column modified by β-cyclodextrin derivatives [J]. Talanta, 2010, 80(3): 1378-1384.

[102] Liu Y M, Gordon P, Green S et al. Determination of salsolinol enantiomers by gas chromatography-mass spectrometry with cyclodextrin chiral columns [J]. Analytica Chimica Acta, 2000, 420(1): 81-88.

[103] 刘爱宁, 侯文颖, 王欣. 手性色谱法在体内药物分析中的应用进展 [J]. 分析试验室, 2010, (s1): 183-186.

[104] 王荣, 谢景文, 贾正平, 等. 正相高效液相色谱-手性配位基交换流动相法测定人血清中的甲状腺素对映体 [J]. 色谱, 2001, 19(6): 523-525.

[105] 杜宗敏, 钟大放. 丙哌林在健康人体内的对映体选择性药物动力学研究 [J]. 药学学报, 2000, 5(12): 909-912.

[106] Keunchkarian S, Franca C A, Gagliardi L G, et al. Enantioseparation of α-amino acids by means of Cinchona alkaloids as selectors in chiral ligand-exchange chromatography [J]. J Chromatogr A, 2013, 1298: 103-108.

[107] Khaledi M G. Micelles as separation media in high-performance liquid chromatography and high-performance capillary electrophoresis: overview and perspective [J]. Journal of Chromatography A, 1997, 780(1): 3-40.

[108] Terabe S, Otsuka K, Ichikawa K, et al. Electrokinetic separations with micellar solutions and open-tubular capillaries [J]. Anal Chem, 1984, 56: 111-113.

[109] 朱斌，杨贤帅，章仕龙. 胶束液相色谱在体内药物分析中的应用 [J]. 广州化工，2012, 40(17): 95-97, 149.

[110] Simms P J, Jeffries C T, Huang Y, et al. Analysis of combinatorial chemistry samples by micellar electrokinetic chromatography [J]. J Comb Chem, 2001, 3(5): 427-433.

[111] Injac R, Kočevar N, Kreft S. Precision of micellar electrokinetic capillary chromatography in the determination of seven antibiotics in pharmaceuticals and feedstuffs [J]. Analytica Chimica Acta, 2007, 594(1): 119-127.

7 林源植物药合成方法

7.1 生 物 合 成

7.1.1 概述

天然产物（natural product）[1]通过初级代谢和次级代谢途径（primary and secondary metabolism）产生两类物质：初级代谢产物和次级代谢产物。初级代谢产物是生命的基本组成部分，主要包括碳水化合物、脂质、氨基酸和核酸。次级代谢产物的一般结构类型包括生物碱、苯丙烷类化合物、聚酮化合物和萜类化合物[1,2]。初级代谢产物和次级代谢产物之间的界限是模糊的，如脯氨酸是必需氨基酸，同时，C6 类似物六氢吡啶羧酸也是一种生物碱。

生物合成（biosynthesis）[2]是一个多步骤的酶催化过程，通过代谢途径将底物在活生物体中转化成更复杂的产物，这些生物合成途径的实例包括脂质膜的生产组分和核苷酸。生物合成的前提要素包括：前体化合物、化学能（如 ATP）和可能需要辅酶（如 NADH、NADPH）的催化酶。这些要素产生单体、大分子的结构单元。一些重要的生物大分子包括：蛋白质及由氨基酸单体通过核苷酸的磷酸二酯键连接的 DNA 分子。

天然产物主要的生物合成途径如下[3,4]。

（1）光合作用或糖异生→单糖→多糖。

（2）乙酸途径→脂肪酸和聚酮化合物。

（3）莽草酸途径→芳香族氨基酸和苯丙素。

（4）甲羟戊酸途径和甲基赤藓糖醇磷酸途径→萜类化合物与类固醇。

（5）氨基酸途径→生物碱。

7.1.2 萜类化合物生物合成

萜类化合物是以异戊二烯为骨架的五碳单位，异戊烯基焦磷酸（IPP）是萜类化合物的生物合成前体。在生物体中，萜类化合物的合成途径有两条[5,6]：甲羟戊

---

1 https://en.jinzhao.wiki/wiki/Natural_product

2 https://en.jinzhao.wiki/wiki/Biosynthesis

酸途径（mevalonate pathway，MVA 途径）[1]和脱氧木酮糖-5-磷酸（1-deoxy-D-xylulose-5-phosphate，DXP）途径。前者主要发生在真核生物的细胞质中，后者则存在于原核生物和植物的质体中。这两条途径主要分为 3 个阶段：第一阶段是中间体异戊烯基焦磷酸（isopentenyl pyrophosphate，IPP）和其双键异构体二甲基烯丙基焦磷酸（dimethylallyl pyrophosphate，DMAPP）的生成。第二阶段是 3 种直接前体物质香叶基二磷酸（geranyl diphosphate，GPP）、法呢基二磷酸（farnesyl diphosphate，FPP）和双（牻儿基）二磷酸盐（geranylgeranyl diphosphate，GGPP）的合成。第三阶段是萜类的形成及其骨架修饰。

甲羟戊酸途径也被称为类异戊二烯途径或 HMG-CoA 还原酶途径（isoprenoid pathway or HMG-CoA reductase pathway）。该途径产生两个五碳结构单元：异戊烯基焦磷酸（IPP）和二甲基烯丙基焦磷酸（DMAPP），它们用于制备类异戊二烯及多种类型的超过 30 000 种生物分子，如胆固醇、血红素、维生素 K、辅酶 Q10 和所有类固醇激素。MVA 途径是以乙酰辅酶 A 为原料，通过前体物质甲羟戊酸形成 IPP 和 DMAPP，然后在聚异戊二烯焦磷酸合酶（polyisoprenyl diphpsphate synthase）的作用下，IPP 和 DMAPP 进一步缩合形成倍半萜、三萜和甾体。因反应均在细胞质中进行，故该途径又称为细胞质途径。降胆固醇药他汀类药物可抑制甲羟戊酸途径内的 HMG-CoA 还原酶活性。

DXP 途径又称为甲基赤藓糖醇磷酸途径（methylerythritol phosphate pathway，MEP 途径），是一种替代的代谢形成异戊烯基焦磷酸（IPP）和二甲基烯丙基焦磷酸（DMAPP）的类异戊二烯生物合成途径。该途径是以丙酮酸和甘油醛-3-磷酸为原料，在 1-脱氧木酮糖-5-磷酸合酶（1-deoxy-D-xylulose 5-phosphate synthase，DXS）的作用下聚合形成 DXP，然后在 1-脱氧木酮糖-5-磷酸还原异构酶（1-deoxy-D-xylulose 5-phosphate reductoisomerase，DXR）的催化下形成 MEP，再经过磷酸化、环化等步骤生成 IPP，从而缩合成单萜、二萜等萜类化合物。

无论是 MVA 途径还是 DXP 途径，IPP 都是所有萜类化合物合成的中心前体。在异戊烯基焦磷酸异酶（isopentenyl diphosphate isomerase）的作用下 IPP 部分转化为 DMAPP，二者经过香叶基二磷酸合酶（geranyl diphosphate synthase，GPPS）的催化而头尾缩合形成具有 C10 骨架的 GPP，GPP 和一分子 IPP 在植物法呢基焦磷酸合酶（z-farnesyl pyrophosphate synthase，FPPS，EC 2.5.1.68）的催化下形成具有 C15 骨架的 FPP，FPP 和一分子 IPP 在香叶基香叶基二磷酸合酶（geranylgeranyl diphosphate synthase，GGPP）的作用下最终形成具有 C20 骨架的 GGPP。

1 https://en.jinzhao.wiki/wiki/Mevalonate_pathway

萜类化合物的基本骨架由1-脱氧木酮糖-5-磷酸合酶（DXS）合成后，经过氧化、还原、异构化和连接反应等次级转化修饰产生各种萜类分子，参与该过程的相关酶的克隆、表达和调控及其在细胞代谢中的作用等已成为研究热点，主要包括阳春砂 HMGR 和 DXR 的基因[7]、南方红豆杉 DXS 和 DXR 的基因[8]、3-羟基-3-甲基戊二酰 CoA 还原酶基因（*GbHMGR*）和甲羟戊酸 5-焦磷酸脱羧酶基因（*GbMVD*）[9]、番茄甲瓦龙酸-5-焦磷酸脱羧酶（SlMDC）的基因[10]、吉玛烯 A 合成酶（germacrene A synthase，GAS，EC 4.2.3.23）[1]cDNA[11]、地黄 *RgGGPPS2* 基因[12]、樟树 4-二磷酸胞苷-2-C-甲基-D-赤藓醇激酶基因[13]、冬凌草 1-脱氧木酮糖-5-磷酸还原异构酶（DXR）的基因[14]、艾草单萜合成酶基因[15]、香樟 1-脱氧-D-木酮糖-5-磷酸还原异构酶基因 *CcDXR1*[16]等的克隆分析。

7.1.3 生物碱生物合成

大多数生物碱的生物前体是 L-氨基酸，如色氨酸（tryptophan）、酪氨酸（tyrosine）、苯丙氨酸（phenylalanine）、赖氨酸（lysine）等。烟酸（nicotinic acid）可以用色氨酸或天冬氨酸（tryptophan or aspartic acid）合成[17]。这些氨基酸在不断的转化过程中，可从初级的代谢产物转变成为物种高度特异性的生物碱代谢底物。

L-色氨酸在色氨酸脱羧酶催化下发生 L-色氨酸脱羧反应，生成色胺，色胺在异胡豆苷合酶的作用下与番木鳖苷缩合，生成特异性生物碱前体异胡豆苷（strictosidine），再以多种特异的方式经过酶促反应生成长春碱（vinblastine）、阿马里新（ajmalicine）、长春胺（vincamine）、育宾碱（yohimbine）、阿吗灵（ajmalinum）、奎宁（quinine）等多种异构体。

利用植物细胞悬浮培养技术，弄清楚了以 L-酪氨酸为前体产生四氢苯基异喹啉类生物碱小檗碱（黄连素）的生物合成途径：L-酪氨酸脱羧形成酪胺，经过氧化酶作用形成 L-多巴，再经过脱羧或氧化形成多巴胺，多巴胺与 L-酪氨酸分子转氨形成的 *p*-羟基苯丙酮酸脱羧再形成 *p*-羟基苯丙酮醛，然后立体选择性缩合形成(*S*)-去甲乌药碱，经过一系列甲基化和氧化反应产生了(*S*)-网状番荔枝碱（reticuline），(*S*)-网状番荔枝碱经过各种酶促反应，形成众多不同结构的小檗碱（berberine）、罂粟碱（papaverine）、可待因（codeine）、吗啡（morphine）、血根碱（sanguinarine）、阿托品（atropine）、延胡索碱（corydaline）等四氢苯基异喹啉类生物碱[18,19]。

生物碱生物合成的方法太多，不易分类。席夫碱和曼尼希反应（Schiff base and Mannich reaction）是参与各种类生物碱合成的典型反应[20]。

---

1 https://en.jinzhao.wiki/wiki/Germacrene-A_synthase

目前，小檗碱、阿吗灵、长春多灵、延胡索碱、吗啡、小檗宁、东莨菪碱的生物合成途径已经阐明，利用植物悬浮细胞培养吗啡和东莨菪碱已经工业化生产。关于通过代谢工程酶促法生产生物碱的研究更加深入开展：川贝母3-羟基-3-甲基戊二酰辅酶A还原酶（3-hydroxy-3-methylglutaryl-CoA reductase，HMGR）基因片段[21,22]、长春花生物碱合成途径中的11个关键酶基因（*ASA*、*CPR*、*D4H*、*TDC*、*GGPP*、*STR*、*ORCA3*、*G10H*、*PRX*、*SLS*、*DAT*）[23]、天仙子中参与阿托品烷生物碱生物合成的*ArAT*基因[24]、海南粗榧*PDS*基因[25]、木本曼陀罗中催化东莨菪碱生物合成关键步骤的*H6H*基因[26]等的克隆分析。

长春花生物碱（vinca alkaloid）中长春碱（vinblastine）和长春新碱（vincristine）是由两个不同的单体形成的二聚体的生物碱（dimeric alkaloid），耦合后形成长春质碱（catharanthine）和文多灵（vindoline）[27,28]。较新的半合成的化疗剂长春瑞滨（vinorelbine）用于治疗非小细胞肺癌[29-33]。

7.1.4 苯丙烷类化合物生物合成

木质素、黄酮类、香豆素类、芪类等大多数植物酚类化合物都是苯丙烷类化合物的代谢产物。苯丙烷类代谢途径是植物次级产物代谢的一条十分重要的途径。来自莽草酸途径的莽草酸经由分支酸等转氨作用形成苯丙氨酸，而后进入苯丙烷类代谢途径。

莽草酸途径（shikimate pathway）[1]是一种7个步骤的代谢途径，使用细菌、真菌、藻类、一些原生动物寄生虫和植物生物合成叶酸与芳香族氨基酸（苯丙氨酸、酪氨酸及色氨酸）。参与莽草酸途径的七种酶：3-脱氧-D-阿拉伯-庚酮糖酸-7-磷酸合酶、3-脱氢奎尼酸合酶、脱氢奎尼酸脱氢酶、莽草酸脱氢酶、莽草酸激酶、5-烯醇酮莽草酸-3-磷酸合酶和分支酸合酶。该途径具有两个开始衬底，磷酸烯醇丙酮酸（phosphoenol pyruvate）、赤藓糖-4-磷酸（erythrose-4-phosphate）和结尾分支酸为三个芳香族氨基酸的基板。涉及的第5个酶是莽草酸激酶，一种依赖ATP催化莽草酸磷酸化的酶，以形成莽草酸-3-磷酸。莽草酸-3-磷酸经过耦合磷酸烯醇丙酮酸，得到5-烯醇丙酮莽草酸-3-磷酸，然后通过5-烯醇丙酮莽草酸-3-磷酸（5-enolpyruvylshikimate-3-phosphate，EPSP）合酶的作用[33]将5-烯醇丙酮酸莽草酸-3-磷酸通过酸碱合酶转化成分支酸（chorismate）。预苯酸（prephenic acid）由分支酸变位酶，经克莱森重排得到分支酸[34,35]。预苯酸被氧化脱羧与保留的羟基基团缩合以得到对羟苯丙酮酸（p-hydroxyphenylpyruvate），用谷氨酸作为氮源，其通过转氨得到酪氨酸和α酮戊二酸。

1 https://en.jinzhao.wiki/wiki/Shikimate_pathway

苯丙烷类化合物的生物合成途径已基本阐明，参与该过程的相关酶的克隆、表达和调控及其在细胞代谢中的作用等已成为研究热点，主要包括美洲黑杨木质素生物合成转录因子 *PdLim1* 基因[36]、杨树 *4CL* 基因[37]、苯丙氨酸解氨酶（PAL）的基因、肉桂酸-4-羟化酶（C4H）的基因、4-香豆酸辅酶 A 连接酶（4CL）的基因、羟基肉桂转移/羟基肉桂酰辅酶 A 奎尼酸转移酶（HCT/HQT）的基因[38]、香豆酸羟化酶（C3H）的基因[38]、何首乌 *FmSTS2* 基因[39]等的克隆分析。

何首乌（*Fallopia multiflora*）属于蓼科多年生缠绕草本植物，其块根（何首乌）和藤茎（夜交藤）均可入药。其活性成分包括黄酮类、蒽醌类等，其中最重要的是以二苯乙烯苷（2,3,5,4′-四羟基二苯乙烯-2-*O*-β-D-葡萄糖苷）为代表的芪类化合物。二苯乙烯苷（diphenyl ethylene glycoside）在降血脂、抗衰老、保护心血管及抗动脉粥样硬化方面都有很好的应用前景。一般认为二苯乙烯类是由苯丙氨酸途径合成来的，二苯乙烯苷是由酪氨酸起始，经由香豆酰辅酶 A 合成的。三羟基芪白藜芦醇和四羟基芪白皮杉醇等均由此路径合成[40,41]。

7.2 化 学 合 成

7.2.1 概述

化学合成（chemical synthesis）是以得到一种或多种产物为目的而进行的一系列化学反应。化学合成涉及一个或多个反应的物理和化学操作，化学合成中的产物量指标是由反应产率决定的，副反应的产生降低了所需产物的产率[42]。

各种设计巧妙的合成化学技术不断被开发出来，如纳米分子机器技术、固相多肽合成和核酸的固相合成技术等，具有高度的原子经济性、氧化还原经济性和无保护基等策略的应用，使得针对特定分子的合成的相对难度在不断降低，天然产物全合成似乎已经进入“没有合成不出来的分子”的时代，见表 7-1。但具有极端复杂结构的天然产物分子的全合成，如刺尾鱼毒素（maitotoxin）[1]和乌头碱（aconitine）[2]的合成依然极具挑战性，自 1996 年以来，世界著名合成化学家 K. C. Nicolaou 教授的研究小组一直致力于通过全合成来合成刺尾鱼毒素，该项目由于缺乏资金而暂时搁置[3]。人工合成与自然界中在酶的作用下的复杂多样化的天然合成相比有很大提升空间[43-45]。例如，加利福尼亚大学洛杉矶分校 Nelson 课题组完成了韧革菌素

1 https://en.jinzhao.wiki/wiki/Maitotoxin

2 https://en.jinzhao.wiki/wiki/Aconitine

3 KRÄMER K. Chemistry’s toughest total synthesis challenge put on hold by lack of funds. 2015. https://www.chemistryworld.com/news/chemistrys-toughest-total-synthesis-challenge-put-on-hold-by-lack-of-funds/8152.article[2017-1-15]

（vibralactone）的全合成[1]。北京大学化学生物学与生物技术学院杨震教授课题组完成了从铁箍散（*Schisandra propinqua* var. *sinensis*）中提取的一种有效成分 propindilactone G（1）的不对称全合成，该合成发表在了 *Journal of the American Chemical Society* 学术杂志上。propindilactone G 具有明显的护肝和增强人体免疫力的功能，通过不对称 Diels-Alder 反应、Pauson-Khand 反应、钯催化还原氢解反应、氧化异偶联反应等多步的关键反应完成。

表 7-1 化学合成时代的发展[43]

合成时代	时间	合成化合物	特点	参考文献
有机合成	1828 年	尿素	—	[46]
	2006 年	托品酮	从环庚酮开始经过 20 多步反应，以＜1%的总产率实现	[47]
	1903 年	樟脑	第一个可工业化全合成的化合物	[48]
理性有机全合成	1944 年	奎宁	利用一套已知反应制备奎宁	[49]
	1954 年	马钱子碱	马钱子碱的全合成	[50]
天然产物的全合成研究	1967 年	合成红霉素、翼萼藤碱、长叶烯、前列腺素 E1 和白三烯 A 等复杂结构	逆合成分析	[51,52]
“超人”时代“没有合成不出来的分子”	1994 年	海葵毒素	含有 64 个手性中心和 7 个可异构双键，理论上的立体异构体的数目为 271 个	[53,54]
纳米分子技术设计和合成分子机器	1983 年	分子机器	将 2 个环状分子连接在一起，实现了由机械性相互作用形成分子的突破，并且能够让上述 2 个互锁环状分子相对移动	[55]
	1991 年	分子机器	利用轮烷的独特结构制备出内锁型超分子体系，并设计和合成了一系列分子机器的新部件	[56,57]
	1999 年	分子机器及纳米小车	制作了一个分子转子叶片，能够持续朝一个方向旋转，并成功让一个比分子转子马达大 10 000 倍的玻璃圆筒开始旋转	[58]

天然产物合成中常用的反应类型主要有构筑与修饰、手性、取代的芳香杂环的引入和形成、保护与去保护、酰化反应、杂原子烷基化和芳基化、氧化反应、还原反应、形成碳—碳键的反应、官能团转换、官能团增加等[59]。

7.2.2 有机合成

有机合成（organic synthesis）是用化学合成处理方法合成有机化合物[2]。在复合产物的总合成中，可以采取多个步骤来合成目的产物。应用有机合成技术合成

1 https://www.chembeango.com/zixun/33864

2 https://en.jinzhao.wiki/wiki/Organic_synthesis

的一些特别有价值或特别难合成的新化合物的人已经获得了诺贝尔化学奖，如“发现并发展了双烯合成法”（奥托·迪尔斯/库尔特·阿尔德 1950 年获奖）、“在有机合成方面的杰出成就”（罗伯特·伯恩斯·伍德沃德 1965 年获奖）、“发展了有机合成中的烯烃复分解法”（伊夫·肖万/罗伯特·格拉布/理查德·施罗克 2005 年获奖）、“对有机合成中钯催化偶联反应的研究”（理查德·赫克/根岸英一/铃木章 2010 年获奖）等。纯合成过程的化学合成从基础实验室化合物开始并产生新的物质；半合成是从植物或动物分离的产物开始，然后进入新化合物的合成。

有机合成的新领域迅速发展，应用反应机理、构象分析、光化学及各种物理方法等分析手段，用于一定立体构象的天然复杂分子的合成。现代有机合成化学“重磅炸弹”新药，如索非布韦（Sofosbuvir）、利伐沙班（Rivaroxaban）、恩杂鲁胺（Enzalutamide）、卡格列净（Canagliflozin）[1]和托法替尼（Tofacitinib）[60]。索非布韦于 2007 年被发现，并于 2013 年被批准在美国用于医疗[2]，属于世界卫生组织的基本药物清单[3]，是卫生系统所需的最有效和最安全的药物。基于 ProTide 方法的抗丙型肝炎治疗类似物索非布韦的设计，通过在合成期间将第一个基团构建到药物结构中来，避免了由于三磷酸的三个磷酸基团中第一个酶促反应所表现出的相对较低的效力。另外的基团与磷相连以暂时掩蔽磷酸基团的两个负电荷，从而促进药物进入感染的细胞[61]。索非布韦与利巴韦林（Ribavirin）联用，清除了大约 80%的感染者的丙肝病毒。该索非布韦有机合成方法打破核苷碱基上引入氟原子的常规，将氟原子转移到了戊糖部分，使戊糖 2 位碳成为氟和甲基取代的手性季碳原子。合理设计是第一次引入了磷酰胺酯前药设计策略，最大限度地增加了活性核苷酸在细胞内的浓度，将核苷首次应用于抑制丙型肝炎病毒（HCV）上[62,63]。风湿性关节炎药物托法替尼（Tofacitinib）和癌症新药鲁索替尼（Ruxolitinib）是源于 JAK 激酶（Janus kinase，JAK）新靶点的 2 个新药。辉瑞制药公司公布了托法替尼的合成路线的最后一步是引入氰代乙酰基，首创了温和条件下去泛素化酶（DUB）催化的直接氨解氰乙酸酯方法，该方法简单有效，避免了氰乙酸的活化和高温反应[64]。

7.2.3 半合成

半合成（semisynthesis）的起始原料源于植物材料或微生物细胞培养物，以其

1 https://en.jinzhao.wiki/wiki/Canagliflozin

2 Sofosbuvir (Sovaldi)-Treatment-Hepatitis C Online. https://www.hepatitisc.uw.edu. Archived from the original on 23 December 2016. Retrieved 8 January 2017

3 《世界卫生组织基本药物示范目录》（第19条），世界卫生组织2015年4月发布。

生产具有不同的化学和药物性质的其他新化合物[1]。半合成新化合物通常具有高分子量或具有复杂的分子结构，比通过简单起始材料合成产生的化合物结构更复杂。半合成制备许多药物能够减少化学合成的步骤，通常比通过全合成制备更为经济。半合成与全合成方法相比，主要是从低分子量且廉价的起始材料开始合成目标化合物[2]。半合成用于药物研发目的：改变不良反应或提高口服生物利用度等，用以保持或增加药物活性。

半合成的实例包括早期商业生产的抗癌剂紫杉醇，即以由欧洲紫杉（*Taxus baccata*）的树叶中提取的10-脱乙酰巴卡亭Ⅲ（10-deacetylbaccatin Ⅲ）作为起始原料通过4步反应得到紫杉醇[65]；抗疟疾药物蒿甲醚是从天然存在的青蒿素中合成出来的[66]。用于半合成的植物原料紧缺，将天然产物与其植物源分离的过程在时间和材料费用方面消耗很大，半合成非常依赖于自然资源的可用性。据估计，必须收获整棵红豆杉树（*Taxus chinensis*）的树皮以提取足够的紫杉醇才能进行单剂量的治疗。

结构-活性分析（structure-activity analysis，SAR）用于优化这些半合成得到先导化合物，可以制备最终目标产品。半合成方法有两个优点：一是，与最终所需的产物相比，更容易提取到高产率的中间体，如紫杉醇的半合成；二是，设计半合成的起始材料和最终产品的合成途径可以允许由最终产品的类似物的途径来合成。新一代半合成青霉素是应用这种方法的很好的例子，通过改变天然青霉素G的侧链，可获得耐酸、耐酶、广谱、抗铜绿假单胞菌及主要作用于G-菌等一系列不同品种的半合成青霉素。

7.2.4 全合成

全合成（total synthesis）是通过简单易得的原材料，通过完全的化学反应，来获得某种有用的、结构复杂又难以用其他途径获得的化合物，目标分子可以是天然产物药物重要的活性成分，或目的有机化合物[3]。通过发现已经存在的已知路线的靶分子的新合成途径，发现新的化学反应和新的化学试剂[67]。全合成中的一个经典例子是奎宁全合成[4]。

吗啡、紫杉醇等在工业规模上进行全合成，具有巨大的商业和社会价值。但天然产物的合成是非商业研究活动，旨在更深入地了解特定天然产物的结构的合成，以及开发基本的新合成方法。例如，提供具有挑战性的合成目标，在有机化

1 https://en.jinzhao.wiki/wiki/Semisynthesis

2 https://xueqiu.com/5446700809/208021029

3 https://en.jinzhao.wiki/wiki/Total_synthesis

4 https://en.jinzhao.wiki/wiki/Quinine_total_synthesis

学领域的发展中起着关键作用[66-68]。在20世纪开发分析化学方法之前，全合成能够确定天然产物的结构[66]。合成尿素拉开了有机合成的序幕，第一个工业化的全合成例子是德国人古斯塔夫·康帕（Gustaf Komppa）[1]合成樟脑。奎宁的全合成、海葵毒素的全合成都极大地鼓舞了全世界的化学家。值得关注的是，1955年，英国生物学家费雷德里克·桑格（Frederick Sanger）最终鉴定了胰岛素的完整氨基酸序列，并于1958年获得诺贝尔化学奖。1965年，伍德沃德（Woodward）等获得诺贝尔化学奖，表明有机合成化学家有能力发展新的官能团转化来完成更加复杂分子的全合成，不再受限于已知的化学方法。1967年，科里（Corey）等提出了具有严格逻辑性的"逆合成分析原理"及合成过程中的原则和方法，于1990年获得诺贝尔化学奖。逆合成分析是一直沿用至今的全合成重要策略，成为全合成研究的经典理论。由于在世界上最小的机器——分子机器的研究方面取得的成就[2]，2016年，三位科学家让-皮埃尔·索维奇（Jean-Pierre Sauvage）、詹姆斯·弗雷泽·司徒塔特（Janes Fraser Stoddart）和伯纳德·L·费林加（Bernard Lucas Feringa）获得了诺贝尔化学奖。

参考文献

[1] Kliebenstein D. Secondary metabolites and plant/environment interactions: a view through *Arabidopsis thaliana* tinged glasses [J]. Plant Cell and Environment, 2004, 27(6): 675-684.

[2] Hanson J R. Natural products are organic compounds that are formed by living systems [C]. *In*: Hanson J R. Natural Products: the Secondary Metabolite. Cambridge: Royal Society of Chemistry, 2003.

[3] Bhat S V, Nagasampagi B A, Sivakumar M. Chemistry of Natural Products [M]. Berlin New York: Springer, 2005.

[4] Dewick P M. Medicinal Natural Products: a Biosynthetic Approach (3rd ed.) [M]. Chichester: Wiley, 2009.

[5] 梁宗锁，方誉民，杨东风. 植物萜类化合物生物合成与调控及其代谢工程研究进展 [J]. 浙江理工大学学报(自然科学版), 2017, 37(2): 255-264.

[6] 马转转，庞潇卿，谌容，等. 萜类化合物生物合成途径中关键酶的研究进展 [J]. 杭州师范大学学报(自然科学版), 2015, 14(6): 608-615.

[7] 魏洁书. 基于阳春砂 *HMGR* 和 *DXR* 基因的萜类化合物生物合成调控研究 [D]. 广州：广州中医药大学硕士学位论文, 2013.

[8] 冯国庆. 紫杉醇前体依赖于 MEP 途径合成的分子调控机理Ⅰ：南方红豆杉 *DXS* 和 *DXR* 基因的克隆及功能分析 [D]. 重庆：西南大学硕士学位论文, 2010.

[9] 庞永珍. 银杏黄酮和萜类化合物生物合成途径中重要相关基因的克隆和研究 [D]. 上海：复

1 古斯塔夫·康帕(Gustaf Komppa)，芬兰阿尔托大学化学系教授，世界上最早的商业化全合成——樟脑发明者

2 https://baike.baidu.com/item/%E8%AF%BA%E8%B4%9D%E5%B0%94%E5%A5%96/187878

旦大学博士学位论文, 2005.
[10] 孙晋. 番茄萜类化合物生物合成途径相关酶基因的克隆与分析 [D]. 武汉: 华中农业大学硕士学位论文, 2008.
[11] 闫佳萍, 孟想想, 朱丽, 等. 罗马洋甘菊吉马烯 A 合成酶基因的克隆与表达分析 [J]. 中草药, 2017, 48(9): 1851-1859.
[12] 赵乐, 马利刚, 俎梦航, 等. 地黄 *RgGGPPS2* 基因克隆、生物信息学分析及表达分析 [J]. 中草药, 2017, 48(11): 2269-2278.
[13] 荆礼, 郑汉, 姚娜, 等. 樟树 4-二磷酸胞苷-2-C-甲基-D-赤藓醇激酶基因的克隆及表达分析 [J]. 中国中药杂志, 2016, 41(9): 1578-1584.
[14] 苏秀红, 尹磊, 陈随清. 冬凌草 1-脱氧木酮糖-5-磷酸还原异构酶(DXR) 基因克隆与分析 [J]. 中国实验方剂学杂志, 2016, 22(12): 37-41.
[15] 刘雷, 罗英, 陶红, 等. 艾草(*Artemisia argyi*) 单萜合成酶基因的克隆及序列分析 [J]. 热带作物学报, 2016, 37(7): 1349-1356.
[16] 郑汉, 荆礼, 姚娜, 等. 香樟 1-脱氧-D-木酮糖-5-磷酸还原异构酶基因 *CcDXR1* 的克隆和表达分析 [J]. 药学学报, 2016, 51(9): 1494-1501.
[17] Begley T P. Encyclopedia of Chemical Biology [M]. America: Wiley-Interscience, 2009.
[18] 李家玉, 王海斌, 林志华. 植物次生代谢物的结构、生物合成及其功能分析——生物碱[J]. 农业科学研究, 2009, 30(4): 68-72.
[19] 陈绍民. 生物碱及其生物合成 [J]. 齐鲁药事, 1985, 3: 40-44.
[20] Dewick P M. Medicinal Natural Products. A Biosynthetic Approach [M]. America: Wiley, 2001.
[21] Plemenkov V V. Introduction to the Chemistry of Natural Compounds [M]. Russia, Kazan: Springer, 2001.
[22] 谢紫莹. 川贝母有效成分提取及其生物碱合成途径基因 *HMGR* 片段克隆的研究 [D]. 成都: 西华大学硕士学位论文, 2011.
[23] 杨致荣. 调控长春花生物碱合成的 WRKY 转录因子鉴定及功能分析 [D]. 晋中: 山西农业大学博士学位论文, 2013.
[24] 李笑, 强玮, 邱飞, 等. 天仙子中参与托品烷生物碱生物合成的 *ArAT* 基因的克隆及功能鉴定 [J]. 药学学报, 2017, 52(1): 172-179.
[25] 乔飞, 徐子健, 龙娅丽, 等. 海南粗榧 *PDS* 基因克隆与茉莉酸甲酯诱导表达分析 [J]. 分子植物育种, 2016, 15(1): 129-135.
[26] 强玮, 侯艳玲, 李笑, 等. 木本曼陀罗中催化东莨菪碱生物合成关键步骤的 *H6H* 基因克隆与表达分析 [J]. 药学学报, 2015, 50(10): 1346-1355.
[27] Hirata K, Miyamoto K, Miura Y. *Catharanthus roseus* L. (Periwinkle): production of vindoline and catharanthine in multiple shoot cultures [C]. *In*: Bajaj Y P S. Biotechnology in Agriculture and Forestry 26. Medicinal and Aromatic Plants. Ⅵ. Berlin: Springer-Verlag, 1993: 46-55.
[28] Justicia J, Fan C A, Worgull D, et al. Reductive C-C bond formation after epoxide opening via electron transfer [C]. *In*: Krische M J. Metal Catalyzed Reductive C-C Bond Formation: A Departure from Preformed Organometallic Reagents. Topics in Current Chemistry, 2007, 279: Ⅸ-Ⅹ.

[29] Faller B A, Pandi T N. Safety and efficacy of vinorelbine in the treatment of non-small cell lung cancer [J]. Clinical Medicine Insights Oncology, 2011, 5: 131-144.

[30] Ngo Q A, Roussi F, Cormier A. Synthesis and biological evaluation of Vinca alkaloids and phomopsin hybrids [J]. Journal of Medicinal Chemistry, 2009, 52(1): 134-142.

[31] Hardouin C, Doris E, Rousseau B, et al. Concise synthesis of anhydrovinblastine from leurosine [J]. Organic Letters, 2002, 4(7): 1151-1153.

[32] Morcillo S P, Miguel D, Campaña Ar G, et al. Recent applications of Cp2TiCl in natural product synthesis [J]. Organic Chemistry Frontiers, 2014, 1(1): 15-33.

[33] Herrmann K M, Weaver L M. The shikimate pathway [J]. Annual Review of Plant Physiology and Plant Molecular Biology, 1999, 50: 473-503.

[34] Göeisch H. On the mechanism of the chorismate mutase reaction [J]. Biochemistry, 1978, 17(18): 3700.

[35] Kast P, Tewari Y B, Wiest O, et al. Thermodynamics of the conversion of chorismate to prephenate: experimental results and theoretical predictions [J]. J Phys Chem B, 1997, 101(50): 10976-10982.

[36] 王璐, 李百炼, 张金凤, 等. 美洲黑杨木质素生物合成转录因子 *PdLiml* 基因的克隆、表达及植物表达载体构建 [J]. 北京林业大学学报, 2009, 31(6): 1-8.

[37] 李金花. 杨树. *4CL* 基因调控木质素生物合成的研究 [D]. 北京: 中国林业科学研究院博士学位论文, 2005.

[38] 陈泽雄. 灰毡毛忍冬 (*Lonicera macranthoides* Hand.-Mazz) 中绿原酸生物合成途径及调控技术研究 [D]. 重庆: 重庆大学博士学位论文, 2016.

[39] 陆娣. 何首乌 *FmSTS2* 基因的克隆、鉴定和其与二苯乙烯苷合成关系分析 [D]. 广州: 南方医科大学硕士学位论文, 2013.

[40] 雷蕾, 夏晚霞, 邵利, 等. 生物催化法研究何首乌二苯乙烯苷生物合成途径中的聚酮反应 [J]. 中药材, 2015, 38(10): 2109-2112.

[41] 黎洁文, 赵炜, 赵树进. mRNA 差异显示技术筛选何首乌中二苯乙烯苷合成相关基因 [J]. 广州中医药大学学报, 2014, (5): 799-803.

[42] Vogel A I, Tatchell A R, Furnis B S, et al. Vogel's Textbook of Practical Organic Chemistry. 5th edition [M]. Hoboken, New Jersey: Prentice Hall, 1996.

[43] 许正双, 叶涛. 是否存在合理化学合成的极限? [J]. 科学通报, 2017, 62(21): 2313-2322.

[44] Nicolaou K C, Aversa R J. Maitotoxin: an inspiration for synthesis [J]. Isr J Chem, 2011, 51(3-4): 359-377.

[45] Chan T Y. Aconitum alkaloid poisoning related to the culinary uses of aconite roots [J]. Toxins, 2014, 6: 2605-2611.

[46] Wöhler F. Ueber künstliche bildung des harnstoffs [J]. Ann Phys, 1828, 88(2): 253-256.

[47] Willstätter R. Synthesen in der tropingruppe. Ⅰ. Synthese des tropilidens [J]. European Journal of Organic Chemistry, 2006, 317(2): 204-265.

[48] Komppa G. Die vollständige synthese der camphersäure und dehydrocamphersäure [J]. Ber Dtsch Chem Ges, 1903, 36(4): 4332-4335.

[49] Woodward R B, Doering W E. The total synthesis of quinine [J]. J Am Chem Soc, 1945, 67: 860-874.
[50] Woodward R B, Cava M P, Ollis W D, et al. The total synthesis of strychnine [J]. J Am Chem Soc, 1954, 19(2):247-288.
[51] Corey E J, Cheng X M. The Logic of Chemical Synthesis [M]. New York: Wiley, 1995.
[52] Corey E J. The logic of chemical synthesis: multistep synthesis of complex carbogenic molecules (Nobel Lecture) [J]. Angew Chem Int Ed, 2018, 30: 455-465.
[53] Armstrong R W, Beau J M, Cheon S H, et al. Total synthesis of palytoxin carboxylic acid and palytoxin amide [J]. J Am Chem Soc, 1989, 111(19): 7530-7533.
[54] Suh E M, Kishi Y. Synthesis of palytoxin from palytoxin carboxylic acid [J]. J Am Chem Soc, 1994, 116(24): 11205-11206.
[55] Dietrich-Buchecker C O, Sauvage J P, Kintzinger J P. Une nouvelle famille de molécules: les métallo-caténanes [J]. Tetrahedron Lett, 1983, 24: 5095-5098.
[56] Anelli P L, Spencer N, Stoddart J F. A molecular shuttle [J]. J Am Chem Soc, 1991, 113(13): 5131-5133.
[57] Jiménez D M C, Dietrich-Buchecker D C, Sauvage J P. Towards synthetic molecular muscles: contraction and stretching of a linear rotaxane dimer [J]. Angew Chem Int Ed, 2000, 39(18): 3284-3287.
[58] Koumura N, Zijlstra R W, van Delden R A, et al. Light-driven monodirectional molecular rotor [J]. Nature, 1999, 401(6749): 152-155.
[59] Blacker A J, Williams M T. 制药工艺开发:目前的化学与工程挑战 [M]. 朱维平译. 上海: 华东理工大学出版社, 2016.
[60] 张霁, 聂飚, 张英俊. 有机合成在创新药物研发中的应用与进展 [J]. 有机化学, 2015, 35(2): 337-361.
[61] Murakami E, Tolstykh T, Bao H, et al. Mechanism of activation of PSI-7851 and its diastereoisomer PSI-7977 [J]. J Biol Chem, 2010, 285(45): 34337-34347.
[62] Bobeck D R, Schinazi R F, Coats S J. Advances in nucleoside monophosphate prodrugs as anti-HCV agents [J]. Antiviral Therapy, 2010, 15: 935-950.
[63] Price K E, Larrivee-Aboussafy C, Lillie B M, et al. Mild and efficient DBU-catalyzed amidation of cyanoacetates [J]. Lett, 2009, 11(9): 2003-2006.
[64] Jordan G, Vivien W. The Story of Taxol: Nature and Politics in the Pursuit of an Anti-Cancer Drug [M]. Cambridge, England: Cambridge University Press, 2001.
[65] Boehm M, Fuenfschilling P C, Krieger M, et al. An improved manufacturing process for the antimalaria drug coartem. Part Ⅰ [J]. Org Process Res Dev, 2007, 11(3): 336-340.
[66] Nicolaou K C, Vourloumis D, Winssinger N, et al. The art and science of total synthesis at the dawn of the twenty-first century [J]. Angewandte Chemie International Edition in English, 2000, 39(1): 44-122.

[67] Heathcock C H. As We Head into the 21st Century, is There Still Value in Total Synthesis of Natural Products as a Research Endeavor? Chemical Synthesis [M]. Berlin: Springer Netherlands, 1996: 223-243.

[68] Lightner D A. Bilirubin: Jekyll and Hyde Pigment of Life: Pursuit of Its Structure Through Two World Wars to the New Millenium [M]. Berlin: Springer Nature, 2013: 371.

8　林源植物药制剂方法

8.1　概　述

8.1.1　药物

药物（medication）是用于诊断、治愈、治疗或预防疾病的物质。药物治疗是医疗领域的一个重要部分，依赖于药理研究和药房管理[1]。药物可分为处方药（prescription drug）和非处方药（over-the-counter drug）。处方药是必须凭执业医师或执业助理医师处方才可调配、购买和使用的药品。非处方药是消费者可以订购的药物。药品可以按照药物作用方式、给药途径、对生物系统的影响及治疗效果（therapeutic effect）等方式进行分类。广泛使用的分类系统是解剖治疗化学分类系统（Anatomical Therapeutic Chemical Classification System）[2]。世界卫生组织（World Health Organization）持有基本药物名单（list of essential medicines）。药物发现和药物开发是由制药公司、科学家与政府在药学领域进行的复杂的工作。由于从药物发现到商业化的过程很复杂，各部门合作已经成为推进候选药物的标准做法。各国政府规定药物是否可以上市、药品如何上市，以及由药物司法管理部门进行药物定价等。

给药途径（route of administration，ROA）[3]是从药理学和毒理学角度来看，药物进入体内的途径。给药途径通常根据临床常见的给药方式进行分类，包括口服、静脉注射、舌下给药等，还可以有局部给药、直肠给药及由胃肠道以外的途径递送等方式。

8.1.2　剂型

剂型（dosage form）[4]是根据药物性质，以及治病和处方的要求制成的以特定形式（如胶囊、片剂等）在销售中使用的药物产品，含有活性成分和非活性成分（赋形剂）的特定混合物，并配以特定药物剂量。

---

1 https://en.jinzhao.wiki/wiki/Medication

2 https://en.jinzhao.wiki/wiki/Anatomical_Therapeutic_Chemical_Classification_System

3 https://en.jinzhao.wiki/wiki/Route_of_administration

4 https://en.jinzhao.wiki/wiki/Dosage_form

根据给药方法/途径（method/route of administration）[1]，剂型包括液体、固体和半固体剂型。普通剂型包括丸剂（pill）、片剂（tablet）、胶囊剂（capsule）、糖浆剂（syrup）及植物或食品类的天然或草药（natural or herbal）形式等。用于药物递送（drug delivery）的给药途径取决于治疗药物中的活性物质的特点，液体剂型就是使用液体形式给药。某一种特定药物可存在各种剂型，根据不同的医疗条件给予不同的给药途径。例如，在恶心特别伴随呕吐的条件下，可能难以使用口服剂型，在这样的情况下，可能有必要使用某一种替代途径，如用吸入（inhalational）途径、含服（buccal）途径、舌下（sublingual）途径、经鼻（nasal）途径、栓剂（suppository）或肠胃外（parenteral）途径等代替。

此外，药物的化学稳定性（chemical stability）或药代动力学（pharmacokinetics）等问题都是影响药物剂型的因素。

8.1.3 药物制剂

药物制剂（pharmaceutical formulation）是不同的医药化学物质按照一定形式制备的药物成品，如阿莫西林胶囊等。药物制剂解决了药品的用法和用量问题。药物制剂的研发必须保证其具有能够被患者接受的治疗作用，并具有足够的安全性和稳定性。药物制剂的研发要考虑诸如粒度、多态性、pH 和溶解度等影响药物的生物利用度的因素，以及是否影响药物的活性。药物制剂必须确保每个剂量单位活性成分的存在，应具有均匀的外观，具有可接受的味道。

在药物制剂中除主药以外还需要添加辅料（赋形剂），需要确保包封的药物与这些制剂的赋形剂不相容，不会导致直接或间接的损害。对于通过口服给药途径的药物，通常将药物和辅料并入片剂或胶囊中。药片制作过程中添加的辅料，必须进行研究并再预配置后对涉及的药物的物理、化学和机械性质进行表征，以便选择在制备过程中应使用哪些赋形剂等其他成分[1]。因此，辅料必须性质稳定，与主药无配伍禁忌，不产生毒副作用，不影响药物的疗效，不与主药产生化学或物理作用，以及不影响主药的含量测定等。黏合剂、填充剂、崩解剂、润滑剂、防腐剂、抗氧剂、矫味剂、芳香剂、助溶剂、乳化剂、增溶剂、渗透压调节剂、着色剂等均可作为制剂的赋形剂。

制剂的研究会一直延伸到临床试验阶段。在Ⅰ期临床试验（phase Ⅰ clinical trial）[2]阶段，可以解决“药物负载（drug loading）”即活性药物与剂量总量的比例问题。药物负载低可能会导致同质性问题。如果化合物的堆积密度低，高药物负载可能会造成流动问题或需要较大的胶囊。到达Ⅲ期临床试验（phase Ⅲ clinical

1 https://en.jinzhao.wiki/wiki/Route_of_administration

2 https://en.jinzhao.wiki/wiki/Phases_of_clinical_research

trial）的时候，药物的配方应该被开发成接近最终将被用于市场的制剂。在这个阶段，对稳定性的掌握至关重要，必须制定条件来确保药物在制剂中是稳定的。如果药物不稳定，则会使临床试验的结果无效。

药物制剂根据给药途径而变化，如胶囊、片剂和药丸等。口服制剂包括片剂、胶囊、糖浆，还包括一些颊、舌下或口腔崩解片，以及薄膜、饮料或糖浆等液体溶液或悬浮液、膏等。肠溶制剂（enteral formulation）口服药物通常以片剂或胶囊形式服用。药物本身需要可溶在水性溶液以达到释放速率，粒度和晶体等因素可以显著影响药物的溶解。有的药物需要快速崩解，有的药物需要缓慢释放，缓慢的溶解速率可以延长作用的持续时间或避免初始高血浆浓度水平[2]。聚合物胶束是药物递送系统之一，可以降低药物的毒性并提高其对病症的治疗效果。聚乙二醇、多糖类、普朗尼克等多功能聚合物胶束在肿瘤治疗中得到了广泛的研究。

8.1.4 缓释

缓释（sustained release）[1]是一种修饰片剂和胶囊等药物剂型的方法，目的是通过消化道时能够持续释放活性化合物。控制溶出速率可以控制药物进入患者体内循环系统的吸收速度。药物传递系统（drug delivery system，DDS）在空间、时间及剂量上能够全面调控药物在体内的分布，可以达到药物靶向和药物控释，调节药物代谢时间，促进药物吸收。缓释给药后药物能在机体内缓慢释放，使血液中或特定部位的药物浓度能够在较长时间内维持在有效浓度范围内，从而减少给药次数，并降低产生毒副作用的风险，能够对药物释放的时空释药曲线进行更加精确、智能的调控。

控释骨架基质通常有不溶性材料（如乙基纤维素、聚丙烯酸树脂等）、溶蚀性材料（蜂蜡、合成蜡等）、亲水凝胶（卡波姆、羧甲基纤维素等），通过溶解、溶蚀和孔道扩散的方式控制药物释放，基质溶胀形成药物离开的凝胶。例如，秋水仙碱口服缓控释剂型的释药机制是凝胶扩散和骨架溶蚀协同作用的结果[3]。渗透泵片由片芯、半透膜包衣层和释药小孔组成，以渗透压差为驱动力，同时与半透膜结合而控制药物的释放过程，如制备复方中药连荚胃滞留渗透泵控释片[4]。

OROS 渗透泵型控释系统技术（osmotic-controlled release oral delivery system）是将活性化合物用激光钻孔封装在透水膜中。当水通过膜时，药物通过孔被推出并进入可被吸收的消化道。OROS 是由美国 ALZA 公司[2]拥有的商标名称，该公司率先使用渗透泵进行口服药物输送[5-7]。

渗透泵型控释系统技术受 pH、食物摄取、胃肠蠕动和肠道环境等不同因素的

1 https://en.jinzhao.wiki/wiki/Modified-release_dosage

2 http://www.usnook.com/medical/pharmaceuticalfactory/risingstars/2013/0802/52205.html

影响较小，能够在更长时间内更精确地递送药物，可以进一步预测药代动力学。然而，渗透释放系统相对复杂，有些难以制造，并且可能由刺激性药物长期释放而引起胃肠道的刺激或甚至阻塞[8-13]。

基本渗透泵（elementary osmotic pump，EOP）的单层口服渗透释放系统（single-layer oral osmotic release system）实例是非甾体抗炎药（nonsteroidal anti-inflammatory drug，NSAID）吲哚美辛（Indomethacin）[1]。吲哚美辛是很强的非选择性 COX 抑制剂，抗炎、镇痛和解热作用强大，临床治疗关节炎、滑液囊炎、腱鞘炎、强直性脊椎炎等有较好疗效。自 1963 年其用于临床以来，因不良反应多见而且严重，严重的上消化道造影（GI）刺激问题和 GI 穿孔病例导致吲哚美辛的撤出。默克公司后来开发了“控制孔隙渗透泵”（controlled-porosity osmotic pump，CPOP），解决了吲哚美辛出现的这些问题。与 EOP 不同，CPOP 在外壳中没有预先形成的孔用于将药物排出。相反，CPOP 的半透膜被设计成在与水接触时形成许多小孔，使用对 pH 不敏感的可浸出或可溶性添加剂如山梨糖醇等形成孔，通过孔膜将药物通过渗透压排出[14-17]。硝苯地平控释片（Procardia XL）首先利用多层口服渗透释放系统（multi-layer oral osmotic release system）的推拉式渗透泵（push-pull osmotic pump，PPOP）技术设计的控释[5,9]。盐酸哌甲酯控释片治疗儿童注意力缺陷多动障碍（attention deficit hyperactivity disorder，ADHD）[18]。

8.1.5　肠外制剂

肠外制剂（parenteral formulation）是用于静脉、皮下、肌肉和关节内的可注射制剂（injectable formulation）。其专利技术较多：包含氨基甲酸酯化合物的肠外液体制剂（韩国爱思开生物制药株式会社，CN201780077651.2）、用于肠外施用他喷他多的稳定制剂（德国格吕伦塔尔有限公司，CN201780058585.4）、用于施用大环内酯抗生素的肠外制剂（美国森普拉制药公司，CN201380021173.5）等。许多肠外制剂在较高温度下是不稳定的，在冷藏或冷冻条件储存。药物储存在液体中如果不稳定，可使用冻干形式。比尔及梅琳达·盖茨基金会（Bill & Melinda Gates Foundation，BMGF）等非政府组织（non-governmental organization，NGO）正在积极寻找解决方案用于在室温下储存更稳定的冻干制剂。例如，羟丙基-β-环糊精（HP-β-CD）是 FDA 和中国国家药品监督管理局（Nation Medical Products Administration，NMPA）（之前称为 SFDA）批准的第一个可供静脉注射的环糊精衍生物，针对 9-硝基喜树碱（9-NC）的缺陷设计和发展了一种可在临床应用时完

1 https://en.jinzhao.wiki/wiki/Indometacin

全溶解、稳定性好的 9-NC 注射用冻干粉针剂[19]。

8.1.6 局部制剂

皮肤（cutaneous）局部制剂（topical formulation）的选择包括如下几种。霜（cream）是大致相等比例的油和水的乳液。霜能渗透角质层（皮肤外层），是皮肤科最常用的一种制剂。软膏（ointment）中有 80%的组合油和 20%的水，有效防止水分流失，主要成分是羊毛脂、凡士林。凝胶（gel）是与皮肤接触的液体制剂。糊剂（paste）由结合油、水和粉末三种助剂组成，属于一种悬浮粉末的软膏。粉末（powder）制剂是精细细分的固体物质。此外，洗剂就是水和粉的混合制剂，皮肤科常用的洗剂是炉甘石洗剂、硫黄洗剂等。酊剂是一种药物溶解于酒精中的制剂，常用的有止痒酊剂、癣药水等。硬膏和涂膜制剂是近年来改良的外用药制剂。黄酮、多糖、皂苷、酚类、多肽、萜类及生物碱等植物活性成分能够治疗皮肤老化症、肤色暗沉、黄褐斑、脂溢性角化病，剂型主要有乳膏剂、散剂、涂膜剂、丸剂、胶囊剂、汤剂、口服液等。按照给药部位，局部制剂还包括颅内缓释制剂、鼻黏膜给药制剂等。为改善药物的生物利用度、提高用药安全，固体制剂、乳剂、微粒分散体系出现了较多的新剂型。

8.1.7 植物药制剂

植物药制剂是任何药物供临床使用之前都必须制成适合于医疗或预防应用的形式，即剂型，如片剂、注射剂、气雾剂、丸剂、散剂、膏剂等，见文框 8-1。

文框 8-1 植物药剂型

植物药剂型可改变药物的作用性质，剂型能改变药物的作用速度，如注射剂、吸入气雾剂等，速效制剂常用于急救；丸剂、缓释控制剂、植入剂等属长效制剂。改变剂型可降低（或消除）药物的毒副作用。

剂型按给药途径分类可分为：①经胃肠道给药剂型，人有肝脏首过效应，如口服给药。②非经胃肠道给药剂型，人无肝脏首过效应，如注射剂、呼吸道给药、皮肤给药、黏膜给药。

剂型按形态分类分为：液体剂型、气体剂型、固体剂型和半固体剂型。

常见植物药剂型有汤剂、散剂。液体剂型包括：溶剂型、芳香水剂、酊剂、酏剂、胶体溶液剂、胶浆剂、混悬剂、乳浊剂。注射剂型包括：注射水针剂（溶媒为水）、注射油针剂（溶媒为油）；尚有用其他溶媒的注射剂，如乙醇（氢化可的松注射液的溶媒就是乙醇）、甘油、丙二醇（PEG）等。注射剂尚有中草药注射剂、注射用灭菌粉末。输液剂包括葡萄糖、生理盐水、林格氏液、甘露醇、甲硝唑、复方氨基酸、多元醇、脂肪乳等。眼用剂型包括：液体型眼用制剂、半固体眼用制剂（眼膏）、眼用膜剂、眼用注射剂。散剂包括：一般散剂、含有剧毒药的散剂、含液体组分的散剂、含浸膏的散剂、泡腾散剂、中药散剂、灭菌散剂。浸出剂型包括：汤剂与中药合剂、酒剂、酊剂、流浸膏剂、浸膏剂、煎膏剂、冲剂及颗粒剂、油浸剂。片剂包括：素片、糖衣片、肠溶片、吸吮片、咀嚼片、泡腾片和控制释放片。胶囊剂包括硬胶囊和软胶囊。硬胶囊又包括：速溶胶囊、冷冻干燥胶囊、磁性胶囊、双室胶囊、肠溶胶囊、缓释胶囊、植入胶囊、气雾胶囊、泡腾胶囊。软胶囊包括：速效胶囊、骨架胶囊、缓释胶囊、包衣胶囊、直肠胶囊、阴道胶囊。丸剂剂型包括：水丸、膏丸、糊丸、蜡丸和浓缩丸。软膏剂型包括：油脂性基质软膏、乳剂基质软膏和水溶性基质软膏。硬膏剂型包括：黑膏药、百膏药、橡胶硬膏。此外，还包括微型胶囊、脂质体等剂型[1]。

[1] https://baike.baidu.com/item/%E5%89%82%E5%9E%8B/2650026?fr=aladdin.

制剂成型研究是根据提取物性质、剂型特点、临床要求、给药途径等，筛选适宜的辅料种类与用量，确定制剂处方，进行制剂成型工艺研究[20]。植物药制剂尤其是复方中药制剂的有效成分群及量效关系的不明确，主要是因为提取、分离、纯化使用的溶媒改变而引起的制剂“物质基础”改变，是否都能使其生物活性变化，从而引起药效上的差异，是需要注意的问题[21]。药物的多晶型或药物的分散状态对生物利用度影响较大，而植物药浓缩、干燥和成型过程中难免发生药效成分的晶型或分散状态改变，使疗效发生改变[21]。因为植物药提取物的热敏性，制剂需要控制浓缩干燥温度[22]。植物药制剂主要通过质量标准、有效成分的含量测定等方法进行制剂的评价。制剂好坏的评价方法为动物药理试验、临床疗效和以植物药疗效为基础设计的生物效价检测法[23]。

8.2 片　　剂

8.2.1 概述

片剂（tablet）[1]是一种药物剂型，具有或不具有合适赋形剂的药物或药物的固体单位剂量形式，或者通过模制或通过压片制备。片剂通常是一种压缩的制剂，为包括活性物质和赋形剂的混合物：5%～10%的药物，80%的填料（filler）、崩解剂（disintegrant）、润滑剂（lubricant）、助流剂（glidant）和黏合剂（binder）及

1 https://en.jinzhao.wiki/wiki/Tablet_pharmacy

其他的 10%的化合物，确保片剂易于在胃或肠中的崩解（disintegration）、解聚（disaggregation）和溶解（dissolution）。压片是当今最受欢迎的剂型。口腔崩解片剂或口腔分散片剂（orally disintegrating tablet，ODT）是一种药物剂型，可用于有限范围的非处方药和处方药物。

8.2.2 制粒工艺

压片首先需要制粒（granulation）[1]，制粒分为湿法制粒（wet granulation）和干法制粒（dry granulation），颗粒通常 0.2～4.0mm。在湿法制粒中，通过将造粒液体添加到受叶轮（在高剪切制粒机中）、螺杆（在双螺杆造粒机中）或空气（在流化床造粒机中），导致该体系的搅拌，以及配制剂中组分的润湿导致主要粉末颗粒聚集以产生湿颗粒[2]。干法制粒工艺不使用液体溶液而形成颗粒，因为造粒产物可能对水分和热敏感。干法制粒使用碾压机，典型的碾压工艺包括以下几个步骤：将粉末材料输送到压实区域，通常使用螺旋给料器，在施加力的两个反向旋转的辊之间输送致密粉末，使研磨产生致密至所需的粒度分布。碾压颗粒通常密实，具有清晰的轮廓[3]。

8.2.3 压片工艺

压片是粉末通过压片机压实而制造片剂的过程。单冲压片机（single-punch tablet press）只有大约半吨的压力。大型计算机化的工业机型为多工位旋转压片机（multi-position rotary tablet press），可以在每小时内压出数十万到数百万片的片剂[4]。压片遇到的常见问题包括：由流动性差的粉末流入模具而导致的片剂重量波动，由在压片混合物中主药含量（API）的分布不均而导致的药物活性成分的剂量波动，由于润滑不足将粉末混合物粘贴到片剂模具上的粘冲和封盖、层压或切屑等。压片机的常见制造商包括 Natoli、Stokes、Fette Compacting、Korsch、Kikusui、Manesty、B&D、PTK、IMA 和 Courtoy。制药行业使用的压片机有两个主要标准：由美国药师协会电子期刊（American Pharmacist Association，APhA）制定的美国标准“TSM”和由行业组织制定的欧洲标准“欧盟”。

1 https://en.jinzhao.wiki/wiki/Granulation_process

2 Dhenge R M, Washino K, Cartwright J J, et al. Twin screw granulation using conveying screws: effects of viscosity of granulation liquids and flow of powders [J]. Powder Technology, 2013, 238: 77-90. doi:10.1016/j.powtec.2012.05.045

3 Smith T J, Sackett G, Sheskey P, et al. Development, Scale Up and Optimization of Process Parameters: Roller Compaction [M]. Washington, D. C.: Academic Press, 2009

4 https://en.jinzhao.wiki/wiki/Tablet_press

8.2.4 片剂包衣

片剂包衣（tablet coating）是指许多片剂被压制后涂覆。薄膜包衣（film coating）[1]指薄的聚合物作片剂涂层，其组成包括：聚合物（polymer）、增塑剂（plasticizer）、着色剂（colourant）、遮光剂（opacifier）、溶剂（solvent）等[24]。

肠胃包衣通过选择涂料来控制药物在肠道内的溶解速率。一些药物在消化系统的某些部位吸收得更好。如果这部分是胃，那么选择一种可以在酸中快速、容易地溶解的涂层。如果大肠或结肠中的吸收最好，则使用耐酸性并缓慢溶解的涂层，以确保片剂在分散前达到病灶点[25]。肠溶包衣（enteric coating）[2]是用于口服的聚合物屏障药物，防止其溶解或崩解在胃环境中。这有助于保护药物免受胃酸的影响，胃不受药物的不利影响，或者在胃后（通常在肠上部）释放药物。片剂、小片剂、丸剂和颗粒剂（通常填充到胶囊壳）是最常见的肠溶剂型[26-28]。

8.3 制 药 工 程

近 10 年来，药物的研发和工业生产已经发生了深刻的变革。药物由原来的处方式配药生产几乎完全被工业生产制备所代替，取代按处方药配制药剂的正是制药工程。制药工程（pharmaceutical engineering）[3]是制药科学和技术的一个分支，涉及制药行业的产品、工艺及设备的开发和制造。开发药品涉及药物化学、分析化学、临床医学/药理学、药剂学、化学工程及生物医学工程等许多相互关联的学科，见文框 8-2。

文框 8-2 《制药工程：药物的工业生产和研发》[29]

《制药工程：药物的工业生产和研发》一书由德国 Ingfried Zimmermann 著、齐鸣斋译，由华东理工大学出版社于 2014 年出版[1]。全书共分为四大部分共 23 章。

第一部分制药工程基础分别论述了生物药剂学基础[释放、吸收、分布、代谢、排泄（LADME）方案/药物动力学基础/药物应用部位的选择]、药物质量的规划。主要内容包括药物选择中的医药工艺观点、药剂的质量-实用的规范、试验的规划和数据处理、热力学基础、量纲分析与尺度放大等内容。

1 https://en.jinzhao.wiki/wiki/Film_coating

2 https://en.jinzhao.wiki/wiki/Enteric_coating

3 https://en.jinzhao.wiki/wiki/Pharmaceutical_engineering

第二部分固体制剂论述了粉体、制粒、片剂、硬胶囊和软胶囊等固体药剂的一般质量指标。主要内容包括通用的固体药剂种类、生产固体制剂的基本操作、固体制剂的一般质量指标、颗粒大小分析、粉碎、分离方法、混合、制粒过程等技术基础、喷雾干燥、流化床干燥器、冷冻干燥、模压制片、辅料选择等。

第三部分液体药剂论述了液体的特性，包括拉应力的作用/表面张力、剪应力的作用/黏度系数和黏性、极限厚度、流动速度分布、层流与湍流等性质；过滤原理包括重力场中液位降低的过滤、恒速过滤、经验确定的过滤常数等。过滤方法包括形成滤饼的过滤、深层过滤的进行方式；在水蒸气中杀菌与干燥加热杀菌的比较及射线杀菌等。

第四部分分散型制剂分别论述了制药常用的分散药剂、半固体的制剂和混悬剂、相倒转温度方法及乳化剂性质的热力学基础的讨论等内容。

[1] https://baike.baidu.com/item/制药工程：药物的工业生产和研发/16335205?fr=aladdin.

制药设备（pharmaceutical device）设计用于制造。这些专业与其他工程领域及非工程科学和医学领域重叠，在所有专业中，制药工程对产品、工艺设计与定量分析更加重视。国际制药工程协会（International Society for Pharmaceutical Engineering，ISPE）[1]是世界上最大的不以营利为目的的制药工程领域的组织，ISPE通过领先的科学、技术和先进的管理服务于药品的生命周期方面的研究，并提供制药专业国际认证。

制药工程的内容是药物制剂生产过程，是在 GMP 规则的指导下各个单元的操作，主要包括粉碎、筛分、混合、制粒、干燥、中药材的浸出等[30]。

植物药行业有自己的行业推荐性标准，如中国制药装备行业协会起草了GB/T 15692—2008《制药机械 术语》，标准规定了制药机械及设备的术语及其定义。该标准适用于制药机械与设备的设计、制造、流通、使用及监督检验[2]。制药装备行业标准化技术委员会起草了JB/T 20091—2007《制药机械（设备）验证导则》，标准规定了制药机械（设备）验证的术语和定义、原则、目的、范围、程序、方案、内容、实施及制造方应提供的技术文件资料。该标准适用于制药机械（设备）设计确认（DQ）、安装确认（IQ）、运行确认（OQ）和性能确认（PQ）工作的指导[3]。

1 https://en.jinzhao.wiki/wiki/International_Society_for_Pharmaceutical_Engineering

2 https://max.book118.com/html/2019/0103/7161126042001201.shtm

3 https://www.wdfxw.net/doc31765682.htm

参 考 文 献

[1] Simler R, Walsh G, Mattaliano R J, et al. Maximizing data collection and analysis during preformulation of biotherapeutic proteins [J]. BioProcess International, 2008, 6(10): 38-45.

[2] Nocent M, Bertocchi L, Espitalier F, et al. Definition of a solvent system for spherical crystallization of salbutamol sulfate by quasi-emulsion solvent diffusion (QESD) method [J]. Journal of Pharmaceutical Sciences, 2001, 90(10): 1620-1627.

[3] 王文苹. 秋水仙碱口服缓控释剂型研究 [D]. 成都: 成都中医药大学博士学位论文, 2008.

[4] 方瑜. 复方中药连萸胃滞留渗透泵控释制剂的设计与评价 [D]. 石家庄: 河北医科大学博士学位论文, 2012.

[5] Malaterre V, Ogorka J, Loggia N, et al. Oral osmotically driven systems: 30 years of development and clinical use [J]. European Journal of Pharmaceutics and Biopharmaceutics, 2009, 73(3): 311-323.

[6] Theeuwes F, Yum S I, Haak R, et al. Systems for triggered, pulsed, and programmed drug delivery [J]. Annals of the New York Academy of Sciences, 1991, 618: 428-440.

[7] Conley R, Gupta S K, Sathyan G. Clinical spectrum of the osmotic-controlled release oral delivery system (OROS) , an advanced oral delivery form [J]. Current Medical Research and Opinion, 2006, 22(10): 1879-1892.

[8] Gupta B P, Thakur N, Jain N P, et al. Osmotically controlled drug delivery system with associated drugs [J]. Journal of Pharmacy and Pharmaceutical Sciences, 2010, 13(4): 571-588.

[9] Verma R K, Mishra B, Garg S. Osmotically controlled oral drug delivery [J]. Drug Development and Industrial Pharmacy, 2000, 26(7): 695-708.

[10] van den Berg G, van Steveninck F, Gubbens-Stibbe J M, et al. Influence of food on the bioavailability of metoprolol from an OROS system; a study in healthy volunteers [J]. European Journal of Clinical Pharmacology, 1990, 39(3): 315-316.

[11] Bass D M, Prevo M, Waxman D S. Gastrointestinal safety of an extended-release, nondeformable, oral dosage form (OROS®): a retrospective study [J]. Drug Safety, 2002, 25(14): 1021-1033.

[12] Modi N B, Wang B, Hu, W T, et al. Effect of food on the pharmacokinetics of osmotic controlled-release methylphenidate HCl in healthy subjects [J]. Biopharmaceutics and Drug Disposition, 2000, 21(1): 23-31.

[13] Auiler J F, Liu K, Lynch J M, et al. Effect of food on early drug exposure from extended-release stimulants: results from the Concerta, Adderall XR Food Evaluation (CAFE) study [J]. Current Medical Research and Opinion, 2000, 18(5): 311-316.

[14] Theeuwes F. Elementary osmotic pump [J]. Journal of Pharmaceutical Sciences, 1975, 64(12): 1987-1991.

[15] Eckenhoff B, Yum S I. The osmotic pump: novel research tool for optimizing drug regimens [J]. Biomaterials, 1981, 2(2): 89-97.

[16] Heimlich K R. The evolution of precision drug delivery [J]. Current Medical Research and Opinion, 1983, 2: 28-37.

[17] Haslam J L, Rork G S. Controlled Porosity Osmotic Pump [P]. United States Patent and Trademark Office, 2016. NO. 1994001093.

[18] Swanson J, Gupta S, Lam A, et al. Development of a new once-a-day formulation of methylphenidate for the treatment of attention-deficit/hyperactivity disorder: proof-of-concept and proof-of-product studies [J]. Archives of General Psychiatry, 2003, 60(2): 204-211.

[19] 蒋晔. 注射用 9-硝基喜树碱/羟丙基-β-环糊精包合物冻干粉针剂的研究 [D]. 上海: 复旦大学硕士学位论文, 2011.

[20] 王方升. 中药制剂工艺研究存在的问题与对策 [J]. 中国药事, 2009, 23(1): 52-55.

[21] 王强, 金城, 肖小河, 等. 中药制剂工艺改变性质的分析与评价方法 [J]. 中国药学杂志, 2009, 44(15): 1121-1124.

[22] 杨胤, 冯怡, 徐德生. 药物制剂工艺与原料粉末物理性质相关性研究概况 [G]. 上海: 中华中医药学会第九届制剂学术研讨会论文汇编, 2008-7-26.

[23] 王明军. 中药改剂型新药研发中的突出问题及其对策 [J]. 中国药业, 2006, 15(13): 65-66.

[24] Osborne J, Althaus T, Forny L, et al. Bonding mechanisms involved in the roller compaction of an amorphous material [J]. Chemical Engineering Science, 2013, 86 (5th International Granulation Workshop): 61-69.

[25] Gendre C, Genty M, da Silva J C, et al. Comprehensive study of dynamic curing effect on tablet coating structure [J]. Eur J Pharm Biopharm, 2012, 81: 657-665.

[26] Tarcha P J. Polymers for Controlled Drug Delivery [M]. Florida: CRC Press, 1990.

[27] Bundgaard H, Hansen A B. Optimization of Drug Delivery [M]. Danish: Munksgaard, 1982.

[28] Wen H, Park K. Oral Controlled Release Formulation Design and Drug Delivery: Theory to Practice [M]. New York: John Wiley and Sons, 2011.

[29] Ingfried Zimmermann. 制药工程——药物的工业生产和研发 [M]. 齐名斋译. 上海: 华东理工大学出版社, 2014.

[30] 李红霞, 梁军, 马文辉. 药物制剂工程及车间工艺设计 [M]. 北京: 化学工业出版社, 2006.

9 林源植物药管理方法

9.1 临床试验

9.1.1 临床前开发

临床前开发（preclinical development）是在临床试验（人体测试）开始之前进行的一个研究阶段，在此期间收集测试和药物安全数据，确定安全剂量和评估产品的安全性。在制药公司开始临床试验之前，需要进行广泛的临床前开发，包括体外（试管或细胞培养）试验和研究药物的体内（动物）试验的剂量以获得初步功效、毒性和药代动力学等信息。一般说来，从进入药物开发到临床前的发展阶段每 5000 个化合物中只有一个能成为被批准的药物。

每类产品可能经历不同类型的临床前研究。例如，药物可能经历药物动力学（pharmacodynamics，PD）[1]（药物对身体）、药代动力学（pharmacokinetics，PK）[2]（身体对药物的作用）、ADME（absorption，distribution，metabolism，and excretion）[3]和毒理学测试。这项数据使研究人员能够对人类临床试验药物的安全起始剂量进行快速评估。对一些医疗设备进行生物相容性测试，不附带药物的医疗器械不会进行额外的测试，可能会直接进入药品非临床研究质量管理规范（Good Laboratory Practice，GLP）管理。大多数临床前研究必须遵守国际人用药品注册技术协调会（The International Council for Harmonisation of Technical Requirements for Pharmaceuticals for Human Use，ICH）指南中的 GLP，以便提交给美国食品药品监督管理局等监管机构。通常对药物进行体外和体内测试。药物毒性的研究包括该药物所靶向的器官，以及对哺乳动物繁殖有任何的长期致癌作用或毒性作用。

从动物实验研究收集的信息至关重要，以便开始进行安全的人体测试。动物检测最常用的模型是鼠、犬、灵长类动物和猪。物种的选择是基于哪一种动物与人类试验相关。一些物种用于特定器官或器官系统的生理学中的相似性研

---

1 https://en.jinzhao.wiki/wiki/Pharmacodynamics

2 https://en.jinzhao.wiki/wiki/Pharmacokinetics

3 https://en.jinzhao.wiki/wiki/ADME

究，如猪用于皮肤病学和冠状动脉支架研究，山羊用于乳腺植入物研究，狗用于胃癌和其他癌症研究等[1]。

9.1.2 临床研究阶段

临床研究阶段（phase of clinical research）[1]是科学家进行健康干预试验的步骤，以试图找到足够的证据证明药物治疗有效的过程。临床前开发是在非人类受试者中测试药物，用于收集功效、毒性和药代动力学信息。新药的临床试验通常分为4个阶段。常见组合Ⅰ/Ⅱ期或Ⅱ/Ⅲ期试验。我国《药品注册管理办法》（2020年）所称药物临床试验是指以药品上市注册为目的，为确定药物安全性与有效性在人体开展的药物研究。其中，第二十一条规定：药物临床试验分为Ⅰ期临床试验、Ⅱ期临床试验、Ⅲ期临床试验、Ⅳ期临床试验以及生物等效性试验。根据药物特点和研究目的，研究内容包括临床药理学研究、探索性临床试验、确证性临床试验和上市后研究。

第0期试验是首例人类试验[2]。通过PK/PD研究，研究药物或治疗的单次治疗剂量给予少数受试者（10～15人）以收集关于药剂的药效动力学和药代动力学的初步数据[3]。

Ⅰ期临床试验测试药物对健康志愿者的安全剂量范围，确定药物是否安全并检查疗效，属于安全筛查，是初步的临床药理学及人体安全性评价试验[2]。在一小群人（20～80人）内进行测试以评估安全性，确定安全剂量范围，并开始鉴定副作用。药物的副作用可能是微妙或长期的，或者只会发生在少数人身上，所以第一阶段的试验预计不会发现所有的副作用[4]。

Ⅱ期临床试验测试药物对患者的疗效和副作用并进行评估，决定药物是否有任何疗效。确定药物的功效，通常针对安慰剂。测试更大的一群人（100～300人）来确定功效和进一步评估其安全性。测试组人数的逐渐增加允许引起较不常见的副作用。

Ⅲ期临床试验测试药物对患者的疗效、有效性和安全性，决定药物的治疗效果。测试大量人群（1000～3000人）以确认其疗效，评估其有效性，监测副作用，将其与常用治疗方法进行比较，并收集可以安全使用的信息，最终确认安全性和有效性。

---

1 https://en.jinzhao.wiki/wiki/Phases_of_clinical_research

2 None. Guidance for Industry, Investigators, and Reviewers : Exploratory IND Studies. Biotechnology Law Report, 2006, 25(2) : 167-174.

3 The Lancet. Phase 0 trials: a platform for drug development? Lancet, 2009, 374(9685): 176

4 Canadian Cancer Society. Phases of clinical trials. 2017. https://www.cancer.net/. Retrieved 1 February 2017.

Ⅳ期临床试验为上市后监督，在公众场合观察药物的长期效果。如果药物顺利通过第Ⅰ、Ⅱ、Ⅲ期，通常由国家监管机构批准用于一般人群。第Ⅳ阶段是“后批准”研究。临床试验失败后的损失惨重。2016 年 11 月，美国 Acorda Therapeutics 公司宣布停止开发用于中风后行走困难的药物达氟哌啶。临床试验失败后，该药停药导致 Acorda 的股价下跌多达 13.2%[1]。

目前，很多热点药物进入了临床研究阶段。根据世界卫生组织（World Health Organization，WHO）持续更新的全球 SARS-CoV-2 候选疫苗一览表，截至 2020 年 8 月 13 日，针对 SARS-CoV-2 疫苗研发，重组蛋白疫苗有 8 个项目率先进入临床研究阶段。WHO 公布了有关 SARS-CoV-2 重组蛋白疫苗的关键信息，包括蛋白靶位、佐剂、重组表位、表达系统和其他技术要点等[3]。干细胞是一类具有自我更新和多向分化潜能的细胞，在一定条件下可以分化为多种功能细胞[4]。在干细胞研究成为前沿热点的背景下，至 2019 年底，全球登记的干细胞临床试验已超过 7000 项，其中有接近 3000 项已完成临床试验[2]。

9.2　中国植物药的管理

9.2.1　药品

根据《中华人民共和国药品管理法》（2019 年修订）第二条关于药品的定义：药品，是指用于预防、治疗、诊断人的疾病，有目的地调节人的生理机能并规定有适应证或者功能主治、用法和用量的物质，包括中药、化学药和生物制品等。2013 年 1 月，国家发展和改革委员会发出通知，决定从 2013 年 2 月 1 日起调整呼吸、解热镇痛和专科特殊用药等药品的最高零售限价，共涉及 20 类药品、400 多个品种、700 多个代表剂型规格，平均降价幅度为 15%，其中高价药品平均降价幅度达到 20%。

药品按照性质分类包括中药材、中药饮片、中成药、中西成药、化学原料药及其制剂、抗生素、生化药品、放射性药品、血清、疫苗、血液制品和诊断药品等。林源植物药可以制成中药材、中药饮片、中成药、中西成药、化学原料药及其制剂、抗生素等药品类型。

药物名称是指药品通用名，即国际非专有名称（international nonproprietary names for pharmaceutical substance，INN），在全世界都可通用的名称。中国药品

1 Court Emma. Acorda Therapeutics plummets as much as 13% on failed trial, discontinued drug development. Market Watch. Retrieved 16 December 2016

2 https://medlineplus.gov/stemcells.html

通用名称（China approved drug names，CADN）为由国家药典委员会按照《中国药品通用名称命名原则》组织制定并报卫生部（现国家卫生健康委员会）备案的药品的法定名称，是同一种成分或相同配方组成的药品在中国境内的通用名称，具有强制性和约束性。

林源植物药的特点是复方制剂的多样化，药品名称的规范使用非常重要。药品名称的不规范使用造成药物存在同物异名、异物同名或者一药多名，易导致不合理用药，最终影响人体用药的安全有效。

9.2.2 国家管理

1984 年《药品管理法》颁布实施后，药品监管部门发布了一系列药品管理行政法规、规章。中国药品监督管理部门及其主管部门颁布了一系列质量管理规范，如《药品生产质量管理规范》（GMP）、《药品经营质量管理规范》（GSP）、《药物非临床研究质量管理规范》（GLP）、《药物临床试验质量管理规范》（GCP）、《中药材生产质量管理规范》（GAP）等，这些被统称为“CXP”。2015 年 4 月 24 日新修订并签发《中华人民共和国药品管理法》，自 2015 年 10 月 1 日执行。新修订的《中华人民共和国药品管理法》（2019-8-26）[1]目的是加强药品生产质量责任，保证药品在生产过程中持续合规且质量管理规范，从而加强药品生产环节监管，对药品监督检查和风险处置加以规范[5]。

执业药师资格制度是国际上通行的执业资格制度，如美国的《标准州药房法》、英国的《药师和药学技术人员法令》、新加坡的《药师注册法案》、日本的《药剂师法》[6]。我国开展的执业药师资格制度为《执业药师资格制度暂行规定》（1994），于 1995 年开始实施执业药师资格考试和注册。1999 年，人事部和国家药品监督管理局发布修订的《执业药师资格制度暂行规定》及《执业药师资格考试实施办法》。国家执业药师资格考试将“药事管理与法规”列为必考科目。国家主管部门组织专家编写了考试大纲及《药事管理》《药事法规汇编》应试指南，2003 年改为《药事管理与法规》[7]。国家药监局与人力资源和社会保障部（人社部）《关于印发执业药师职业资格制度规定和执业药师职业资格考试实施办法的通知》（2019-3-20）明确规定：执业药师是指经全国统一考试合格，取得《中华人民共和国执业药师职业资格证书》（以下简称《执业药师职业资格证书》）并经注册，在药品生产、经营、使用和其他需要提供药学服务的单位中执业的药学技术人员。取得《执业药师职业资格证书》者，应当通过全国执业药师注册管理信息系统向所在地注册管理机构申请注册。经注册后，方可从事相应的执业活动。未经注册

1 http://www.gov.cn/xinwen/2019-08/26/content_5424780.htm

者，不得以执业药师身份执业[1]。

《国家基本药物目录》（2012 年版）已经于 2012 年 9 月 21 日由卫生部部务会议讨论通过，现予以发布，自 2013 年 5 月 1 日起施行。人社部印发了《关于印发国家基本医疗保险、工伤保险和生育保险药品目录（2017 年版）的通知》（人社部发〔2017〕15 号），正式公布了 2017 年版国家基本医疗保险、工伤保险和生育保险药品目录。与《WHO 基本药物标准清单》（2019）相比，《国家基本药物目录》（2018 年版）[2]依照国内诊疗指南、说明书、疾病谱对收录的肿瘤靶向药物进行增删，并结合国内市场供应、仿制药研发的实际国情对药物的剂型及规格有所微调[8]。

新药研发依据《中华人民共和国宪法》《中华人民共和国新药审批办法》《中华人民共和国药品管理法》及《中华人民共和国专利法》等[9]。国家市场监督管理总局令第 27 号《药品注册管理办法》已于 2020 年 1 月 15 日经国家市场监督管理总局 2020 年第 1 次局务会议审议通过，现予公布，自 2020 年 7 月 1 日起施行[3]。

植物药新药研制开发的程序首先是选题和立题，即确定新药开发的思路。任何相关的活性成分研究都应首先具备足够的化学对照品。然后进入提取分离、合成修饰及制剂工艺等临床前研究。进入临床研究后，植物药新药临床研究的重点是临床有效性和临床疗效的一致性。

根据《药品注册管理办法》，药品注册按照中药、化学药和生物制品等进行分类注册管理。中药注册按照中药创新药、中药改良型新药、古代经典名方、中药复方制剂、同名同方药等进行分类。化学药注册按照化学药创新药、化学药改良型新药、仿制药等进行分类。生物制品注册按照生物制品创新药、生物制品改良型新药、已上市生物制品（含生物类似药）等进行分类。中药、化学药和生物制品等药品的细化分类与相应的申报资料要求，由国家药品监督管理局根据注册药品的产品特性、创新程度和审评管理需要组织制定，并向社会公布。

中华人民共和国国务院《国家中长期科学和技术发展规划纲要（2006—2020 年）》（2006-2-9）[4]部署了 16 个科技重大专项，重大专项是为了实现国家目标，通过核心技术突破和资源集成，在一定时限内完成的重大战略产品、关键共性技术和重大工程，是我国科技发展的重中之重。规划纲要确定了“重大新药创制”专项。“十三五”期间，新药专项将以品种研发和关键技术为突出主线，核心目标为产出一批重大产品，集成一批关键技术，转化应用一批成果，实现新药创制重

---

1 http://www.mohrss.gov.cn/zyjsrygls/ZYJSRYGLSgongzuodongtai/201903/t20190320_312595.html

2 http://www.gov.cn/fuwu/2018-10/30/content_5335721.htm

3 http://www.gov.cn/gongbao/content/2020/content_5512563.htm

4 http://www.gov.cn/jrzg/2006-02/09/content_183787.htm

点领域跨越。专项将重点针对恶性肿瘤等10类（种）重大疾病，强化转化研究和创新，重点加强重大药物的品种研发和产业化。一是重大创新品种，占领技术前沿，填补领域空白。二是临床急需品种，采取仿创结合方法，满足临床急需，降低医疗费用。三是重大国际化品种，按照国际标准要求，切实提高高端制剂的品质，在满足内需的同时，进入国际主流市场，提升企业的国际竞争能力[1]。新药创制专项于2008年启动，由国家卫生和计划生育委员会（简称国家卫生计生委，现为国家卫生健康委员会）和中国共产党中央军事委员会后勤保障部（中央军委后勤保障）部牵头组织实施，期限为2008年到2020年。2019年8月1日，科学技术部和国家卫生健康委员会组织专项新闻发布会，介绍相关进展。重大品种研发成果显著，见文框9-1。

文框9-1　中国“重大新药创制”专项累计139个品种获新药证书

中新网北京7月31日电（记者　孙自法）中国科学技术部会同国家卫生健康委员会于31日在北京举行“重大新药创制”国家科技重大专项（新药创制专项）新闻发布会，集中发布该专项近两年来的重大成果显示，截至2019年7月，累计139个品种获得新药证书[1]，其中1类新药44个，这一数量是专项实施前的8倍。

发布会上，新药创制专项实施管理办公室常务副主任、国家卫生健康委员会科技教育司专员刘登峰从重大品种研发、创新体系建设、医药产业发展、中药现代化、国产药品国际化等5个方面，重点介绍了新药创制专项取得的最新进展。

重大品种研发方面，针对重大疾病防控需求，新药创制专项围绕产业链部署研发链，已超额完成“十三五”品种研发目标，目前累计139个品种获得新药证书，其中，自2017年2月以来，有14个1类新药获批，呈现出井喷式增长。

创新体系建设方面，初步建成国家药物创新技术体系。新药创制专项通过布局建设一系列技术平台，已基本建成以科研院所和高校为主的源头创新，以企业为主的技术创新，上中下游紧密结合、政产学研用深度融合的网格化创新体系，自主创新能力显著提升。

中药现代化方面，新药创制专项大力推动中药品种技术改造和临床再评价，提升中药生产技术和质量控制水平，并加快中药国际化步伐。目前，专项支持的32个中药品种获新药证书，48个品种获临床批件。

国产药品国际化方面，到2018年底，新药创制专项累计超过280个中国通用名称药物通过欧美注册，29个专项支持品种在欧美发达国家获批上市，23

1 http://www.nhc.gov.cn/qjjys/s8550/201601/8413dddb12a84fbcb077cf942ce6b85f.shtml

个制剂品种及 4 个疫苗产品通过世界卫生组织（WHO）预认证，近百个新药开展欧美临床试验，一批中国自主研制的新药及高端制剂走向国际。

医药产业发展方面，在新药创制专项的带动下，2018 年中国医药工业累计实现主营业务收入 25 840 亿元、利润总额 3364.5 亿元，同比分别增长 12.7%、10.9%。中国百亿规模药企数量由专项实施前的 2 家增至 17 家。同时，京津冀、环渤海、长三角、珠三角等地区逐步形成相对集中、各具特色的生物医药产业集群。

[1] https://baijiahao.baidu.com/s?id=1640561605505866307&wfr=spider&for=pc.

9.3　全球植物药的管理

9.3.1　政府管理机构

The International Council for Harmonisation of Technical Registration for Pharmaceuticals for Human Use（ICH）

巴西：National Health Surveillance Agency

加拿大：Marketed Health Products Directorate

加拿大：Health Canada

丹麦：Danish Medicines Agency

欧盟：European Medicines Agency

德国：Federal Institute for Drugs and Medical Devices

印度：Food Safety and Standards Authority of India

印度：Central Drugs Standard Control Organization

以色列：Israeli Health Ministry Pharmaceutical Administration

意大利：Italian Medicines Agency

意大利：Italian National Institute of Health（Istituto Superiore di Sanità）

日本：Ministry of Health，Labour and Welfare（MHLW）

日本：Pharmaceuticals and Medical Devices Agency

墨西哥:Mexico’s Health Ministry through the Federal Commission for the Protection against Sanitary Risk

西班牙：Spanish Agency of Medicines

西班牙：Agencia Española de Consumo, Seguridad Alimentariay Nutrición（AECOSAN）

英国：Medicines and Healthcare Products Regulatory Agency

美国：Food and Drug Administration

9.3.2 药典

PPRC：Pharmacopoeia of the People's Republic of China（Chinese Pharmacopoeia）[1]
IP，Ph. I.：International Pharmacopoeia[2]
USP：United States Pharmacopeia[3]
BP：British Pharmacopoeia[4]
EP：European Pharmacopoeia[5]
JP：Japanese Pharmacopoeia[6]
IP：Indian Pharmacopoeia[7]
Ph. Boh.：Czech Pharmacopoeia[8]

9.3.3 相关法规

美国食品药品监督管理局（Food and Drug Administration，FDA）[9]是美国卫生及公共服务部的一个联邦行政部门，负责保护和促进公众健康，控制和监督食品安全、烟草制品、膳食补充剂、处方与非处方药品、疫苗、生物制药、输血、医疗器械、电磁辐射发射装置（ERED）、化妆品、动物食品和饲料及兽医产品。FDA 由美国国会授权执行《联邦食品、药品和化妆品法》（*Federal Food，Drug，and Cosmetic Act*），该法案是该机构的主要重点。

仿制药（generic drug）[10]是专利已经过期的名牌药物的化学成分。一般来说，它们的价格比其品牌对应物便宜，由其他公司制造和销售，而在 20 世纪 90 年代，在美国所写的所有处方中约占 1/3。为了批准仿制药，美国食品药品监督管理局（FDA）要求科学证据表明仿制药与最初批准的药物是可互换的或与之相当的[10]。这被称为简化的新药申请（abbreviated new drug application，ANDA）[11]。截至 2012

1 http://wp.chp.org.cn/en/index.html

2 https://www.who.int/teams/health-product-policy-and-standards/standards-and-specifications/norms-and-standards-for-pharmaceuticals

3 http://www.usp.org

4 https://www.pharmacopoeia.com

5 https://www.edqm.eu/en/

6 http://www.pmda.go.jp

7 http://ipc.gov.in

8 http://www.sukl.eu/pharmaceutical-industry/informace-o-historii-a-soucasnosti-ceskeho-lekopisu

9 https://www.fda.gov/

10 https://en.jinzhao.wiki/wiki/Generic_drug

11 https://en.jinzhao.wiki/wiki/Abbreviated_New_Drug_Application

年，FDA 批准的所有药物中有 80%是仿制药。

美国《植物药研发工业指南》（*Botanical Drug Development Guidance for Industry*）共分 7 个部分内容。

（1）简介（INTRODUCTION）。

（2）背景（BACKGROUND）。

（3）一般管理办法（GENERAL REGULATORY APPROACHES）。

（4）植物药研发的新药临床试验申请（BOTANICAL DRUG DEVELOPMENT UNDER INDS）。

（5）I 期和 II 期临床研究申请（INDS FOR PHASE 1 AND PHASE 2 CLINICAL STUDIES）。

（6）III期临床研究申请（INDS FOR PHASE 3 CLINICAL STUDIES）。

（7）植物药新药上市申请（NDAS FOR BOTANICAL DRUG PRODUCTS）。

《植物药研发工业指南》2015 年修订稿新增的 NDA 部分，针对临床相关问题，重提出“确保疗效一致性的证据”的问题[11]。

欧洲药品管理局（European Medicines Agency，EMA）[1]是为欧盟评估药品的机构。EMA 成立于 1995 年，由欧盟和制药业提供资金，以及成员国的间接补贴，旨在协调现有国家医药监管机构的工作。EMA 作为欧盟的分散化科学机构，而不是监管机构，其主要职责是通过对人畜兽用药品进行评估和监督，保护和促进公共人群与动物健康。更具体地说，协调对中央授权产品和国家转介产品的评估与监督，开展技术指导，并向赞助商提供科学咨询。其操作范围是人体和兽医用途的药用产品，包括生物制剂、先进疗法及草药产品。

EMA草药产品委员会（Committee on Herbal Medicinal Products，HMPC）[2]旨在协调欧盟内部药草产品的程序和规定的协调统一，并进一步将草药结合到欧盟的监管框架中。HMPC向欧盟成员国和欧洲机构提供有关草药产品问题的科学意见。其他核心任务包括制定“用于传统草药产品的草药物质、制剂及其组合的共同体清单”草案（*Community list of herbal substances，preparations and combinations thereof for use in traditional herbal medicinal products*），以及建立社区草药专题（herbal monograph）。HMPC制订欧盟草药质量标准，制订欧盟草药物质、草药制剂及其复方的目录，协调解决各成员国就传统草药注册提出的有关问题。

被批准的植物药案例包括如下几个。

Sinecatechins（Veregen）[3]为 2006 年美国首批批准的植物药，是绿茶提取物局

1 https://en.jinzhao.wiki/wiki/European_Medicines_Agency

2 https://en.jinzhao.wiki/wiki/Committee_on_Herbal_Medicinal_Products

3 https://en.jinzhao.wiki/wiki/Sinecatechins

部外用软膏，用于治疗人类乳突病毒所引起的生殖器疣[12]。Paladin Labs 于 2014 年 5 月从 Medigene AG 公司获得 Veregen 在加拿大的销售专有权，并于 2020 年 7 月 16 日宣布 10% Veregen 软膏在加拿大上市，为 18 岁及以上免疫功能正常患者外生殖器和肛周疣（尖锐湿疣）的局部用药[1]。

Crofelemer[2]（Fulyzaq）于 2012 年被 FDA 批准，为从巴豆属植物秘鲁巴豆（*Croton lechleri*）红色胶乳中提取的原花青素（proanthocyanidin）混合物，由儿茶素 [(+)-catechin，C]、表儿茶素 [(−)-epicatechin，EC]、没食子儿茶素 [(+)-gallocatechin，GC]、表没食子儿茶素[(−)-epigallocatechin，EGC]4 种单体随机聚合而成，用于艾滋病病毒/艾滋病患者腹泻（FDA Dec. 31，2012）。

Nabiximols（Sativex）[3]是英国 GW Pharmaceuticals 公司在英国被批准的植物药物大麻的特定提取物，作为多发性硬化症患者的口腔喷雾剂，可用于缓解神经性疼痛、痉挛性疼痛、膀胱过度活动症和其他症状[13]。Sativex®是一种口服舌下雾化喷剂，它是首个源于大麻全株提取物的大麻类药物，主要成分有四氢大麻酚（tetrahydrocannabinol，THC）和大麻二酚（cannabidiol，CBD）。

Bionovo 公司生产的 Menerba[4]是一种植物药物候选物，由 22 种草药组成，曾被用于中医药治疗[14]，作为选择性雌激素受体调节剂（selective estrogen receptor modulator[5]，SERM）[15]。截至 2015 年，FDA 已批准 Bionovo 公司的化学制造和控制，Menerba 正在进行Ⅲ期临床试验，作为缓解与更年期相关的潮热的潜在治疗方法[16]。

9.4 处方药和非处方药的管理

9.4.1 处方药及其法规

处方药（prescription drug）[6]是指药物在法律上需要医生处方来进行分配。非处方药（over-the-counter drug）[7]可以不用处方获得。

澳大利亚《药物和毒药统一计划标准》（*Standard for the Uniform Scheduling of Medicines and Poisons*，SUSMP）规定了制药和供应药物的几类内容：已停产药物、药学医学、药剂师医学、处方药/处方动物补救措施、注意事项、毒药、危险毒药、

1 https://www.chemdrug.com/news/231/8/39077.html
2 https://en.jinzhao.wiki/wiki/Crofelemer
3 https://en.jinzhao.wiki/wiki/Nabiximols
4 https://en.jinzhao.wiki/wiki/Menerba
5 https://en.jinzhao.wiki/wiki/Selective_estrogen_receptor_modulator
6 https://en.jinzhao.wiki/wiki/Prescription_drug
7 https://en.jinzhao.wiki/wiki/Over-the-counter_drug

控制药物（无权限，拥有非法）、禁止物质、非计划物质[1]。

英国《1968 年药物法令》（*Medicines Act 1968*）和《1997 年处方药（人用）令》[*Prescription Only Medicines*（*Human Use*）*Order 1997*]记载有涵盖药品销售、使用、开处方和生产供应的规定。药品销售分为三类药[2]：

处方药（POM）：可由药剂师出售。

药剂（P）：可由药剂师无须处方销售。

一般销售清单（GSL）药物：可在任何商店内销售。

英国国家医疗服务体系（National Health Service，NHS）开出 NHS 处方（NHS prescription），在 2010/2011 年度，英国的 4.55 亿美元是通过处方费来提高的，占 NHS 总预算的 0.5%[3]。

美国《联邦食品、药品和化妆品法》（*Federal Food，Drug，and Cosmetic Act*）定义了哪些物质需要处方才能由药房分发。由联邦政府授权医师、精神科医生、医生助理、护士和其他高级护理人员、兽医、牙医与验光师开出受控物质。该法签发了独特的“执法法令”，大多数心理学家和社会工作者没有权力开出任何受控物质[4]。《受控化学品法案》（*Controlled Substances Act*，CSA）[5]于 1970 年由美国国会颁布成为法律。它是联邦制药法规，规定了某些物质的制造、进口、拥有、使用和分配。美国处方药的安全性和有效性受 1987 年版的《处方药营销法案》（*Prescription Drug Marketing Act*，PDMA）[6]的管制，由 FDA 负责执行管制法律。滥用处方药物可能会导致不良药物事件，包括由危险的药物相互作用引起的事件，多达 15%的美国老年人有滥用药物潜在风险[17]。

9.4.2 非处方药及其法规

非处方药（over-the-counter drug，OTC）是药品直接销售给消费者而无须处方由医疗专业人士开具的药品。在许多国家，OTC 药物由监管机构选定，以确保在没有医生护理的情况下使用时，它们是安全有效的。OTC 通常是活性药物成分（active pharmaceutical ingredient，API），而不是最终产品。通过调节 API 而不是特定的药物配方，政府允许制造商自由地将成分或成分的组合配制成专有混合物[7]。

---

1 The Poisons Standard (the SUSMP) . Therapeutic Goods Administration. Retrieved 17 September 2011

2 About Registration: Medicines and Prescribing. Health and Care Professions Council. Retrieved 15 February 2015

3 Other drug laws. Home Office. Archived from the original on 19 April 2010

4 US Nurse Practitioner Prescribing Law: A State-by-State Summary. Medscape Nurses. 2 November 2010. Retrieved 26 November 2010

5 https://en.jinzhao.wiki/wiki/Controlled_Substances_Act

6 https://en.jinzhao.wiki/wiki/Prescription_Drug_Marketing_Act

7 Over-the-Counter Medicines: What's Right for You? Fda.gov (2009-4-30) . Retrieved on 2012-7-4

在加拿大有 4 种药物分类管理[1]。

（1）附表 1：需要处方，处方由持牌药剂师向公众提供。

（2）附表 2：不需要处方，但需要药剂师在出售前进行评估。这些药物被存放在没有公共场所的药房地区，也可能被称为“非处方药”。

（3）附表 3：不需要处方，但必须保存在有药剂师监督的地区。这些药物被保存在零售商店的可以进行自我选择的区域，但如果需要，药剂师必须帮助人们选择药物。

（4）不定期：不需要处方，可以在任何零售店出售。

非处方药不需要处方出售，虽然全国药剂监督管理机构协会提出了加拿大出售药物分类管理的建议，但各省可能会自行决定其分类管理[2]。

在荷兰，OTC 有 4 类[3]。

（1）UR（uitsluitend recept）：仅限处方。

（2）UA（uitsluitend apotheek）：药剂师。

（3）UAD（uitsluitend apotheek of drogist）：只由药剂师或药店出售。

（4）AV（algemene verkoop）：可以在一般商店出售。

UA 可以出售 OTC，药物可以像其他任何产品一样放在架子上[4]。美国联邦贸易委员会规定了 OTC 产品的广告，处方药广告是由 FDA 监管[5]。FDA 要求 OTC 产品标有经批准的“药物事实”标签，标签应符合标准格式，指导消费者合理使用药物。药物事实标签包括有关产品的活性成分、适应证和用途、安全警告、使用说明及非活性成分的信息[6]。FDA 认为 17 岁以上的女性的 OTC 对于年龄较小的女性则是处方药[7]。

在英国，药物治疗由《药物法规》（*Medicines Regulations*，2012）规定。药物治疗将分为三类：一是，仅处方药（prescription only medication，POM），只有开处方者有效的处方才能合法使用。一个药剂师必须在处所内进行 POM 药品分配，按法律规定，该药物是专门为持有处方的患者开出的，包括大多数抗生素和

1 National Drug Schedules-Overview. National Association of Pharmacy Regulatory Authorities. Retrieved 16 August 2015

2 National Drug Scheduling Advisory Committee. National Association of Pharmacy Regulatory Authorities. Retrieved 16 August 2015

3 http://wetten.overheid.nl/BWBR0021505/2013-02-22

4 CBG-MEB Drug database, https://english.cbg-meb.nl/search?keyword=Drug+database&search-submit=

5 Regulation of Nonprescription Drug Products. Fda.gov. Retrieved on 2014-4-24

6 The New Over-the-Counter Medicine Label: Take a Look. Fda.gov (2012-4-27). Retrieved on 2012-7-4

7 FDA Approves Plan B One-Step Emergency Contraceptive; Lowers Age for Obtaining Two-Dose Plan B Emergency Contraceptive without a Prescription. Fda.gov. Retrieved on 2012-7-4

所有抗抑郁药或抗糖尿病药物。二是，总销售清单（general sales list，GSL）里的药品，可以在没有药店培训的情况下出售，包括16包（或更少）的止痛药如扑热息痛和布洛芬及许多其他安全药物，如小包装的抗过敏片剂、泻药和皮肤霜。三是，药剂药物（pharmacy medicine，P）是合法的POM或GSL药物。这些可以从注册的药房出售，但不可以自行选择[1]。

9.5 林源植物药的专利保护

9.5.1 相关术语

什么是专利（patent）？

美国专利商标局授予的发明专利是授予发明人的财产权[2]。一般来说，新专利的期限是自美国申请专利之日起20年[3]。

专利有以下三种类型。

（1）可以向发明或发现任何新的和有用的过程、机器、制品或物质构成或任何新的与有用的改进的任何人授予实用专利。

（2）设计专利可以授予任何为制造品发明新的、原始的和装饰性的设计者。

（3）植物专利可以授予任何发明或发现和无性再现任何独特的与新的植物品种者。

什么是商标或服务商标（trademark or servicemark）？

商标是用于货物进行交易的单词、名称、符号或装置[4]，以表示货物的来源，并将其与其他商品区分开来。服务商标与商标相同，除了它识别和区分服务的来源而不是产品。可以使用商标权来防止他人使用相似的商标，但不能阻止他人制造相同的商品，或以明显不同的标记出售相同的商品或服务。

什么是版权（copyright）？

版权是作者提供的“原创作品”的一种形式[5]，包括文学、戏剧、音乐、艺术与某些出版和未发表的其他知识作品。

知识产权局（Intellectual Property Office）[6]有如下几个。

巴巴多斯公司事务和知识产权局（Barbados Corporate Affairs and Intellectual

---

1 Availability of medicines. MHRA. Retrieved on 2012-7-1

2 https://en.jinzhao.wiki/wiki/Patent

3 https://www.uspto.gov/patents-getting-started/general-information-concerning-patents#heading-29

4 https://en.jinzhao.wiki/wiki/Trademark

5 https://en.jinzhao.wiki/wiki/Copyright

6 https://en.jinzhao.wiki/wiki/Intellectual_Property_Office

Property Office，CAIPO）[1]。

比荷卢知识产权局（Benelux Office for Intellectual Property，BOIP）[2]。

加拿大知识产权局（Canadian Intellectual Property Office，CIPO）[3]。

埃塞俄比亚知识产权局（Ethiopian Intellectual Property Office，EIPO）[4]。

菲律宾知识产权局（Intellectual Property Office of the Philippines，IPOPHL）。

知识产权局（英国）[Intellectual Property Office（United Kingdom），UK-IPO][5]。

韩国知识产权局（Korean Intellectual Property Office，KIPO）[6]。

中国国家知识产权局（China National Intellectual Property Administration，CNIPA）[7]。

世界知识产权局[8]（World Intellectual Property Office，WIPO）。

9.5.2 相关法规

美国专利商标局（The United States Patent and Trademark Office，USPTO）[9]是美国商务部的一个机构。美国专利商标局的作用是授予专利以保护发明和注册商标。美国专利商标局与欧洲专利局（European Patent Office，EPO）[10]和日本专利局（Japan Patent Office，JPO）[11]合作，成为三方专利局（Trilateral Patent Offices）[12]之一。根据《专利合作条约》（*Patent Cooperation Treaty*，PCT）[13]，USPTO 也是国际专利申请的受理局、国际专利检索单位和国际专利初步审查单位。

美国第一个专利法于 1790 年颁布。《专利法》于 1952 年 7 月 19 日颁布，一经修改，于 1953 年 1 月 1 日生效，编号为《美国法典》第 35 卷。此外，1999 年 11 月 29 日，国会颁布了《1999 年美国发明人保护法》（*The American Inventors Protection Act of 1999*，AIPA）[14]，进一步修订了《专利法》，见公报 106-113，113

1 https://caipo.gov.bb
2 https://en.jinzhao.wiki/wiki/Benelux_Office_for_Intellectual_Property
3 http://www.ic.gc.ca/eic/site/cipointernet-internetopic.nsf/eng/Home
4 https://www.wipo.int/tisc/es/search/details.jsp?id=3613
5 https://en.jinzhao.wiki/wiki/Intellectual_Property_Office_United_Kingdom
6 https://www.kipo.go.kr/en/MainApp?c=1000
7 http://www.cnipa.gov.cn
8 http://www.wipo.int
9 https://www.uspto.gov/
10 https://www.epo.org/
11 https://www.jpo.go.jp/e/index.html
12 https://en.jinzhao.wiki/wiki/Trilateral_Patent_Offices
13 https://www.wipo.int/treaties/en/registration/pct/
14 https://www.uspto.gov/patent/laws-and-regulations/american-inventors-protection-act-1999

Stat，1501（1999）。《专利法》规定了可获得专利的主题及获得专利的条件。

英国知识产权局[Intellectual Property Office（United Kingdom），IPO]自 2007 年 4 月 2 日起是专利局的经营名称。英国负责知识产权的官方政府机构是商业、创新和技能部（BIS）的执行机构。IPO 还具有在英国审查和发布或拒绝专利及维护知识产权登记，包括专利、外观设计和商标的行政责任。与大多数国家一样，IPO 没有法定的版权登记，因此没有对上市版权事宜进行直接管理[1]。

英国专利律师协会（CIPA）[2]是英国专业的律师机构。它成立于 1882 年，是特许专利代理研究所，并于 1891 年被《皇家宪章》注册成立。该研究所于 2006 年 6 月更名[3]。其目标是提高对英国知识产权界的认识和信任，代表其约 3000 名成员的利益，其中 1700 人是注册专利律师，具有专业考试资格[4]。CIPA 的另一个长期目标是对行业的监管。2010 年，CIPA 和商标代理机构（ITMA）成立了知识产权监管委员会，共同对专利代理人和商标律师行业进行监管。CIPA 代表创新、大学和技能部门在法定授权下维护专利代理机构登记在册，并向英国知识产权局专利、商标和设计审计长报告[5]。

《英国版权法》（*Copyright Law of the United Kingdom*）：根据英国的法律，版权是存在某些合格主题的无形财产权。版权法受《1988 年版权，外观设计和专利法》（1988 年法令）（*Copyright，Designs and Patents Act 1988*）[6]的不断修改。由于整个欧盟中越来越多的法律进行整合和协调，法律的完整情况只能通过诉诸欧盟的判例来获得。

9.5.3 专利保护有效性

专利（patent）是知识产权的一种形式，制药产业面临的是高额投资、长期发展和复杂的审批程序[7]。制药公司的研究成果能被专利权（patent right）所保护，才有可能进行此类投资并承担相应的风险，有效的专利保护是至关重要的[18]。在大多数司法管辖区，第三方在国家专利局质疑允许或已颁发专利的有效性，这些

---

1 https://www.gov.uk/government/organisations/intellectual-property-office/about

2 https://www.cpdstandards.com/sectors/chartered-institute-of-patent-attorneys-cipa/

3 http://privycouncil.independent.gov.uk/wp-content/uploads/2015/12/Record-of-Charters-Granted-10-dec-15.xlsx

4 https://www.cnipa.gov.cn/module/download/downfile.jsp?classid=附件2:《英国知识产权保护指南》（中文版）.pdf&filename=e319d60588a244939370d70167d7240f.pdf

5 The Intellectual Property Regulation Board. IPReg. Retrieved 2012-1-15; The Chartered Institute of Patent Attorneys-CIPA-About-true. CIPA. Archived from the original on 20 January 2012. Retrieved 15 January 2012. http://www.cipa.org.uk/about-us/people/list-of-past-presidents

6 https://www.copyrightwitness.com/copyright/uk_law_summary

7 WIPO Intellectual Property Handbook: Policy, Law and Use. Chapter 2: Fields of Intellectual Property Protection WIPO 2008

被称为反对诉讼（opposition proceedings），也可以在法庭上质疑专利的有效性（validity of a patent）[19]。植物药重视专利保护、FDA 新药审评程序，包括新药临床试验申请（IND）和新药上市许可申请（NDA）两个申报过程。FDA 对新药的审批在 IND 阶段不对外公布，但 NDA 通过后会公开大部分资料（少量商业机密除外），所以没有任何专利保护的新药一旦上市，其化学成分制造和控制（chemical manufacturing and control，CMC）部分被公开后，会暴露许多资料给仿制药竞争者[20]。

知识产权（intellectual property，IP）[1]指的是关于人类社会实践中创造的智力劳动成果的专有权利。知识产权（intellectual property right，IPR）是授予知识产权创作者的权利，包括专利权（patent right）、版权（copyright）、工业设计权（industrial design right）、商标权（trademark）、植物新品种权（plant variety rights）、外贸服饰权（trade dress）和地理标志权（geographical indication）。

商业秘密盗用（trade secret misappropriation）与违反其他知识产权法律有所不同，因为商业秘密的定义是秘密的，而专利和注册版权与商标是公开的。在美国，商业秘密受到国家法律保护，国家几乎普遍采用《统一商业秘密法》（*Uniform Trade Secrets Act*）[2]。美国也以 1996 年《经济间谍法》[3]的形式进行联邦立法，这种行为使盗窃或盗用商业秘密成为联邦犯罪。

参 考 文 献

[1] Atanasov A G, Waltenberger B, Pferschy-Wenzig E M, et al. Discovery and resupply of pharmacologically active plant-derived natural products: a review. Biotechnol Adv, 2015, 33(8): 1582-1614.

[2] 胡菲菲, 张若明, 张象麟. 药物Ⅰ期临床试验实施阶段质量风险管理研究 [J]. 中国药事, 2019, 33(11): 1235-1245.

[3] 耿淑帆, 吴丹, 余文周. 新型冠状病毒重组蛋白疫苗研发进展 [J]. 中国疫苗和免疫, 2020, 26(6): 718-724.

[4] 何萍, 程涛, 郝莎. 干细胞临床研究的现状及展望 [J]. 中国医药生物技术, 2020, 15(3): 290-294.

[5] 张颖. 新《药品生产监督管理办法》相关政策解读 [J]. 黑龙江医药, 2020, 33(4): 802-804.

[6] 李朝辉. 执业药师资格制度法制化进程追踪 [N]. 医药经济报, 2020-7-2(1).

[7] 杨洁心, 杨世民. 中国药事管理研究热点及其影响因素分析 [J]. 中国药事, 2014, 28(10): 1073-1078.

[8] 唐婧, 唐蕾, 刘岸, 等.《国家基本药物目录》(2018 年版)与《WHO 基本药物标准清单》(2019)

1 https://en.jinzhao.wiki/wiki/Intellectual_property

2 https://www.upcounsel.com/uniform-trade-secrets-act

3 Economic Espionage Act of 1996 (18 U.S.C. §§ 1831–1839)

中肿瘤靶向药物对比 [J]. 中国药师, 2020, 23(5): 931-934.
[9] 刘晓航. 中药新药研发现状及研发过程中的法律制裁体系浅析 [D]. 咸阳: 西北农林科技大学硕士学位论文, 2014.
[10] Cohen L. Government policies and programs-united states-generic drug scandal [C]. The New Book of Knowledge- Medicine And Health, 1990: 276-281.
[11] 张晓东, 成龙, 李耿. FDA 植物药指南修订有何新变化 [N]. 中国中医药报, 2016-6-16(5).
[12] Chen S T, Dou J H, Temple R, et al. New therapies from old medicines [J]. Nat Biotechnol, 2008, 26(10): 1077-1083.
[13] 敬志刚, 陈永法, 叶正良, 等. FDA 批准的第一例口服植物药 Fulyzaq 情况及启示 [J]. 现代药物与临床, 2013, 28(3): 421-423.
[14] Stovall D W, Pinkerton J V. MF-101, an estrogen receptor beta agonist for the treatment of vasomotor symptoms in peri- and postmenopausal women [J]. Current Opinion in Investigational Drugs, 2009, 10(4): 365-371.
[15] Grady D, Sawaya G F, Johnson K C, et al. MF101, a selective estrogen receptor beta modulator for the treatment of menopausal hot flushes: a phase Ⅱ clinical trial [J]. Menopause, 2009, 16(3): 458-465.
[16] Anonymous. FDA approves manufacturing plan for menerba, bionovo's menopausal hot flash drug candidate [J]. America: Medical Letter on the CDC & FDA, 2010, 10: 10.
[17] Qato D M, Wilder J, Schumm L P, et al. Changes in prescription and over-the-counter medication and dietary supplement use among older adults in the united states, 2005 vs 2011 [J]. JAMA Internal Medicine, 2016, 176(4): 473-482.
[18] Qian Y. Do national patent laws stimulate domestic innovation in a global patenting environment? A cross-country analysis of pharmaceutical patent protection, 1978-2002 [J]. Review of Economics and Statistics, 2007, 89(3): 436-453.
[19] Silverman A B. Evaluating the validity of a united states patent [J]. JOM, 1990, 42(7): 46.
[20] 成龙. FDA 植物药指南对我国中药新药研发的启示 [J]. 科技中国, 2019, 3: 62-65.

第三部分

应 用 研 究

10　抗癌林源植物药

10.1　概　述

10.1.1　癌症与癌症基因组学

肿瘤（neoplasm/tumor）[1]是组织的异常生长，如果它形成质量，通常被称为肿瘤。这种异常生长（瘤形成）通常但并不总是形成群体。肿瘤分为 4 个主要类型：良性肿瘤（benign neoplasm）、原位肿瘤（carcinoma *in situ*，CIS）、恶性肿瘤（malignant neoplasm）和不明或未知行为的肿瘤（neoplasm of uncertain or unknown behavior）。

肿瘤组织中那些不断产生、对身体无任何功能的新细胞是赘生性细胞，分为良性和恶性。良性肿瘤是与那些常态细胞类似的肿瘤细胞，附着在一个纤维状细胞的外囊中，只是停留在身体的某个部位，不形成次生肿瘤。恶性肿瘤是能分离不正常的细胞，并能移动到身体的其他部位，形成次生肿瘤，即发生转移（metastasis）很难控制。恶性肿瘤也称为癌症。原癌基因（proto-oncogene）和致癌基因（oncogene）直接与细胞生长失控有关[1]。超过100种类型的癌症影响着人类[2]。

根据全球疾病负担（The Global Burden of Disease，GBD）大数据和《世界癌症报告》（*World Cancer Report*）的数据[3]：2015 年约有 9050 万人患有癌症，每年出现约 1410 万例新发病例，不包括黑素瘤以外的皮肤癌，造成约 880 万人死亡（15.7%）。男性最常见的癌症类型是肺癌（lung cancer）、前列腺癌（prostate cancer）、结肠直肠癌（colorectal cancer）和胃癌（stomach cancer）。在女性中，最常见的类型是乳腺癌（breast cancer）、结肠直肠癌（colorectal cancer）、肺癌（lung

---

1 https://en.jinzhao.wiki/wiki/Neoplasm

2 Cancer-signs and symptoms. NHS Choices. Archived from the original on 8 June 2014. Retrieved 10 June 2014; Cancer fact sheet N°297. World Health Organization. February 2014. Archived from the original on 29 December 2010. Retrieved 10 June 2014; Defining cancer. National Cancer Institute. Archived from the original on 25 June 2014. Retrieved 10 June 2014

3 GBD 2015 Disease and Injury Incidence and Prevalence, Collaborators. (8 October 2016). Global, regional, and national incidence, prevalence, and years lived with disability for 310 diseases and injuries, 1990-2015: a systematic analysis for the Global Burden of Disease Study 2015; World Health Organization. World Cancer Report 2014.

cancer）和子宫颈癌（cervical cancer）[1]。除皮肤癌以外的黑素瘤每年新增的癌症总数约占 40%[2,3]。无论男女，肺癌排在第一位；乳腺癌在女性中是位居第二的癌症，第三大危险的癌症是结肠直肠癌。在儿童中，非洲非霍奇金淋巴瘤发生频率较高，急性淋巴细胞白血病和脑肿瘤是较常见的。癌症的风险随着年龄的增长而显著增加，许多癌症在发达国家更为普遍[4]。截至 2010 年，全球用于癌症的治疗费用估计为每年 1.16 万亿美元[2]。

对癌症来说，及早诊断是成功治疗的关键。癌症的治疗可以采用手术、放射治疗和化疗。化疗（chemotherapy）[3]是一种或多种治疗癌症的细胞毒性抗肿瘤性药物（化疗剂）的标准化治疗方案，如使用烷化剂和抗代谢物[5]。传统的化学治疗剂通过杀死快速分裂的细胞起作用，快速分裂是大多数癌细胞的关键性质。化疗的疗效取决于癌症的类型和阶段。结合手术，化学疗法已被证明可用于癌症类型，包括乳腺癌（breast cancer）、结肠直肠癌（colorectal cancer）、胰腺癌（pancreatic cancer）、成骨肉瘤（osteosarcoma）、睾丸癌（carcinoma of testis）、卵巢癌（ovarian cancer）和某些肺癌（certain lung cancers）。化疗的有效性往往受到其对身体其他组织的毒性的限制。即使化疗不能永久治愈，也能减少症状如疼痛或减小不能手术的肿瘤的大小，希望将来可以进行手术治疗[6-9]。

临床常用的化疗药物主要包括：长春新碱（Vincristine，VCR）、长春地辛（Vindesine，VDS）、丝列霉素（Mitomycin，MMC）、甲基苄肼（Procarbazine，PCB）、洛莫司汀（Lomustine，CCNU）、顺铂（Cisplatin，DDP）、替莫唑胺（Temozolomide，TMZ）、氟尿嘧啶（Fluorouracil，5-Fu）、博来霉素（Bleomycin，BLM）、阿霉素（Adriamycin，ADM）、紫杉醇（Paclitaxelum，PTX）等。

临床常用的化疗方案有多种组合，治疗鼻咽癌应用 DDP+5-Fu（顺铂+氟尿嘧啶）方案，治疗非小细胞肺癌应用 MVP 方案（丝列霉素+长春地辛+顺铂）等。治疗脑瘤的化疗方案主要有 BCNU（卡莫司汀）方案、PVC 方案、CCNU（洛莫司汀）方案、DDP+VM-26（顺铂+鬼臼噻吩苷）方案等。亚硝脲类烷化剂 BCNU[4]具有 β-氯乙基亚硝基脲结构，有较强的亲脂性，易通过血脑屏障进入脑脊液，适用于脑瘤等症，主要副作用为迟发性骨髓抑制。PVC 方案（甲基苄肼+长春新碱+洛莫司汀）有一定疗效，但有延迟和累积骨髓抑制与肺毒性等副作用，易产生耐药性。一种是口服药物替莫唑胺（Temozolomide，TMZ），为用于治疗一些脑癌的烷

1 World Health Organization. 2014. World Cancer Report 2014. Chapter 1.1. Archived from the original on 12 July 2017

2 World Health Organization. 2014. World Cancer Report 2014. Chapter 6.7. Archived from the original on 12 July 2017

3 https://en.jinzhao.wiki/wiki/Chemotherapy

4 https://en.jinzhao.wiki/wiki/Carmustine

化剂。另一种是在手术时直接植入的药物芯片“Gliadel（BCNU）”，见文框 10-1。

文框 10-1 Gliadel 卡莫司汀植入片

美国 FDA 于 1996 年批准了由 Guilford 公司开发，以卡莫司汀（carmustine，BCNU）为活性成分，以聚苯丙生 20 为释放基质，制成植入药物芯片 Gliadel，治疗复发性恶性脑瘤的申请，可以在手术后，将药物直接放置于复发性恶性胶质细胞瘤之脑组织中，让药物缓慢释放，进行持续性化学治疗。经过多年多中心临床试验，FDA 于 2003 年增加了其治疗适应证，批准 Gliadel 用于原发性恶性脑瘤的治疗，Gliadel 可延长原发性及复发性恶性脑瘤患者的中间存活期。

该治疗方法的独特之处在于其给药方式及释放系统。在外科手术过程中，先将肿瘤组织切除，留下一个小空腔，然后植入这种定期释放的芯片。这些芯片会在 2～3 周慢慢地分解、融化，释放出的药物可直接进入肿瘤区，杀死那些在外科手术中没有切除干净的肿瘤细胞，并且能在不损害其他组织的情况下使病变局部达到有效的血药浓度，延缓了疾病的进展[1]。

[1] http://www.baike.com/wiki/%E8%84%91%E8%82%BF%E7%98%A4.

靶向治疗（targeted therapy）[1]是针对癌症和正常细胞之间特定分子差异的一种化疗方式。靶向治疗能阻断雌激素受体分子，抑制乳腺癌的生长，如 Bcr-Abl 抑制剂。具有靶向性的表皮生长因子受体（EGFR）阻断剂，如吉非替尼（Gefitinib，Iressa，易瑞沙）；酪氨酸激酶受体抑制剂，如克唑替尼（Crizotinib，Xalkori）；针对某些特定细胞标志物的单克隆抗体，如西妥昔单抗（Cetuximab，Erbitux）等。目前存在的治疗方案有靶向治疗乳腺癌（breast cancer）、多发性骨髓瘤（multiple myeloma）、淋巴瘤（lymphoma）、前列腺癌（prostate cancer）、黑色素瘤（melanoma）和其他癌症。抑制剂吉非替尼（Gefitinib）可以靶向抑制表皮生长因子受体的酪氨酸激酶结构域突变，非小细胞肺癌（non-small cell lung cancer，NSCLC）实现了靶向治疗。

癌症基因组学（cancer genomics）[2]是基于肿瘤异质性或单个肿瘤内的遗传多样性的基因组学应用与个性化药物对癌症的研究和治疗。癌症基因组学在药物治疗中的作用的例子包括：曲妥珠单抗（Trastuzumab/Herceptin）是干扰 HER_2/neu 受体的单克隆抗体，是治疗某些乳腺癌的药物。只有对患者的癌症进行了 HER_2/neu 受

1 https://en.jinzhao.wiki/wiki/Targeted_therapy

2 https://en.jinzhao.wiki/wiki/Oncogenomics

体的过表达测试，才使用该药物。组织测试方法是免疫组织化学（immunohistochemistry，IHC）和荧光原位杂交（fluorescence *in situ* hybridization，FISH）[10]。只有 HER_2^+患者将接受赫赛汀/曲妥珠单抗治疗[11]。

基于疾病病理生理学的“合理药物设计”（rational drug design）的主要例子是格列卫（Gleevec），已经被开发用于治疗慢性髓细胞白血病（chronic myelocytic leukemia，CML），是一种抑制 *BCR-ABL* 融合基因（*BCR-ABL* fusion gene）的 BCR-ABL 酪氨酸激酶抑制剂（tyrosine-kinase inhibitor，TKI）[12]。

人类基因组的破译是改善疾病治疗领域的一个里程碑，如果一个基因缺失或有缺陷，身体将不会产生特定功能的蛋白质或者导致疾病的蛋白质，继而人类在研制新型药物方面将会取得重大突破[1]。

10.1.2 个体化医学新技术

个性化医学（personalized medicine）[1]是将患者分为不同群体的医疗程序，根据患者的预测反应或疾病风险，为个体患者定制的医疗决策、干预措施和/或产品。表达术语包括个性化医学（personalized medicine）、精密医学（precision medicine）、分层医学（stratified medicine）和 P4 医学（P4 medicine）等。

个性化医学研究需要实现 4 个基本要素：发现新的靶向目标；基因组靶标分析；针对基因组改变选择适合药物；为药物选择合适的患者。其中分层医学就是利用肿瘤的基因型使患者与合适的靶向治疗匹配的一种治疗策略。P4 医学模式的特点是指：预见性（predictive）、预防性（preventive）、个性化（personalized）和参与性（participatory）。个体化药物是为患者量身定制的药物。

每个人都有独特的人类基因组变异。个体健康的变化源于环境的变化和遗传变异的影响[13,14]。个性化医学的现代进步依赖于确认患者的基本生物学、DNA、RNA 或蛋白质等技术，最终确认疾病。例如，基因组测序之类的个性化技术可以揭示影响从囊性纤维化到癌症的疾病的 DNA 突变。转录组测序技术 RNA-seq（RNA sequencing）[2]方法可以显示哪些 RNA 分子涉及特定疾病[15-17]。

全基因组关联分析（genome-wide association study，GWAS）[3]研究突变是否与某种疾病相关。GWAS 研究一种疾病时，对患有该特定疾病的许多患者的基因组进行序列分析以寻找基因组中的共有突变，通过查看其基因组序列以发现相同的突变，以用于诊断未来患者的这种疾病。2005 年进行的第一个 GWAS 研究了年龄相关性黄斑变性患者（age-related macular degeneration，ARMD）[18]，发现两个

1 https://en.jinzhao.wiki/wiki/Personalized_medicine

2 https://en.jinzhao.wiki/wiki/RNA-Seq

3 https://en.jinzhao.wiki/wiki/Genome-wide_association_study

不同的突变，每个只包含一个核苷酸的变异（single nucleotide polymorphism，SNP），其与 ARMD 相关联[1]。以“*Complement Factor H Polymorphism in Age-Related Macular Degeneration*”为题发布在 2005 年的《科学》杂志上。研究包括 96 个病例样本及 50 个对照样本，鉴定出了易感基因 *CFH*（*1q31*）。中国 GWAS 发表了银屑病易感基因的相关研究，验证出了欧洲报道的银屑病中的 *MHC* 和 *IL12B* 基因，发现了一个新的易感基因 *LCE*。

个性化医学可以通过早期干预与更有效的药物开发和治疗来提供更好的诊断，并能够从临床试验中识别产品是否引起不良后果，并允许更小更快的试验导致总体成本降低[2]。个人基因型可以提供给医生更详细的信息，指导他们决定治疗处方，这将更具成本效益和准确性。例如，他莫昔芬（Tamoxifen）曾经是 ER 加乳腺癌妇女通常规定的药物，但 65%的妇女最初出现抗药性。经过研究发现 *CYP2D6* 基因具有某些突变的妇女不能有效地分解他莫昔芬，使其成为对癌症无效的治疗药物。从那时起，对这些具体的突变进行基因分型，可以进行最有效的治疗[19]。通过高通量筛选（high throughput screening）或表型筛选（phenotypic screening）方法进行这些突变的筛选。目前，几家药物发现机构和制药公司正在利用这些技术，不仅推进了个性化医学研究，而且扩大了遗传研究。这些公司包括 Alacris Theranostics、Persomics、Flatiron Health、Novartis、OncoDNA 和 Foundation Medicine 等。

中国国家新药筛选中心（NCDS）和 PerkinElmer 股份有限公司于 2013 年 4 月 9 日在上海宣布展开合作，在中国建立个性化药物研究技术平台[20]。ChemGenex Pharmaceuticals Ltd.研究的“个体化医学”新技术的做法是在给患者用药前先测试其 *NAT2* 基因，然后据此给患者设计出最佳的用药剂量以达到最佳治疗效果。Ⅰ期和Ⅱ期临床试验结果显示患者在使用高剂量药物治疗时，不会出现意想不到的毒副作用，见文框 10-2。

文框 10-2 ChemGenex Pharmaceuticals Ltd.

综合生物制药开发公司（ChemGenex Pharmaceuticals Ltd.）从事肿瘤药物的发现与开发。该公司的候选产品包括 OMAPRO（omacetaxine mepesuccinate），一种研究性小分子试剂，用于治疗慢性骨髓性白血病的登记指导临床试验中；也应用于急性骨髓性白血病和骨髓增生异常综合征的 2 期临床试验中。其产品还包括氨萘非特（QuinaMed），其已经完成了用于治疗激素难治性前列腺癌的 2a 期临床试验。ChemGenex Pharmaceuticals Ltd.与美国 Hospira 公司达成协议[1]，

1 A Catalog of Published Genome-Wide Association Studies. Retrieved 28 June 2015

2 Personalized Medicine 101: The Promise. Personalized Medicine Coalition. Retrieved April 26, 2014

在欧洲、中东和非洲部分地区授权，开发和商业化 OMAPRO。该公司以前称为 AGT Biosciences Limited，于 2004 年 6 月更名为 ChemGenex Pharmaceuticals Ltd.。ChemGenex Pharmaceuticals Ltd.成立于 1958 年，总部设在澳大利亚的 Geelong。截至 2011 年 6 月 14 日，Chemgenex Pharmaceuticals Ltd.成为 Cephalon Inc.的子公司[2]。

[1] https://www.crunchbase.com/organization/chemgenex-pharmaceuticals#/entity.
[2] http://www.chemgenex.com.

10.1.3 全球第一个小分子抗癌药库

中国旅美科学家陈清奇博士创立的 MedKoo Biosciences Inc.[1]（美帝药库医药科技公司，简称 MedKoo），目前正在建立全球第一个小分子抗癌药库。MedKoo 是一家以研发、生产和销售小分子抗癌化合物为主的医药科技公司，目标是建成全球最大的小分子抗癌药库，品种最多最全、质量最好最可靠。其服务对象是为全球所有从事抗癌药物研究和开发的制药公司、高校、研究院所、政府相关机构提供与抗癌药物分子相关的产品、试剂及技术服务。可以从中了解其他抗癌药物，如一定时间范围内有哪些是已批准上市的抗癌药物，全球目前有哪些新的抗癌药物正在临床研究之中，还有哪些品种正在处于临床前研究阶段等[21,22]。

10.1.4 电穿孔或电脉冲药物导入法技术

电穿孔（electroporation）或电渗透（electropermeabilization）是微生物学技术，其中电场被施加到细胞以增加细胞膜的渗透性，允许将化学物质、药物或 DNA 引入细胞。在微生物学中，电穿孔的过程通常用于通过引入新的编码 DNA 来转化细菌、酵母或植物原生质体[23]。

美国 Inovio 生物医学公司[2]利用电穿孔（electroporation）或电脉冲药物导入法（electrical pulse drug introduction）技术将博莱霉素（Bleomycin，BLM）导入癌组织中，该研究已经进入Ⅲ期临床阶段。Inovio 的电穿孔技术显示出安全有效地提供基于 DNA 的免疫疗法的卓越能力。

10.1.5 溶剂促进灌注技术

溶剂促进灌注（solvent facilitated perfusion）技术应用于卡莫司汀头颅内植入

1 https://medkoo.lookchem.com
2 https://www.inovio.com

剂格立得（Gliadel），是一种烷基化剂抗癌药成功案例。DTI150 是 Direct Therapeutics Inc.[1]正在研究的新配方和新的给药技术，其药剂是卡莫司汀溶于100%乙醇中配制而成，该药剂的配方中使用了溶剂促进灌注（solvent facilitated perfusion）和利用了磁共振成像的方法，将注射针头插入脑中并直接将药物注射到脑瘤组织中。肝癌的治疗试验中，研究人员以计算机 X 射线断层扫描成像技术为导向将药物注入肿瘤组织内，目前试用于治疗神经胶质瘤。

10.2 有丝分裂抑制剂

10.2.1 概述

微管（microtubule）[2]参与维持细胞的结构，并且与微丝和中间丝一起形成细胞骨架。微管的外径约为 24nm，而内径约为 12nm，由 α 和 β 微管蛋白两个球状蛋白聚合形成二聚体[24]。微管是由微管组织中心（microtubule-organizing center，MTOC）组织成核的[25]。各种各样的药物能够结合微管蛋白并改变其组装性质。这些药物的细胞内浓度可以比微管蛋白低得多。药物与微管动力学的干扰就可以具有停止细胞的细胞周期的作用，并且可导致程序性细胞死亡或凋亡[26,27]。研究证明抑制微管动力学发生在药物的浓度低于阻断有丝分裂所需的浓度。通过微管蛋白突变或通过药物治疗抑制微管动力学已经显示出抑制细胞迁移的作用[28]。

因为癌细胞能够通过持续的有丝分裂生长并最终通过身体转移扩散，有丝分裂抑制剂（mitotic inhibitor）[3]是抑制有丝分裂或细胞分裂的药物。这些药物破坏微管，微管分裂时将细胞分开。常用于治疗癌症的有丝分裂抑制剂的例子包括紫杉醇（paclitaxel）、多西紫杉醇（docetaxel）、长春碱（vinblastine）、长春新碱（vincristine）和长春瑞滨（vinorelbine）。紫杉醇和多西紫杉醇通过稳定微管中的 GDP（鸟苷二磷酸）结合微管蛋白阻断动态不稳定性。

埃博霉素（Epothilone，EPO）是 16 元大环内酯类抗生素，与 α,β-微管蛋白异二聚体亚基结合。一旦结合，α,β-微管蛋白解离速率降低，从而稳定微管。EPO B 类包括伊沙匹隆、沙戈匹隆和帕土匹隆。伊沙匹隆（Ixabepilone）是埃博霉素 B 类似物，由美国百时美施贵宝公司（Bristol Myers Squibb）研发，经 FDA 批准上市，用于其他化疗药物治疗无效的转移性乳腺癌或局部晚期乳腺癌的治疗。EPO 对于脑转移性肿瘤、微管相关蛋白引起的神经退行性疾病及紫杉醇耐药性肿瘤具

1 https://www.corporationwiki.com/California/Redwood-City/direct-therapeutics-inc/43344937.aspx

2 https://en.jinzhao.wiki/wiki/Microtubule

3 https://en.jinzhao.wiki/wiki/Mitotic_inhibitor

有良好的治疗前景。

诺考达唑（Nocodazole）是一种通过干扰微管聚合而在细胞中发挥作用的抗肿瘤剂，与长春新碱（vincristine）和秋水仙碱（colchicine）相同，都具有相似的干扰微管聚合的作用，从而使细胞停留在细胞周期的 G_2/M 期。

艾日布林（Eribulin/Halaven）主要结合到少数在现有的微管末端的高亲和力位点，用于治疗某些乳腺癌和脂肪肉瘤患者。2016 年，FDA 批准了艾日布林注射剂用于治疗接受过含蒽环类药物治疗方案并且不能切除或转移性的脂肪肉瘤患者。

10.2.2 紫杉烷

紫杉烷（taxane）[1]是二萜类化合物。它们最初来自红豆杉属（*Taxus* Linn.）植物，其特征在于具有紫杉烷核心。紫杉醇（paclitaxel，商品名：Taxol）和多西紫杉醇被广泛用作化疗药物。卡伐他汀被 FDA 批准用于治疗激素难治性前列腺癌。紫杉二烯（taxadiene）是二萜化合物，是由紫杉二烯合成酶从香叶基香叶基焦磷酸酯中产生的。2010 年报道了使用基因工程大肠杆菌（*Escherichia coli*）的紫杉二烯的生物化学规模生产[29]。紫杉二烯是紫杉醇合成中第一个中间体[30]。需要 6 种羟基化反应和其他几种方法将三聚氰胺转化为浆果赤霉素Ⅲ。通过紫杉二烯合成酶，由香叶基香叶基焦磷酸盐生成紫杉酚。Hongdoushans A～C 是从云南红豆杉（*Taxus yunnanensis*）的木材中分离的氧化紫杉烷二萜[31]。

紫杉醇（paclitaxel，PTX）以品牌名称 Taxol 等出售，是用于治疗许多类型癌症的化疗药物，这些癌症包括卵巢癌、乳腺癌、肺癌、卡波西肉瘤、宫颈癌和胰腺癌，也是白蛋白结合制剂（albumin binding preparation）。蛋白质结合的紫杉醇也称为纳米颗粒白蛋白结合紫杉醇（nanoparticle albumin-bound paclitaxel）或纳帕紫杉醇（nab-paclitaxel），是用于治疗乳腺癌、肺癌和胰腺癌的紫杉醇的可注射制剂。紫杉醇通过在细胞分裂期间防止微管的正常分解来破坏癌细胞。在该制剂中，紫杉醇作为递送载体与白蛋白结合[2]。它是由美国 Abraxis 公司在美国制造和销售的，商品名称为 Abraxane，这种人类蛋白、白蛋白结合型紫杉醇被指定为孤儿药物作为一线治疗药物，与吉西他滨组合，用于孤儿疾病“胰腺转移性肿瘤”[3]。

2005 年 1 月，FDA 批准紫杉醇纳米制剂 Abraxane 用于乳腺癌治疗。2008

1 https://en.jinzhao.wiki/wiki/Taxane

2 Definition of "protein-bound paclitaxel". National Cancer Institute Dictionary of Cancer Terms; FDA approves Celgene's Abraxane for lung cancer; Pollack, Andrew (6 September 2013). F.D.A. Approves a Drug for Late-Stage Pancreatic Cancer. New York Times. Retrieved 6 September 2013; Paclitaxel Albumin-stabilized Nanoparticle Formulation. National Cancer Institute Drug Information

3 Abraxane, Orpha Net, September 6, 2013, retrieved July 20, 2015

年 1 月，欧洲药品管理局也批准了对其他化疗没有反应或已复发的乳腺癌药物[1]。2010 年 6 月，Abraxane 与溶剂型紫杉醇相比，应用在一线非小细胞肺癌（NSCLC）Ⅲ期试验，得到了积极成果[2]，在 2012 年 10 月，Abraxane 被 FDA 批准用于不能进行化疗或治愈性治疗的转移性非小细胞肺癌患者的一线治疗。2013 年，FDA 宣布批准 Abraxane——白蛋白结合型紫杉醇联合吉西他滨用于转移性胰腺癌的一线治疗[3]。Abraxane 在澳大利亚治疗用品登记处注册，用于治疗蒽环类药物治疗失败后的乳腺转移性癌[4]，被纳入澳大利亚药物福利计划的附表[32]。Abraxane 由 VivoRx 公司开发，成为 Abraxis 公司作为使用纳米颗粒白蛋白结合（nab）技术平台的药物类中的第一个药品[5]。2010 年，Abraxis 公司被 Celgene 公司收购，Celgene 公司现在销售 Abraxane。2009 年，Abraxane 销售收入总额为 3.145 亿美元。2013 年，Abraxane 被 FDA 批准用于治疗胰腺癌。2014 年，Abraxane 的销售额为 8.48 亿美元，同比增长 31%[6]。

多西紫杉醇（Docetaxel/Taxotere）[7]为用于治疗多种类型癌症的化疗药物。这些癌症包括乳腺癌（breast cancer）、头颈癌（head and neck cancer）、胃癌（stomach cancer）、前列腺癌（prostate cancer）和非小细胞肺癌（non-small cell lung cancer）。它可以单独使用或与其他化疗药物一起使用，通过静脉注射给药[8]。多西紫杉醇以高亲和力可逆地结合微管，防止从微管解聚，优先降低微管的正端温度和稀释。导致癌蛋白的磷酸化 BCL-2，产生细胞凋亡阻断癌蛋白形式[33]。

卡巴他赛（Cabazitaxel/Jevtana，XRP-6258）[9]是天然紫杉烷的半合成衍生物。它是由 Sanofi-Aventis 公司开发的，并于 2010 年 6 月 17 日被美国 FDA 批准用于治疗激素难治性前列腺癌。它是一种微管抑制剂，是被 FDA 批准为治疗癌症的第 4 种紫杉烷化合物。卡巴他赛是治疗激素难治性前列腺癌（hormone-re-fractory

1 FDA Approval for Nanoparticle Paclitaxel. National Cancer Institute Drug Information

2 Abraxis Reports Phase III Success with Abraxane in First-Line NSCLC. 2010

3 Paclitaxel (Abraxane) . U.S. Food and Drug Administration. 11 October 2012. Retrieved 10 December 2012

4 Resolution 9190, Australian Drug Evaluation Committee, 258th meeting resolutions, 6 June 2008

5 PBAC, Public Summary Document (November 2008); Celgene: A Global Biopharmaceutical Company Committed to Improving the Lives of Patients Worldwide with Innovative and Life-Changing Treatments

6 Celgene Completes Acquisition of Abraxis; Press Announcements-FDA approves Abraxane for late-stage pancreatic cancer; Celgene Corporation Announces 2015 and Long-Term Financial Outlook and Preliminary 2014 Results (NASDAQ:CELG)

7 https://en.jinzhao.wiki/wiki/Docetaxel

8 Docetaxel. The American Society of Health-System Pharmacists. Retrieved 8 December 2016; FDA Approval for Docetaxel. National Cancer Institute. Retrieved 21 December 2016

9 https://en.jinzhao.wiki/wiki/Cabazitaxel

prostate cancer）的选择性药物[1]。

10.2.3 鬼臼毒素

鬼臼毒素（Podophyllotoxin，PPT/Podofilox）[2]是一种用于治疗生殖器疣和传染性软疣的医用乳膏。鬼臼毒素是一种抗肿瘤木脂素，主要来自鬼臼属（*Podophyllum*）植物[3]。

PPT 具有抗微管活性，其机制与长春花生物碱类似，因为它们与微管蛋白结合，抑制微管形成。鬼臼毒素及其衍生物是抗肿瘤剂的前体，如依托泊苷[34,35]。鬼臼毒素使微管不稳定。PPT 的一些衍生物在 S 晚期和 G_2 早期阶段显示出对拓扑异构酶Ⅱ的结合活性。

依托泊苷（Etoposide，VP-16）[4]是从野生曼德拉草（*Podophyllum peltatum*）根茎得到的一种半合成鬼臼毒素衍生物。依托泊苷作用于 DNA 拓扑异构酶Ⅱ形成三元复合物，有助于 DNA 解旋，导致 DNA 链中断。癌细胞分裂得快，会比健康细胞更依赖于这种酶，这会导致错误的 DNA 合成，促进癌细胞的细胞凋亡[36-38]。

10.2.4 考布他汀

考布他汀（combretastatin）[5]是一类天然酚类物质。多种不同的天然考布他汀分子存在于风车子属灌木南非风车子（*Combretum caffrum*）的树皮中。考布他汀 A-4（combretastatin A-4）从树干中提取分离得到的二苯乙烯类化合物，是目前已知的微管蛋白聚合抑制剂中活性最强的化合物之一。目前已合成上百个考布他汀 A-4（CA4）的衍生物，并筛选出一些新药候选物。CA4 的水溶性磷酸盐前药 CA4P 正在美国进行Ⅲ期临床试验。

考布他汀家族的成员具有不同的引起肿瘤血管破裂的能力。考布他汀是天然存在的众所周知的微管蛋白聚合抑制剂。考布他汀 A-4 具有顺式和反式两种立体异构体；顺式形式与微管蛋白上的秋水仙碱位点[6]更好地结合于微管蛋白的 β-亚单位上以抑制聚合。目前已知的考布他汀 A-4 的天然产物在微管蛋白结合能力和细胞毒性方面是最有效的。考布他汀 A-1 也是一种有效的细胞毒性剂。还有另一种

---

1 https://www.cancer.gov/publications/dictionaries/cancer-drug/def/cabazitaxel?redirect=true; Jevtana (cabazitaxel) Injection Approved by U.S. FDA After Priority Review (Press release). Sanofi-Aventis. 2010-6-17. Retrieved June 17, 2010; Cabazitaxel Effective for Hormone Refractory Prostate Cancer After Failure of Taxotere

2 https://en.jinzhao.wiki/wiki/Podophyllotoxin

3 https://en.jinzhao.wiki/wiki/Podophyllum

4 https://en.jinzhao.wiki/wiki/Etoposide

5 https://en.jinzhao.wiki/wiki/Combretastatin

6 https://en.jinzhao.wiki/wiki/Colchicine

分子是考布他汀 B-1[39,40]。

考布他汀 A-4 能和去唾液酸糖蛋白受体结合更紧密、靶向性更强，能定向运输到肝细胞中发挥作用，改善抗肿瘤药物在身体内的分布，减少对正常器官的损害，提高疗效和减少给药剂量[41]。对其 A 环、B 环及连接两个环的桥键进行修饰得到一系列 CA4 类似物，检验发现，其提高了 CA4 的活性和降低了毒副作用[42]。考布他汀磷酸二钠（combretastatin A-4 disodium phosphate，CA4P）是考布他汀 A-4（CA4）的磷酸钠盐，改善了 CA4 的水溶性和药代动力学性质[43]。

10.2.5 长春花生物碱

长春花生物碱（vinca alkaloid）来自长春花（*Catharanthus roseus*）。它们结合微管蛋白上的特定位点，抑制微管蛋白组装成微管。原始长春花生物碱是天然产物，包括长春新碱（vincristine）和长春花碱（vinblastine）[44,45]。在这些药物研发成功之后，产生了半合成长春花生物碱，如用于治疗非小细胞肺癌的长春瑞滨（Vinorelbine）[46,47]、长春地辛（Vindesine）和长春氟宁（Vinflunine）[48]（Yue et al.，2010）。这些药物具有细胞周期特异性。它们以 S 相结合于微管蛋白分子上，并阻止 M 期所需的适当的微管形成[49]。

长春新碱（Vincristine/Leurocristine/Oncovin）是癌症的化疗药物，包括急性淋巴细胞白血病、急性骨髓性白血病、霍奇金病、成神经细胞瘤和小细胞肺癌等[1]。

长春新碱在 1961 年首次被分离出来[2]。它属于世界卫生组织的基本药物清单[3]，是卫生系统所需的最有效和最安全的药物[4]。长春新碱通过静脉注射以用于各种化疗方案。其主要用于非霍奇金淋巴瘤，作为化疗方案 CHOP [环磷酰胺（Cyclophosphamide）（C）、阿霉素（Hydroxydaunorubicin）（H）、长春新碱（Oncovin）（O）、强的松（Prednisone）（P）][5]的一部分，或者霍奇金淋巴瘤 MOPP、COPP、BEACOPP 方案的一部分，以及用于治疗肾母细胞瘤。长春新碱也是治疗急性淋巴细胞白血病（acute lymphoblastic leukemia，ALL）[6]斯坦福 V 化疗方案的一部分，

1 Vincristine Sulfate. The American Society of Health-System Pharmacists. Archived from the original on 2015-1-2. Retrieved Jan 2, 2015

2 Ravina E. The evolution of drug discovery: from traditional medicines to modern drugs (1. Aufl. ed.). Weinheim: Wiley-VCH, 2011: 157-159

3 WHO Model List of Essential Medicines (19th List). World Health Organization. April 2015. Archived (PDF) from the original on 13 December 2016. Retrieved 8 December 2016

4 Vincristine. International Drug Price Indicator Guide. Retrieved 28 November 2015

5 https://en.jinzhao.wiki/wiki/CHOP

6 https://en.jinzhao.wiki/wiki/Acute_lymphoblastic_leukemia

也可以用地塞米松和 L-天冬酰胺酶诱导 ALL 的缓解，并与强的松[1]组合治疗儿童白血病。长春新碱作为免疫抑制剂用于治疗血栓性血小板减少性紫癜（TTP）或慢性特发性血小板减少性紫癜（ITP）[2]。

长春新碱[3]通过吲哚生物碱的半合成途径在长春花植物中产生文多灵[4]。还可以通过一个立体控制的全合成技术合成，在 C18′和 C2′位保留了正确的立体化学合成。这些碳的绝对立体化学结构负责长春新碱的抗癌活性。长春新碱的脂质体包封增强了长春新碱药物的功效，同时降低了与其相关的神经毒性。脂质体包封增加长春新碱在体内的血浆浓度和循环寿命，并使药物更容易进入细胞[50,51]。

10.3 拓扑异构酶抑制剂

10.3.1 概述

拓扑异构酶抑制剂是影响拓扑异构酶Ⅰ（topoisomerase Ⅰ，topo Ⅰ）和拓扑异构酶Ⅱ（topoisomerase Ⅱ）两种酶活性的药物。拓扑异构酶Ⅰ或拓扑异构酶Ⅱ抑制干扰 DNA 复制或转录过程中拓扑异构酶作用引起的 DNA 超螺旋的应力，以及在 DNA 中产生单链或双链断裂，减少 DNA 链中的张力[52,53]。

拓扑异构酶Ⅰ抑制剂伊立替康（Irinotecan）和拓扑替康（Topotecan）的半合成衍生自喜树碱（camptothecin）[54]。靶向拓扑异构酶Ⅱ的药物导致与 DNA 结合的酶水平升高，防止 DNA 复制和转录，导致 DNA 链断裂，并导致程序性细胞死亡。拓扑异构酶Ⅱ抑制剂包括依托泊苷（Etoposide）、多柔比星（Doxorubicin）、米托蒽醌（Mitoxantrone）、替尼泊苷（Teniposide）、新生霉素（Novobiocin）和阿柔比星（Aclarubicin）[55]。

10.3.2 喜树碱

喜树碱（camptothecin，CPT）源自中国喜树（*Camptotheca acuminata*），是一种细胞毒性的喹啉生物碱（cytotoxic quinoline alkaloid），其抑制所述 DNA 拓扑异构酶Ⅰ（topo Ⅰ）。

---

1 强的松又称作醋酸泼尼松片，属于肾上腺皮质激素类药物，为治疗过敏性与炎症性疾病的口服类药物，主要的作用有抗炎、抗毒、应激等

2 Brayfield A. 13 December 2013. Vincristine. Martindale: The Complete Drug Reference. Pharmaceutical Press. Retrieved 15 April 2014

3 长春新碱(Vincristine, Oncovin, VCR)，分子式为 $C_{46}H_{56}N_4O_{10}$，22-醛基长春碱 (22-oxovincaleukoblastine)

4 文多灵(Vindoline)，也称长春多灵；分子式 $C_{25}H_{32}N_2O_6$。化学结构为(2β,5α,12*R*,19α)-4β-(乙酰氧基)-6,7-双脱氢-3β-羟基-16-甲氧基-1-甲基亚磷酰胺-3-羧酸甲酯[(2β,5α,12*R*,19α)-4β-(Acetyloxy)-6,7-didehydro-3β-hydroxy-16-methoxy-1-methylaspidospermidine-3-carboxylic acid methyl ester]

CPT 具有平面五环结构，其包括吡咯并[3,4-β]喹啉（pyrrolo[3,4-β]quinoline）（环 A/B 和 C 环），共轭吡啶酮部分（D 环）和 α-羟基中位置 20 处的一个手性中心（*S*）构型的内酯环（E 环）。CPT 与 topo I 和 DNA 复合物（共价复合物）结合，导致三元复合物形成，从而使其稳定。这样可以防止 DNA 重新连接，从而导致 DNA 损伤，导致细胞凋亡。

CPT 与酶和 DNA 及氢键结合。结构中最重要的部分是从三个不同位置与酶相互作用的 E 环。位置 20 中的羟基在酶中天冬氨酸编号 533（Asp533）处形成与侧链的氢键。由于构型（*R*）不活泼，因此手性碳的构型是（*S*）至关重要。内酯与两个氢键键合精氨酸 364（Arg364）上的氨基。D 环与非切割链上的+1 胞嘧啶相互作用，形成氢键，稳定了 topo I-DNA 共价络合物。该氢键位于 D 环上 17 位的羰基和+1 胞嘧啶的嘧啶环上的氨基之间[56,57]。CPT 在 S 期对细胞复制 DNA 具有选择性细胞毒性，其毒性主要是将单链断裂转化为双链断裂的结果[58,59]。

喜树碱的构效关系（structure-activity relationship，SAR）第 7 位、第 9 位、第 10 位和第 11 位的替换可以对 CPT 活性与物理性质（如效力和代谢稳定性）具有正面影响。如同高喜树碱一样，通过一个 CH_2 单元扩大内酯环增强其能力。第 12 位和第 14 位的替换导致产生失活的衍生物[60]。

10.3.3 伊立替康

伊立替康（Irinotecan/Camptosar）是用于治疗结肠癌和小细胞肺癌的药物。单独使用或与氟尿嘧啶一起使用可治疗结肠癌，与顺铂一起使用治疗小细胞肺癌[1]。伊立替康通过水解活化为 SN-38[2]，然后通过尿苷二磷酸葡萄糖醛酸转移酶 1A1（uridine diphosphate glucuronosyltransferase 1A1，UGT1A1）的葡糖苷酸化来灭活[3]。活性代谢物 SN-38 对拓扑异构酶 I 的抑制最终导致对 DNA 复制和转录的抑制[4]。

10.3.4 拓扑替康

拓扑替康（Topotecan/Hycamtin）[5]是天然化合物喜树碱合成的水溶性类似物，是拓扑异构酶抑制剂，用于治疗卵巢癌、肺癌和其他癌症。在 2007 年 10 月，GlaxoSmithKline 公司获得 FDA 批准的拓扑替康胶囊后，拓扑替康成为第一个口

1 Irinotecan Hydrochloride. The American Society of Health-System Pharmacists. Retrieved 8 December 2016

2 https://en.jinzhao.wiki/wiki/SN-38

3 http://labeling.pfizer.com/ShowLabeling.aspx?id=533

4 Onivyde: EPAR – Product Information. European Medicines Agency. 25 October 2016

5 https://en.jinzhao.wiki/wiki/Topotecan

服使用的拓扑异构酶 I 抑制剂，适用于卵巢癌、宫颈癌和小细胞肺癌（FDA Oct 2007）[1]。截至 2016 年，拓扑替康治疗神经母细胞瘤、脑干胶质瘤、尤因氏肉瘤和 Angelman 综合征的实验正在进行。此外，拓扑替康正在实验性治疗非小细胞肺癌、结直肠癌、乳腺癌、非霍奇金淋巴瘤、子宫内膜癌和少突胶质细胞瘤[2]。

10.4 桦木酸

桦木酸（betulinic acid）[3]是从白桦树（*Betula platyphylla*）中提取得到的五环三萜类化合物，通过抑制拓扑异构酶作为抗癌抑制剂，具有抗逆转录病毒、抗发炎、防腐、抗疟、抗菌等多种生物活性。

桦木酸及其类似物未来临床发展的主要不便之处在于它们在用于生物测定的血清和极性溶剂等水性介质中的溶解度差。为了避免水溶性的问题并提高药理学性质，合成了许多衍生物并评估其细胞毒活性。1995 年，桦木酸被报道为人黑素瘤的选择性抑制剂[61]。然后其被证明在人类神经母细胞瘤体外和体内模型系统诱导凋亡[62]。桦木酸能诱导癌细胞凋亡、抑制肿瘤生长和对抗血管新生，且对于正常细胞与癌细胞具有选择性的毒杀作用，其作用机制可能为在通过抑制细胞生存和生长的酶如鸟氨酸脱氢酶等方面发挥作用。ALS-357 目前由美国 Advanced Life Sciences 公司开展临床研究，并应用于治疗恶性皮肤癌和恶性黑色素瘤[4]。

10.5 P276-00 黄酮类化合物

罗希吐碱（rohitukine）是从印度药用植物红果樫木（*Dysoxylum binectariferum*）中分离得到的色酮生物碱，从这种天然产物衍生出由 Aventis 公司开发的抗癌复合治疗剂夫拉平度（flavopiridol）和 P276-00 两种临床候选物，用于治疗癌症[63]。

P276-00 是印度制药公司 Nicholas Piramal 研发的一种黄酮类化合物[5]，体外抗癌活性试验结果发现，P276-00 能抑制人骨髓瘤、乳腺癌、肺癌等多种肿瘤细胞的增殖，是一种选择性 CDK4-D1 和 CDK1-B 抑制剂。临床研究数据提示，P276-00

---

1 Archived copy. Archived from the original on January 19, 2009. Retrieved February 7, 2009; FDA Approval for Topotecan Hydrochloride. National Cancer Institute; Archived copy. Archived from the original on November 7, 2008. Retrieved February 7, 2009; Archived copy. Archived from the original on June 26, 2009. Retrieved February 7, 2009; GSK Receives Approval for Hycamtin (Topotecan) Capsules for the Treatment of Relapsed Small Cell Lung Cancer

2 Haglof K, Popa E, Hochster H S. 2006. Recent developments in the clinical activity of topoisomerase-1 inhibitors. Update on Cancer Therapeutics, 1(2):117-145.

3 https://en.jinzhao.wiki/wiki/Betulinic_acid

4 http://trove.nla.gov.au/work/71241400?q&versionId=84409332

5 http://www.100md.com/html/DirDu/2006/09/20/19/50/09.htm

是进行更深入临床前研究和临床研究的候选药物，目前正在进行Ⅰ/Ⅱ期临床研究。

P276-00 对中枢神经系统、黑素瘤、前列腺癌、肾癌等具有活性。流式细胞术使用异步和同步的肿瘤与正常细胞群体研究了 P276-00 对细胞周期的影响，与癌细胞相比，P276-00 对正常细胞的效力较低，抑制人结肠癌细胞 HCT-116、人非小细胞肺癌细胞 H-460 异种移植物的生长。P276-00 比顺铂有效 26 倍[64]。P276-00 抑制细胞周期蛋白 D/CDK4/P16/pRB/E2F 轴，通过增加头颈部鳞状上皮细胞癌（head and neck squamous cell carcinoma，HNSCC）细胞中的 P53 磷酸化诱导细胞凋亡。P276-00 在头颈部癌症、异种移植肿瘤模型中导致显著地抑制肿瘤生长的作用[65]。套细胞淋巴瘤（mantle cell lymphoma，MCL）[1]是最具侵袭性的淋巴样肿瘤之一，对成熟 B 淋巴细胞的增殖具有显著的传播趋势。针对 MCL 发现的一种新型选择性有效的 CDK4-D1、CDK1-B 和 CDK9-T1 抑制剂，P276-00 对 MCL 细胞株有显著的细胞毒作用。其机制研究证实细胞周期调控蛋白水平下调[66]。

低氧诱导因子-1（hypoxia-inducible factor-1，HIF-1）[2]是氧缺失时的转录反应的主要调节因子，并控制参与糖酵解、血管生成、迁移和侵袭的基因。在缺氧条件下，P276-00 在前列腺癌细胞中没有表现出增强的细胞毒活性，但在细胞周期的 G_2/M 期被抑制。人脐静脉内皮细胞的三维管状结构形成和前列腺癌细胞的迁移也受 P276-00 体外抑制。P276-00 在 PC-3 异种移植模型中具有显著的体内功效且低毒。P276-00 作为血管生成抑制剂抗前列腺癌[67]。

10.6　半枝莲水溶性提取物

半枝莲（*Scutellaria barbata*）[3]是被用作治疗炎症和外伤的草药。其已经在临床试验中用于治疗转移性乳腺癌。其提取物诱导前列腺癌细胞的细胞凋亡已处在实验室研究阶段[68]。

BZL101是半枝莲水溶性提取物，确切的活性成分目前不清楚，已知的野黄芩苷、芹菜素-5-O-β-D-吡喃葡萄糖苷、野黄芩素、异高山黄芩素-8-O-β-D-葡萄糖醛酸苷、木犀草素、4′-羟基汉黄芩素和芹菜素等黄酮类成分[69]具有潜在的抗癌活性，目前由 Bionovo Inc.开展临床研究[4]，并适用于各种癌症，尤其是乳腺癌。BZL101 的作用机制可能是：加速肿瘤细胞中凋亡蛋白诱导因子（protein apoptosis-inducing

1 https://en.jinzhao.wiki/wiki/Mantle_cell_lymphoma

2 https://en.jinzhao.wiki/wiki/Hypoxia-inducible_factors

3 https://en.jinzhao.wiki/wiki/Scutellaria_barbata

4 http://trove.nla.gov.au/work/57929334?q&versionId=70927118

factor，AIF）[1]从线粒体向细胞核转移，导致肿瘤细胞染色质凝聚和 DNA 降解，并进一步诱导与半胱氨酸蛋白酶无关的细胞凋亡。

10.7 一类抗癌新药参一胶囊

“Rg3 参一胶囊”[2]的主要成分是人参皂苷 Rg3，它具有选择性地抑制癌细胞浸润和转移的特殊药理作用。参一胶囊（Rg3）对小鼠黑色素瘤细胞生长有显著的抑制作用，并能显著诱导细胞发生凋亡[69]。Rg3 参一胶囊在肝癌术后化疗中，能增强抗肿瘤效果，减少毒副作用[70]。

一类抗癌新药“Rg3 参一胶囊”的研发被列为国家级火炬计划项目、国家重点新产品计划、国家计划委员会产业化示范工程、国家“十五”重点攻关项目，2000 年 1 月，获得国家药品监督管理局批准试生产。此后，其进入严格的Ⅳ期临床试验阶段，2003 年 4 月底，国家药品监督管理局审查通过“参一胶囊”Ⅳ期临床试验总结资料，批准参一胶囊上市[3]。

参 考 文 献

[1] 莱茵哈德·伦内贝格. 心肌梗塞、癌症和干细胞：生物技术拯救生命 [M]. 杨毅，严碧云，陈慧译. 北京：科学出版社, 2009.

[2] Dubas L E, Ingraffea A. Nonmelanoma skin cancer [J]. Facial Plastic Surgery Clinics of North America, 2013, 21(1): 43-53.

[3] Cakir B Ö, Adamson P, Cingi C. Epidemiology and economic burden of nonmelanoma skin cancer [J]. Facial Plastic Surgery Clinics of North America, 2012, 20(4): 419-422.

[4] Jemal A, Bray F, Center M M, et al. Global cancer statistics [J]. CA Cancer J Clin, 2011, 61(2): 69-90.

[5] Lind M J. Principles of cytotoxic chemotherapy [J]. Medicine, 2004, 32(3): 20-25.

[6] Nastoupil L J, Rose A C, Flowers C R. Diffuse large B-cell lymphoma: current treatment approaches [J]. Oncology (Williston Park), 2012, 26(5): 488-495.

[7] Freedman A. Follicular lymphoma: 2012 update on diagnosis and management [J]. American Journal of Hematology, 2012, 87(10): 988-995.

[8] Rampling R, James A, Papanastassiou V. The present and future management of malignant brain tumours: surgery, radiotherapy, chemotherapy [J]. Journal of Neurology, Neurosurgery, and Psychiatry, 2004, 75 Suppl 2(Suppl 2): ii24-ii30.

[9] Madan V, Lear J T, Szeimies R M. Non-melanoma skin cancer [J]. The Lancet, 2010, 375(9715): 673-685.

1 https://en.jinzhao.wiki/wiki/Apoptosis-inducing_factor

2 我国一类中药抗癌新药“Rg3 参一胶囊”上市. 化工中间体, 2006

3 http://news.sohu.com/24/17/news211591724.shtml

[10] Carney W. HER2/neu status is an important biomarker in guiding personalized HER2/neu therapy [J]. Connection, 2006, 9: 25-27.

[11] Telli M L, Hunt S A, Carlson R W, et al. Trastuzumab-related cardiotoxicity: calling into question the concept of reversibility [J]. Journal of Clinical Oncology, 2007, 25 (23): 3525-3533.

[12] Saglio G, Morotti A, Mattioli G, et al. Rational approaches to the design of therapeutics targeting molecular markers: the case of chronic myelogenous leukemia [J]. Ann N Y Acad Sci, 2004, 1028(1): 423431.

[13] Dudley J, Karczewski K. Exploring Personal Genomics [M]. Oxford: Oxford University Press, 2014.

[14] Lu Y F, Goldstein D B, Angrist M, et al. Personalized medicine and human genetic diversity [J]. Cold Spring Harbor Perspectives in Medicine, 2014, 4(9): a008581.

[15] Battle A, Mostafavi S, Zhu X W, et al. Characterizing the genetic basis of transcriptome diversity through RNA-sequencing of 922 individuals [J]. Genome Research, 2014, 24(1): 14-24.

[16] Cenik C, Cenik E S, Byeon G W, et al. Integrative analysis of RNA, translation, and protein levels reveals distinct regulatory variation across humans [J]. Genome Research, 2015, 25(11): 1610-1621.

[17] Wu L F, Candille S I, Choi Y, et al. Variation and genetic control of protein abundance in humans [J]. Nature, 2013, 499(7456): 79-82.

[18] Haines J L. Complement factor H variant increases the risk of age-related macular degeneration [J]. Science, 2005, 308(5720): 419-421.

[19] Ellsworth R E, Decewicz D J, Shriver C D, et al. Breast cancer in the personal genomics era [J]. Current Genomics, 2013, 11(3): 146-161.

[20] 唐学良. 我国个性化药物研发加速 [N]. 医药经济报, 2013-4-19(4).

[21] 陈清奇. 美国抗癌药物化学合成速查 [M]. 北京: 科学出版社, 2009.

[22] 陈清奇. 抗癌新药研究指南 [M]. 北京: 科学出版社, 2009.

[23] Neumann E, Schaefer-Ridder M, Wang Y, et al. Gene transfer into mouse lyoma cells by electroporation in high electric fields [J]. The EMBO Journal, 1982, 1(7): 841-845.

[24] Pilhofer M, Ladinsky M S, McDowall A W, et al. Microtubules in bacteria: ancient tubulins build a five-protofilament homolog of the eukaryotic cytoskeleton [J]. PLoS Biology, 2011, 9(12): e1001213.

[25] Desai A, Mitchison T J. Microtubule polymerization dynamics [J]. Annu Rev Cell Dev Biol, 1997, 13: 83-117.

[26] Ganguly A, Yang H L, Cabral F. Paclitaxel-dependent cell lines reveal a novel drug activity [J]. Molecular Cancer Therapeutics, 2010, 9(11): 2914-2923.

[27] Ganguly A, Yang H L, Cabral F. Class III β-tubulin counteracts the ability of paclitaxel to inhibit cell migration [J]. Oncotarget, 2011, 2(5): 368-377.

[28] Yang H L, Ganguly A, Cabral F. Inhibition of cell migration and cell division correlates with distinct effects of microtubule inhibiting drugs [J]. The Journal of Biological Chemistry, 2010, 285(42): 32242-32250.

[29] Ajikumar P K, Xiao W H, Tyo K E J, et al. Isoprenoid pathway optimization for Taxol precursor overproduction in *Escherichia coli* [J]. Science, 2010, 330(6000): 70-74.

[30] Lin X Y, Hezari M, Koepp A E, et al. Mechanism of taxadiene synthase, a diterpene cyclase that catalyzes the first step of taxol biosynthesis in pacific yew [J]. Biochemistry, 1996, 35(9): 2968-2977.

[31] Banskota A H, Usia T, Tezuka Y, et al. Three new C-14 oxygenated taxanes from the wood of *Taxus yunnanensis* [J]. J Nat Prod, 2002, 65(11): 1700-1702.

[32] Vines T, Faunce T. Assessing the safety and cost-effectiveness of early nanodrugs [J]. J Law Med, 2009, 16(5): 822-845.

[33] Yvon A M, Wadsworth P, Jordan M A. Taxol suppresses dynamics of individual microtubules in living human tumor cells [J]. Mol Biol Cell, 1999, 10(4): 947-959.

[34] Damayanthi Y, Lown J W. Podophyllotoxins: current status and recent developments [J]. Current Medicinal Chemistry, 1998, 5(3): 205-252.

[35] Liu Y Q, Yang L, Tian X, et al. Podophyllotoxin: current perspectives [J]. Current Bioactive Compounds, 2007, 3(1): 37-66.

[36] Ardalani H, Avan A, Ghayour-Mobarhan M. Podophyllotoxin: a novel potential natural anticancer agent [J]. Avicenna Journal of Phytomedicine, 2017, 7 (4): 285-294.

[37] Gordaliza M, Castro M A, del Corral J M, et al. Antitumor properties of podophyllotoxin and related compounds [J]. Current Pharmaceutical Design, 2000, 6(18): 1811-1839.

[38] Canel C, Moraes R M, Dayan F E, et al. Molecules of interest: podophyllotoxin [J]. Phytochemistry, 2000, 54(2): 115-120.

[39] Pettit G R, Singh S B, Boyd M R, et al. Antineoplastic agents. 291. Isolation and synthesis of Combretastatins A-4, A-5, and A-6(1a) [J]. Journal of Medicinal Chemistry, 1995, 38(10): 1666-1672.

[40] O'Boyle N M, Carr M, Greene L M, et al. Synthesis and evaluation of azetidinone analogues of Combretastatin A-4 as tubulin targeting agents [J]. Journal of Medicinal Chemistry, 2010, 53(24): 8569-8584.

[41] 吴军. 以半乳糖残基为载体的 Combretastatin A4 靶向药物的合成及抗肿瘤研究 [D]. 合肥: 安徽大学硕士学位论文, 2011.

[42] 黄新颖. 基于 3D-QSAR、分子对接和分子动力学的新型抗肿瘤 CombretastatinA-4 类似物的分子设计 [D]. 上海: 上海应用技术学院硕士学位论文, 2015.

[43] 张夕. 康普瑞汀磷酸钠对孕鼠胚胎毒性和致畸性的初步研究 [D]. 上海: 第二军医大学硕士学位论文, 2016.

[44] Gansäuer A, Justicia J, Fan C A, et al. Reductive C—C bond formation after epoxide opening via electron transfer [C] . *In*: Krische M J. Metal Catalyzed Reductive C—C Bond Formation: a Departure from Preformed Organometallic Reagents. Berlin/Heidelberg: Springer Science & Business Media, 2007: 25-52.

[45] Cooper R, Deakin J J. Africa's Gift to the World [M]. Botanical Miracles: Chemistry of Plants That Changed the World. Boca Raton, Florida: CRC Press, 2016: 46-51.

[46] Faller B A, Pandi T N. Safety and efficacy of vinorelbine in the treatment of non-small cell lung cancer [J]. Clinical Medicine Insights Oncology, 2011, 5: 131-144.

[47] Ngo Q A, Roussi F, Cormier A, et al. Synthesis and biological evaluation of Vinca alkaloids and phomopsin hybrids [J]. Journal of Medicinal Chemistry, 2009, 52(1): 134-142.
[48] Yue Q X, Liu X, Guo D A. Microtubule-binding natural products for cancer therapy [J]. Planta Medica, 2010, 76 (11): 1037-1043.
[49] Malhotra V, Perry M C. Classical chemotherapy: mechanisms, toxicities and the therapeutic window [J]. Cancer Biology and Therapy, 2003, 2(4 Suppl 1): S2-S4.
[50] Kuboyama T, Yokoshima S, Tokuyama H, et al. Stereocontrolled total synthesis of (+)-vincristine [J]. Proceedings of the National Academy of Sciences of the United States of America, 2004, 101(33): 11966-11970.
[51] Waterhouse D N, Madden T D, Cullis P R, et al. Preparation, characterization, and biological analysis of liposomal formulations of vincristine [J]. Methods in Enzymology, 2005, 391: 40-57.
[52] Berk A, Lodish H, Zipursky S L, et al. The Role of Topoisomerases in DNA Replication [M]. New York: W H Freeman, 2000.
[53] Goodsell D S. The molecular perspective: DNA topoisomerases [J]. Stem Cells, 2002, 20(5): 470-471.
[54] 康军英，李复红，韩蓓．参一胶囊联合羟基喜树碱和顺铂治疗晚期非小细胞肺癌的临床研究 [J]．现代药物与临床, 2020, 35(1): 133-137.
[55] Nitiss J L. Targeting DNA topoisomerase Ⅱ in cancer chemotherapy [J]. Nature Reviews Cancer, 2009, 9(5): 338-350.
[56] Adams D J, Wahl M L, Flowers J L, et al. Camptothecin analogs with enhanced activity against human breast cancer cells. II. Impact of the tumor pH gradient [J]. Cancer Chemotherapy and Pharmacology, 2005, 57(2): 145-154.
[57] Redinbo M R, Stewart P, Kuhn P, et al. Crystal structure of human topoisomerase Ⅰ in covalent and noncovalent complexes with DNA [J]. Science, 1998, 279(5356): 1504-1513.
[58] Del Bino G, Lassota P, Darzynkiewicz Z. The S-phase cytotoxicity of camptothecin [J]. Exp Cell Res, 1991, 193(1): 27-35.
[59] Pommier Y, Redon C, Rao V A, et al. Repair of and checkpoint response to topoisomerase I-mediated DNA damage [J]. Mutat Res, 2003, 532 (1-2): 173-203.
[60] Zunino F, Dallavalle S, Laccabue D, et al. Current status and perspectives in the development of camptothecins [J]. Current Pharmaceutical Design, 2002, 8(27): 2505-2520.
[61] Pisha E, Chai H, Lee I S, et al. Discovery of betulinic acid as a selective inhibitor of human melanoma that functions by induction of apoptosis [J]. Nature Medicine, 1995, 1(10): 1046-1051.
[62] Schmidt M L, Kuzmanoff K L, Ling-Indeck L, et al. Betulinic acid induces apoptosis in human neuroblastoma cell lines [J]. European Journal of Cancer, 1997, 33 (12): 2007-2010.
[63] Kumar V, Guru S K, Jain S K, et al. A chromatography-free isolation of rohitukine from leaves of *Dysoxylum binectariferum*: evaluation for in-vitro cytotoxicity, CDK inhibition and physicochemical properties [J]. Bioorganic and Medicinal Chemistry Letters, 2016, 26(15): 3457-3463.
[64] Joshi K S, Rathos M J, Mahajan P, et al. P276-00, a novel cyclin-dependent inhibitor induces G1-G2 arrest, shows antitumor activity on cisplatin-resistant cells and significant *in vivo*

efficacy in tumor models [J]. Molecular Cancer Therapeutics, 2007, 6(3): 926-934.
[65] Mishra P B, Lobo A S, Joshi K S, et al. Molecular mechanisms of anti-tumor properties of P276-00 in head and neck squamous cell carcinoma [J]. Journal of Translational Medicine, 2013, 11(1): 42.
[66] Shirsath N P, Manohar S M, Joshi K S. P276-00, a cyclin-dependent kinase inhibitor, modulates cell cycle and induces apoptosis *in vitro* and *in vivo* in mantle cell lymphoma cell lines [J]. Molecular Cancer, 2012, 11 (1): 77.
[67] Manohar S M, Padgaonkar A A, Jalota-Badhwar A, et al. Cyclin-dependent kinase inhibitor, P276-00, inhibits HIF-1α and induces G2/M arrest under hypoxia in prostate cancer cells [J]. Prostate Cancer and Prostatic Diseases, 2011, (1): 15-27.
[68] Wong B Y Y, Nguyen D L, Lin T X, et al. Chinese medicinal herb *Scutellaria barbata* modulates apoptosis and cell survival in murine and human prostate cancer cells and tumor development in TRAMP mice [J]. European Journal of Cancer Prevention, 2009, 18(4): 331-341.
[69] 孙宝胜, 张矛, 刘林林, 等. 参一胶囊(Rg3)诱导小鼠黑色素瘤细胞凋亡 [J]. 中国实验诊断学, 2010, 14(4): 526-527.
[70] 汪永钦, 杨效东. Rg3 参一胶囊在肝癌术后化疗中的临床应用 [J]. 现代医药卫生, 2014, 30(4): 576-578.

11 抗抑郁林源植物药

11.1 概 述

抑郁症（depression）[1]是一种以显著而持久的心境低落为主要临床特征的综合征，严重者甚至出现自杀等极端自残的行为，已成为严重威胁人类身心健康的世界致残性疾病[1]。抑郁症具有高发病、高自杀、高复发、高致残特点，而识别率、就诊率、治疗率却较低，其防治成为全球严重的公共卫生问题和突出的社会问题[2]。

抗抑郁药（antidepressant）[2]是用于治疗重度抑郁障碍和其他病症的药物，包括精神郁闷（dysthymia）、焦虑症（anxiety disorder）、强迫症（obsessive compulsive disorder）、进食障碍（eating disorder）、慢性疼痛（chronic pain）、神经性疼痛（neuropathic pain）、痛经（dysmenorrhoea）、打鼾（snoring）、偏头痛（migraine）、注意力缺陷多动障碍（attention deficit hyperactivity disorder，ADHD）、成瘾（addiction）、依赖（dependence）和睡眠障碍（sleep disorder）等。它们可以单独使用或与其他药物组合使用。作用靶点有单胺类受体、非单胺类受体、神经肽受体和激素系统等。其中单胺类受体中包括多重再摄取抑制剂、5-羟色胺受体；非单胺类受体中包括乙酰胆碱受体、γ-氨基丁酸受体、谷氨酸受体、组胺受体；神经肽受体中包括孤啡肽受体、神经激肽受体、σ 受体；激素系统中包括下丘脑-垂体-肾上腺轴、雌激素、褪黑素；另外还包括新发现的脑源性神经营养因子、细胞因子等[3]。

最重要的抗抑郁药类是选择性 5-羟色胺再摄取抑制剂（selective serotonin reuptake inhibitor，SSRI）、5-羟色胺去甲肾上腺素再摄取抑制剂（serotonin-norepinephrine reuptake inhibitor，SNRI）、三环抗抑郁药（TCA）、单胺氧化酶抑制剂（MAOI）、单胺氧化酶 A（monoamine oxidase A，RIMA）的可逆抑制剂、四环抗抑郁药（tetracyclic antidepressant，TeCA）与去甲肾上腺素能和特异性 5-羟色胺能抗抑郁药（noradrenergic and specific serotonin antidepressant，NaSSA）。

关于抑郁症产生原因的一个理论是其特征在于过度活跃的下丘脑-垂体-肾上

1 https://en.jinzhao.wiki/wiki/Depression

2 https://en.jinzhao.wiki/wiki/Antidepressant

腺轴（hypothalamic-pituitary-adrenal axis，HPA 轴），类似于对应激的神经-内分泌反应。这些 HPA 轴异常参与抑郁症状的发展，抗抑郁药可用于调节 HPA 轴的功能[1]。抑郁症病因不明，与遗传、生物化学、社会、心理、文化等多种因素有关。抑郁症发病机制复杂，其发生可能与脑内单胺类神经功能失衡、下丘脑-垂体-肾上腺（HPA）轴过度活化、脑源性神经营养因子（BDNF）水平低下等因素有关，而 HPA 轴过度活化可导致脑内海马神经元坏死或减少[2]。抗抑郁的神经生物学机制可能涉及单胺类神经递质系统、神经营养物质、神经内分泌系统、神经免疫系统及中枢神经系统组织形态结构等方面的变化[4]。

目前临床最为广泛的一线抗抑郁药物包括 5-羟色胺（5-HT）再摄取抑制剂如氟西汀，5-HT/NE 双重再摄取抑制剂如度洛西汀。兼有 5-HT1A 部分激动和 5-HT 重摄取抑制双重靶标的抗抑郁药如盐酸羟哌吡酮（YL-0919）正处于研发阶段，YL-0919 具有强效的 5-HT 重摄取抑制功能，并且强于一线药物氟西汀和度洛西汀[4-6]。安非他酮（Bupropin）属于氨基酮类抗抑郁药，是中度去甲肾上腺素（NE）和相对弱的多巴胺（DA）再摄取抑制剂（NDRI），对 5-HT 无明显作用，其作用机制尚不明确，为中枢神经系统类药品。其适用于迟钝型抑郁症和对其他抗抑郁药疗效不明显或不能耐受的患者。体外试验表明安非他酮主要是由细胞色素 P450 ⅡB6 同工酶所代谢。长期大剂量服用安非他酮可产生 β 肾上腺素受体向下调节的作用。氯胺酮（Ketamine）作为 N-甲基 D-天冬氨酸（NMDA）受体拮抗剂，艾司氯胺酮（Esketamine）是氯胺酮的 S-对映异构体，与 NMDA 受体（NMDAR）有更高的亲和力，不同于传统的 5-羟色胺（5-HT）再摄取抑制剂的作用机制，其是一个新的靶点。当前大部分抗抑郁药物只能缓解部分症状，副作用较多且伴随起效延迟的特点。越来越多的科研工作者将眼光投向开发新型、高效、低毒副作用的天然抗抑郁药物。强生的詹森制药公司宣布 FDA 批准了其 Spravato CIII 鼻腔喷雾剂的补充新药上市申请，这一类药物针对有急性自杀意念或行为的重度抑郁障碍的成年人，可快速减轻抑郁症状，见文档 11-1。

文框 11-1　抗抑郁处方药发展趋势

在美国，抗抑郁药是 2013 年最常用的处方药。大约 1600 万超过 24 个月长期使用抗抑郁药的患者中，大约 70%是女性。在英国 NHS 公布的 2010 年数据显示，抗抑郁处方药数量在 10 年内几乎翻了一番。除经济衰退之外，可能影响处方率变化的其他因素包括：诊断水平的提高、精神健康问题的减少、更广泛

1 Pariante C M. Depression, Stress and the Adrenal Axis. British Society for Neuroendocrinology, UK. Retrieved 12 April 2017

的使用处方的趋势、全科医生的特点、地理位置和住房状况。另一种可能导致抗抑郁药消费增加的因素是这些药物现在被用于社交焦虑和创伤后压力等其他疾病。2010年，美国零售市场上常用的抗抑郁药见文框表11-1[1]。

文框表 11-1 美国零售市场上常用的抗抑郁药

药物名称	商品名	药物类型	处方总量
舍曲林（Sertraline）	Zoloft	SSRI	33 409 838
西酞普兰（Citalopram）	Celexa	SSRI	27 993 635
氟西汀（Fluoxetine）	Prozac	SSRI	24 473 994
艾司西酞普兰（Escitalopram）	Lexapro	SSRI	23 000 456
曲唑酮（Trazodone）	Desyrel	SARI	18 786 495
文拉法辛所有配方（Venlafaxine all formulation）	Effexor（IR，R，XR）	SNRI	16 110 606
安非他酮所有配方（Bupropion all formulation）	Wellbutrin（IR，ER，SR，XL）	NDRI	15 792 653
度洛西汀（Duloxetine）	Cymbalta	SNRI	14 591 949
帕罗西汀（Paroxetine）	Paxil	SSRI	12 979 366
阿米替林（Amitriptyline）	Elavil	TCA	12 611 254
文拉法辛 XR（Venlafaxine XR）	Effexor XR	SNRI	7 603 949
安非他酮 XL（Bupropion XL）	Wellbutrin XL	NDRI	7 317 814
米氮平（Mirtazapine）	Remeron	TCA	6 308 288
文拉法辛 ER（Venlafaxine ER）	Effexor XR	SNRI	5 526 132
安非他酮 SR（Bupropion SR）	Wellbutrin SR	NDRI	4 588 996
去甲文拉法辛（Desvenlafaxine）	Pristiq	SNRI	3 412 354
诺曲普利（Nortriptyline）	Sensoval	TCA	3 210 476
安非他酮 ER（Bupropion ER）	Wellbutrin XL	NDRI	3 132 327
文拉法辛（Venlafaxin）	Effexor	SNRI	2 980 525
安非他酮（Bupropion）	Wellbutrin IR	NDRI	753 516

注：SSRI，选择性5-羟色胺再摄取抑制剂；
SARI，5-HT受体拮抗和再摄取抑制剂；
SNRI，5-羟色胺去甲肾上腺素再摄取抑制剂；
NDRI，DA/NE再摄取抑制剂；
TCA，三环抗抑郁药

1 https://en.jinzhao.wiki/wiki/Antidepressant

抗抑郁林源植物药复方较多，包括四逆散[6]、逍遥散[7]、柴胡与白芍配伍[8]、小柴胡汤[9]、越鞠丸[10]等。小柴胡汤是最早出自《伤寒杂病论》的方剂，是治疗少阳证的经典名方。因少阳证症状“胸胁痞满，默默不欲饮食，心烦喜呕”等与现代医学中的抑郁症症状相似，提示小柴胡汤具有抗抑郁的可能性。小柴胡汤对多种因素所致抑郁症模型的抑郁行为均有改善作用，作用机制可能与维持各类神经递质的稳态，增强神经营养，调节雌激素、孕激素及其下游信号通路，保护神经元有关[9]。应用行为学与代谢组学相结合的方法评价逍遥散的抗抑郁功效具有准确性好、灵敏度高等特点[11]。

单味药的研究主要包括当归（*Angelica sinensis*）[12]、乌头（*Aconitum carmichaelii*）[13]、五味子（*Schisandra chinensis*）[14]、栀子（*Gardenia jasminoides*）[15]、芍药（*Paeonia lactiflora*）、海金子（*Pittosporum illicioides*）[15]、厚朴（*Magnolia officinalis*）[16]、枸杞（*Lycium chinense*）[16]、淫羊藿（*Epimedium brevicornu*）[17]、北柴胡（*Bupleurum chinense*）[11]、甘草（*Glycyrrhiza uralensis*）[18]、香附子（*Cyperus rotundus*）[19]等植物。附子生物碱和多糖均有可能具有抗抑郁作用[13]。低剂量越鞠丸石油醚部位具有快速抗抑郁的作用，与 BDNF 及其受体 TrkB 的激活相关[10]。山栀茶 4 个不同极性部位均不同程度地缩短了绝望模型中小鼠悬尾和强迫游泳的不动时间。山栀茶抗抑郁活性成分主要分布在乙酸乙酯部位和正丁醇部位[15]。枸杞及枸杞多糖具有明确的抗抑郁作用，其机制涉及下丘脑-垂体-肾上腺轴功能、抗氧化损伤及神经保护作用等[16]。厚朴抗抑郁机制主要涉及调节去甲肾上腺素、5-羟色胺等单胺类神经递质，抗炎、抗氧化、清除自由基，调节神经营养因子，促进神经再生，调节下丘脑-垂体-肾上腺（HPA）轴功能，以及调节免疫功能等多种药理作用[20]。

天然药物化学成分的抗抑郁作用主要包括多酚、黄酮、苯丙素、萜类、生物碱及碳水化合物，还包括柚皮素、槲皮素衍生物、丁香酚、胡椒碱、小檗碱、贯叶金丝桃素、人参皂苷等成分[21]。苯丙素化合物包括从姜（*Zingiber officinale*）中分离得到的脱氢姜酮（Dehydrozingerone）[22]、阿魏酸[23]、莨菪亭（Scopoletin）、补骨脂素（Psoralen）[24]、大花八角醇（Macranthol）和厚朴酚（Magnolol）[25]；从菊薯（*Smallanthus sonchifolius*）中分离得到的菊薯寡糖，以及巴戟天中结构类似的菊淀粉型寡糖均具有良好的抗抑郁作用[26]。艾草（*Artemisia argyi*）中的酚类化合物鼠尾草酚（carnosol）[27]、牛至（*origanum vulgare*）中的酚类化合物香芹酚（carvacrol）[28]、萜类化合物 β-松萜（β-pinene）可显著缩短小鼠强迫游泳实验（FST）的不动时间，具有良好的抗抑郁活性，可能与 D 1 受体的作用有关[29]。此外，吲哚类生物碱帽柱木碱（mitragynine）[30]、异戊烯基吲哚生物碱 Neoechinulin A[31]、异喹啉生物碱甲基莲心碱（neferine）[32]等都具有抗抑郁作用。

11.2 转位蛋白（TSPO）配体水溶性衍生物抗抑郁

转位蛋白 18kDa（TSPO）广泛分布于中枢和外周组织细胞线粒体外膜上，在神经炎症时高表达于活化的小胶质细胞，目前已被公认为脑内炎症的生物标志物。TSPO 由 5 个位于线粒体外膜的跨膜蛋白组成。TSPO 在大脑主要存在于神经胶质细胞中，与配体结合后可促进胆固醇转运入线粒体膜内，从而促进脑内神经类固醇的合成。神经类固醇参与情绪和应激反应的调节，对抑郁、焦虑等应激相关性精神系统疾病的治疗具有潜在价值[33]。

日本三共制药公司研制了 TSPO 的特异性配体 AC-5216，发现其在动物模型中具有显著的抗抑郁、抗焦虑效应，且没有镇静、肌松、认知损伤、戒断、耐受等安定样副作用，目前正处于Ⅱ期临床试验阶段。AC-5216 难溶于水、生物利用度较低，且该化合物结构优化空间较大。中国人民解放军军事医学科学院毒物药物研究所药物化学研究室对 TSPO 配体 AC-5216 进行了结构改造，合成结构全新的系列水溶性衍生物，遴选了新化合物 YL-IPA08[2]。YL-IPA08 显著抑制皮质酮诱导的 BV-2 细胞凋亡，表现出对小胶质细胞的保护作用，该作用与其增加 TSPO 的表达、提高四氢孕酮的水平密切相关[34]。YL-IPA08 具有显著的抗抑郁效应，其作用机制可能涉及：作用于 TSPO，促进神经类固醇的合成；抑制 HPA 轴的活性；增强 cAMP-CREB-BDNF 通路的作用；增强脑内神经元的再生和神经可塑性[2]。

11.3 黄酮类化合物抗抑郁

抗抑郁黄酮类化合物主要包括：罗布麻叶总黄酮[35]、棉籽总黄酮[36]、金丝桃苷[37]、黄蜀葵总黄酮[38]。棉籽总黄酮（total flavonoid extracted from cottonseed，CTN-T）有抗抑郁活性，可能与其增强脑内 5-HT 神经功能有关[39]。CTN-T 在大鼠慢性应激模型中具有抗抑郁作用，其作用机制可能与其上调海马 BDNF 相关的信号转导通路活性，改善神经营养和神经可塑性有关[36]。黄蜀葵总黄酮（total flavone of *Abelmoschus manihot*，TFA）是从中药黄蜀葵中提取的一类有效成分，其主要活性成分为金丝桃苷（hyperfine，Hyp）、槲皮素和槲皮素苷。TFA 和 Hyp 均具有脑缺血保护作用，抗脑卒中后抑郁（PSD）[40]。TFA 可增加 PSD 大鼠的水平与垂直运动得分；抑制 PSD 大鼠各切变率下全血黏度、血浆黏度的升高，提高红细胞的变形性；提高脑组织中超氧化物歧化酶（SOD）和谷胱甘肽过氧化物酶（GSH-Px）的活性，降低丙二醛（MDA）含量。TFA 具有抗 PSD 作用，其机制可能与改善血液流变学、抗脂质过氧化作用有关[41]。

11.4 芍药苷抗抑郁

白芍为毛茛科植物芍药（*Paeonia lactiflora*）的根，性味苦、酸、微寒，归肝、脾经，具有养血敛阴、柔肝止痛、平抑肝阳的功效，主治血虚阴亏、肝阳偏亢及胁肋疼痛、脘腹四肢拘挛作痛诸症。白芍常用于一些中药复方制剂中如四逆散、逍遥散，治疗抑郁样情绪失调。芍药苷和芍药内酯苷为白芍的主要活性成分。白芍的活性成分芍药苷具有抗抑郁作用。白芍、柴胡均具有抗抑郁作用，而两药配伍使用可相互促进、增强疏肝解郁作用而达到更好的抗抑郁作用[8]。

白芍提取物芍药内酯苷的抗抑郁效应及其作用机制研究：脑内单胺递质是抗抑郁作用的重要机制。单胺学说认为 5-羟色胺（5-HT）、去甲肾上腺素（NE）和多巴胺（DA）是影响抑郁症的重要因素。目前临床常用的抗抑郁药如 5-HT 和/或 NE 再摄取抑制剂的作用机制都与其影响脑内单胺递质有关。脑源性神经营养因子（BDNF）是一种神经生长因子，它主要存在于中枢神经系统并维持其功能，提高 BDNF 的水平可发挥抗抑郁作用。小鼠绝望抑郁模型和大鼠慢性应激模型确证了白芍活性成分芍药内酯苷的抗抑郁效应。从大脑海马单胺递质的含量和 BDNF 的表达角度来看，芍药内酯苷具有显著的抗抑郁作用。其作用机制可能与其增加海马 BDNF 和 NE/5-HT 等单胺递质水平有关。芍药苷（paeoniflorin）抗抑郁作用与 NO/cGMP 通路有相关性[42]。

11.5 皂苷类化合物抗抑郁

抗抑郁皂苷类化合物主要包括人参皂苷[16]、柴胡皂苷[43]、常春藤皂苷元[44]等。柴胡皂苷发挥抗抑郁作用的药理机制可能涉及单胺递质及其受体表达、乙酰胆碱转移酶蛋白及其基因表达、抗免疫炎症损伤及抗凋亡等途径[43]。预知子提取物（*Fructus akebiae* extract，FAE）的主要成分是常春藤皂苷元（hederagenin，HG）[45]。HG 较 FAE 具有更好的抗抑郁活性，HG 在体内和体外抑郁模型中均具有抗抑郁活性，其对调节机体氧化-抗氧化酶活性、降低过氧化损伤、保护海马免受氧化应激损伤起到一定的改善作用。此外，HG 对内-外源性抑郁模型动物的焦虑/抑郁样行为有一定的改善作用，这可能是通过调节 5-HT 神经系统，升高 NA、5-HT 水平，显著降低 5-HTT mRNA 水平而发挥抗抑郁作用[44,46]。

参 考 文 献

[1] 秦娟娟. 盐酸羟哌吡酮(YL-0919)的抗抑郁效应和机制研究 [D]. 北京：中国人民解放军军事医学科学院博士学位论文, 2014.

[2] 王玉露. 两种新型抗抑郁候选新药的抗抑郁效应评价以及作用机制 [D]. 福州: 福建医科大学博士学位论文, 2015.

[3] 曹莉莎, 叶云, 罗文, 等. 抗抑郁药物作用靶点的研究进展 [J]. 中国药房, 2014, 25(13): 1227-1231.

[4] 夏晖. 5-HT1A 部分激动和 5-HT 重摄取抑制双靶标抗抑郁新药 YL-0919 的行为学评价及神经可塑性机制研究 [D]. 北京: 中国人民解放军军事医学科学院硕士学位论文, 2014.

[5] 齐红梅, 刘微娜, 季浏. 运动抗抑郁的神经生物学机制综述 [J]. 首都体育学院学报, 2013, 25(5): 459-464.

[6] 覃朗. 四逆散抗抑郁机制研究 [J]. 当代医学, 2010, 16(14): 29-30.

[7] 李肖, 宫文霞, 周玉枝, 等. 逍遥散中抗抑郁有效成分及其作用机制研究进展 [J]. 中草药, 2015, 46(20): 3109-3116.

[8] 李苒, 高杉, 于春泉. 柴胡和白芍配伍抗抑郁作用的研究进展 [J]. 中国实验方剂学杂志, 2012, 18(14): 313-316.

[9] 苏光悦. 小柴胡汤抗抑郁作用及其调节脑内神经递质、神经营养因子和雌性激素的相关机制研究 [D]. 沈阳: 沈阳药科大学博士学位论文, 2014.

[10] 任荔, 陶伟伟, 薛文达, 等. 越鞠丸石油醚部位潜在的快速抗抑郁作用与 BDNF、TrkB 蛋白表达的上调相关 [J]. 中国药理学通报, 2015, (12): 1754-1759.

[11] 郭晓擎, 田俊生, 史碧云, 等. 南柴胡和北柴胡组成的逍遥散抗抑郁作用的^{1}H-NMR 代谢组学研究 [J]. 中草药, 2012, 43(11): 2209-2216.

[12] 宫文霞, 周玉枝, 李肖, 等. 逍遥散中当归的抗抑郁活性成分的研究 [J]. 中草药, 2015, 46(19): 2856-2862.

[13] 刘磊. 附子抗抑郁作用及其机制研究 [D]. 长春: 东北师范大学博士学位论文, 2016.

[14] 黄世敬, 陈宇霞, 张颖, 等. 五味子抗抑郁应用与研究 [J]. 辽宁中医杂志, 2015, 42(7): 1294-1296.

[15] 肖炳坤. 山栀茶抗抑郁活性部位及其化学成分研究 [D]. 北京: 中国人民解放军军事医学科学院博士学位论文, 2012.

[16] 黄世敬. 枸杞抗抑郁研究与应用 [J]. 中华中医药学刊, 2014, (8): 1841-1843.

[17] 张笑笑, 林天炜, 张君利, 等. 淫羊藿苷对产前应激子代大鼠抗抑郁作用研究 [J]. 中国药理学通报, 2017, 33(7): 987-991.

[18] 黄世敬, 张颖, 潘菊华, 等. 甘草抗抑郁研究与应用 [J]. 世界中医药, 2015, (8): 1288-1291.

[19] 周中流, 刘永辉. 香附提取物的抗抑郁活性及其作用机制研究 [J]. 中国实验方剂学杂志, 2012, 18(7): 191-193.

[20] 黄世敬, 陈宇霞, 张颖. 厚朴治疗抑郁症及抗抑郁机理探讨 [J]. 世界中西医结合杂志, 2015, (7): 1023-1026.

[21] 李春燕, 周中流, 张华林, 等. 中药及天然药物化学成分抗抑郁作用研究进展 [J]. 中成药, 2018, 40(7): 1562-1570.

[22] Martinez D M, Barcellos A, Casaril A M, et al. Antidepressant-like activity of dehydrozingerone: involvement of the serotonergic and noradrenergic systems [J]. Pharmacol Biochem Behav, 2014, 127: 111-117.

[23] Chen J L, Lin D, Zhang C, et al. Antidepressant-like effects of ferulic acid: involvement of serotonergic and norepinergic systems [J]. Metabolic Brain Disease, 2015, 30(1): 129-136.

[24] Capra J C, Cunha M P, Machado D G, et al. Antidepressant-like effect of scopoletin, a coumarin isolated from *Polygala sabulosa* (Polygalaceae) in mice: evidence for the involvement of monoaminergic systems [J]. Eur J Pharmacol, 2010, 643(2-3): 232-238.

[25] Li J, Geng D, Xu J, et al. Antidepressant-like effect of macranthol isolated from *Illicium dunnianum* Tutch in mice [J]. Eur J Pharmacol, 2013, 707(1-3): 112-119.

[26] 张中启, 黄世杰, 袁莉, 等. 巴戟天寡糖对鼠强迫性游泳和获得性无助抑郁模型的影响 [J]. 中国药理学与毒理学杂志, 2001, 15(4): 262-265.

[27] Khan I, Karim N, Ahmad W, et al. GABA-A receptor modulation and anticonvulsant, anxiolytic, and antidepressant activities of constituents from *Artemisia indica* Linn [J]. Evid Based Complement Alternat Med, 2016, 2016: 1215393.

[28] Melo F H C, Moura B A, de-Sousa D P, et al. Antidepressant-like effect of carvacrol (5-isopropyl-2-methylphenol) in mice: involvement of dopaminergic system [J]. Fundam Clin Pharmacol, 2011, 25(3): 362-367.

[29] Guzman-Gutierrez S L, Bonilla-Jaime H, Gomez-Cansino R, et al. Linalool and β-pinene exert their antidepressant-like activity through the monoaminergic pathway [J]. Life Science, 2015, 128: 24-29.

[30] Idayu N F, Hidayat M T, Moklas M A M, et al. Antidepressant-like effect of mitragynine isolated from *Mitragyna speciosa* Korth in mice model of depression [J]. Phytomedicine, 2011, 18(5): 402-407.

[31] Sasaki-Hamada S, Hoshi M, Niwa Y, et al. Neoechinulin a induced memory improvements and antidepressant-like effects in mice [J]. Prog Neuropsychopharmacol Biol Psychiatry, 2016, 71: 155-161.

[32] Sugimoto Y, Furutani S, Nishimura K, et al. Antidepressant-like effects of neferine in the forced swimming test involve the serotonin1A (5-HT1A) receptor in mice [J]. Eur J Pharmacol, 2010, 634(1-3): 62-67.

[33] 仇志坤. 转位蛋白(18KDa)配体化合物AC-5216及其衍生物YL-IPA08抗创伤后应激性障碍药效学及作用机制研究 [D]. 广州: 南方医科大学博士学位论文, 2014.

[34] 蒋湘云, 张黎明, 夏登云, 等. 18ku 转位蛋白选择性配体 YL-IPA08 对皮质酮诱导 BV-2 细胞凋亡的保护作用 [J]. 中国药理学与毒理学杂志, 2017, 31(1): 43-50.

[35] 郑梅竹, 吴山力, 时东方. 罗布麻叶总黄酮抗抑郁作用及其机制研究 [J]. 中草药, 2012, 43 (12): 2468-2470.

[36] 赵楠, 李云峰, 杨红菊, 等. 棉籽总黄酮在大鼠慢性应激模型中的抗抑郁活性及其对海马神经营养通路的影响 [J]. 中国药理学与毒理学杂志, 2007, 21(3): 179-184.

[37] 王卫星, 胡新颖, 刘鹏, 等. 金丝桃苷等10个天然黄酮类化合物的抗抑郁活性筛选研究[J]. 中草药, 2007, 38(6): 900-902.

[38] 郝吉莉, 周兰兰, 司力, 等. 黄蜀葵总黄酮抗脑卒中后抑郁作用的研究 [J]. 中国药房, 2007, 18(12): 885-887.

[39] 李云峰, 袁莉, 杨明, 等. 棉籽总黄酮抗抑郁作用的研究 [J]. 中国药理学通报, 2006, 22 (1): 60-63.

[40] 江秋虹. 黄蜀葵总黄酮对脑卒中后抑郁小鼠模型的影响及机制研究 [D]. 合肥: 安徽医科大学硕士学位论文, 2007.

[41] 龚金炎, 吴晓琴, 毛建卫, 等. 黄酮类化合物抗抑郁作用的研究进展 [J]. 中草药, 2011, 42 (1): 195-200.

[42] 王景霞, 张建军, 李伟, 等. 芍药苷抗抑郁作用与NO/cGMP通路相关性研究 [J]. 中药与临床, 2012, 3(1): 27-28, 37.

[43] 张颖, 陈宇霞, 黄世敬. 柴胡及柴胡类复方的抗抑郁研究现状 [J]. 世界中西医结合杂志, 2014, 9(9): 985-988.

[44] 梁宝方. 预知子提取物活性成分常春藤皂苷元的抗抑郁药理作用机制研究 [D]. 广州: 南方医科大学硕士学位论文, 2013.

[45] 高亚玲, 张静, 高秀玲, 等. 预知子的化学成分、药理作用与临床应用研究 [J]. 河北化工, 2011, 34(5): 35-37.

[46] 毛峻琴, 伊佳, 李铁军. 中药预知子乙醇提取物抗抑郁作用的实验研究 [J]. 药学实践杂志, 2009, 27(2): 126-128.

12　抗艾滋病林源植物药

12.1　概　　述

12.1.1　AIDS/HIV

人类免疫缺陷病毒感染和获得性免疫缺陷综合征（human immunodeficiency virus infection and acquired immunodeficiency syndrome，HIV/AIDS）是由人免疫缺陷病毒（HIV）感染引起的一种危害性极大的传染病。初次感染后可能无任何症状，或者可能会经历短暂的流感样疾病，随后是一个没有症状的潜伏延长期。随着感染的进展，该病干扰免疫系统，增加结核病等常见疾病感染的风险，以及增加其他机会性感染和对具有免疫系统功能的人不易产生肿瘤的概率。这些晚期感染症状被称为获得性免疫缺陷综合征（AIDS）。HIV 是一种能攻击人体免疫系统的病毒。它把人体免疫系统中最重要的 CD4 T 淋巴细胞作为主要攻击目标，大量破坏该细胞，使人体丧失免疫功能，人体易于感染各种疾病，甚至是肿瘤。HIV 在人体内的潜伏期平均为 8～9 年。

根据联合国艾滋病规划署（The Joint United Nations Programme on HIV and AIDS，UNAIDS）的数据[1]，全世界约有 3500 万 HIV 携带者，其中有不到 1400 万人正在接受治疗。根据美国疾病控制与预防中心（Centers for Disease Control and Prevention，CDC）的数据[2]，美国约有 120 万 HIV 携带者，只有大约 45 万人在接受治疗。全球共有 1846 种抗艾滋病药物，已上市 78 种，其中最多的是反转录酶抑制剂药物，为 194 种，其次是蛋白酶抑制剂，为 145 种。近 5 年共有 21 378 条抗艾滋病药物专利，主要集中在药物组分、HIV 感染、可药用盐等方面[1]。

HIV 是一种逆转录病毒，主要感染人类免疫系统的成分，如 CD4+ T 细胞、巨噬细胞和树突状细胞。它直接和间接地破坏 CD4+ T 细胞[2]。HIV 属逆转录病毒科慢病毒。其进入靶细胞后，通过与病毒颗粒中的病毒基因组一起转运的病毒编码的逆转录酶，将病毒 RNA 基因组转化（逆转录）成双链 DNA，然后将所得的病毒 DNA 导入细胞核，并通过病毒编码的整合酶和宿主辅因子整合入细胞

1 https://en.jinzhao.wiki/wiki/Joint_United_Nations_Programme_on_HIV/AIDS

2 https://en.jinzhao.wiki/wiki/Centers_for_Disease_Control_and_Prevention

DNA。一旦整合会避免被免疫系统检测。病毒 DNA 可以转录，产生新的 RNA 基因组，重新开始复制周期新病毒颗粒释放的病毒蛋白[3]。

现在已知艾滋病病毒在 CD4+ T 细胞之间通过两条平行途径传播：无细胞扩散和细胞间传播，即采用混合扩散机制。在无细胞扩散传播途径，病毒颗粒从被感染的 T 细胞中输入血液/细胞外液，然后感染另一 T 细胞。HIV 也可以通过直接传输从一个细胞至另一个细胞的过程传播。艾滋病病毒交叉传播有助于抗逆转录病毒复制[4]。HIV-1 是最初发现的病毒，更有毒力、更具有感染性，并且是全球大多数 HIV 感染的主要原因。与 HIV-1 相比，HIV-2 感染率较低。由于艾滋病病毒/艾滋病的传播能力相对较差，主要局限于西非地区发病[5,6]。

12.1.2　抗逆转录病毒治疗（HAART）

逆转录酶（reverse transcriptase，RT）是抗艾滋病药物设计的关键靶标。在 HIV-1 的生命周期中，逆转录酶将携带病毒遗传信息的单链 RNA 逆转录成双链 DNA。RT 抑制剂主要包括核苷类和非核苷类逆转录酶抑制剂，HIV-1 非核苷类逆转录酶抑制剂（non-nucleoside reverse transcriptase inhibitors，NNRTI）[1]具有活性高、选择性强、毒性低等诸多优点，是目前治疗艾滋病的高效抗逆转录病毒疗法（俗称“鸡尾酒疗法”）的重要组成部分。通过合理的结构修饰得到高效、广谱抗耐药及具有良好药代动力学性质的 NNRTI 是当前抗艾滋病药物研究的重要方向之一。

抗 HIV 采用高效抗逆转录病毒疗法（highly active anti-retroviral therapy，HAART）[2]。目前已经获得美国 FDA 批准的抗艾滋病病毒药物有六大类，分别为核苷类逆转录酶抑制剂（nucleoside reverse transcriptase inhibitor，NRTI）、非核苷类逆转录酶抑制剂（NNRTI）、蛋白酶抑制剂（proteinase inhibitor，PI）、整合酶抑制剂（integrase inhibitor，INSTI）、融合抑制剂（fusion inhibitor，FI）和 CCR5 受体拮抗剂。NRTI 包括：齐多夫定（Zidovudine）、拉米夫定（Lamivudine，3TC）、司他夫定（Stavudine，d4T）、替诺福韦（Tenofovir Disoproxil Fumarate，TDF）、阿巴卡韦（Abacavir，ABC）、去羟基苷（Didanosine，ddI）。NNRTI 包括：依非韦伦（Efavirenz，EFV）、奈韦拉平（Nevirapine，NVP）和依曲韦林（Etravirine，ETR）。PI 包括：洛匹那韦（Lopinavir）+利托那韦（Ritonavir）（LPV/r，克立芝）、阿扎那韦（Atazanavir，ATV）、达芦那韦（DRV）。INSTI 有拉替拉韦（Raltegravir，RAL）。艾滋病病毒进入抑制剂（HIV entry inhibitor）有恩夫韦肽（Enfuvirtide）。CCR5 受体拮抗剂有马拉韦罗（Maraviroc，MVC）。中国免费使用的药物包括：

1 https://en.jinzhao.wiki/wiki/Reverse-transcriptase_inhibitor

2 https://en.jinzhao.wiki/wiki/Management_of_HIV/AIDS

去羟基苷（ddI）、依非韦伦（EFV）、奈韦拉平（NVP）、洛匹那韦+利托那韦（LPV/r，克立芝），见文框 12-1。

文框 12-1　国家卫生计生委办公厅关于修订艾滋病患者免费抗病毒治疗标准的通知[1]

国卫办医函〔2014〕326 号

各省、自治区、直辖市卫生计生委（卫生厅局），新疆生产建设兵团卫生局：

世界卫生组织发布《使用抗逆转录病毒药物治疗和预防艾滋病毒感染指南》，公布了新的艾滋病抗病毒治疗标准。中国疾病预防控制中心性病艾滋病预防控制中心组织国家卫生计生委艾滋病临床专家组进行了讨论，决定对《国家免费艾滋病抗病毒药物治疗手册（2012 年版）》（卫办医政发〔2012〕69 号）[以下简称《手册（2012 年版）》]中的免费抗病毒治疗标准进行修订。

国家卫生计生委办公厅

2014 年 4 月 18 日

目前的 HAART 由至少三种属于至少两种类型的药物组成。最初治疗通常是利用非核苷类逆转录酶抑制剂（NNRTI）加上两个核苷类似物逆转录酶抑制剂（NRTI 类药物）。典型的 NRTI 包括：齐多夫定（AZT）或替诺福韦（TDF）和拉米夫定（3TC）或恩曲他滨（Emtricitabine，FTC）。HARRT 虽然可显著降低 HIV-1 病毒载量，但患者体内仍存在低水平的病毒复制，一旦停药，病毒会迅速升高至治疗前水平。残存的病毒是患者必须终身服用抗逆转录病毒药物的主要原因[7]。

临床试验证明艾滋病早期快速服用抗逆转录病毒药物的治疗效果明显。暴露前用药是一种用以减少高危人群感染 HIV 的保护措施。TDF 与 FTC 的复合制剂是 2012 年美国食品药品监督管理局（FDA）批准的第一种专门用于预防 HIV 感染的药物，坚持每天服用可以降低男男同性恋者及异性恋者中的 HIV 感染率，能有效地预防 HIV。

12.2　抗艾滋病病毒抑制剂

12.2.1　进入抑制剂

进入抑制剂（entry inhibitor）[2]通过阻断几个靶点之一来干扰 HIV-1 与宿主细

1 http://www.nhc.gov.cn/yzygj/s3593/201405/95edf9ac8abb4e1a9f3482501b0ae4be.shtml

2 https://en.jinzhao.wiki/wiki/Entry_inhibitor

胞的结合、融合和进入。马拉韦罗（Maraviroc）通过一种位于人类辅助性 T 细胞上的共同受体 CCR5 靶向起作用。这种药物可能的靶向性转移，具有 HIV 靶向替代的共受体，如 CXCR4。在极少情况下，个体可能在 CX3C 亚类（δ 亚类）基因中具有突变，其导致非功能性 CCR5 共受体，反过来又是该疾病的抵抗或缓慢进展的一种手段。为了防止与主机膜病毒的融合，可以使用恩夫韦肽（Enfuvirtide）。恩夫韦肽是必须注射的肽药物，并且通过与 HIV 的 gp41 的 N 端七肽重复体相互作用而形成非活性异六核螺旋束，从而防止宿主细胞的感染[8]。

12.2.2 核苷/核苷酸逆转录酶抑制剂

核苷类逆转录酶抑制剂（nucleoside reverse transcriptase inhibitor，NRTI）和核苷酸逆转录酶抑制剂（nucleotide reverse transcriptase inhibitor，NtRTI）是抑制逆转录的核苷与核苷酸类似物。HIV 是一种 RNA 病毒，因此不能整合到人细胞核中的 DNA 中，HIV 必须“反向”转录成 DNA。由于 RNA 转化为 DNA 不是在哺乳动物细胞中进行的，因此 HIV 是通过病毒蛋白进行的，HIV 使其成为抑制的选择靶点。

抗艾滋病病毒的首例有效疗法是核苷类逆转录酶抑制剂齐多夫定，1987 年获得美国 FDA 批准。NRTI 是链终止剂，作为竞争性底物抑制剂（competitive substrate inhibitor）。目前使用的 NRTI 的实例包括齐多夫定（Zidovudine）、阿巴卡韦（Abacavir）、拉米夫定（Lamivudine）、恩曲他滨（Emtricitabine）和替诺福韦（TDF）[9]。

12.2.3 非核苷类逆转录酶抑制剂

非核苷类逆转录酶抑制剂（non-nucleoside reverse transcriptase inhibitor，NNRTI）通过结合酶的变构位点来抑制逆转录酶，是非竞争性抑制剂。NNRTI 通过结合活性位点附近的逆转录酶影响底物（核苷酸）的转录。NNRTI 可以进一步分为第一代 NNRTI 和第二代 NNRTI。第一代的 NNRTI 包括：奈韦拉平（Nevirapine）和并依非韦伦（Efavirenz）。第二代的 NNRTI 是依曲韦林（Etravirine）和利匹韦林（Rilpivirine）[9]。

12.2.4 整合酶抑制剂

整合酶抑制剂（integrase inhibitor）抑制病毒整合酶的药物，将病毒 DNA 整合到感染细胞的 DNA 中。目前正在临床试验中的有几种整合酶抑制剂，并且拉替拉韦（Raltegravir）成为 2007 年 10 月获得 FDA 批准的首例整合酶抑制剂。拉替拉韦具有两个金属结合基团，在整合酶的金属结合位点处与两种 Mg^{2+}竞争底物。截至 2014 年初，另外两种临床批准的整合酶抑制剂是埃替拉韦（Elvitegravir）

和度鲁特韦（Dolutegravir）[1]。

12.2.5 蛋白酶抑制剂

蛋白酶抑制剂（protease inhibitor，PI）[2]阻断从宿主膜出芽时产生成熟病毒粒子所必需的病毒蛋白酶的合成。特别地，这些药物防止 gag 和 gag/pol 前体蛋白的切割。在蛋白酶抑制剂的存在下生成的病毒颗粒是有缺陷的，大部分为非感染性的。HIV 蛋白酶抑制剂的实例是洛匹那韦（Lopinavir，ABT-378）、茚地那韦（Indinavir，IDV）、奈非那韦（Nelfinavir，AG1343）、安格那韦（Amprenavir）和利托那韦（Ritonavir）。目前推荐达芦那韦（Darunavir，DRV）和阿扎那韦（Atazanavir）作为一线治疗方案[3]。此外，病毒对某些蛋白酶抑制剂的抗性很高，已经开发了对抗其他抗性 HIV 变体有效的第二代药物[10]。为了降低产生耐药性的风险，研制了固定剂量复合剂。

12.3 抗 HIV 植物药

12.3.1 抗 HIV 生物碱

植物药活性成分秋水仙碱、罂粟碱、喜树碱、栗树碱、苯并菲啶生物碱、异喹啉类碱等均有抗 HIV 的活性，见表 12-1。

表 12-1 抗 HIV 生物碱

序号	植物来源	生物碱类型	生物碱名称	活性	参考文献
1	二蕊荷莲豆（*Drymaria diandra*）	吲哚生物碱	drymaritin	抗 HIV-1 RT	[11]
2	鼎湖钓樟（*Lindera chunii*）	氧杂阡啉、异喹啉生物碱	7-氧胡椒碱（7-oxohernangerine），椴树素 A（lindechunine A）	抗 HIV-1	[12]
3	雷公藤（*Tripterygium wilfordii*）	倍半萜嘧啶生物碱	雷公藤碱（wilfordine），雷公藤春碱（wilfortrine），hypoglaunine A，佛惹斯亭（forrestine），hypoglaunine B，三羟色胺 A（triptonine A），三羟色胺 B，海蓬碱 A（hyponine A），海蓬碱 B，苍耳碱（cangoronine）E-1，卫茅碱（euonymine），新卫茅碱（neoeuonymine），tripfordine A	EC_{50}为 0.10～2.54 μg/mL	[13]

1 Métifiot M, Marchand C, Pommier Y. HIV Integrase Inhibitors: 20-Year Landmark and Challenges. Advances in Pharmacology, 2013, 67: 75-105

2 https://en.jinzhao.wiki/wiki/Protease_inhibitor_ pharmacology

3 Myriad Genetics suspends its HIV maturation inhibitor program. AIDSmeds. 8 June 2012. Retrieved 27 June 2012

续表

序号	植物来源	生物碱类型	生物碱名称	活性	参考文献
4	假黄皮树（*Clausena excavata*）	咔唑类生物碱	O-甲基穆康醛、3-甲酰基-2,7-二甲基咔唑、克林唑啉 J	EC_{50}分别为 12μmol/L、29.1μmol/L、34.2μmol/L	[14]
5	海南山小橘（*Glycosmis montana*）	双异戊烯基生物碱	(E)-3-(3-羟甲基-2-丁烯基)-7-(3-甲基-2-丁烯基)-1H-吲哚	EC_{50}为 1.17μg/mL	[15]
6	石松（*Lycopodium japonicum*）	C16 N-型石松生物碱	—	EC_{50}为 85μg/mL	[16]
7	印尼海绵（*Acanthostrongy lophora*）	万座毛类生物碱	万座毛碱（manzamine）A、8-羟基万座毛碱（8-hydroxymanzamine）A、万座毛碱 E、万座毛碱 F、12,28-oxamanzamine A、12,34-oxamanzamine E、ent-12,34-oxamanzamine F	EC_{50}分别为 4.2μmol/L、0.59μmol/L、13.1μmol/L、7.3μmol/L、22.2μmol/L、17.5μmol/L、14.9μmol/L	[17]

12.3.2 抗 HIV 的黄酮类化合物

抗 HIV 的黄酮类化合物见表 12-2。

表 12-2 抗 HIV 的黄酮类化合物

序号	植物	化合物	活性	参考文献
1	红三叶（*Trifolium pratense*）	鹰嘴豆芽素 A（biochanin A）	在较低的浓度（0.064μmol/L）下对细胞融合就能产生抑制作用	[18]
2	菊花（*Chrysanthemum morifolium*）	刺葵素-7-*O*-β-葡萄苷（acacetin-7-*O*-β-D galactopyranoside）	抗 HIV-1 RT	[19]
3	抱茎獐牙菜（*Swertia franchetiana*）	抱茎獐牙菜苷（swertifrancheside）	抗 HIV-1 RT、抗 HIV-2 RT	[20]
4	木竹子（*Garcinia multiflora*）	穗花双黄酮（amentoflavone）、贝壳杉双黄酮（agathisflavone）、扁柏双黄酮（hinokiflavone）、倭氏藤黄双黄酮（volkensiflavone）、藤黄双黄酮（morelloflavone）	抗 HIV-1 RT	[21]
5	槭属植物 *Acer okamotoanum*	乙酰黄酮糖类、槲皮素-3-*O*-(2,6-二羟色甲酰)-β-D-吡喃半乳糖苷	抗 HIV-1 PR	[22]
6	黄花夹竹桃（*Thevetia peruviana*）	黄酮糖苷类化合物(2*R*)-和(2*S*)-5-*O*-β-D-吡喃葡萄糖基-7,4′-二羟基-3′,5′-二甲氧基黄烷酮 [(2*R*)-and(2*S*)-5-*O*-β-D-glucopyranosyl-7,4′-dihydroxy-3′,5′-dimethoxyflavanone]	抗 HIV-1 RT	[23]

续表

序号	植物	化合物	活性	参考文献
7	落葵薯（*Anredera cordifolia*）	藤三七醇 A（45）、4,7-二羟基-5-甲氧基-8-甲基-6-甲酰基黄烷桥粒黄酮、假鹰爪黄酮（desmosflavone）、去甲氧基冰片醇（demethoxymatteucinol）	EC_{50} 分别为 45.09μmol/L、55.47 μmol/L、82.75μmol/L	[24]
8	木蝴蝶（*Oroxylum indicum*）	白杨素（chrysin）	对 H9/HIV-1 IIIB 细胞与 MT4 细胞的融合抑制率接近 90%	[25]
9	毛叶假鹰爪（*Desmos dumosus*）	2-甲氧基-3-甲基-4,6-二羟基-5-（3′-羟基）肉桂酰苯甲醛	EC_{50} 为 0.022μg/mL	[26]
10	金莲木（*Ochna integerrima*）	6-γ,γ-二甲基烯丙基二氢山柰酚-7-*O*-*β*-D-葡萄糖苷、6-γ,γ-二甲基烯丙基-槲皮素-7-*O*-*β*-D-葡萄糖苷、6-(3-羟基-3-甲基丁基)紫杉叶素-7-*O*-*β*-D-葡萄糖苷、6-(3-羟基-3-甲基丁基)槲皮素-7-*O*-*β*-D-葡萄糖苷、6-*γ*,*γ*-二甲基烯丙基紫杉叶素-7-*O*-*β*-D-葡萄糖苷	EC_{50} 为 10.4～102.4μg/mL	[27]
11	佛提树（*Maclura tinctoria*）	桑橙酮 B（macluraxanthone B）	EC_{50} 为 5.6μg/mL	[28]
12	矮桤木（*Alnus fruticosa*）	槲皮素（quercetin）、栎素（quercitrin）、杨梅素 3-*O*-β-D-半乳吡喃糖苷	EC_{50} 均为 60μmol/L	[29]

12.3.3　抗 HIV 的香豆素类化合物

香豆素类化合物作为新型抗 HIV 药物，对 HIV 逆转录酶、蛋白酶及整合酶具有一定的抑制作用[30]（表12-3）。简单香豆素类化合物华法林（warfarin）对 HIV 的复制、扩散具有抑制作用，该化合物是 3-位连有 4-苯基-2-丁酮取代基的一类简单香豆素。经大规模筛选，发现具有类似结构的化合物苯丙香豆素（phenprocoumon）明显抑制 HIV 蛋白酶的活性。香豆素类化合物 3′,4′-二-*O*-(−)-香樟醇-(+)-顺式凯勒内酯（3′,4′-di-*O*-(−)-camphanoyl-(+)-cis-khellactone，DCK）是美国北卡罗来纳大学药学院 K. H. Lee 课题组从饼根芹属植物 *Lomatium suksdorfii* 的果实中分离得到的双氧杂三环稠杂环化合物，具有明显的抗 HIV 活性[30]。从我国南方植物凤庆南五味子中分离得到的 2 种木脂素内南五味子酯 A（interiotherins A）和五味子酯 D（schisantherin D）具有抗 HIV 复制的作用[31]。从木兰科植物红花五味子（*Schisandra rubriflora*）的果实乙醇提取液中分离得到抗 HIV-1 复制的 rubrisandrins A、rubrisandrins B 及一些木脂素类化合物[32]。从长梗南五味子（*Kadsura longipedunculata*）中分离得到的木脂素类化合物 longipedunins A～C 均具有抗 HIV-1 PR 的活性[33]。

表 12-3 藤黄科植物中分离得到的多种香豆素类衍生物

序号	藤黄科植物	香豆素类衍生物	活性	参考文献
1	鳢肠（*Eclipta prostrata*）	蟛蜞菊内酯（wedelolactone）	EC_{50}为 4.0μmol/L	[34]
2	假黄皮（*Clausena excavata*）	吡喃香豆素（clausenidin）	EC_{50}为 5.3μmol/L	[14]
3	法落海（*Heracleum apaense*）	氧化前胡素（oxypeucedanin）	—	[35]
4	红厚壳属植物 *Calophyllum lanigerum*	胡桐内酯（calanolide）A、胡桐内酯 B	对 HIV 逆转录酶具有高度的专一性，且作用剂量较低（EC_{50}为 0.2μmol/L）	[36]
5	红厚壳属植物 *Calophyllum lanigerum* 和 *Calophyllum teysmannii*	胡桐内酯 F	—	[37]
6	红厚壳（*Calophyllum inophyllum*）	红厚壳素（inophyllums）B、红厚壳素 P	抑制 HIV 逆转录酶	[38]
7	*Calophyllum teysmannii*	苏拉特罗里德（soulattrolide）	抑制 HIV 逆转录酶	[39]

参 考 文 献

[1] 李扬, 杨渊, 孙晓北, 等. 抗艾滋病药物研发信息分析 [J]. 中国艾滋病性病, 2015, 21(12): 1055-1058.

[2] Alimonti J B, Ball T B, Fowke K R. Mechanisms of CD4+ T lymphocyte cell death in human immunodeficiency virus infection and AIDS [J]. J Gen Virol, 2003, 84(Pt 7): 1649-1661.

[3] Smith J A, Daniel R. Following the path of the virus: the exploitation of host DNA repair mechanisms by retroviruses [J]. ACS Chem Biol, 2006, 1(4): 217-226.

[4] Zhang C W, Zhou S, Groppelli E, et al. Hybrid spreading mechanisms and T cell activation shape the dynamics of HIV-1 infection [J]. PLoS Computational Biology, 2015, 11(4): e1004179.

[5] Gilbert P B, McKeagun I W, Eisen G, et al. Comparison of HIV-1 and HIV-2 infectivity from a prospective cohort study in Senegal [J]. Statistics in Medicine, 2003, 22(4): 573-593.

[6] Reeves J D, Doms R W. Human immunodeficiency virus type 2 [J]. J Gen Virol, 2002, 83(Pt 6): 1253-1265.

[7] 雷存容, 董兴齐, 劳云飞. HIV 抗病毒治疗的研究进展 [J]. 云南医药, 2013, 34(6): 540-544.

[8] Bai Y, Xue H, Wang K, et al. Covalent fusion inhibitors targeting HIV-1 gp41 deep pocket [J]. Amino Acids, 2013, 44(2): 701-713.

[9] Das K, Arnold E. HIV-1 reverse transcriptase and antiviral drug resistance. Part 1 [J]. Current Opinion in Virology, 2013, 3(2): 111-118.

[10] Wensing A M, van Maarseveen N M, Nijhuis M. Fifteen years of HIV protease inhibitors: raising the barrier to resistance [J]. Antiviral Research, 2010, 85(1): 59-74.

[11] Hsieh P W, Chang F R, Lee K H, et al. A new anti-HIV alkaloid drymaritin and a new C-glycoside flavonoid, diandraflavone, from *Drymaria diandra* [J]. J Nat Prod, 2004, 67(7): 1175-1177.

[12] Zhang C F, Nakamura N, Tewtrakul S, et al. Sesquiterpenes and alkaloids from *Lindera chunii* and the irinhibitory activities against HIV-1 integrase [J]. Chem Pharm Bull (Tokyo), 2002, 50(9): 1195-1200.

[13] Horiuch M, Murakami C, Fukamiya N, et al. Tripfordines A-C, sesquiterpene pyridine alkaloids

from *Tripterygium wilfordii*, and structure anti-HIV activity relationships of *Tripterygium alkaloids* [J]. Journal of Natural Products, 2006, 69(9): 1271-1274.

[14] Kongkathip B, Kongkathip N, Sunthitikawinsakul A, et al. Anti-HIV-1 constituents from *Clausena excavata*: Part II. Carbazoles and a pyranocoumarin [J]. Phytotherapy research, 2005, 19: 728-731.

[15] Wang J S, Zheng Y T, Efferth T, et al. Indole and carbazole alkaloids from *Glycosmis montana* with weak anti-HIV and cytotoxic activities [J]. Phytochemistry, 2005, 66(6): 697-701.

[16] He J, Chen X Q, Li M M, et al. Lycojapodine A, a novel alkaloid from *Lycopodium japonicum* [J]. Organic Letters, 2009, 11(6): 1397-1400.

[17] Rao K V, Donia M S, Peng J N, et al. Manzamine B and E and ircinal A related alkaloids from an Indonesian Acanthostrongylophora sponge and their activity against infectious, tropical parasitic, and Alzheimer's diseases [J]. Journal of Natural Products, 2006, 69(7): 1034-1040.

[18] 林长乐, 曾耀英, 曾祥凤, 等. 鹰嘴豆芽素 A 抗 HIV-1 活性及抑制 CD4+淋巴细胞早期活化作用 [J]. 中国药理学通报, 2007, 3(2): 214-218.

[19] Hu C Q, Chen K, Shi Q. Anti-AIDS agents, 10. Acacetin-7-O-bate-D-galactopyranoside an anti-HIV principle from *Chrysanthemum morifolium* and a structure-activity correlation with some flavonoids [J]. J Nat Prod, 1994, 57(1): 42-51.

[20] Pengsuparp T, Cai L, Constant H, et al. Mechanistic evaluation of new plant-derived compounds that inhibit HIV-1 reverse-transcriptase [J]. J Nat Prod, 1995, 58(7): 1024-1031.

[21] Lin Y M, Anderson H, Flavin M T, et al. *In vitro* anti-HIV activity of biflavonoids isolated from *Rhus succedanea* and *Garcinia multiflora* [J]. J Nat Prod, 1997, 60(9): 884-888.

[22] Kim H J, Woo E R, Shin C G, et al. A new flavonol glycoside gallate ester from *Acer okamotoanum* and its inhibitory activity against human immunodeficiency virus-1 (HIV-1) integrase [J]. J Nat Prod, 1998, 61(1): 145-148.

[23] Tewtrakul S, Nakamura N, Hattori M, et al. Flavanone and flavonol glycosides from the leaves of *Thevetia peruviana* and their HIV-1reverse transcriptase and HIV-1integrase inhibitory activities [J]. Chem Pharm Bull (Tokyo), 2002, 50(5): 630-635.

[24] 顾琼, 马云保, 张雪梅, 等. 藤三七中一个新黄烷醇和抗 HIV 活性成分 [J]. 高等学校化学学报, 2007, 28(8): 1508-1511.

[25] 赵令斋, 曾耀英, 曾祥凤, 等. 白杨素对 HIV-1 感染、复制和 CD4+ T 细胞活化的抑制作用研究 [J]. 中国免疫学杂志, 2007, 23(2): 99-102, 107.

[26] Wu J H, Wang X Y, Yi Y H, et al. Anti-AIDS agents 54. A potent anti-HIV chalcone and flavonoids from genus *Desmos* [J]. Bioorganic and Medicinal Chemistry Letters, 2003, 13(10): 1813-1815.

[27] Wu T S, Tsang Z J, Wu P L, et al. New constituents and antiplatelet aggregation and anti-HIV principles of *Artemisia capillaries* [J]. Bioorganic and Medicinal Chemistry, 2001, 9(1): 77-83.

[28] Croweise A, Cardlellina J H, Boyd M R. HIV-inhibitory prenylated xanthones and flavones from *Maclura tinctoria* [J]. Journal of Natural Products, 2000, 63(11): 1537-1539.

[29] Merage K M, McKee T C, Boyd M R. Anti-HIV prenylateds from *Monotes africanus* [J]. Journal of Natural Products, 2001, 64(4): 546-548.

[30] 罗晓茹, 董俊兴. 抗 HIV 活性香豆素类化合物的研究进展 [J]. 国外医学(药学分册), 2005, 32(4): 241-246.

[31] Chen D F, Zhang S X, Xie L, et al. Anti-AIDS agents-XXVI. Structure-activity correlations of gomisin-G-related anti-HIV lignans from *Kadsura interior* and of related synthetic analogues [J]. Bioorg Med Chem, 1997, 5(8): 1715-1723.

[32] Chen M, Kilgore N, Lee K H, et al. Rubrisandrins A and B, lignans and related anti-HIV compounds from *Schisandra rubriflora* [J]. J Nat Prod, 2006, 69(12): 1697-1701.

[33] Chen D F, Zhang S X, Wang H K, et al. Novel anti-HIV lancilactone C and related triterpenes from *Kadsura lancilimba* [J]. J Nat Prod, 1999, 62(1): 94-97.

[34] Tewtrakul S, Subhadhirasakul S, Cheenpracha S, et al. HIV-1 protease and HIV-1 integrase inhibitory substances from *Eclipta prostrate* [J]. Phytotherapy Research, 2007, 21(11): 1092-1095.

[35] Kostoval I. Coumarins as inhibitors of HIV reverse transcriptase [J]. Curr HIV Res, 2006, 4(3): 347-363.

[36] Kashman Y, Gustafson K R, Fuller R W, et al. The calanolides, a novel HIV-inhibitory class of coumarin derivatives from the tropical rainforest tree, *Calophyllum lanigerum* [J]. Journal of Medicinal Chemistry, 1992, 35(15): 2735-2743.

[37] Buckheit Jr R W, White E L, Fliakas-Boltz V, et al. Unique antihu-man immunodeficiency virus activities of the non-nucleoside reverse transcriptase inhibitors calanolide A, costatolide, and dihydrocostatolide [J]. Antimicrob Agents Chemother, 1999, 43(8): 1827-1834.

[38] Patil A D, Freyer A J, Eggleston D S, et al. The inophyllums, novel inhibitors of HIV-1 reverse transcriptase isolated from the Malaysian tree, *Calophyllum inophyllum* Linn. [J]. Journal of Medicinal Chemistry, 1993, 36(26): 4131-4138.

[39] Fuller R W, Bokesch H R, Gustafson K I, et al. HIV-inhibitory coumarins from latex of the tropical rainforest tree *Calophyllum teysmannii* var. *inophylloide* [J]. Bioorganic and Medicinal Chemistry Letters, 1994, 4(16): 1961-1964.

13　抗疟林源植物药

13.1　概　　述

恶性疟原虫（*Plasmodium falciparum*）是人类的单细胞原生动物寄生虫，是导致人类疟疾的最致命的疟原虫种类。它通过雌蚊子传播，大约占所有疟疾病例的 50%，其所致疟疾是恶性疟疾，每年保守估计有一百万人死亡[1-5]。

根据世界卫生组织 2020 年的报告，全球共有 2.41 亿例疟疾病例，造成约 62.7 万人死亡。在撒哈拉以南的非洲，超过 75%的病例是由恶性疟原虫造成的，而在大多数其他存在疟疾的国家，其他较少毒性的疟原虫种类占主导地位[1]。

人类是疟原虫无性繁殖的中间宿主，雌性按蚊是其有性繁殖阶段的最终宿主。人类的感染从被感染的雌性按蚊的咬伤开始。在约 460 种蚊子中，超过 70 种传播恶性疟疾[6-8]。感染期疟原子孢子，通过蚊子的喙在蚊子吸血过程中随唾液进入血液。蚊子唾液含有抗凝血酶和抗炎酶，可以破坏血液凝固并抑制疼痛反应。通常每个感染的叮咬接种到皮肤中 20～200 个子孢子，其迅速侵入肝细胞[9,10]。导致重症疟疾的病理基础是恶性疟原虫感染的红细胞黏附血管内皮细胞继而堵塞脑部毛细血管或黏附在子宫毛细血管部位。这种黏附作用主要是由一种被称为恶性疟原虫红细胞膜蛋白 1（PfEMP1）的分子介导的，该分子能与宿主体内 20 多种受体分子结合，是恶性疟原虫关键的致病因子[11]。

抗疟疾药物（antimalarial medication）[2]也被称为抗疟药，用于预防或治疗疟疾，如氯喹（Chloroquine）和羟氯喹（Hydroxychloroquine）。治疗疟疾病例的现行做法是基于联合治疗[如蒿甲醚（Artemether）/苯芴醇（Lumefantrine）、复方蒿甲醚（Coartem）[3]]的概念，可以降低治疗失败的风险、减轻副作用。

---

1 Malaria Fact sheet N°94". WHO. Retrieved 2 February 2016; WHO. World Malaria Report 2014. Geneva, Switzerland: World Health Organization, 2014: 32-42. World Malaria Report 2008. World Health Organisation. 2008: 10. Retrieved 2009-8-17

2 https://en.jinzhao.wiki/wiki/Antimalarial_medication

3 https://en.jinzhao.wiki/wiki/Artemether/lumefantrine

13.2 奎宁及其相关药物

奎宁是生物碱类化合物，俗称金鸡纳碱，最早是从茜草科植物金鸡纳树（*Cinchona ledgeriana*）及其同属植物的树皮中提取得到的[12]。奎宁主要治疗间日疟，阻止疟原虫的血液裂殖，是弱杀雄剂。这种生物碱积累在疟原虫物种的食物中，通过抑制疟原虫色素的形成，从而促进细胞毒性血红素的聚集。奎宁能降低疟原虫耗氧量，抑制疟原虫内的磷酸化酶活性而干扰其糖代谢。奎宁能与疟原虫的 DNA 结合形成复合物，抑制 DNA 的复制和 RNA 的转录，从而抑制疟原虫的蛋白质合成[13]，氯喹、甲氟喹和磺胺药物组合广泛用于治疗严重恶性疟原虫感染的急性病例。

13.3 青蒿素抗疟药

13.3.1 青蒿素及其衍生物

青蒿素（artemisinin）[1]是一种传统的用于治疗发烧的中草药，最早见于葛洪在公元 340 年所著的《肘后备急方》。其活性化合物首先在 1971 年被分离，并命名为青蒿素。青蒿素及其半合成衍生物是一组用于治疗恶性疟疾的药物，由中国科学家屠呦呦课题组发现，其因此获得了 2015 年诺贝尔生理学或医学奖。青蒿素是含有过氧化物桥的倍半萜内酯，可以从黄花蒿（*Artemisia annua*）植物中分离青蒿素，也可以使用遗传工程酵母生产其前体化合物[2]。

含有青蒿素衍生物的青蒿素联合疗法现在是全球恶性疟原虫的标准治疗方法。青蒿素及其过氧化物衍生物已经用于治疗恶性疟原虫相关感染，但是生物利用度低、药代动力学性质差、药物成本高是其使用的主要缺点。由于疟疾寄生虫正在对药物产生抗药性，世界卫生组织明确地劝阻使用该药物作为单一疗法，青蒿素或其衍生物与其他抗疟药物结合的疗法是疟疾的首选治疗方法，对患者有效且耐受性良好。该药物也越来越多地应用于间日疟原虫所致疟疾[3]。

---

1 https://en.jinzhao.wiki/wiki/Artemisinin

2 Ro D K, Ouellet M, Paradise E M, et al. Induction of multiple pleiotropic drug resistance genes in yeast engineered to produce an increased level of anti-malarial drug precursor, artemisinic acid. BMC Biotechnol, 2008, 8: 83. https://doi.org/10.1186/1472-6750-8-83

3 Rectal artemisinins rapidly eliminate malarial parasites. EurekAlert! 2008-3-27. Archived from the original on 3 April 2008. Retrieved 2008-3-28; The History of Traditional Chinese Medicine. Archived from the original on 25 December 2007. Retrieved 2007-12-19

蒿甲醚（artemether，ARM）[1]是二氢青蒿素的甲醚衍生物。其抗疟疾的效果是其先导化合物青蒿素的6倍。蒿甲醚于1995年被收入WHO的基本药物目录，FDA于2009年批准复方蒿甲醚片（蒿甲醚20mg、苯芴醇120mg），该制剂是现今治疗疟疾的基于青蒿素联合疗法（ACT）的主要药物。它与青蒿素的作用方式类似，用于联合治疗耐药性恶性疟原虫感染的严重急性病例[14]。蒿甲醚目前在国内上市销售的剂型包括片剂、胶丸、胶囊和注射剂，与苯芴醇组成的复方制剂的适应证主要为各类疟疾[15]。青蒿琥酯（artesunate）[2]是活性代谢物二氢青蒿素的半琥珀酸衍生物，目前，是所有青蒿素类药物中最常用的药物。其唯一的效果是通过减少配子体细胞传播来调节的。中缅边境缅甸当地的恶性疟原虫对青蒿琥酯有一定程度的抗性[16]。其用于联合治疗时，青蒿琥酯与萘酚喹联用能有效延缓恶性疟原虫抗性产生[17]。二氢青蒿素（dihydroartemisinin）[3]是青蒿素的活性代谢物[18]。它是最有效的青蒿素化合物，但最不稳定，具有强烈的活性作用，并减少配子体传播，用于治疗顽固性和不易复发的恶性疟原虫感染病例。蒿醚林酸（artelinic acid）是合成的含有羧酸的二氢青蒿素呈醚键结合的一种新化合物，抗印度支那无性系W-2比塞拉利昂无性系D-6有效[19]。蒿乙醚（arteether）可用于各种类型疟疾，治疗效果良好，疟原虫清除快，使用方便，也可用于不能口服其他抗疟药的患者，对疟原虫红内期有直接杀灭作用。

13.3.2 青蒿素的化学成分

从菊科植物黄花蒿（*Artemisia annua*）中分离出的一种结晶，被定名为青蒿素，是一种新型的倍半萜内酯。其是无色针状结晶，熔点156～157℃，$[\alpha]_D^{17}$=+66.3°（浓度C=1.64g/100ml，氯仿），高分辨质谱（m/e 282.1472 M^+）及碳元素分析（C 63.72%，7.86%）[20]。青蒿素晶体属正交晶系，空间群为D-P2221，晶胞中含4个分子，晶胞参数α=24.077、b=9.443、c=6.356，强度数据由PW-1100四圆衍射仪收集，采用CuKa辐射。结构用符号附加法求解，并用全矩阵最小二乘法修正，对1553个反射最后的R因子为0.085，对1299个可观测反射的R因子为0.074。用直接测量15个指示对映体灵敏的Bijvoet反射点对确定了绝对构型，5个氧原子集中在分子的一侧，O—O键长是1.478，并讨论了碳氧键型的变异[21,22]。

13.3.3 抗疟机制

青蒿素类药物的作用机制中最为人们广泛接受的理论是它们首先通过切割被

1 https://en.jinzhao.wiki/wiki/Artemether

2 https://en.jinzhao.wiki/wiki/Artesunate

3 https://en.jinzhao.wiki/wiki/Dihydroartemisinin

活化，血红素和 Fe（Ⅱ）氧化导致产生自由基，这又损害了易感蛋白，导致寄生虫死亡[23-25]。抗疟机制基本分为两步：第一步，青蒿素及其衍生物在疟原虫体内的 Fe（Ⅱ）或其他还原性物质的作用下形成一些活性中间体。第二步，这些中间体通过过氧化膜脂质、干扰线粒体的功能、烷基化血红素或抑制蛋白质活性等途径表现出抗疟作用[26]。

13.3.4 生物合成

青蒿素为 C_{15} 骨架的倍半萜类化合物。青蒿素的生物合成涉及甲羟戊酸途径（MVA）和法呢二磷酸（FDP）的环化[27]。从青蒿酸到青蒿素的路线仍然是有争议的，它们主要在减少步骤的时候有所不同。在早期的研究中，青蒿酸（artemisinic acid）一度被认为是青蒿素生物合成的直接前体[28]。如今更多的试验证据显示二氢青蒿素是青蒿素生物合成的直接前体，两条路线都表明二氢青蒿酸是青蒿素的最终前体[29]。二氢青蒿酸之后进行光氧化以产生二氢青蒿酸氢过氧化物。通过氢过氧化物的切割引发的环膨胀和第二次氧介导的氢过氧化完成了青蒿素的生物合成[30]。

13.3.5 化学合成

研究人员使用碱性有机试剂，可用有机起始原料多次进行青蒿素的全合成。全合成是 1982 年由 Hoffmann-La Roche 公司的研究员 G. Schmid 和 Hofheinz 在巴塞尔的 Hoffmann-La Roche 开始的“显著的立体选择性合成”，共 13 步，约 5%总产率，以及(R)-(+)-香茅醛合成，共 20 步，约 0.3%总产率。Schmid-Hofheinz 方法的关键步骤包括初步的 Ohrloff 立体选择性硼氢化/氧化以在丙烯侧链上建立“离环”甲基立体中心；立体选择性是通过手性试剂对外消旋有机锂试剂进行化学动力学拆分合成的。锂试剂介导的烷基化，引入所有需要的碳原子，具有高度非对映选择性，对该单碳环中间体进行进一步的还原、氧化和脱甲硅烷基化步骤，包括最终的单线态氧化、光氧化和烯化反应，酸化、成环后，生成青蒿素。实质上，这些合成中的最终氧化环闭合操作完成了上述所示的三个生物合成步骤[31,32]。青蒿酸的部分或半合成途径来自更丰富的生物合成前体，包括从(*R*)-(+)-*p*-酮、异戊烯、2-环己烯-1-酮的合成路线，还有一些非常高效的仿生合成等[33-35]。

13.3.6 开发半合成

帕斯适宜卫生科技组织（Program for Appropriate Technology in Health，PATH）的药物开发计划用于开发半合成青蒿素。PATH 是一个国际非营利性组织，旨在通过创新改变全球健康，项目基金合计 5330 万美元，来源其一是比尔及梅林达·盖茨基金会（Bill & Melinda Gates Foundation），其二是向普世健康（One World Health）。该项目始于 2004 年，初步项目合作伙伴包括加利福尼亚大学伯克利分校，该项目提供了其所依据的技术——遗传改造酵母以生产青蒿酸的过程。加利福尼亚州的一家生物技术公司（Amyris Inc.）改进了生产过程以实现大规模生产，并开发可扩展流程以转移到工业合作伙伴[36]。

2006 年，加利福尼亚大学伯克利分校的一个小组报告他们已经将酿酒酵母酿造出少量的前驱青蒿酸，之后将合成的青蒿酸输送出去，纯化并化学转化成青蒿素，声称每剂量将花费大约 0.25 美元。在合成生物学的这一努力中，使用修饰的甲羟戊酸途径，并且将来自黄花蒿（*Artemisia annua*）的酵母细胞工程化以表达酶：紫穗槐二烯合酶和细胞色素 P450 单加氧酶（CYP71AV1）。经过艾曲-4,11-二烯的三步氧化反应得到青蒿酸[37-39]。最终成功的技术基于加利福尼亚大学伯克利分校和加拿大国家研究委员会（National Research Council，NRC）植物生物技术研究所许可发明的 Berkeley 方法。2011 年，赛诺菲（Sanofi）在意大利加雷西奥（Garessio）进行半合成青蒿素的商业化生产。青蒿素的第二个来源有望能够为最需要它们的人提供更稳定的关键抗疟治疗流程。2013 年 5 月 8 日，世界卫生组织（世卫组织）“药物资格预审计划”宣布，半合成青蒿素可用于生产提交给世卫组织资格预审或已由世卫组织认可的活性药物成分[1]。赛诺菲公司通过半合成青蒿素（青蒿琥酯）生产的 API 也于 2013 年 5 月 8 日被世卫组织资格认定，成为首批半合成青蒿素衍生物[40]。

13.3.7 生产和价格

中国提供大部分青蒿素原材料。黄花蒿幼苗生长在苗圃中，然后移植到田间，8 个月左右收获植物，将叶子干燥并送到已烷等溶剂中萃取，从而得到青蒿素。从 2005 年到 2008 年，青蒿素的市场价格波动很大，从每千克 120 美元到 1200 美元不等[2]。

中国广东新南方青蒿科技有限公司（Artepharm 公司）创造了一种以阿特奇克（Artequick）为名的组合药物阿霉素和哌喹酮。除在中国和东南亚进行的临床研究外，Artequick 也被用于科摩罗群岛的大规模疟疾根除工作。在 2007 年、2012 年和 2013～2014 年进行的这些努力使科摩罗群岛的疟疾病例减少了 95%～97%[3]。与世卫组织谈判后，诺华和赛诺菲公司以非营利性成本提供 ACT 药物。然而这些药物仍然比其他疟疾治疗药物昂贵[4]。青蒿琥酯注射用于严重疟疾治疗，由中国桂

1 Pantjushenko, Elena. Semisynthetic artemisinin achieves WHO prequalification. PATH. Retrieved 8 February 2014

2 Report of the Artemisinin Enterprise Conference 2008

3 Cure all? The Economist (2014-1-25). Retrieved on 2016-10-22

4 Artemisinin combination therapies, CNAP Artemisia Project

林工厂进行生产，生产监督受到世卫组织资格预审[1]。约克大学生物系新型农业产品中心（Centre for Novel Agricultural Products，CNAP）正在使用分子育种技术生产艾蒿的高产品种。2014 年，赛诺菲公司将 170 万剂量的半合成青蒿素 Sanofi Artesunate Amodiaquine Winthrop（ASAQ Winthrop）及一种固定剂量的青蒿素联合疗法运往 6 个非洲国家[2]。2016 年对东非 4 项研究的系统评估得出结论，在私营零售部门补贴青蒿素联合疗法（ACT）与培训和营销相结合，导致商店中 ACT 的可用性增加[41]。

13.4 氯氟菲醇

氯氟菲醇（Halofantrine）[3]是一种与奎宁化学有关的菲甲醇，为由 Smith Kine & French 公司开发出的一种新抗疟药，1992 年已在英国上市。其是奎宁的衍生物，其作用机制也与之相同[42]。作为一种有效对抗所有疟原虫的血液分枝杆菌，其行动机制与其他反疟疾机制相似。细胞毒素复合物由铁卟啉XI形成，引起疟原虫膜损伤。尽管其对耐药性寄生虫有效，但是其成本高。一种基于氯氟菲醇的流行药物是卤泛群。

在临床发作期间，建议以 6h 的间隔给予氯氟菲醇 8mg/kg 的三次剂量。尽管数据支持使用并证明其耐受性好，但不推荐使用于 10kg 以下的儿童。最常见的副作用包括恶心、腹痛、腹泻和瘙痒。当施用高剂量时，会看到严重的室性心律失常，偶尔会导致死亡[39]。

13.5 抗疟药耐药性

抗疟药耐药性是指恶性疟原虫对原本能够有效治疗其所引起的感染的抗疟药物产生抵抗性。针对目前全球抗疟的主要药物，虽然在泰柬边境地区已出现了青蒿素耐药性，但就目前全球各地使用青蒿素及其衍生物为基础的联合疗法（ACT）的疗效来看，仍能达到 90%以上。因青蒿素类药物有效血药浓度的时间较短，杀灭疟原虫不彻底，造成较高的疟疾复发率[43]。疟原虫长期处于较低的药物压力下，循环往复，最终可导致青蒿素耐药性产生[44]。

---

1 Guilin Pharmaceutical—The world's first producer of WHO prequalified artesunate for injection for severe malaria. https://www.mmv.org (2010)

2 Palmer, Eric. 19 August 2014. Sanofi shipping new malaria treatment manufactured from 'semisynthetic artemisinin'. https://www.fiercepharmamanufacturing.com. Retrieved 14 September 2014

3 https://en.jinzhao.wiki/wiki/Halofantrine

13.6 青蒿素联合疗法

青蒿素联合疗法（artemisinin-based combination therapy，ACT）[1]：青蒿素与常规的抗疟药有着非常不同的作用模式，在治疗耐药性感染方面特别有用，与另一种基于非青蒿素的疗法联合可以防止对青蒿素的耐药性的发展。ACT 引起寄生虫生物量的非常快速的降低，并伴随着临床症状的减少，并且已知导致配子体细胞的传播减少，从而降低了抗性等位基因扩散的可能性[45]。

在世界范围内推行以青蒿素为主的联合疗法（ACT）包括：复方甲蒿酯甲氟喹片（ASMQ）、复方青蒿酯阿莫地喹片（ASAQ）、复方蒿甲醚苯芴醇片、复方青蒿酯磺胺多辛/乙胺嘧啶片、复方二氢青蒿素哌喹（Duo-Cotecxin）、复方青蒿素哌喹/伯氨喹片（FEMSE）、复方咯萘啶青蒿酯片。复方甲蒿酯甲氟喹片已被用于泰国地区多年有效的一线治疗方案。已知甲氟喹可引起儿童呕吐，以及引起一些神经和心脏毒性作用，但是当该药物与青蒿琥酯组合时，这些不良反应减少，因为甲氟喹的半衰期长，这可能对寄生虫施加高度的选择压力；复方蒿甲醚苯芴醇片比青蒿琥酯加甲氟喹组合更耐受；青蒿琥酯和磺胺多辛/乙胺嘧啶是一种良好耐受的组合，但总体疗效水平仍取决于对磺胺多辛和乙胺嘧啶的抗性水平，因此限制了其用途；双氢青蒿素-哌喹（Cotecxin）主要应用在中国、越南等国家，该药已被证明是非常有效的。从根源上消除疟原虫的方法（Fast Elimination of Malariaby Source Eradication，FEMSE）是第一种固定剂量的青蒿素联合疗法，使用青蒿琥酯/哌拉嗪/伯氨喹（Primaquine）组合。四磷酸双喹哌/青蒿琥酯（Pyramax）由 Shin Poong Pharmaceutical 公司制造，欧洲药品管理局（EMA）在非洲和东南亚进行Ⅲ期临床试验的四磷酸双喹哌/青蒿琥酯（Pyramax），是一种固定剂量的咯萘啶（Pyronaridine）-青蒿琥酯（Artesunate）组合药物，治疗恶性疟疾和间日疟疟疾的 ACT[2]。

参 考 文 献

[1] Coatney G R, Collins W E, Warren M, et al. 22 *Plasmodium falciparum* (Welch, 1897). The Primate Malarias [M]. Washington: Division of Parasitic Disease CDC, 1971: 263.

[2] Rich S M, Leendertz F H, Xu G, et al. The origin of malignant malaria [J]. Proceedings of the National Academy of Sciences of the United States of America, 2009, 106(35): 14902-14907.

[3] Perkins D J, Were T, Davenport G C, et al. Severe malarial anemia: innate immunity and

1 https://en.jinzhao.wiki/wiki/Antimalarial_medication#Artemisinin-based_combination_therapies_.28ACTs.29

2 Guidelines for the treatment of malaria, second edition. WHO. 2010.

pathogenesis [J]. International Journal of Biological Sciences, 2011, 7(9): 1427-1442.
[4] Perlmann P, Troye-Blomberg M. Malaria blood-stage infection and its control by the immune system [J]. Folia Biologica, 2000, 46(6): 210-218.
[5] Vaughan A M, Aly A S I, Kappe S H I. Malaria parasite pre-erythrocytic stage infection: gliding and hiding [J]. Cell Host and Microbe, 2008, 4(3): 209-218.
[6] Christophers R, Sinton J A. Correct name of malignant tertian parasite [J]. British Medical Journal, 1938, 2(4065): 1130-1134.
[7] Molina-Cruz A, Zilversmit M M, Neafsey D E, et al. Mosquito vectors and the globalization of *Plasmodium falciparum* malaria [J]. Annual Review of Genetics, 2016, 50(1): 447-465.
[8] Sinka M E, Bangs M J, Manguin S, et al. The dominant *Anopheles* vectors of human malaria in Africa, Europe and the Middle East: occurrence data, distribution maps and bionomic précis [J]. Parasites and Vectors, 2010, 3(1): 117.
[9] Garcia J E, Puentes A, Patarroyo M E. Developmental biology of sporozoite-host interactions in *Plasmodium falciparum* malaria: implications for vaccine design [J]. Clinical Microbiology Reviews, 2006, 19(4): 686-707.
[10] Gerald N, Mahajan B, Kumar S. Mitosis in the human malaria parasite *Plasmodium falciparum* [J]. Eukaryotic Cell, 2011, 10(4): 474-482.
[11] 叶润. 恶性疟原虫野生株致病相关基因的转录调控研究 [D]. 上海：第二军医大学博士学位论文, 2013.
[12] 郭瑞霞，李力更，付炎，等. 天然药物化学史话：奎宁的发现、化学结构以及全合成 [J]. 中草药, 2014, 45(19): 2737-2741.
[13] Ruocco V, Ruocco E, Schwartz R A, et al. Kaposi sarcoma and quinine: a potentially overlooked triggering factor in millions of Africans [J]. J Am Acad Dermatol, 2011, 64(2): 434-436.
[14] 单琳琳，尚晓鹏，宋世震，等. 蒿甲醚治疗重症疟疾的 Meta 分析 [J]. 中国病原生物学杂志, 2013, 8(7): 611-616.
[15] 张亚红，王丽娟，甘淋玲，等. 蒿甲醚及其制剂的临床应用研究进展 [J]. 重庆医学，2014, (29): 3967-3970.
[16] 王剑，孙晓东，周红宁，等. 中缅边境缅甸恶性疟原虫对青蒿琥酯的抗性调查 [J]. 中国热带医学, 2015, 15(10): 1201-1203.
[17] 杨恒林，高白荷，杨品芳，等. 青蒿琥酯与萘酚喹联用延缓恶性疟原虫抗性实验研究 [J]. 中国血吸虫病防治杂志, 2003, 15(6): 426-428.
[18] 郑明月，刘刚，唐炜，等. 青蒿素及其衍生物的抗疟构效关系研究和治疗新适应症衍生物的发现 [J]. 科学通报, 2017, 62(18): 1948-1963.
[19] 李世壮. 新的水溶性二氢青蒿素衍生物——蒿醚林酸(artelinic acid)抗疟活性的研究 [J]. 药学进展, 1989, (3): 13.
[20] 屠呦呦，倪慕云，钟裕容，等. 中药青蒿化学成分的研究 I [J]. 科技导报，2015, 33(20): 124-126.
[21] 青蒿素结构研究协作组. 一种新型的倍半萜内酯——青蒿素 [J]. 科学通报, 1977, 33(3): 123.
[22] 梁丽. 青蒿素分子和立体结构测定的历史回顾 [J]. 生物化学与生物物理进展, 2017, 44 (1): 6-16.

[23] Winzeler E A, Manary M J. Drug resistance genomics of the antimalarial drug artemisinin [J]. Genome Biology, 2014, 15(11): 544.

[24] Cravo P, Napolitano H, Culleton R. How genomics is contributing to the fight against artemisinin-resistant malaria parasites [J]. Acta Tropica, 2015, 148: 1-7.

[25] Wang J G, Zhang C J, Chia W N, et al. Haem-activated promiscuous targeting of artemisinin in *Plasmodium falciparum* [J]. Nature Communications, 2015, 6: 10111.

[26] 韩利平，黄强，曾丽艳，等. 青蒿素及其衍生物的抗疟机制研究进展 [J]. 自然科学进展, 2009, 19(1): 25-32.

[27] 刘万宏，黄玺，张巧. 卓青蒿素生物合成与基因工程研究进展 [J]. 中草药，2012, 44(1): 101-107.

[28] Sangwan R S, Agarwal K, Luthra R, et al. Biotransformation of arteannuic acid into arteannuin-B and artemisinin in *Artemisia annua* [J]. Phytochemistry, 1993, 34(5): 1301-1302.

[29] Wallaart T E, Pras N, Beekman A C, et al. Seasonal variation of artemisinin and its biosynthetic precursors in plants of *Artemisia annua* of different geographical origin: proof for the existence of chemotypes [J]. Planta Medica, 2000, 66(1): 57-62.

[30] Sy L K, Brown G D. The mechanism of the spontaneous autoxidation of dihydroartemisinic acid [J]. Tetrahedron, 2002, 58(5): 897-908.

[31] Michael C, Pirrung-Andrew T, Morehead Jr A. Sesquidecade of sesquiterpenes, 1980–1994: part A. Acyclic and monocyclic sesquiterpenes, part 1 [C]. *In*: Goldsmith D. The Total Synthesis of Natural Products, Vol 10. New York: John Wiley and Sons, 1997: 90-96.

[32] Schmid G, Hofheinz W. Total synthesis of Qinghaosu [J]. J Am Chem Soc, 1983, 105(3): 624-625.

[33] Zhu C Y, Cook S P. A concise synthesis of (+)-artemisinin [J]. J Amer Chem Soc, 2012, 134(33): 13577-13579.

[34] Lévesque F, Seeberger P H. Continuous-flow synthesis of the anti-malaria drug artemisinin [J]. Angewandte Chemie International Edition in English, 2012, 51(7): 1706-1709.

[35] Turconi J, Griolet F, Guevel R, et al. Semisynthetic artemisinin, the chemical path to industrial production [J]. Org Proc Res Devel, 2014, 18(3): 417-422.

[36] Ball P. Man made: a history of synthetic life [J]. Distillations, 2016, 2(1): 15-23.

[37] Ro D K, Paradise E M, Ouellet M, et al. Production of the antimalarial drug precursor artemisinic acid in engineered yeast [J]. Nature, 2006, 440(7086): 940-943.

[38] van Herpen T W J M, Cankar K, Nogueira M, et al. Nicotiana benthamiana as a production platform for artemisinin precursors [J]. PLoS ONE, 2010, 5(12): e14222.

[39] Lapkin A A, Peters M, Greiner L, et al. Screening of new solvents for artemisinin extraction process using ab initio methodology [J]. Green Chemistry, 2010, 12(2): 241-251.

[40] van Vugt M, Brockman A, Gemperli B, et al. Randomised comparison of artemether-benflumetol and artesunate-mefloquine in the treatment of multidrug-resistant falciparum malaria [J]. Antimicrob Agents Chemother, 1998, 42(1): 135-139.

[41] Opiyo N, Yamey G, Garner P. Subsidising artemisinin-based combination therapy in the private retail sector [J]. The Cochrane Database of Systematic Reviews, 2016, 3(3): CD009926.

[42] 丁凤平. 抗疟药 Halofantrine 在英国上市 [J]. 药学进展, 1992, (2): 129.

[43] 罗丹, 刘伟光, 杨亚明. 青蒿素类抗疟药的作用机制及耐药机制研究进展 [J]. 中国医学创新, 2014, 11(9): 131-134.

[44]刘德全, 刘瑞君, 张春勇, 等. 我国恶性疟原虫对抗疟药敏感性的现状 [J]. 中国寄生虫学与寄生虫病杂志, 1996, 14(1): 37.

[45] Lim P, Alker A P, Khim N, et al. Pfmdr1 copy number and arteminisin derivatives combination therapy failure in falciparum malaria in Cambodia [J]. Malar J, 2009, 8: 11.

14　抗衰老林源植物药

14.1　概　　述

14.1.1　衰老

衰老（senescence）[1]是生物老化，指细胞衰老或整个生物衰老，通常认为细胞衰老是有机体衰老的基础。衰老不是所有生物体的必然命运，而且可以延迟。1934 年研究发现，卡路里限制可以延长大鼠寿命的 50%，已经推动了延迟和预防衰老及年龄相关疾病的研究[1,2]。

即使环境因素不会导致老化，也可能会影响衰老，如过度暴露于紫外线辐射会加速皮肤老化。不同年龄或身体的不同部位，同一物种的两种生物也可以以不同的速率衰老，使得生物衰老和时间序列老化是截然不同的概念。除了脑缺氧，即大脑缺乏氧气，是所有人类死亡的直接原因之外，衰老是迄今为止的主要死亡原因[2]。有一些假设解释衰老发生的原因：有些人认为它是通过基因表达变化编程的，另一些则认为它是由生物过程引起的累积损伤。衰老作为一种生物过程本身可以减缓、停止甚至逆转，是当前科学研究的课题[3]。

14.1.2　细胞衰老

细胞衰老是正常二倍体细胞停止分裂的现象。在培养过程中，成纤维细胞在衰老前可达到最多 50 个细胞分裂。这种现象被称为“复制衰老”或 Hayflick 极限[3]。复制衰老是端粒缩短的结果，最终触发 DNA 损伤反应。还可以通过响应升高的活性氧（ROS）水平、癌基因的激活和细胞-细胞融合的 DNA 损伤诱导细胞衰老，细胞中 DNA 复制而导致端粒（telomere）缩短。因此，细胞衰老代表了“细胞状态”的变化。

虽然衰老细胞不能再复制，但它们仍然有代谢活性，并且通常采用免疫原性表型识别出与促炎细胞分泌素、免疫配体的上调、前生存应答、混杂基因表达和染色

---

1 https://en.jinzhao.wiki/wiki/Senescence

2 Aubrey D.N.J de Grey. 2007. Life Span Extension Research and Public Debate: Societal Considerations. Studies in Ethics, Law, and Technology, 1(1)

3 SENS Foundation

阳性衰老相关的 β-半乳糖苷酶活性[4]。衰老细胞的细胞核的特征在于，具有衰老相关染色质病灶（SAHF）和染色质改变增强衰老的 DNA 片段（DNA-SCARS）[5]。衰老细胞影响肿瘤抑制、伤口愈合和可能的胚胎/胎盘发育及在年龄相关疾病中的病理作用[6]。来自转基因早老样小鼠和非早老样天然老年小鼠的衰老细胞的实验性消除导致更大的抗老化相关疾病的抵抗力[7]。

14.1.3 衰老的病因

衰老的确切病因在很大程度上仍然不清楚。衰老的过程是复杂的，可能来自各种不同的机制，存在多种不同的原因。抗衰老物种通过细胞分裂来降低自由基的作用，但它们易受创伤与患感染性和非传染性疾病而死亡[8]。

解释衰老的理论分为程序化理论和随机老化理论。程序化理论意味着老化是由整个生命周期中的生物钟进行调节的。老化是由寿命中的激素信号变化引起的[9]。随机老化理论指环境对生物体的影响，环境导致的各种水平的累积性损害作为老化的原因：DNA 损伤、自由基损害等。2013 年，科学家确定了生物体之间常见的 9 个老化标志（重点是哺乳动物）：基因组不稳定性、端粒消耗、表观遗传改变、蛋白酶抑制丧失、线粒体功能障碍、细胞衰老、干细胞衰竭和改变的细胞间通信[10]。

14.2 基因调控

14.2.1 DNA 损伤的衰老理论

DNA 损伤是老化的主要原因[11,12]。由活性氧引起的 DNA 损伤是导致老化的 DNA 损伤的主要来源[13-17]。

14.2.2 衰老的基因调控

衰老的基因调控已经使用出芽酵母、酿酒酵母和蠕虫，如秀丽隐杆线虫和果蝇等模型生物体，鉴定了许多老化遗传成分，涉及基因 *Sir2*、NAD^+依赖性组蛋白脱乙酰酶。在酵母中，*Sir3* 需要用于三个位点的基因组沉默：酵母交配位点、端粒位点和核糖体 DNA（rDNA）位点。已经在蠕虫、苍蝇和人类中发现了染色体外环 DNA（extrachromosomal circular DNA，eccDNA）。eccDNA 允许快速和广泛的基因拷贝数变异，促进适应性进化，与衰老的生理病理机制有关。*Sir2* 的额外拷贝能够延长蠕虫和苍蝇的寿命[18]。

在酵母中，*Sir2* 活性受烟酰胺酶 PNC1 调节。在人类中发现的烟酰胺酶称为前 B 细胞克隆增强因子（pre-B-cell colony-enhancing factor，PBEF），又称烟酰胺磷酸核糖转移酶（nicotinamide phosphoribosyl transferase，NAMPT），或内脏脂肪素（visfatin）。内脏脂肪素是由内脏脂肪细胞分泌的一种脂肪细胞因子，内脏脂肪素的分泌形式可能有助于调节血清胰岛素水平。由于细胞中缺乏可用的葡萄糖，更多的 NAD^+可用并且可以激活 *Sir2*。据报道，白藜芦醇可以延长酵母、蠕虫和苍蝇的寿命。

根据与老化相关基因的 GenAge 数据库[1]，模型生物中有 700 多种与衰老相关的基因：秀丽隐杆线虫中有 555 种，面包酵母中有 87 种，果蝇中有 75 种和小鼠中有 68 种[2]。

14.3 抗衰老药物

抗衰老药物（anti-aging medicine）用于研究如何应用药物减缓或逆转老化过程以延长最大和平均寿命[3]。组织修复、干细胞、再生医学、分子修复、基因治疗的抗衰老未来突破，药物和器官置换，如人造器官或异种移植物，最终将使人类拥有无限期的寿命[4]。补充剂和激素替代品等抗衰老产品是一个有利可图的全球行业。例如，促进使用激素作为消费者缓解或逆转美国市场老龄化进程的行业在 2009 年产生约 500 亿美元的收入。这些产品尚未被证明是有效的或安全的。有许多化学物质还停留在减缓目前在动物模型中研究的老化过程阶段[5]。一种研究显示衰老与观察到的热量限制（CR）饮食的影响有关，CR 已被证明可以延长一些动物的寿命[19]。热量限制模拟药物由于可能的 CR-模拟作用而被研究，可能对实验动物的寿命产生影响，包括雷帕霉素（Rapamycin）[6]和二甲双胍（Metformin）。MitoQ[7]、白藜芦醇（Resveratro）和紫檀芪（Pterostilbene）[8]是这方面也已经研究的膳食补充剂（dietary supplement）[20-22]。

抗衰老药物的研究路径之一是研究使用端粒酶的可能性，以抵抗端粒缩短的过程[9]。然而，这方面存在的潜在危险是将端粒酶与癌症及肿瘤生长和形成相关联[23]。

1 GenAge: The Ageing Gene Database. https://genomics.senescence.info/genes/

2 GenAge database. Retrieved 26 February 2011

3 Japsen, Bruce (15 June 2009). AMA report questions science behind using hormones as anti-aging treatment. The Chicago Tribune. Retrieved 17 July 2009

4 Agerasia. Oxford English Dictionary (3rd ed.). Oxford University Press. September 2005

5 Childs B G, Durik M, Baker D J. et al. Cellular senescence in aging and age-related disease: from mechanisms to therapy. Nature Medicine, 2015, 21: 1424-1435

6 雷帕霉素[又称为西罗莫司(Sirolimus)和 AY-22989]，为抗真菌和免疫抑制剂

7 MitoQ 是新西兰生物技术公司旗下的品牌，世界首创线粒体靶向抗氧化剂

8 紫檀芪是从蓝莓和囊状紫檀中得到的芪类化合物，具有抗氧化、抗炎、抗癌、抗糖尿病和抗肥胖等功效。紫檀芪抑制 ROS 的生成，能对抗多种自由基

9 Ahmed A, Tollefsbol T. Telomeres and Telomerase Basic Science Implications for Aging. Journal of the American Geriatrics Society, 2001, 49(8): 1105-1109

14.4 单味植物药抗衰老

衰老（senescence）是自然界中一种复杂的生命现象。我国人口老龄化趋势明显，抗衰老这一世界性医学课题在我国受到关注[24]。抗衰老药物是一类以提高生命效率（生存时间与生命活力的总和）为最终目的的药物。

有抗衰老效应的植物药包括：人参（*Panax ginseng*）[25-28]、黄芪（黄耆 *Astragalus membranaceus*）[29]、何首乌（*Fallopia multiflora*）[30]、灵芝（*Ganoderma lucidum*）[31]、枸杞（*Lycium chinense*）[32]、刺五加（*Acanthopanax senticosus*）[33]、黄精（*Polygonatum sibiricum*）[34-36]、女贞（*Ligustrum lucidum*）子[37-39]、菟丝子（*Cuscuta chinensis*）[40]、党参（*Codonopsis pilosula*）[41,42]、补骨脂（*Psoralea corylifolia*）[43]等。

抗自由基活性的药物能够使实验动物脑、肝组织中的脂褐素含量降低，SOD 活性提高，明显有抗自由基效应。其主要包括：人参[25-28]、当归（*Angelica sinensis*）[44,45]、黄精[34-36]、玉竹（*Polygonatum odoratum*）[46]、五味子（*Schisandra chinensis*）[47]、黄芪[48]、何首乌[49]、灵芝[50]、党参[51]、淮山药（*Dioscorea opposita*）[52]、女贞子[53]、甘草（*Glycyrrhiza uralensis*）[54]水提物具有明显的抗氧化和调节胆碱能系统的作用等。

人参[55]、黄芪[56]、白术（*Atractylodes macrocephala*）[57]、女贞子[58]等可激活 T 淋巴细胞；枸杞[59]、菟丝子[60]、西洋参（*Panax quinquefolius*）[61]、北柴胡（*Bupleurum chinense*）[62]等可改善 B 细胞功能；三七（*Panax pseudoginseng* var. *notoginseng*）[63]、杜仲（*Eucommia ulmoides*）[64]、黄芪[56]、桑（*Morus alba*）[65]等对免疫功能具有双向调节作用。

从药物对中枢神经系统的影响，对内分泌系统的调节作用，对机体代谢功能的影响等方面全面筛选抗衰老药物，其中功能比较全面的有何首乌[66]、人参[55]、红景天（*Rhodiola rosea*）[67]、枸杞[68]、黄芪、灵芝、女贞子[58]、菟丝子[60]、五味子[69]、黄精[34-36]和党参[51]等单味药。

14.5 复方植物药抗衰老

14.5.1 六味地黄丸

六味地黄丸的中医功用在补肾养阴，主治肝肾不足、真阴亏损、虚火上炎诸症。六味地黄丸由熟地黄（*Rehmannia glutinosa*）、酒萸肉[吴茱萸（*Evodia rutaecarpa*）]、牡丹（*Paeonia suffruticosa*）皮、山药（番薯 *Ipomoea batatas*）、茯苓（*Poria cocos*）、泽泻（*Alisma plantago-aquatica*）六味药组成，具有滋阴补肾、抗衰老的功效。实验证明其可提高昆明种小鼠腹腔巨噬细胞的吞噬能力和吞噬指数，增强单核巨噬细胞的吞噬活性，提高免疫机能，使动物脾脏淋巴小结生发中心增生活跃。六味地黄丸可以改善 D-gal 致衰老大鼠学习记忆障碍，协调中枢胆碱能系统和肾上腺素能系统的功能[70]，可以改善老年大鼠的学习记忆力和整体行为能力，也可以通过影响线粒体相关酶的活性来起到抗衰老的作用[71]。

14.5.2 金匮肾气丸

金匮肾气丸的功能为补肾温阳、强筋骨、益容颜、固精髓。实验证明其能明显升高老龄雌鼠体内的雌激素水平，增加雄性大鼠的睾酮含量及睾丸重量，调整下丘脑-垂体-性腺轴功能，通过补肾而达抗衰老的目的[72]。金匮肾气丸是由地黄、山药、山茱萸（*Cornus officinalis*）（酒炙）、茯苓、牡丹皮、泽泻、桂枝[肉桂（*Cinnamomum cassia*）]、附子（制）[乌头（*Aconitum carmichaelii*）]、牛膝（*Achyranthes bidentata*）（去头）、车前子（*Plantago asiatica*）（盐炙）组成，具有温补肾阳、化气行水之功效。其用于肾虚水肿、腰膝酸软、小便不利、畏寒肢冷等方面，具有抗衰老作用。

金匮肾气丸作为中医补肾延年的经典名方，被历代医家广泛运用于养生、抗衰老和老年病治疗。对其抗衰老作用的中医学机制探讨的研究主要针对神经内分泌系统功能、免疫系统功能、与自由基关系和对糖类、脂类等物质代谢等方面。金匮肾气丸可改善衰老大鼠小肠干细胞的增殖功能，并上调 Wnt/β-catenin 信号通路相关蛋白质的表达[73]。金匮肾气丸可以提高小鼠体内端粒酶的含量及 *TERT* 基因的表达水平，这可能是其具有抗衰老功能的一个重要原因[74]。金匮肾气丸可以减少自然衰老大鼠膀胱逼尿肌细胞 M3R mRNA 及其蛋白质的表达和增加自然衰老大鼠膀胱逼尿肌细胞 β3-AR mRNA 及其蛋白质的表达，使 M3R 和 β3-AR 之间的平衡状态维持正常的水平[75]。

14.5.3 延寿丹

延寿丹古方来源于《世补斋医书》卷八。其组成包括：何首乌 2.25kg，豨莶草[豨莶（*Siegesbeckia orientalis*）、腺梗豨莶（*Siegesbeckia pubescens*）或毛梗豨莶（*Siegesbeckia glabrescens*）的地上部分]500g，菟丝子 500g，杜仲 250g，牛膝 250g，女贞子 250g，霜桑叶 250g，忍冬（*Lonicera japonica*）藤 120g，生地黄 120g，桑葚膏 500g，黑芝麻膏 500g，金樱子（*Rosa laevigata*）膏 500g，墨旱莲[鳢肠（*Eclipta prostrata*）]膏 500g。其功能为补肝肾、养阴血、强筋骨、祛风气。实验研究表明其能延长果蝇的平均寿命，提高小鼠生命活力，降低实验动物心肌中脂褐素、红细胞生成素（erythropoietin，EPO）、脑中单胺氧化酶

（MAO）水平，并提高小鼠血液中 SOD 活性。方中首乌、菟丝子、桑葚等 7 味药分别具有降压、降脂、降血糖、强心利尿、抗自由基和提高免疫功能等作用，临床抗衰老效果明显[76,77]。

14.5.4 龟龄集

龟龄集是传统医学中一种补肾填精、壮阳培本的长寿药方，素有“养生国宝”的美称。其具有补阳固肾、运脾滋肝、添精补脑、强健筋骨等功能。龟龄集能明显提高老年小鼠 SOD 和 GSH-Px 的含量，减少 MDA 含量，龟龄集还能明显增加老年小鼠单胺类神经递质的含量[78]。龟龄集具有延缓海马结构神经元衰老，维持神经元中神经丝蛋白的合成功能，可借以改善学习记忆功能[79]。龟龄集可延缓神经元的衰老，防止脊髓前角内突触素的减少[80]。

14.5.5 四君子汤

中医方剂四君子汤包括人参、白术、茯苓各 9g，甘草 6g。此方为补益剂，具有补气、益气健脾之功效。其主治脾胃气虚证、面色萎黄、语声低微、气短乏力、食少便溏、舌淡苔白、脉虚数。其临床常用于治疗慢性胃炎、消化性溃疡等属脾胃气虚者。其功用在补气健脾。四君子汤可使衰老小鼠脏器组织的 SOD 活性增强，抑制 MDA 形成[81]。四君子汤能够影响脑、胸腺和脾的功能，提高实验动物血清 SOD 和 GSH-Px 活性，降低 MDA 含量[82]。

14.6 抗衰老化妆品与食品

皮肤抗衰老是防止皮肤因时间推移而发生逐渐性的功能和器质性退行性改变，表现为防止出现皱纹、干燥、起屑、松弛和色斑。抗衰老化妆品就是实现抗衰老功效的化妆品，是重要的功效型化妆品之一[83]。2018年中国抗衰老市场产品已达472亿元。2021年全球抗衰老市场产品达2160亿美元[84]。皮肤的衰老机制和途径主要包括：保护皮肤免受外界环境刺激；清除细胞内的多余自由基；对皮肤细胞进行修复和补充营养。抗衰老化妆品的活性原料分为保湿类、清除自由基类、吸收紫外线类及细胞修复类4种类型[83]。

日本顶级护肤品牌 Shinso Skincare 是目前很有人气的一款产品。该产品以 69 种草药为配方，含葡萄柚皮、蜂蜜、油橄榄叶提取物、桑根提取物和泰国野葛根提取物，可活化肌肤，含有超氧化物歧化酶（SOD），具有抗自由基作用[84]。黑豆水提取物和蓝靛果乙醇洗脱物具有很好地清除自由基的能力，可应用于化妆品中[85,86]。含青梅花提取物的护肤霜能使皮肤粗糙度降低、皱纹深度变浅、皮肤弹性增强[87]。人参抗衰老面膜能够显著提高皮肤含水量，提高皮肤弹性，降低经皮水分散失（trans-epidermal water loss，TEWL）值，减少面部皱纹[88]。

关于药食同源，2002年，原卫生部印发了《关于进一步规范保健食品原料管理的通知》（卫法监发〔2002〕51号），规定了既是食品又是药品的物品名单，共有86种中药，2014年国家卫生和计划生育委员会对这一名单进行了更新，增至101种中药[89-91]。其中丁香（丁子香*Syzygium aromaticum*）、八角茴香（八角 *Illicium verum*）[92]、山楂（*Crataegus pinnatifida*）、山药（番薯*Ipomoea batatas*）、马齿苋（*Portulaca oleracea*）、木瓜（*Chaenomeles sinensis*）、大麻（*Cannabis sativa*）、玉竹（*Polygonatum odoratum*）、甘草（*Glycyrrhiza uralensis*）、白芷（*Angelica dahurica*）[93]、白果（银杏*Ginkgo biloba*）、龙眼（*Dimocarpus longan*）肉[94]、决明子（*Cassia tora*）、肉桂（*Cinnamomum cassia*）[95]、余甘子（*Phyllanthus emblica*）、杏（*Armeniaca vulgaris*）仁、沙棘（*Hippophae rhamnoides*）、芡实（*Euryale ferox*）、花椒（*Zanthoxylum bungeanum*）[96]、枣（*Ziziphus jujuba*）、罗汉果（*Siraitia grosvenorii*）、金银花（忍冬*Lonicera japonica*）、姜（*Zingiber officinale*）、枳椇子[北枳椇（*Hovenia dulcis*）]、枸杞（*Lycium chinense*）、栀子（*Gardenia jasminoides*）、茯苓（*Poria cocos*）、桃（*Amygdalus persica*）仁、桑叶、桑葚、桔梗（*Platycodon grandiflorus*）[97]、益智（*Alpinia oxyphylla*）仁、莲（*Nelumbo nucifera*）、高良姜（*Alpinia officinarum*）[98]、淡竹叶（*Lophatherum gracile*）[99]、菊花（*Dendranthema morifolium*）、黄精（*Polygonatum sibiricum*）、紫苏（*Perilla frutescens*）、紫苏籽、葛根（葛*Pueraria lobata*）、黑芝麻[野西瓜苗（*Hibiscus trionum*）][100]、蒲公英（*Taraxacum mongolicum*）、酸枣（*Ziziphus jujuba* var. *spinosa*）仁、橘皮（柑橘*Citrus reticulata*）、薏苡（*Coix lacryma-jobi*）仁、覆盆子（*Rubus idaeus*）、藿香（*Agastache rugosa*）、淡豆豉（大豆*Glycine max*）[101]、百合（*Lilium brownii* var. *viridulum*）[102]、姜黄（*Curcuma longa*）、人参（*Panax ginseng*）、玫瑰（*Rosa rugosa*）花、松花粉（包括马尾松和油松）、当归（*Angelica sinensis*）、草果（*Amomum tsaoko*）、荜茇（*Piper longum*）[103]共56种植物药进行抗衰老的实验研究已有相关报道。

抗衰老食品的机制研究主要有：沙棘籽粕醇提取物（sea buckthorn seed extract，SBSE）通过提高抗氧化酶活力及改变衰老相关基因的表达水平来发挥抗衰老的功效[104]。石榴（*Punica granatum*）皮中鞣花酸（ellagic acid，EA）作为天然自由基清除剂与弹性蛋白酶抑制剂应用于抗衰老化妆品中[105]。枣（*Ziziphus jujuba*）黄酮能够显著增强亚急性衰老小鼠的抗氧化能力，具有抗衰老的作用[106]。淡竹叶（*Lophatherum gracile*）多糖的抗衰老作用机制与增加超氧化物歧化酶、谷胱甘肽过氧化物酶活性，减少丙二醛含量及增加胸腺和脾脏指数、脑神经元指数有关[99]。

参 考 文 献

[1] Ainsworth C, Page M L. Evolution's greatest mistakes [J]. New Scientist, 2007, 195(2616): 36-39.

[2] Walker R F, Pakula L C, Sutcliffe M J, et al. A case study of "disorganized development" and its possible relevance to genetic determinants of aging [J]. Mechanisms of Ageing and Development, 2009, 130(5): 350-356.

[3] Hayflick L, Moorhead P S. The serial cultivation of human diploid cell strains [J]. Exp Cell Res, 1961, 25: 585-621.

[4] Campisi J. Aging, cellular senescence, and cancer [J]. Annual Review of Physiology, 2013, 75: 685-705.

[5] Rodier F, Campisi J. Four faces of cellular senescence [J]. The Journal of Cell Biology, 2011, 192(4): 547-556.

[6] Burton D G A, Krizhanovsky V. Physiological and pathological consequences of cellular senescence [J]. Cellular and Molecular Life Sciences (CMLS), 2014, 71(22): 4373-4386.

[7] Horvath S. DNA methylation age of human tissues and cell types [J]. Genome Biology, 2013, 14: R115.

[8] Tan T C J, Rahman R, Jaber-Hijazi F, et al. Telomere maintenance and telomerase activity are differentially regulated in asexual and sexual worms [J]. Proc Natl Acad Sci U S A, 2012, 109(9): 4209-4214.

[9] Bowen R L, Atwood C S. The reproductive-cell cycle theory of aging: an update [J]. Experimental Gerontology, 2011, 46(2): 100-107.

[10] Lopez-Otin C, Blasco M A, Pratridge L, et al. The hallmarks of aging [J]. Cell, 2013, 153(6): 1194-217.

[11] Alexander P. The role of DNA lesions in the processes leading to aging in mice [J]. Symp Soc Exp Biol, 1967, 21: 29-50.

[12] Gensler H L, Bernstein H. DNA damage as the primary cause of aging [J]. Q Rev Biol, 1981, 56(3): 279-303.

[13] Ames B N, Gold L S. Endogenous mutagens and the causes of aging and cancer [J]. Mutat Res, 1991, 250(1-2): 3-16.

[14] Holmes G E, Bernstein C, Bernstein H. Oxidative and other DNA damages as the basis of aging: a review [J]. Mutat Res, 1992, 275(3-6): 305-315.

[15] Rao K S, Loeb L A. DNA damage and repair in brain: relationship to aging [J]. Mutat Res, 1992, 275(3-6): 317-329.

[16] Ames B N, Shigenaga M K, Hagen T M. Oxidants, antioxidants, and the degenerative diseases of aging [J]. Proc Natl Acad Sci U S A, 1993, 90(17): 7915-7922.

[17] Bernstein H, Payne C M, Bernstein C, et al. Cancer and aging as consequences of un-repaired DNA damage [C]. *In*: Honoka K, Aoi S. New Research on DNA Damage. Hauppauge, New York: Nova Science Publishers, 2008: 1-47.

[18] Ryley J, Pereira-Smith O M. Microfluidics device for single cell gene expression analysis in

Saccharomyces cerevisiae [J]. Yeast, 2006, 23(14-15): 1065-1073.
[19] Anderson R M, Shanmuganayagam D, Weindruch R. Caloric restriction and aging: studies in mice and monkeys [J]. Toxicologic Pathology, 2009, 37(1): 47-51.
[20] Kaeberlein M. Resveratrol and rapamycin: are they anti-aging drugs [J]? BioEssays, 2010, 32(2): 96-99.
[21] Barger J L, Kayo T, Vann J M, et al. A low dose of dietary resveratrol partially mimics caloric restriction and retards aging parameters in mice [J]. PLoS ONE, 2008, 3(6): e2264.
[22] McCormack D, McFadden D. A review of pterostilbene antioxidant activity and disease modification [J]. Oxid Med Cell Longev, 2013, 2013: 575482.
[23] Blackburn E H. Telomerase and cancer: kirk A. Landon - AACR prize for basic cancer research lecture [J]. Molecular Cancer Research, 2005, 3(9): 477-482.
[24] 孙建，董小萍，程永现. 抗衰老中药研究进展 [J]. 亚太传统医药, 2011, 7(5): 165-170.
[25] 雷秀娟，冯凯，孙立伟. 人参皂苷抗衰老机制的研究进展 [J]. 氨基酸和生物资源, 2010, 32(1): 44-47.
[26] 李珊珊，刘佳，袁婧，等. 人参皂苷对亚急性衰老小鼠的认知能力及脑组织 MDA 含量的影响 [J]. 中国保健营养(上旬刊), 2013, 23(5): 2218-2219.
[27] 李成鹏，张梦思，刘俊，等. 人参皂苷 Rg1 延缓脑衰老机制研究 [J]. 中国中药杂志, 2014, 39(22): 4442-4447.
[28] 彭沛. 人参皂苷 Rb1 抗小鼠脑及人脐静脉内皮细胞衰老的机制 [D]. 广州：中山大学硕士学位论文, 2015.
[29] 钟灵，王振富，文德鉴. 黄芪多糖抗衰老作用的实验研究 [J]. 中国应用生理学杂志, 2013, 29(4): 350-352.
[30] 李亦晗，王跃飞，朱彦. 何首乌二苯乙烯苷抗衰老研究进展 [J]. 中国中药杂志, 2016, 41(2): 182-185.
[31] 李广富，陈伟，李昕昕. 灵芝多糖益生菌酸奶抗衰老的研究 [J]. 食品与发酵工业, 2015, 41(2): 41-45.
[32] 王彩霞. 枸杞多糖对 D-半乳糖诱导衰老小鼠皮肤的影响 [J]. 中国老年学杂志, 2015, 35(22): 6360-6362.
[33] 刘旗，任梦璐，张腾娇，等. 中药刺五加抗衰老作用的研究进展 [J]. 黑龙江医药, 2013, 26(3): 389-391.
[34] 李友元，杨宇，邓红波，等. 黄精煎液对衰老小鼠组织端粒酶活性的影响 [J]. 华中医学杂志, 2002, 26(4): 225-226.
[35] 郑凌君，朱小华，卢锦强，等. 长梗黄精多糖对果蝇抗衰老作用的研究 [J]. 中外食品, 2014, (2): 43-47.
[36] 马凤巧，张海艳. 黄精对衰老大鼠学习记忆能力的改善及机制 [J]. 中国老年学杂志, 2010, 30(15): 2191-2192.
[37] 张振明，葛斌，许爱霞，等. 女贞子多糖的抗衰老作用 [J]. 中国药理学与毒理学杂志, 2006, 20(2): 108-111.
[38] 李璘，丁安伟，孟丽. 女贞子多糖的免疫调节作用研究 [J]. 中药药理与临床, 2001, 17(2): 11-12.
[39] 蔡曦光，张振明，许爱霞，等. 女贞子多糖与菟丝子多糖清除氧自由基及抗衰老协同作用

实验研究 [J]. 医学研究杂志, 2007, 36(8): 74-75.
[40] 赵丹江. 菟丝子抗衰老作用机制的研究进展 [J]. 中医药学报, 2011, 39(5): 97-99.
[41] 郭美, 刘丽莎, 何敏, 等. 党参抗衰老作用的研究进展 [J]. 中国老年学杂志, 2013, 33(5): 1205-1207.
[42] 郭晓农, 戚欢阳, 王兵, 等. 党参多糖对衰老模型小鼠的抗衰老作用 [J]. 中国老年学杂志, 2013, 33(21): 5371-5372.
[43] 于茜, 邹海曼, 王帅, 等. 补骨脂酚对 ESF-1 细胞抗衰老基因调控机制研究 [J]. 中药材, 2014, 37(4): 632-635.
[44] 周倩倩, 李应东. 中药当归抗衰老作用研究进展 [J]. 医学信息(上旬刊), 2011, 24(4): 2176-2177.
[45] 尹辉. 当归化学成分及药理活性研究进展 [J]. 重庆科技学院学报(自然科学版), 2015, 17(1): 100-101.
[46] 王业秋, 陈巧云, 祁永华, 等. 中药玉竹抗衰老作用研究进展 [J]. 中国民族民间医药, 2010, 19(14): 12-13.
[47] 孙文娟, 吕文伟, 于晓凤, 等. 北五味子粗多糖抗衰老作用的实验研究 [J]. 中国老年学杂志, 2001, 21(6): 454-455.
[48] 周鹏. 黄芪抗衰老作用机理研究 [J]. 齐鲁药事, 2010, 29(11): 650-651.
[49] 宋士军, 李芳芳, 岳华, 等. 何首乌的抗衰老作用研究 [J]. 河北医科大学学报, 2003, 24(2): 90-91.
[50] 常明昌, 胡淑萍, 程红艳. 灵芝、V_E 抗衰老实验与自由基 [J]. 体育学刊, 1999, (1): 38-39.
[51] 李炜, 杨建明, 张丹参, 等. 党参多糖的提取及其抗脂质过氧化作用研究 [G]. 中国药理学会补益药药理专业委员会成立大会暨人参及补益药学术研讨会会议论文集, 2011.
[52] 陈佳希, 李多伟. 山药的功能及有效成分研究进展 [J]. 西北药学杂志, 2010, 25(5): 398-400.
[53] 阮红, 吕志良. 女贞子多糖免疫调节作用研究 [J]. 中国中药杂志, 1999, 24(11): 691-693.
[54] 赵凡凡, 李肖, 高丽. 甘草水提物干预D-半乳糖致衰老大鼠的肝脏代谢组学研究 [J]. 中草药, 2017, 48(17): 3545-3553.
[55] 吕梦捷, 曾耀英, 宋兵. 人参皂苷 Rb1 对小鼠 T 淋巴细胞体外活化、增殖及凋亡的影响 [J]. 中草药, 2011, 42(4): 743-748.
[56] 尹伟, 马骞寰, 姜俊兵, 等. 黄芪多糖对红细胞调控 T 淋巴细胞增殖的影响 [J]. 动物医学进展, 2015, (11): 53-58.
[57] 毛俊浩, 吕志良, 曾群力, 等. 白术多糖对小鼠淋巴细胞功能的调节 [J]. 免疫学杂志, 1996, (4): 233-236.
[58] 阮红. 女贞子多糖对小鼠淋巴细胞 IL-2 诱生的调节作用 [J]. 上海免疫学杂志, 1999, (6): 337-337.
[59] 胡国俊, 白惠卿, 杜守英, 等. 枸杞对 T、B 淋巴细胞增殖和 T 细胞亚群变化的调节作用[J]. 中国免疫学杂志, 1995, (3): 163-166.
[60] 张庆平, 石森林. 菟丝子对小鼠免疫功能影响的实验研究 [J]. 浙江临床医学, 2006, 8(6): 568-569.
[61] 赵云利, 吴华彰, 杨晶, 等. 西洋参皂甙对免疫抑制小鼠免疫功能的影响 [J]. 中国生物制品学杂志, 2011, 24(3): 205-308, 312.

[62] 刘晓斌, 高燕, 刘永仙, 等. 北柴胡提取组分对小鼠淋巴细胞活性的影响 [J]. 细胞与分子免疫学杂志, 2002, 18(6): 600-601.
[63] 周建国, 曾耀英, 黄秀艳, 等. 三七提取物对小鼠淋巴细胞体外增殖和细胞周期的影响 [J]. 免疫学杂志, 2007, 23(1): 16-19.
[64] 周静, 赵小霞, 马吉春, 等. 强力天麻杜仲胶囊对小鼠脾细胞活性的调节 [J]. 中国老年学杂志, 2009, 35(1): 55-58.
[65] 顾洪安, 胡月. 桑椹对阴虚小鼠免疫功能的影响 [J]. 中国实验方剂学杂志, 2001, 7(4): 40-41.
[66] 李亚丽.下丘脑-垂体-卵巢轴系衰老机理及何首乌饮延缓衰老的实验研究 [D]. 石家庄: 河北医科大学博士学位论文, 2008.
[67] 陈海娟, 周晓棉, 贾凌云, 等. 青海产两种不同种红景天的药理作用研究比较 [J]. 时珍国医国药, 2010, 21(2): 491-492.
[68] 邹俊华, 梁红业, 闵凌峰, 等. 枸杞的抗衰老功效及增强DNA修复能力的作用 [J]. 中国组织工程研究, 2005, 9(11): 132-133.
[69] 李戈昂. 五味子对苯环境中运动大鼠免疫机能影响的研究 [D]. 兰州: 西北师范大学硕士学位论文, 2012.
[70] 朱坤杰, 孙建宁. 六味地黄丸对 D-半乳糖所致衰老大鼠学习记忆的改善作用及机理 [J].中国实验方剂学杂志, 2006, 12(8): 44-46.
[71] 薛田, 包嵘, 杜小海, 等. 六味地黄丸和右归丸对衰老模型动物线粒体代谢改变的影响 [G]. 中国生理学会消化内分泌生殖代谢生理专业委员会 2011 年消化内分泌生殖学术会议论文摘要汇编, 2011: 58-59.
[72] 程革. 金匮肾气丸延缓衰老作用的理论和实验研究 [D]. 南京: 南京中医药大学博士学位论文, 2008.
[73] 彭丹丽, 郭煜晖, 李玉婷, 等. 肾气丸对衰老大鼠小肠干细胞及其微环境 Wnt/β-catenin 信号通路的调节作用 [J]. 中药材, 2017, 40(9): 2177-2181.
[74] 万向. 金匮肾气丸对衰老模型小鼠端粒酶的影响 [D]. 重庆: 西南大学硕士学位论文, 2011.
[75] 鲁湘鄂, 吴清和. 金匮肾气丸对自然衰老大鼠逼尿肌细胞 M3R、β3-AR mRNA 及其蛋白表达的影响 [J]. 中国民族民间医药, 2016, 25(12): 50-52.
[76] 刘廷快. 延寿丹胶囊的抗衰老作用研究 [J]. 广西医学, 1997, (2): 98-99.
[77] 王桂敏, 吴秀青. 首乌延寿丹抗血管内皮细胞老化的实验研究 [J]. 中医药学刊, 2002, 20(3): 314-315.
[78] 刘亚明, 牛欣, 冯前进, 等. 龟龄集抗衰老作用研究 [J]. 中药药理与临床, 2003, 19(2): 10-11.
[79] 任占川, 陈一勇, 田林, 等. 龟龄集对大鼠海马结构内神经丝蛋白表达的影响 [J]. 解剖学杂志, 2007, 30(1): 60-62.
[80] 任占川, 郭俊仙, 田林, 等. 龟龄集对老龄大鼠脊髓前角内突触素变化的影响 [J]. 中成药, 2000, 22(10): 734-736.
[81] 李海波, 李斌. 四君子汤抗衰老的药理作用研究 [J]. 辽宁中医药大学学报, 2006, 8(5): 49-50.

[82] 陈丽艳, 刘君星, 施晓光. 中药四君子汤抗衰老的实验研究 [J]. 黑龙江医药, 2006, 19(5): 363-364.
[83] 李想, 胡君姣, 李琼, 等. 抗衰老化妆品及其功效评价 [J]. 香料香精化妆品, 2013, 5: 58-62.
[84] 石舟, 胡青霞. 抗衰老护肤品概述 [J]. 日用化学品科学, 2013, 36(10): 4-9.
[85] 信璨, 常丽新, 贾长虹. 黑豆水提物抗氧化性能 [J]. 河北联合大学学报(自然科学版), 2012, 34(3): 115-118.
[86] 王振宇, 刘奕琳. 蓝靛果乙醇洗脱物的抗氧化活性研究 [J]. 食品工业科技, 2012, 33(9): 163-165, 174.
[87] 赵乐荣, 刘志河, 石丽花, 等. 青梅花提取物在护肤品中的应用研究 [J]. 香料香精化妆品, 2012, (4): 33-36.
[88] 朱丽平, 孙常磊, 李子安. 人参抗衰老面膜临床功效测试与分析 [J]. 中国美容医学, 2016, 25(2): 33-36.
[89] 薛立英, 高丽, 秦雪梅, 等. 药食同源中药抗衰老研究进展 [J]. 食品科学, 2016, 38(15): 302-309.
[90] 单峰, 黄璐琦, 郭娟, 等. 药食同源的历史和发展概况 [J]. 生命科学, 2015, 27(8): 1061-1069.
[91] 佚名. 国家卫生计生委公布 101 种药食同源品种征求意见 [J]. 山东中医杂志, 2015, 34(1): 76.
[92] 王硕, 司建志, 龚小妹, 等. 八角茴香总黄酮抗氧化活性研究 [J]. 食品工业科技, 2015, 36(23): 75-78.
[93] 王方, 王灿. 白芷醇提物延缓皮肤衰老与抗氧化作用的相关性研究 [J]. 中国药房, 2012, 23(7): 599-602.
[94] 王惠琴, 白洁尘, 蒋保季, 等. 龙眼肉提取液抗自由基及免疫增强作用的实验研究 [J]. 中国老年学杂志, 1994, 14(4): 227-229.
[95] 王桂杰, 白晶. 雌性大鼠抗氧化系统的增龄性变化及肉桂抗衰老作用的实验研究 [J]. 中国老年学杂志, 1998, 18(4): 241-243.
[96] 张锋, 尤文挺. 花椒多酚类化合物对衰老小鼠记忆障碍的改善作用 [J]. 中国现代应用药学, 2011, 28(5): 409-411.
[97] 黄银生, 王晓雅, 李静, 等. 桔梗总皂苷对秀丽隐杆线虫生物活性的影响 [J]. 黑龙江农业科学, 2015, (4): 148-151.
[98] 付联群, 李秀英, 杨成雄. 高良姜素对衰老小鼠模型学习记忆的影响 [J]. 医药导报, 2012, 31(7): 863-866.
[99] 黄赛金, 尹爱武, 龚灯, 等. 淡竹叶多糖的抗衰老作用研究 [J]. 现代食品科技, 2015, 31(11): 52-55.
[100] 黄万元, 陈洪玉, 李文静, 等. 核桃、黑芝麻对 D-半乳糖衰老模型小鼠的抗衰老作用研究 [J]. 右江民族医学院学报, 2009, 31(5): 778-779.
[101] 蔡琨, 刘力豪, 宋居艳, 等. 淡豆豉醇提物对注射 D-半乳糖小鼠的抗衰老作用研究 [J]. 饮食保健, 2015, 2(8): 4-5.
[102] 苗明三. 百合多糖抗氧化作用研究 [J]. 中药药理与临床, 2001, 17(2): 12-13.

[103] 王年强. 中药荜茇 PLL(*Piper longum* Linn)对帕金森病模型的保护作用研究 [D]. 北京: 首都医科大学硕士学位论文, 2011.
[104] 张佳婵, 史豆豆, 王昌涛, 等. 细胞水平评价沙棘粕醇提物的抗衰老功效 [J]. 食品科学, 2017, 38(19): 164-170.
[105] 邢晓平, 杨笑笑, 卢婕, 等. 石榴皮中鞣花酸的抗衰老性能及机理研究 [J]. 食品与生物技术学报, 2015, 34(4): 436-442.
[106] 周新萍, 邹玲, 吴翠云, 等. 新疆灰枣叶黄酮对衰老模型小鼠抗氧化活性的影响 [J]. 食品工业科技, 2017, 38(23): 289-294.

第四部分

管理与实践

15 罕见病与孤儿药

15.1 概 述

全球药物市场强势增长，背后的推动力主要在于药价的大幅上升。最新批准的药物中包含了多种孤儿药和抗癌药[1]。罕见病（rare disease）[1]用于表示某些不常见的、发生率较低的疾病。世界卫生组织将罕见病定义为患病人数占总人口0.65‰～1‰的疾病或病变。由于人们对罕见病缺乏了解，对其关注度不够高，展开的研究也相当缺乏，这些罕见病就像是孤立无援的“孤儿”，因而又被称为“孤儿疾病”。

孤儿药（orphan drug）[2]是一种药物制剂，已经专门开发用于治疗罕见病，病症本身也被称为孤儿疾病。对疾病的孤儿地位及为治疗疾病而开发的药物费用是许多国家的公共政策问题，并且由药物研究和开发的经济学而导致的医疗突破可能无法实现[3]。

在美国和欧盟更容易获得对孤儿药的营销批准，也可能有其他财务激励措施，如延长的排他期限，允许该公司唯一出售孤儿药的时间，旨在鼓励缺乏足够利润动机和市场吸引的孤儿药研发[4]。孤儿药通常遵循与任何其他药物产品相同的监管发展路径，其中测试集中在药代动力学和药效学、剂量、稳定性、安全性与功效。但是为了维持发展势头，审批减轻了一些Ⅲ期临床试验中测试患者人数上的统计负担。由于在药物市场的应用范围有限，制药公司的规模很小，因此在很大程度上无利可图，有些政府选择干预以激励制造商开发孤儿药。

1 https://en.jinzhao.wiki/wiki/Rare_disease

2 https://en.jinzhao.wiki/wiki/Orphan_drug

3 Armstrong, Walter (May 2010) . Pharma’s Orphans. Pharmaceutical Executive; Gallant, Jacques (December 4, 2014), Toronto woman with rare disease fights province for life-saving but costly drug Soliris, which costs $500 000 a year, would treat Toni Vernon’s blood disease, but the health ministry is holding back, retrieved June 25, 2015

4 Hadjivasiliou, Andreas (October 2014), Orphan Drug Report 2014 (PDF), Evaluate Pharma, retrieved 28 June 2015; Rich Daly (5 September 2002). House Offers Incentives For Development of ‘Orphan’ Drugs. Congressional Quarterly Daily Monitor

15.2 孤儿药立法

1983 年 1 月，美国通过了罕见疾病组织（National Organization for Rare Disorders）和许多其他组织提议的《孤儿药法》（*Orphan Drug Act*，OD），旨在鼓励制药公司为具有小市场的疾病开发药物[2]。FDA 孤儿产品开发办公室开始拨款用于孤儿药的研究与开发。1993 年，美国国立卫生研究院成立了孤儿疾病办公室。《孤儿药法》中规定了对罕见疾病的认定（患者人数少于 20 万或无预期投资盈利的疾病）、对孤儿药研发的方案性援助、临床研究的税务抵免、市场独占期期限、生物技术产品的专利授予等[3,4]。根据官方发展援助药物，如果旨在治疗影响不到 20 万美国公民的疾病，疫苗和诊断试剂将有资格获得孤儿地位。2002 年，《稀有疾病法》（*Rare Diseases Act*）已经签署成为法律。美国修改了《公共卫生服务法》（*Public Health Service Act*），成立了罕见疾病办公室（Office of Rare Diseases），还增加了为罕见疾病患者提供治疗的资金[5]。

2000 年，欧盟（EU）颁布了类似的法规，即欧盟第 141/2000 号条例，其中涉及将开发用于治疗罕见疾病的药物称为“孤儿药品”。欧盟对孤儿状况的定义比美国更广泛，因为它涵盖了发展中国家主要发现的一些热带病[1]。欧洲委员会授予的孤儿药地位在被欧盟批准后 10 年给予营销排他性[2]。欧盟通过欧洲药品管理局施用孤儿药品委员会（Committee on Orphan Medicinal Products，COMP）立法。2007 年年底，FDA 和 EMA 同意两个机构使用一个通用的申请程序，使制造商更容易申请孤儿药，但同时继续进行两个单独的审批流程[3]。

日本、新加坡和澳大利亚已实行立法，提供补贴和其他奖励措施，鼓励发展治疗孤儿疾病的药物。

15.3 孤儿药新药

根据官方发展援助和欧盟法规，已经开发了许多孤儿药，包括治疗胶质瘤

---

1 Orphan disease definition - Medical Dictionary definitions of popular medical terms easily defined on MedTerms. http://Medterms.com. 2002-8-25. Retrieved 2010-6-7

2 Lang, Michelle. Pervasis drug candidate gets EU orphan drug status. Mass High Tech. Retrieved 1 March 2011

3 Donna Young (2007-11-28) . U.S., EU Will Use Same Orphan Drug Application. BioWorld News. Washington. Archived from the original on 2007-12-11. Retrieved 2008-1-6. In an attempt to simplify the process for obtaining orphan status for medications targeting rare diseases, the FDA and the European Medicines Agency (EMA) have created a common application. U.S. and European regulators still will conduct independent reviews of application submissions to ensure the data submitted meet the legal and scientific requirements of their respective jurisdictions, the agencies said

（glioma）、多发性骨髓瘤（multiple myeloma）、囊性纤维化（cystic fibrosis）、苯丙酮尿症（phenylketonuria）、蛇毒中毒（snake venom poisoning）和特发性血小板减少性紫癜（idiopathic thrombocytopenic purpura）等的药物。

官方发展援助孤儿药新药是成功的。在1983年美国国会通过官方发展援助之前，美国只有38种药物被专门用于治疗孤儿疾病。1983年1月至2004年6月间，孤儿制品发展局使249种孤儿药品获得营销授权，并授予了1129种不同的孤儿药物名称，而1983年以前的10年间则少于10种。1983年到2010年5月，FDA批准了353种孤儿药物，并授予2116种化合物孤儿名称。截至2010年，约7000个正式指定的孤儿疾病中有 200 个已经可以治疗[1]。批评人士质疑，孤儿药物立法是否是这增长的真正原因，官方发展援助是否真正受到刺激而生产非营利性药品[2]。

虽然欧洲药品管理局向所有成员国提供孤儿药物市场准入，但在实践中，只有当一个成员国决定其国家卫生系统出台鼓励措施保障研发企业利润回报，才会加速孤儿药的研发和上市。例如，2008年，44种孤儿药在荷兰达到市场份额，比利时为35种，瑞典为28种，而到2007年为止，法国为35种，意大利为23种[6]。

虽然艾滋病在技术上不是孤儿疾病，但艾滋病治疗药物的研究和开发与《孤儿药物法》密切相关。在艾滋病流行之初，缺乏医疗保护，对疾病及其起因的无知，以及教育和治疗的资金问题是第三世界艾滋病病人死亡的主要原因。因此，FDA使用《孤儿药物法》来加强在这一领域的研究，到1995年，FDA批准的治疗艾滋病的19种药物中13种已获得孤儿药物指定，10种获得营销权，这些药物包含的范围在治疗其他艾滋病病毒相关疾病的70种指定的孤儿药物之外[7]。

美国国立卫生研究院（NIH）公布的罕见疾病种类约有6800种。据统计，约有80%的罕见疾病是由遗传缺陷引起的。例如，庞贝氏症（Pompe disease）即糖原累积症Ⅱ型（glycogen storage disease type Ⅱ），是一种常染色体隐性代谢病。比如“瓷娃娃”（成骨不全症，osteogenesis imperfecta）可能被误诊为缺钙、小儿麻痹的“渐冻人”这种肌萎缩性脊髓侧索硬化症（amyotrophic lateral sclerosis）[8]。

孤儿药的开发难度在于可供临床试验研究来验证该药的疗效和安全性的患者少。由于市场需求量小，高研发投入、低回报，提高药品价格又使得发展中国家和贫困地区的患者在经济上无法承受[3]。为了鼓励制药商进行特效药的研发，美国一系列机构的设置和政策法规的出台大大激活了罕见疾病研究与孤儿药的发展，带动了世界范围的产业革新[3]。孤儿药的开发优势在于：临床开发周期缩短、批准通过率较高、独家销售权、税收抵免和用户收费豁免持续时间更长、药物保

1 Armstrong, Walter (May 2010). Pharma’s Orphans. Pharmaceutical Executive

2 Pollack, Andrew (30 April 1990). Orphan Drug Law Spurs Debate. The New York Times. Retrieved 15 February 2009

费定价、市场占有更快及营销成本更低等。

法尼醇 X 受体激动剂奥贝胆酸（6-ethylchenodeoxycholic acid，OCA），通过活化法尼醇 X 受体，间接抑制细胞色素 7A1（CYP7A1）的基因表达。由于 CYP7A1 是胆酸生物合成的限速酶，OCA 可以抑制胆酸合成，用于治疗原发性胆汁性肝硬化和非酒精性脂肪性肝病。奥贝胆酸（商品名：Ocaliva），用于罕见病原发性胆汁性胆管炎（PBC）患者，于 2016 年 5 月 31 日被 FDA 批准联合熊脱氧胆酸（UDCA）用于 UDCA 单药治疗应答不佳的原发性胆汁性胆管炎（PBC）成人患者，或单药用于无法耐受的 PBC 成人患者。

维奈克拉（Venetoclax）由美国艾伯维公司（AbbVie Inc.）研发，于 2015 年被 FDA 授予突破性治疗药物，2016 年获 FDA 批准上市，用于治疗慢性淋巴细胞白血病（CLL）或小淋巴细胞淋巴瘤（SLL）。目前，维奈克拉正在进行的临床试验超过 80 个，根据其一线试验结果，维奈克拉未来数年内或将成为治疗 CLL 的一线药物，也是第一个靶向 B 细胞淋巴瘤因子 2（BCL-2）的选择性抑制药。FDA 和 EMA 都授予了突破性抗癌药维奈克拉治疗急性髓系白血病（AML）及治疗慢性淋巴细胞白血病（CLL）的孤儿药地位。

Actelion 制药公司[1]是肺动脉高压（pulmonary arterial hypertension，PAH）领域的市场领导者，其肺动脉高压治疗产品涵盖从 WHO 功能分级Ⅱ级到Ⅳ级的疾病全过程，包括口服、吸入和静脉制剂。在市场上有 4 种治疗孤儿疾病的药物：全可利（Tracleer）[2]、泽维可（Zavesca）[3]、万他维（Ventavis）[4]和注射用依前列醇钠（Veletri）（epoprostenol for injection）。波生坦（Bosentan）[5]是第一个被批准用于肺动脉高压的口服治疗制剂，肺动脉高压是一种罕见的、慢性的、危及生命的疾病，严重损害肺和心脏的功能。它是一种双重内皮素受体阻滞剂。美格鲁特（Miglustat）胶囊剂是一种糖基神经酰胺合酶抑制剂，被指定为治疗轻度/中度 1 型 Gaucher 病（罕见，使人衰弱的代谢紊乱）成年患者的单一疗法。万他维（吸入用伊洛前列素溶液）用于治疗有心力衰竭（NYHA）Ⅲ级或Ⅳ级症状的肺动脉高压（WHO 第 1 组）。Veletri（注射用依前列醇钠）经美国食品药品监督管理局（FDA）批准，用于 NYHA Ⅲ级和Ⅳ级患者对常规治疗没有充分反应的原发性肺动脉高压及与硬皮病谱相关的肺动脉高压的长期静脉内治疗。

---

1 https://www.actelion.com/

2 药品名称: Tracleer, 活性成分: bosentan, 剂型: tablet

3 药品名称: Zavesca, 活性成分: miglustat, 剂型: capsule

4 药品名称: Ventavis, 活性成分: iloprost, 市场状态: 处方药, 剂型或给药途径: solution

5 波生坦(Bosentan)由瑞典 Aeethon 公司和美国 Genentetch 公司联合开发，是一种相对分子质量低的特异性竞争性的双重内皮素(ET)受体阻滞剂

15.4 中国罕见疾病研究和孤儿药

1994 年，我国创办了罕见疾病的专业期刊《中国罕少见疾病杂志》，现在更名为《罕少疾病杂志》。我国对罕见疾病防治尚未立法，2009 年 1 月 9 日，我国《新药注册特殊审批管理规定》正式颁布实施，并将孤儿药审批列入特殊审批范围的“绿色通道”，简化其审批程序。我国孤儿药制药产业却面临着空白的危险[9]。

15.4.1 中国孤儿药西达本胺的临床开发策略

西达本胺（Chidamide）[1]用于既往至少接受过一次全身化疗的复发或难治的外周 T 细胞淋巴瘤（PTCL）患者，是我国第一个按照孤儿药研发方式开发的药物。西达本胺是全球第一个上市的亚型选择性组蛋白去乙酰化酶抑制剂，是治疗 T 细胞淋巴瘤的第一个口服药物。由一个普通的Ⅱ期临床研究变为以孤儿药上市为目的而进行的注册性Ⅱ期临床研究，这对于中国的评审体系是一个非常重大的创新。2001 年，深圳微芯生物科技有限责任公司成立，研究靶点主要集中在西达本胺转录调控机制上[10]，见文框 15-1。

文框 15-1 原创新药、国家 863 及“重大新药创制”专项成果西达本胺新闻发布会

2015 年 1 月 27 日深圳市政府新闻发布厅举行原创新药、国家 863 及“重大新药创制”专项成果西达本胺新闻发布会[1]。西达本胺是全球首个亚型选择性组蛋白去乙酰化酶口服抑制剂，属于全新作用机制——表观遗传调控类抗肿瘤药物、我国第一个全球同步开发的原创小分子药物，曾获得十一五“863”分子设计专项及国家“重大新药创制”创新药孵化基地等项目支持，获选“十一五”科技部重大科技专项重大成果。

西达本胺填补了我国外周 T 细胞淋巴瘤治疗药物的空白，为患者提供优效安全、价格可承受的新机制药物，也为我国生物医药产业的转型升级起到积极的示范作用。西达本胺是我国首个成功的基于表观遗传学的药物发现，在新药研发领域中做出了多个原创性贡献。西达本胺的成功上市标志着我国基于结构的分子设计、靶点研究、安全评价、临床开发到实现产业化全过程的整合核心技术与能力得到了显著提升，是我国医药行业的历史性突破。西达本胺于 2014

1 西达本胺(Chidamide)为一类口服、高活性的亚型选择性组蛋白去乙酰化酶（HDAC）抑制剂，临床前研究发现，西达本胺联合内分泌治疗对体外模型细胞及移植瘤动物模型具有生长抑制协同效应年 12 月 23 日获得国家食品药品监督管理总局批准，微芯生物生产基地已通过 GMP 认证。西达本胺为一类口服、高活性的亚型选择性 HDAC 抑制剂，临床前研究发现，西达本胺联合内分泌治疗对体外模型细胞及移植瘤动物模型具有生长抑制协同效应。经过Ⅱ期临床研究证实，西达本胺联合依西美坦可以改善晚期患者的无进展生存期（PFS），全国 22 家中心进行了“西达本胺联合依西美坦治疗 HR[2]+晚期乳腺癌的Ⅲ期临床试验”。

[1] http://www.sz.gov.cn/cn/xxgk/xwfyr/wqhg/20150127/.

[2] HR是指乳腺癌术后免疫组化的结果，乳腺癌HR阳性是指乳腺癌的激素受体呈阳性，HR包括ER和PR，HR阳性是指ER（雌激素受体）或PR（孕激素受体）表达阳性。

15.4.2　分子诊断技术用于罕见病

个性化知识服务有效地支持了药明康德公司的新药研发[11]。药明康德公司是国际罕见病研究协会（International Rare Diseases Research Consortium，IRDiRC）的正式成员；收购了关注于儿童疾病的 NextCODE Health 公司，并投资了紧密依托于 Harvard 大学和波士顿儿童医院（Boston Children’s Hospital）的 Claritas 公司；开设国内首家罕见病专业咨询医疗服务平台“博士 360”网站，该平台有很多罕见病的信息，包括疾病表型、诊断、全基因组测序的研发、全面的罕见病的分子诊断检测和相关孤儿药的研发进展等。公司通过 Clinical Sequencing Analyser 分析工具将基因型检测和临床数据整合在一起，父母及患病孩子的全基因测序在全民数据库的对照过程中，很快验证了引起这个疾病的突变，治疗渐进性眼盲、耳聋和膈肌无力病症，使得病情很快得到控制[10]。

15.4.3　AAV 作为载体治疗罕见病

腺相关病毒（adeno-associated virus，AAV）载体具有宿主范围广、免疫原性低、安全性高、稳定性好等特点，是在基因治疗中最有希望的新一代病毒载体。例如，以 AAV 为载体的 RNA 干扰（RNAi）疗法在沉默膀胱癌 5637 细胞 *E2F3* 基因中的应用[12]，腺相关病毒（AAV）载体在视网膜色素变性基因治疗中的应用[13]，腺相关病毒载体介导的血友病 B 小鼠基因治疗研究等[14]。

北京五加和分子医学研究所有限公司核心团队 22 年致力于基因治疗产业化、病毒载体创新，参与 AAV 载体药物国家质量标准建立，团队发明的 rAAV2-hFIX 获 CFDA Ⅰ期临床批文。该公司有 AAV、HSV、Lenti、AdV、Retro、Sendi、SVV 等载体系统，2003 年进行了中国第一个用 AAV 载体基因治疗血友病的临床试验，这是一个用 AAV 作为载体治疗罕见病、遗传病的基因治疗方案[15]。

15.5 林源植物药开发孤儿药的潜力

15.5.1 治疗胆汁反流性胃炎

根据《罕少疾病杂志》研究报道，使用板蓝根注射液和黄芪注射液混合针对胆汁反流性胃炎罕见病的穴位注射疗效较好[16,17]。取穴位膈俞、胆俞、胃俞、足三里，用黄芪注射液选准穴位，垂直刺入，注入药物，同时用旋覆代赭汤煎剂饭前服用。旋覆代赭汤组方：旋覆花（*Inula japonica*）、人参、生姜、代赭石、半夏（*Pinellia ternata*）、甘草、大枣（无刺枣）。对照组口服多潘立酮。治疗组的 30 例中，治愈 12 例，显效 10 例，有效 7 例，无效 1 例，总有效率为 96.6%[17]。

15.5.2 预防卵巢过度刺激综合征

卵巢过度刺激综合征（ovarian hyperstimulation syndrome，OHSS）是外源性促性腺激素使用后最严重的并发症，多由不孕使用促排卵药物造成。脾肾阳虚的 OHSS 患者，在治疗上应采用补肾活血之法：熟地黄 10g，附子 5g，菟丝子 15g，枸杞 15g，茯苓 15g，淫羊藿 15g，川芎（*Ligusticum chuanxiong*）10g，当归 10g，桃仁 10g，红花（*Chelonopsis pseudobracteata* var. *rubra*）10g，皂角刺（皂荚 *Gleditsia sinensis*）15g，穿山甲 5g，每日 1 剂，2 个月经周期肌内注射人绒毛膜促性腺激素（HCG）均出现轻度 OHSS，后给予中药促排卵治疗，效果满意[18]。

15.5.3 治疗桥小脑萎缩

桥小脑萎缩是一种遗传性病变，病程呈进行性加重，迄今尚无有效治疗方法。本例辨证施治为心脾气虚、神不内守、经络失养，故治疗原则为益气健脾、养血安神。组方包括：茯苓、白术、黄芪、党参、远志肉、酸枣仁、麦冬（*Ophiopogon japonicus*）、甘草等，水煎服，治疗后，进食和饮水不呛，手抖消失，能提物上楼。尽管核磁共振检查脑萎缩改善不明显，但没有进一步恶化[19,20]。

15.5.4 改善晚期乳腺癌患者气虚证

生脉注射液对晚期乳腺癌患者乏力、气短、自汗症状有一定的改善作用。在营养支持的基础上加用生脉注射液对晚期乳腺癌患者气虚证有改善作用。生脉注射液可以改善多种肿瘤化疗后的气阴两虚症状。生脉注射液来源于中医学中的生脉散，由人参、麦冬、五味子组成，具有益气养血、养阴生津作用。乳腺癌越到晚期，肺气虚损、津液不足、失于濡养，以致气阴两虚。所以生脉注射液应适用于晚期癌症气阴两虚患者。

人参皂苷 Rg3 诱导肿瘤细胞凋亡、促进蛋白质合成、改善低蛋白血症、提高机体免疫功能。五味子乙素具有抗肝损伤、解毒的作用。麦冬可增加机体耐缺氧的能力。三药联合应用具有保护造血骨髓组织、促进内源性造血生长因子产生、改善微循环、消除自由基、调节免疫功能、提高机体抗缺氧能力的作用[21,22]。

15.5.5 治疗硬化性肾小球肾炎

硬化性肾小球肾炎（sclerosing glomerulonephritis，SGN）是各种肾小球肾炎发展到终末期的组织学表现形式，包括弥漫性肾小球纤维化及透明变性，透射电镜下可见足突广泛融合甚至消失。中医认为，肾病中内脏虚损、阴阳失调是病机重点，水湿内停、瘀水互结为病机关键。例如，大黄可降低纤维连接蛋白浓度和细胞因子的产生及降低血尿素氮浓度，三七总苷片除抑制成纤维细胞的增殖和 I 型胶原的分泌外，还有改善氧化应激状态的功效，从而保护和治疗肾缺血性损伤等，这些例子都说明中药可阻断肾脏纤维化的进展等。

根据中西医结合的模式，中药应用山药[番薯（*Ipomoea batatas*）]、白术（*Atractylodes macrocephala*）、紫河车、太子参[孩儿参（*Pseudostellaria heterophylla*）]、金雀马尾参（*Ceropegia mairei*）、石生蝇子草（*Silene tatarinowii*）益气养阴、健脾补肾；又用茯苓（*Poria cocos*）、木瓜（*Chaenomeles sinensis*）、大腹皮[槟榔（*Areca catechu*）]、通草[木通（*Akebia quinata*）]、通脱木（*Tetrapanax papyrifer*）、佩兰（*Eupatorium fortunei*）利水祛湿，加牛膝（*Achyranthes bidentata*）、水蛭、三七（*Panax pseudoginseng* var. *notoginseng*）、益母草（*Leonurus artemisia*）、泥胡菜（*Hemistepta lyrata*）、槐（*Sophora japonica*）花活血化瘀，治疗 2 年，维持肾功能可以代谢体内毒素，可以停止血液透析。这证实了使用足够疗程中药的患者有摆脱血液透析的可能性[23]。

参 考 文 献

[1] Palmer E. 2018 年全球药物市场将破 1.3 万亿美元 [N]. 医药经济报, 2015-8-12(1).

[2] Andrew P. Orphan Drug Law Spurs Debate [J]. The New York Times, 1990, 4: 30.

[3] 江静雯, 李晶, 刘文军. 罕见疾病及孤儿药物研究现状及进展 [J]. 生物工程学报, 2011, 27(5): 724-729.

[4] Sharma A, Jacob A, Tandon M, et al. Orphan drug: development trends and strategies [J]. J Pharm Bioallied Sci, 2010, 2(4): 290-299.

[5] Cheung R Y, Cohen J C, Illingworth P. Orphan drug policies: implications for the United States, Canada, and developing countries [J]. Health Law Journal, 2004, 12: 183-200.

[6] Denis A, Mergaert L, Fostier C, et al. Issues surrounding orphan disease and orphan drug policies in Europe [J]. Applied Health Economics and Health Policy, 2010, 8(5): 343-350.

[7] Arno P S, Bonuck K, Davis M. Rare diseases, drug development, and AIDS: the impact of the Orphan Drug Act [J]. The Milbank Quarterly, 1995, 73(2): 231-252.

[8] Brewer G J. Drug development for orphan diseases in the context of personalized medicine [J]. Transl Res, 2009, 154(6): 314-322.

[9] 韩金祥, 崔亚洲, 周小艳. 罕见疾病研究现状及展望 [J]. 罕少疾病杂志, 2011, 18(1): 1-6.

[10]《药学进展》编辑部. “首届中国孤儿药研发论坛” 专家观点 [J]. 药学进展, 2015, 39(5): 321-334.

[11] 杨文展. 个性化知识服务有效地支持了药明康德的新药研发 [J]. 华东科技, 2009, (11): 69.

[12] 梁恩利. 以 AAV 为载体的 RNAI 在沉默膀胱癌 5637 细胞 E2F3 基因中的应用 [D]. 天津: 天津医科大学硕士学位论文, 2010.

[13] 杨晓慧. 腺相关病毒载体(AAV)在视网膜色素变性基因治疗中的应用 [J]. 国外医学(眼科学分册), 2002, 26(5): 295-298.

[14] 陈立. 重组腺相关病毒载体介导的血友病 B 小鼠基因治疗 [D]. 上海: 复旦大学博士学位论文, 2002.

[15] 王昕. 穴位注射配合药物治疗胆汁反流性胃炎及护理 [J]. 罕少疾病杂志, 2010, 17(5): 60-61.

[16] 缪奇祥. 穴位注射配合西药治疗胆汁反流性胃炎30例临床研究 [J]. 中医杂志, 2002, 43(3): 182-183, 187.

[17] 张文义. 穴位注射配合胃康胶囊治疗胆汁反流性胃炎 100 例疗效观察 [J]. 新中医, 2003, 35(5): 53-54.

[18] 牛煜, 钟小华. 补肾活血中药替代HCG预防卵巢过度刺激综合征1例 [J]. 罕少疾病杂志, 2012, 19(2): 56-57.

[19] 沙孝银, 喻东山. 中药治疗桥小脑萎缩 1 例 [J]. 罕少疾病杂志, 2006, 13(2): 47.

[20] 赵征, 廖子君, 赵新汉. 生脉注射液配合老年晚期胃癌化疗的临床观察 [J]. 现代肿瘤医学, 2005, 13(3): 387-388.

[21] 姚俊涛, 王玉珍, 张燕军, 等. 生脉注射液联合化疗治疗晚期肺癌的临床观察 [J]. 现代肿瘤医学, 2007, 15(8): 1119-1120.

[22] 吴依芬, 贾筠, 江冠铭. 生脉注射液改善晚期乳腺癌患者气虚证的临床研究 [J]. 罕少疾病杂志, 2015, 22(1): 39-41.

[23] 张坤. 微化中药治疗尿毒症摆脱血液透析 1 例 [J]. 罕少疾病杂志, 2013, 20(5): 63-64.

16 仿 制 药

16.1 概　　述

仿制药（generic drug）是由等同于剂量、浓度、给药途径、质量、性能路线和预期用途的名牌原始产品仿制出来的药品[1]。仿制药通常受制于政府法规，它们标有制造商的名称和通用的非专利名称，如国际非专有药名（international nonproprietary names，INN）是对药物或活性成分的官方通用和非专利名称。国际非专有药名通过为每种活性成分提供一个唯一的标准名称，使交流更加精确，以避免处方错误。INN 系统自 1953 年以来一直由世界卫生组织（WHO）协调[2]。仿制药必须含有与原始品牌配方相同的活性成分。美国食品药品监督管理局（FDA）要求泛型是相同的，或在可接受的范围内的相对生物等效性，以及具有与它们的原始品牌对应范围相同的药代动力学和药效学性质[3]。

在大多数情况下，通用产品在药物原始开发商提供的专利保护期满后才可用。一旦仿制药进入市场，竞争往往导致原始品牌产品及其通用等价物的价格大幅降低。在大多数国家，专利给予了 20 年的保护期。然而，在欧盟和美国等许多国家与地区，制造商为了达到特定的目标，如为儿科患者进行临床试验，可以给予长达 5 年的额外保护即“专利期限恢复”（patent term restoration）。制造商、批发商、保险公司和药店各自可以在生产与分销的各个阶段提高价格[4]。2014 年根据通用药业协会的分析，仿制药种数占美国 43 亿种药物的 88%[5]。

1 Generic Drugs. Center for Drug Evaluation and Research, U.S. Food and Drug Administration. Retrieved 23 May 2017; Medical Definition of Generic drug. Retrieved 23 May 2017; Generic drugs. Search synonyms, analogues or drug substitutes. Price comparison. Retrieved 23 May 2017

2 https://www.who.int/medicines/services/inn/en/

3 Food & Drug Administration, Generic Drugs: Questions and Answers. Food and Drug Administration. January 12, 2010. Retrieved 2010-2-3

4 35 U.S.C. § 154 (a) (2); Pediatric Research Equity Act of 2007; An insider's view of generic-drug pricing. Los Angeles Times. March 25, 2013

5 Generic Drug Savings in the U.S. Washington, DC: Generic Pharmaceutical Association (GPhA) . 2015. Retrieved 16 June 2016

16.2 生物等效性

大多数国家都要求仿制药制造商证明其制剂与其名牌产品具有生物等效性（bioequivalence）[1]。生物等效性并不意味着仿制药必须与品牌产品的“药物当量”（pharmaceutical equivalent）完全相同，可能存在化学分歧，如可以使用不同的盐或酯。然而，“药物替代品”（pharmaceutical alternative）[2]的治疗效果必须是等同的。

如果药物的药物代谢动力学参数的曲线下面积（area under the curve，AUC）和最大浓度（maximum concentration，C_{max}）为 90%以内的置信区间的 80%～125%，则被接受为生物等效，大多数批准的仿制药都在这个限度内。对于更复杂的产品如吸入器（inhaler）、补片递送系统（patch delivery system）、脂质体制剂（liposomal preparation）或生物仿制药物（biosimilar products），证明其药效学或临床等效性更具挑战性[1,2]。

16.3 相 关 法 规

美国 1984 年制定的《药品价格竞争与专利期限恢复法》（*The Drug Price Competition and Patent Term Restoration Act*），非正式地称为《Hatch-Waxman 法》（*Hatch-Waxman Act*），是用于识别仿制药的标准化程序。2007 年，FDA 推出了价值和效率通用计划（generic initiative for value and efficiency，GIVE）：努力使仿制药批准过程实现简化，并且能够增加可用的仿制药产品的数量和种类。在一家公司可以销售仿制药之前，需要向 FDA 提交一份简略新药申请（abbreviated new drug application，ANDA），旨在表明与之前批准的“参考上市药物”的治疗等效性，并证明它具有安全等效性[3]。对于要批准的 ANDA，FDA 要求仿制药的生物等效性在创新产品的 80%～125%[3]。FDA 评估了 1996～2007 年进行的 2070 项研究，普通药品和名牌药物之间的平均吸收差异为 3.5%，与两批品牌药物的差异相当[4]。生物

1 https://en.jinzhao.wiki/wiki/Bioequivalence

2 WHO Technical Report Series No. 937: Annex 7 (pdf) WHO Expert Committee on Specifications for Pharmaceutical Preparations, Fortieth Report (WHO Technical Report Series No. 937): Annex 7-Multisource (generic) pharmaceutical products: guidelines on registration requirements to establish interchangeability, May 2006. Accessed 2008-6-15

3 Orange Book Annual Preface, Statistical Criteria for Bioequivalence. Approved Drug Products with Therapeutic Equivalence Evaluations 29th Edition. U.S. Food and Drug Administration Center for Drug Evaluation and Research. 2009-6-18. Retrieved 2009-8-10

4 Facts about Generic Drugs. Food and Drug Administration; Davit B M, Nwakama P E, Buehler G J, et al. Comparing generic and innovator drugs: a review of 12 years of bioequivalence data from the United States Food and Drug Administration. Ann Pharmacother, 2009, 43(10): 1583-1597

药物或生物仿制药除建立生物等效性的测试之外，还需要免疫原性的临床试验[4]。

当申请获得批准时，FDA将仿制药通用药物添加到经批准的具有治疗等效性评价的药物产品（approved drug products with therapeutic equivalence evaluation）列表，并对该列表进行注释，以显示参考上市药物与通用药物之间的等同性。FDA还认可使用具有不同生物利用度的相同成分的药物，并将其分为治疗等效组[3]。例如，截至2006年，盐酸地尔硫卓（Diltiazem Hydrochloride）具有4个等效基团，均使用相同的活性成分，但仅在每组中被认为是等效的[1]。为了在创新药品专利到期后立即开始销售药品，一家仿制药公司必须在专利到期之前妥善提交ANDA[4]。这使得仿制药公司存在被起诉专利侵权的风险，因为提交ANDA的行为被认为是专利的“建设性侵权”（constructive infringement）。为了激励仿制药公司采取这种风险，《Hatch-Waxman法》（*Hatch-Waxman act*）向第一个提交ANDA的仿制药厂商颁发180天的行政独占期[2]。

在 20 世纪 60 年代初，印度政府开始鼓励印度公司生产更多的药品，由于缺乏专利保护，在印度和全球市场上，印度公司发明了通过逆向工程制造低成本药物的新工艺。印度医务委员会（Medical Council of India）在 2002 年发布的道德准则要求医生仅以其通用名称开出药物[3]。在中国，仿制药物生产是中国制药行业的很大一部分。

16.4 治疗等效性药品评估

美国具有治疗等效性评估的药物产品（drug products with therapeutic equivalence evaluation）的《橙皮书》（*Orange Book Preface*）[4]根据 FDA 和《联邦食品、药品和化妆品法案》（FD＆C 法案），确定了基于安全性和有效性批准的药物产品。《Hatch-Waxman 法》修正案要求，FDA 可公开列出每月补充的批准药物产品清单。

2000年8月，FDA发布了利用生物药剂学分类系统（biopharmaceutics classification system，BCS）根据药物在水中的溶解度和肠壁渗透能力对药物进行科学分类，

1 Approved Drug Products with Therapeutic Equivalence Evaluations, Preface. —an explanation of FDA terms and procedures

2 Guidance for Industry: 180-Day Generic Drug Exclusivity Under the Hatch-Waxman Amendments to the Federal Food, Drug, and Cosmetic Act (PDF). FDA, Center for Drug Evaluation and Research (CDER). June 1998. Retrieved August 24, 2009

3 http://www.ircc.iitb.ac.in. Archived April 30, 2010, at the Wayback Machine; Bhosle, Deepak; Sayyed, Asif; Bhagat, Abhijeet; Shaikh, Huzaif; Sheikh, Alimuddin; Bhopale, Vasundhara; Quazi, Zubair (20 December 2016). Comparison of Generic and Branded Drugs on Cost Effective and Cost Benefit Analysis (PDF). Annals of International medical and Dental Research, 3(1)

4 Food and Drug Administration; Center for Drug Evaluation and Research; Approved Drug Products with herapeutic Equivalence Evaluations.Preface to the 37th Edition. https://www.fda.gov/Drugs

将 BCS 应用于速释固体口服制剂的生物等效性豁免的指导原则。随后，WHO、EMA 等其他监管机构开始接受"生物等效性豁免"这一理念，并发布了相应的指导原则。此豁免的基本原则和考虑因素保持一致，但一些重要概念和豁免标准存在较大差异，WHO 和 EMA 拓宽了 FDA 关于生物豁免的应用范围[1]，主要包括以下方面：对药物治疗指数的风险评估、剂型、原料药的 BCS 分类、制剂的溶出度、辅料和豁免标准等[5]。

2012 年初，国务院印发了《国务院关于印发国家药品安全"十二五"规划的通知》，其中明确提出：要全面提高仿制药质量，对 2007 年修订的《药品注册管理办法》施行前批准的仿制药，分期分批与被仿制药进行质量一致性评价。

目前，中国等效性评价均以 2005 年颁布的《化学药物制剂人体生物利用度和生物等效性研究技术指导原则》为依据。2016 年 3 月，国家食品药品监督管理总局发布《以药动学参数为终点评价指标的化学药物仿制药人体生物等效性研究技术指导原则》。我国现行的《化学药物制剂人体生物利用度和生物等效性研究技术指导原则》中，目前推荐的生物等效性研究方法包括体内和体外两种方法。按方法的优先考虑程度从高到低排列：药代动力学研究方法、药效动力学研究方法、临床比较试验方法、体外研究方法。

指导原则的修订在 2000 年版《中华人民共和国药典》中，对制剂生物等效性的接受限度规定为 AUC 几何均值比在 80%～125%，C_{max} 几何均值比在 70%～143%，显然此处明显放宽了 C_{max} 的接受范围。在 2010 年版《中华人民共和国药典》中，C_{max} 几何均值比的接受范围缩窄为 75%～135%。在 2015 年版《中华人民共和国药典》中，该范围进一步缩窄为 80%～125%。上述变化反映了我国制剂工业的技术进步，以及与国际先进标准逐步接轨的过程。在 2015 年版《中华人民共和国药典》修订的指导原则中，还明确了对参比药品、受试药品及试验药品包装的规定，对受试者和试验标准化也有新的规定，对代谢物、对映异构体、内源性物质 BE 试验也有具体规定。此外，规定生物等效性试验每周期采样一般不超过 72h。此次修订还引入了对窄治疗指数药物的生物等效性试验的规定、对高变异药物生物等效性试验的规定、生物等效性试验相关的体外溶出度检查及基于药剂学分类系统的生物豁免概念[6,7]。

---

1 FDA. Guidance for industry: Waiver of *in invo* bio-equivalence studies for immediate release solid oral dosage forms containing certain active moieties/active ingredients based on a Biopharmaceutics Classification System. (2000-8-1). http://www.Fda. gov/Drugs/GuidanceComplianceRegulatoryInformation/Guidances/default.htm; WHO. Technical Report Series No.937; Annex 7: Multisource (generic) pharmaceutical products: guidelines on registration requirements to establish interchangeability; Annex 8: Proposal to waive in vivo bioequivalence requirements for WHO Model List of Essential Medicines immediate release, solid oral dosage forms. 2006; EMA. Note for guidance on the investigation of bioavailability and bioequivalence CPMP/EWP/QWP/1401/98 Rev1, Appendix III. 2010

国家食品药品监督管理总局发布《人体生物等效性试验豁免指导原则》：为规范仿制药质量和疗效一致性评价工作，根据《国务院办公厅关于开展仿制药质量和疗效一致性评价的意见》（国办发〔2016〕8 号）的有关要求，国家食品药品监督管理总局组织制定了《人体生物等效性试验豁免指导原则》。本指导原则适用于仿制药质量和疗效一致性评价中口服固体常释制剂申请生物等效性豁免。其基于国际公认的生物药剂学分类系统起草[1]。国家食品药品监督管理总局发布《仿制药质量和疗效一致性评价参比制剂备案与推荐程序》：为规范仿制药质量和疗效一致性评价工作，根据《国务院办公厅关于开展仿制药质量和疗效一致性评价的意见》（国办发〔2016〕8 号）的有关要求，国家食品药品监督管理总局组织制定了《仿制药质量和疗效一致性评价参比制剂备案与推荐程序》[2]，进一步明确参比制剂的选择流程，制定本备案与推荐程序。

中国正处于仿制药一致性评价参比制剂遴选的关键时期。中国仿制药一致性评价工作已经进入了常态，截至 2019 年底，共审评通过一致性评价 123 个品种，包括 323 个品规。前期已开展带量集中采购的 25 个品种全部是已经通过仿制药一致性评价的药品[3]。

参 考 文 献

[1] Davit B M, Nwakama P E, Buehler G J, et al. Comparing generic and innovator drugs: a review of 12 years of bioequivalence data from the United States Food and Drug Administration [J]. The Annals of Pharmacology, 2009, 43(10): 1583-1597.

[2] Warren J B. Generics, chemisimilars and biosimilars: is clinical testing fit for purpose [J]? Br J Clin Pharmacol, 2013, 75(1): 7-14.

[3] Mossinghoff G J. Overview of the Hatch-Waxman Act and its impact on the drug development process [J]. Food and Drug Law Journal, 1999, 54(2): 187-194.

[4] Calo-Fernández B, Martínez-Hurtado J L. Biosimilars: company strategies to capture value from the biologics market [J]. Pharmaceuticals(Basel), 2012, 5(12): 1393-1408.

[5] 强桂芬, 杨漫, 张娅喃, 等. 对提高人体生物等效性试验安全性策略的探讨 [J]. 中国新药杂志, 2011, 20(14): 1261-1265.

[6] 施孝金.《以药动学参数为终点评价指标的化学药物仿制药人体生物等效性研究技术指导原则》解读 [J]. 上海医药, 2016, 37(7): 16-17.

[7] 高杨, 耿立冬. FDA, WHO 和 EMA 关于基于生物药剂学分类系统的生物等效性豁免指导原则的比较 [J]. 中国新药杂志, 2012, 21(24): 2861-2869.

1 https://wenku.baidu.com/view/ff13a62fecf9aef8941ea76e58fafab069dc441c.html

2 https://www.nmpa.gov.cn/zhuanti/ypqxgg/ggzhcfg/20160519194501263.html

3 http://www.chinanews.com/gn/2019/11-27/9018908.shtml

17 药物滥用监测与国际合作

17.1 概　　述

17.1.1 药物滥用

药物滥用（drug abuse）[1]是指非医疗目的反复、大量使用具有依赖性特性或依赖性潜力的药，为的是体验该药物产生的特殊精神效应，并由此导致精神依赖性和躯体依赖性[1]。

关于药物滥用问题，美国精神医学学会的《精神疾病诊断与统计手册》（*The Diagnostic and Statistical Manual of Mental Disorders*，DSM）和世界卫生组织的国际统计分类的《疾病和相关健康问题国际统计分类》（International Statistical Classification of Diseases and ICRIS Medical organization Related Health Problems，ICD）。物质滥用（substance abuse）已被 DSM 采纳为一项全面的术语，包括 12 种不同类别的药物：酒精（alcohol）、咖啡因（caffeine）、大麻（cannabis）、致幻剂（hallucinogen）、吸入剂（inhalant）、阿片类药物（opioid）、镇静剂（sedative）、催眠药（hypnotic）和抗焦虑药（anxiolytics）、兴奋剂（stimulant）、烟草（tobacco）和其他物质（other substance）。药物滥用的确切原因尚不清楚，理论上包括从别人身上学到的或是成瘾发展的习惯，都表现为慢性衰弱性疾病[2]。

2010 年，约有世界人口 5%的 2.3 亿人使用非法物质[3]。在 2700 万人中，有高风险的药物使用或称为复发性药物使用，对健康、心理问题或社会问题造成危险或伤害。2015 年，药物使用障碍导致 307 400 人死亡，高于 1990 年的 165 000 人死亡[4]，其中最多的是酒精使用障碍 137 500 人，阿片类药物使用障碍 122 100 人，安非他明使用障碍 12 200 人，可卡因使用障碍 11 100 人[5]。

---

1 https://en.jinzhao.wiki/wiki/Substance_abuse

2 Addiction is a Chronic Disease. Retrieved 2 July 2014

3 World Drug Report 2012. UNITED NATIONS. Retrieved 27 September 2016

4 EMCDDA | Information on the high-risk drug use (HRDU) [formerly ‘problem drug use’ (PDU)] key indicator. https://www.emcdda.europa.eu. Retrieved 2016-9-27

5 GBD 2015 Mortality and Causes of Death Collaborators. Global, regional, and national life expectancy, all-cause mortality, and cause-specific mortality for 249 causes of death, 1980–2015: a systematic analysis for the Global Burden of Disease Study 2015. Lancet, 2016, 388 (10053) : 1459-1544

药物滥用成瘾本身是一种机体反复与药物接触引起的慢性复发性脑病，特点是强迫性药物使用、持续性渴求状态和对药物渴求控制力的减弱[2]。国际疾病分类（ICD）和美国《精神疾病诊断与统计手册》（DSM）中都将物质成瘾列为精神障碍。吸毒者往往有多种医学和健康问题，其中大多同时罹患多种传染病，特别是 HIV/AIDS[3]。在毒品问题严重地区，HIV 传播势头迅猛[4]。

17.1.2　药物滥用监测

疾病监测是对疾病的动态分布及其影响因素进行长期、连续的观察，系统地收集疾病的发生、流行情况和各种卫生资料，进行分析研究，并将信息迅速地报告和反馈到相关部门，为制订疾病防治对策和措施提供科学、系统的数据，使对疾病的控制更加完善和有效[3]。

药物滥用监测是疾病监测的一部分。其特点是对人群中麻醉药品和精神药品的使用与滥用情况进行检测。由于麻醉药品、精神药品的特殊性质，容易在生产、流通和使用等环节发生流弊；而任何一种药品，一旦发生流弊，就会迅速在吸毒者甚至在一般人群中发生流行性滥用[3]。传统毒品滥用趋势减弱，而新型合成毒品滥用流行，几乎成为当今世界各国药物滥用的共同特点[5]，见文框 17-1。

文框 17-1　国家药物滥用监测年度报告（2016 年）[1]

日前，国家食品药品监督管理总局发布《国家药物滥用监测年度报告（2016 年）》。年度报告对 2016 年我国药物滥用监测情况进行了分析，重点描述了海洛因、合成毒品、医疗用药品以及新发生药物滥用情况，并通过比较近 5 年的监测数据，结果显示了我国药物滥用现状、特征以及流行趋势。2016 年，全国共采集药物滥用监测调查表 27.6 万份，监测数据报告单位包括强制隔离戒毒机构、禁毒执法机构、美沙酮维持治疗门诊、自愿戒毒机构、社区戒毒机构、精神专科医院和综合医院。2016 年我国药物滥用监测数据呈现以下特点。

一是监测能力进一步提升，药物滥用形势总体可控。全国收集的药物滥用监测调查表比 2015 年增加 10.7%，监测能力进一步提升。新发生药物滥用人群占比（10.6%）比 2015 年降低 0.8 个百分点，总体上升趋势变缓。

二是合成毒品滥用程度远大于传统毒品，“冰毒”流行强度持续增强。含甲基苯丙胺的毒品（“冰毒”“麻谷丸”，占比 55.1%）是我国流行滥用的主要合成毒品，且呈增长趋势。“冰毒”滥用者占合成毒品滥用人群的 87.4%，5 年累计上升 13.5 个百分点，流行强度持续增强。新发生药物滥用人群中，合成

1 http://www.nncc626.com/2018-06/04/c_129886311.htm

毒品占比（86.8%）较2015年下降2.5个百分点，但仍保持在高位；传统毒品占比（10.2%）保持在近5年的相对低位。新发生药物滥用人群中，“冰毒”滥用比例是海洛因的8.4倍。

三是海洛因滥用势头得到进一步遏制，需要关注较高的复发率。海洛因滥用者占比（45.0%）与2015年相比下降3.6个百分点，近5年呈持续下降趋势。海洛因滥用人群复发率高，有复发经历者占63.1%，其中戒毒3次及以上者占复发人群的23.0%，提示海洛因滥用人群的戒毒康复、防复发仍是禁吸戒毒工作的重要内容。

四是医疗用药品滥用/使用形势稳定，吗啡制剂、含可待因复方口服液体制剂应持续监测。医疗用药品滥用/使用者11 132例，占全部监测数据的4.0%，稳定在较低水平。滥用/使用数量前5位的医疗用药品为美沙酮口服液/片（3313例）、吗啡（含吗啡控/缓释片）（2518例）、地西泮（1749例）、曲马多[1]（1711例）和复方地芬诺酯片（524例），重点关注的复方甘草片和含可待因复方口服液体制剂分别为298例和814例。吗啡制剂、含可待因复方口服液体制剂滥用/使用占比与2015年相比分别增加0.5和0.1个百分点，应引起关注并持续监测。

五是青少年、低学历人群为高危人群，应加强针对性预防宣传教育。男性、35岁以下、初中及以下文化程度、无业者是药物滥用的高危人群，其中初中及以下低学历者占全部监测数据的81.5%，占新发生药物滥用人群的79.4%，应进一步加强对初中及以下文化程度的青少年的预防宣传教育工作。

六是药物滥用人群多药滥用情况严重。海洛因滥用监测人群中多药问题比较严重，除海洛因外，滥用/使用的其他物质为44种，呈现麻醉药品和精神药品交互滥用、具有中枢抑制作用的物质与具有中枢兴奋作用的物质交互滥用的多药滥用现象和滥用模式。合成毒品滥用者中滥用物质47种，使用两种以上者占10.9%，随着合成毒品滥用人群基数及滥用年限的增长，多药滥用情况日益严重。

七是新精神活性物质值得关注，部分品种滥用趋势增强。近年来，“新精神活性物质”（new psychoactive substance，NPS）滥用问题备受关注，作为一个全球现象，已经引起世界各国的高度重视。2001年，我国将氯胺酮列入管制。2010年至2013年，将4-甲基甲卡西酮等13种新精神活性物质列入管制。2015年10月1日起实施《非药用类麻醉药品和精神药品列管办法》，一次性列管116种。2017年3月1日，将卡芬太尼等4种物质列入管制。2017年7月1日，将

1 曲马多(Tramadol)为合成的可待因类似物，与阿片受体有很弱的亲和力。通过抑制神经元突触对去甲肾上腺素的再摄取，并增加神经元外5-羟色胺的浓度，影响痛觉传递而产生镇痛作用

U-47700 等 4 种物质列入管制。目前，我国已将 138 种新精神活性物质列入管制。药物滥用监测数据表明，2016 年甲卡西酮滥用数量（707 例）达到 2015 年数量（246 例）的 2.9 倍，其滥用者主要来自山西（693 例，占 98.0%），提示当前甲卡西酮的滥用有明显的地域集中性。氯胺酮是“K 粉”的主要成分。数据表明，“K 粉”滥用数量和占总数的比例在 2016 年（6844 例，占 2.5%）比 2015 年（5694 例，占 2.3%）继续增加。

2017 年，我国将进一步加强基础性建设，逐步建立健全药物滥用监测法律法规、规章制度和技术规范，完善药物滥用监测系统，拓宽医疗机构报告途径，扩大监测系统的覆盖人群，开展专项调查与研究评价，逐步建立药物滥用风险评估、预警和通报机制，为打赢禁毒工作人民战争、严格管控药品风险提供支持。

联合国毒品和犯罪问题办公室的《2015 年世界毒品报告》指出，据估计，2013 年总共有 2.46 亿人，即在 15～64 岁人群中每 20 人中有 1 人在使用某种非法药物。这表明比上一年增多 300 万人。但是，由于全球人口在增长，非法使用药物情况实际上保持稳定，见文框 17-2。

文框 17-2　联合国毒品和犯罪问题办公室

联合国毒品和犯罪问题办公室（United Nations Office on Drugs and Crime，UNODC）成立于 1997 年，由联合国禁毒署和联合国预防犯罪中心合并而成。总部设在奥地利维也纳。其职能：对毒品和犯罪问题进行调研，制定有关政策和措施；协助各国政府批准和执行国际公约；协助各国政府制定关于毒品、犯罪和反恐问题的国内法；通过具体技术合作项目，提高各成员国打击毒品、犯罪及恐怖主义的能力。执行主任尤里·费多托夫（Yury Fedotov，俄罗斯人）于 2010 年 7 月 9 日上任，为联合国副秘书长级。

联合国毒品和犯罪问题办公室《世界毒品问题报告》全面概述了世界非法药物市场每年的最新发展情况，重点是各类主要非法药物的生产、贩运和消费情况及其对健康的相关后果。《2015 年世界毒品报告》第 1 章概述了阿片剂、可卡因、大麻、苯丙胺类兴奋剂和新的精神活性物质供求方面的全球情况及其对健康的影响，审查了各种预防吸毒办法的科学证据，以及讨论了治疗吸毒的有效对策的基本原则。第 2 章重点讨论在更宽泛的发展议程中，为农民提供替代生计的办法，从而打破非法作物种植的恶性循环。

根据可得到的最新数据，非法药物生产、使用和对健康的后果方面的全球总体形势变化甚微。非法药物使用对健康产生的后果仍然是令全球关切的事项，因为绝大多数问题吸毒者仍然没有治疗渠道。此外，全球罂粟种植面积和鸦片产量提高到创纪录水平，尚未对全球阿片剂市场产生重大影响。这令人对日益复杂且变化多端的有组织犯罪团伙为执法形成的挑战规模感到关切[1]。

[1] https://news.un.org/zh/story/2015/06/238422

17.1.3 麻醉药品和精神药品管理

为加强麻醉药品和精神药品的管理，保证麻醉药品和精神药品的合法、安全、合理使用，防止流入非法渠道，根据药品管理法和其他有关法律的规定，《麻醉药品和精神药品管理条例》（国务院令第 442 号）已经于 2005 年 7 月 26 日在国务院第 100 次常务会议通过，自 2005 年 11 月 1 日起施行[1]。

为加强麻醉药品和精神药品的经营管理，根据《麻醉药品和精神药品管理条例》，国家食品药品监督管理局 2005 年制定了《麻醉药品和精神药品经营管理办法（试行）》，办法施行前经批准从事麻醉药品、第一类精神药品经营的企业，应当自本办法施行之日起 6 个月内，依照本办法规定的程序申请办理定点经营手续。原经批准从事第二类精神药品批发和零售的企业，应当自本办法施行之日起 6 个月内，依照本办法规定的程序和要求重新申请有关许可；其中，不符合《麻醉药品和精神药品管理条例》规定条件的药品零售企业，自本办法发布之日起不得再购进第二类精神药品，企业原有库存登记造册报所在地设区的市级药品监督管理机构备案后，按规定售完为止[2]。

为了预防和惩治毒品违法犯罪行为、保护公民身心健康、维护社会秩序，《中华人民共和国禁毒法》由中华人民共和国第十届全国人民代表大会常务委员会第三十一次会议于 2007 年 12 月 29 日通过，自 2008 年 6 月 1 日起施行[3]。

2015 年 10 月 1 日起实施《非药用类麻醉药品和精神药品列管办法》，一次性列管 116 种。2017 年 3 月 1 日，将卡芬太尼等 4 种物质列入管制。2017 年 7 月 1 日，将 U-47700 等 4 种物质列入管制。目前，我国已将 138 种新精神活性物质列入管制[4]，见文框 17-3。

文框 17-3 国家禁毒委：四种芬太尼类物质列入国家管制药品目录

国家禁毒委员会（国家禁毒委）办公室今天发布消息，自 3 月 1 号起，我国将卡芬太尼、呋喃芬太尼、丙烯酰芬太尼、戊酰芬太尼 4 种新精神活性物质

1 http://www.gov.cn/zwgk/2005-08/26/content_26479.htm

2 http://www.gov.cn/gongbao/content/2006/content_395498.htm

3 http://www.gov.cn/flfg/2007-12/29/content_847311.htm

4 http://www.gov.cn/flfg/2007-12/29/content_847311.htm

列入非药用类麻醉药品和精神药品管制品种增补目录[1]。

据了解，新精神活性物质是不法分子对管制毒品进行化学结构修饰得到的毒品类似物，具有与管制毒品相似或更强的兴奋、致幻、麻醉等效果，已成为继传统毒品、合成毒品后的第三代毒品。据联合国毒品和犯罪问题办公室最新通报，全球范围内制造、贩卖、走私、滥用新精神活性物质的问题突出，目前发现的新精神活性物质有101个国家和地区的共700多种。

自2015年实施《非药用类麻醉药品和精神药品列管办法》至今，我国列管的新精神活性物质已达134种。2016年以来，我国禁毒部门根据相关国家执法协作请求和相关线索，捣毁新精神活性物质非法生产窝点8处，抓获犯罪嫌疑人数十人，缴获已列管新精神活性物质800多公斤[1]、非列管新精神活性物质超过1t。

[1] http://finance.sina.com.cn/roll/2017-02-16/doc-ifyarrcc7437759.shtml.

17.1.4　抗菌药物滥用及防治

预防性使用抗菌药物是典型的滥用抗菌药物。世界卫生组织建议抗生素在医院内的使用率不超过30%，而中国却达70%左右。抗菌药物滥用会产生耐药性、变态反应、过敏等不良反应及二重感染[6]。

为加强医疗机构抗菌药物临床应用管理，规范抗菌药物临床应用行为，提高抗菌药物临床应用水平，促进临床合理应用抗菌药物，控制细菌耐药，保障医疗质量和医疗安全，根据相关卫生法律法规，《抗菌药物临床应用管理办法》于2012年2月13日经卫生部部务会审议通过，自2012年8月1日起施行[2]。

为进一步加强医疗机构抗菌药物临床应用管理，促进抗菌药物合理使用，有效控制细菌耐药，保证医疗质量和医疗安全，按照2011年全国卫生工作会议和全国医疗管理工作会议精神，根据卫生部、国家食品药品监督管理局、工业和信息化部及农业部《全国抗菌药物联合整治工作方案》（卫医政发〔2010〕111号）、《2011年“医疗质量万里行”活动方案》（卫医政发〔2011〕28号）和《卫生部关于在全国医疗卫生系统开展“三好一满意”活动的通知》（卫医政发（2011）30号）要求，卫生部决定自2011年至2013年，在全国范围内开展抗菌药物临床应用专项整治活动。执行《2011年全国抗菌药物临床应用专项整治活动方案》[3]。

1 1公斤=1kg

2 http://www.gov.cn/gongbao/content/2012/content_2201890.htm

3 http://www.gov.cn/gzdt/2012-03/06/content_2084862.htm

经《医院处方分析合作项目》分析，卫生部抗菌药物临床应用专项整治活动遏制了抗生素的滥用，使抗生素处方量和总金额下降[7]。

2014 年 4 月世界卫生组织发布了《抗菌素耐药：全球监测报告》，报告显示：114 个国家均存在抗菌药物耐药情况，全球面临着严重的抗菌药物耐药问题。世界卫生组织呼吁各国制定适宜战略并积极采取行动，遏制抗菌药物滥用，见文框 17-4。

文框 17-4　世界卫生组织首份全球抗生素耐药报告显示全世界面临严重的公共卫生威胁

2014 年 4 月 30 日，日内瓦。世卫组织一份新的报告首次审视了全球的抗生素耐药情况，包括抗生素耐药性，表明这种严重威胁不再是未来的一种预测，目前正在世界上所有地区发生，有潜力影响每个人，无论其年龄或国籍。当细菌发生变异，抗生素对需要用这种药物治疗感染的人们不再有效，这就称为抗生素耐药，现在其已对公共卫生构成重大威胁。

《抗菌素耐药：全球监测报告》注意到多种不同的传染因子正在产生耐药性，但报告侧重于造成血液感染（败血症）、腹泻、肺炎、尿道感染和淋病等常见严重疾病的 7 种不同细菌对抗生素的耐药性。调查结果值得高度关注。报告还包括关于治疗艾滋病、疟疾、结核病和流感等其他传染病的药物耐药性信息，提供了迄今关于耐药性的最全面情况，包括来自 114 个国家的数据[1]。建立跟踪和监测问题的基本系统是抗生素耐药的重要工具。

[1] https://nursing.medsci.cn/article/show_article.do?id=e92a3399993.

17.1.5　成瘾性药物滥用致神经毒性作用的药物靶标

对药物成瘾机制的传统研究主要围绕脑内系统-多巴胺能神经通路，着重于体内神经递质、调质及胞内信号转导通路的调控，以期阐明成瘾性药物滥用的发生机制。临床上成瘾性药物滥用者脑内呈现的以神经炎反应为主的一系列神经病学异常，如小胶质细胞活化、巨噬细胞浸润、多巴胺能神经元和脑微血管内皮细胞功能退行性变化等[8]。许多成瘾性药物，如可卡因和甲基苯丙胺等，都和 Sigma-1 受体相互作用，导致中枢神经系统功能障碍。Sigma-1 受体作为治疗成瘾性药物滥用的重要靶标[9]。此外，成瘾性药物对大脑皮层、海马等脑区的 GRK5 在 mRNA 水平和蛋白水平都有调控作用，提示 GRK5 可能在精神活性物质的成瘾中起作用[10]。

17.2 药学监护与合理用药

药学监护（pharmaceutical care，PC）是为了获得改善患者生命质量的肯定结果而提供的直接和负责任的药物相关治疗。药学监护实践类研究文献中感染性疾病最多，其次是呼吸系统疾病、肿瘤疾病、心血管疾病和免疫系统疾病[11]，见文框 17-5。

文框 17-5 药学监护

美国 Hepler 和 Strand 两位教授于 1990 年在“药学监护(pharmaceutical care，PC）中的机遇和责任”这篇具有里程碑意义的论文中首次明确了：PC 的概念是为了获得改善患者生命质量的肯定结果而提供的直接和负责任的药物相关治疗[1]。药学监护包括：①PC 是与药物治疗有关的服务。②在 PC 的实践模式下，药师与患者为直接的医患关系，PC 是药师直接提供给患者的服务，就像内科诊疗、牙科诊疗服务形式一样，是一对一、面对面的服务。③提供 PC 的目的是实现肯定的治疗结果，包括：治愈疾病；消除或减轻疾病症状；阻止或延缓疾病进程；预防疾病或症状发生，最终达到提高患者生命质量的目的。④实施 PC，要求药师承担对药物治疗结果应负的责任。⑤在 PC 的实施过程中，药师必须与其他医务人员（如医生和护士等）密切合作，共同设计、实施和监测治疗方案，最终获得提高患者生命质量的肯定结果。

[1] https://baike.baidu.com/item/%E8%8D%AF%E5%AD%A6%E7%9B%91%E6%8A%A4/1056597?

17.3 国 际 合 作

药物滥用是造成全球疾病负担的一个重要因素。药物依赖导致的疾病负担最高的国家包括美国、英国、俄罗斯和澳大利亚[12]。国际植物药监管合作组织（International Regulatory Cooperation for Herbal Medicines，IRCH）是由 WHO 基本药物与传统药物技术合作司和有关国家政府发起成立的国际性合作组织，致力于通过完善植物药监管规章，保护并促进公众健康与安全。中国是该组织的第一批成员国，截至 2016 年 11 月已有 30 个国家或地区及 3 个国际组织成为 IRCH 的成员。IRCH 构建了植物药监管的全球合作平台，其国际规模及影响力正在逐步扩大，见文框 17-6。

文框 17-6　WHO 国际植物药监管合作组织（IRCH）第九届年会

2016 年 11 月 7～11 日，世界卫生组织（WHO）国际植物药监管合作组织（International Regulatory Cooperation for Herbal Medicines，IRCH）第九届年会在印度新德里召开。由国家食品药品监督管理总局（CFDA）药化注册司王海南处长为团长，中国食品药品检定研究院中药民族药检定所所长马双成和聂黎行副研究员及国家食品药品监督管理总局国际合作司张颖主任科员一行 4 人组成中国代表团参加了此次会议。

第九届年会由 IRCH 秘书处主办，印度传统医学部承办。来自 WHO、阿根廷、巴西、智利、中国（含香港）、古巴、欧洲药品管理局（European Medicines Agency，EMA）、德国、匈牙利、印度、意大利、马来西亚、墨西哥、阿曼、葡萄牙、韩国、沙特阿拉伯、南非、坦桑尼亚等 19 个成员国/地区/组织及观察国泰国的 58 名官员与专家出席了本次会议。

中国中药监管的最新进展包括中药注册管理法规体系的完善和中药国际交流两部分内容[1]。遵循中医药理论，尊重人用历史，在充分了解其安全性和风险的基础上，CFDA 对来源于古代经典名方的复方制剂的注册申请实施目录制管理，实施简化审批程序，减免临床研究资料。同时鼓励以临床价值为导向的创新，推动中药生产的源头控制和过程控制。修订了《药品管理法》《药品注册管理办法》和《进口药材管理办法》，制定了《中药新药治疗流行性感冒临床研究技术指导原则》，并积极参与《中华人民共和国中医药法》的制定。为保障药材资源的可持续利用，起草了《中药资源评估技术指导原则》，引导申请人在不同阶段进行动态的资源评估。在国际交流方面，除积极参与国际植物药监管合作组织外，中国还在西太区草药协调论坛（Western Pacific Regional Forum for the Harmonization of Herbal Medicines，FHH）中扮演重要角色。2016 年，中国不仅组团参加了 FHH 第二分委会会议，还组织召开了第三分委会会议，2016 年 FHH 常务工作会议也正在筹备中。

中国作为植物药的生产和使用大国，积极参与并引领国际合作，促进中药的现代化和国际化。中国食品药品检定研究院中药民族药检定所以国际植物药监管合作组织为舞台，充分利用其第二工作组主席国的身份，大力推进实质性的国际合作，树立了我国在植物药质量控制与标准物质研究等方面的主导地位，相关工作也为中药民族药检定所申请世界卫生组织中药合作中心奠定了坚实基础。

[1] https://www.nifdc.org.cn/nifdc/gjhz/gjjl/20161121125201606.html

美国国立药物滥用研究所（The National Institute on Drug Abuse，NIDA）建立

于 1974 年，隶属于国家卫生和人类服务部。它是美国政府的关于药物滥用原因及治疗的研究机构[13]。第 68 届药物依赖研究学会（College on Problems of Drug Dependence，CPDD）年会和第 11 届美国国立药物滥用研究所国际论坛于 2006 年 6 月 16～22 日在美国亚利桑那州凤凰城召开。CPDD 创建于 1929 年，是美国最早的与药物依赖研究相关的学术性团体[14]。阿片类药物危机是我们这个时代最大的公共卫生问题之一。2019 年，美国国立卫生研究院开展的"帮助消除成瘾长期计划"资助金总额达 9.45 亿美元。NIDA 正在为预防和治疗阿片类药物使用障碍的研究提供资金，包括开发新的治疗方法并扩大现有治疗的范围[1]。

参 考 文 献

[1] 齐力, 刘盈河, 刘存基. 宁夏药物依赖人群滥用医用麻醉、精神药品流行趋势分析 [J]. 宁夏医学杂志, 2013, 35(8): 717-719.

[2] 王浩然, 高祥荣, 张开镐, 等. 药物成瘾及成瘾记忆的研究现状 [J]. 生理科学进展, 2003, 34(3): 202-206.

[3] 彭惠芳. 药物滥用监测意义及概况 [J]. 中国药物滥用防治杂志, 2009, 15(2): 89-91.

[4] 赵苳, 赵成正, 刘彦红, 等. 我国的药物滥用与艾滋病现状 [J]. 中国药物依赖性杂志, 2003, 12(4): 246-251.

[5] 周鹏, 田克仁, 万凯化, 等. 我国药物滥用与成瘾的流行现状及趋势研究新进展 [J]. 中国药物依赖性杂志, 2015, 24(1): 10-14.

[6] 陈令. 抗菌药物滥用及防治 [J]. 医药导报, 2016, 35(z1): 186-187.

[7] 杨辉, 邵宏, 聂小燕. 抗菌药物专项整治活动对抗菌药物使用影响分析 [J]. 中国药学杂志, 2013, 48(23): 2061-2064.

[8] Little K Y, Ramssen E, Welchko R, et al. Decreased brain dopamine cell numbers in human cocaine users [J]. Psychiatry Research, 2009, 168(3): 173-180.

[9] 张媛, 孙佳锐, 刘玉秋, 等. Sigma 受体拮抗剂在治疗成瘾性药物滥用致神经毒性中的研究进展 [J]. 中国药科大学学报, 2014, 45(3): 253-258.

[10] 朱敏, 范学良, 杨伟林, 等. 成瘾性药物对大鼠脑内 G 蛋白耦联受体激酶 5 mRNA 和蛋白水平的调控 [J]. 生理学报, 2004, 56(5): 559-565.

[11] 骆丽芳, 戴海斌. 我国药学监护文献分析 [J]. 中国医院药学杂志, 2017, 37(4): 319-321.

[12] 王同瑜, Degenhardt L, Whiteford H A, 等. 全球药物滥用的疾病负担: 来自 2010 年全球疾病负担研究 [J]. 中国药物依赖性杂志, 2015, 12(6): 493-499.

[13] 赵敏, 赵成正, 刘志民. 药物滥用研究的国际交流与合作机会 [J]. 中国药物依赖性杂志, 2002, 11(3): 233-234.

[14] 杜江. 第 68 届 CPDD 年会及第 11 届 NIDA 国际论坛见闻 [J]. 中国药物依赖性杂志, 2006, 15(4): 334.

1 https://nida.nih.gov/

18 林源植物药全球制药企业与市场营销

18.1 全球药物市场及研究热点

阿瑟·克莱曼在《全球药物》一书中讲到全球药物的药物联结体，药物与个人的健康和安乐日益息息相关。2003 年，全球制药业的销售额达 5000 亿美元。2014 年，全球药物销售额创下新高，超过 10 000 亿美元[1]。这个利润丰厚的产业伴随着新自由主义在全球范围内的扩张，全球药物作为一种商品建立了迎合生活方式的治疗市场，如抗抑郁制剂销量的急剧上升，但非洲艾滋病药物市场发展缓慢。药品生产的每个领域都遍布全球，药品生产的每个领域都到达了曾经十分遥远的国家，人体测试更多地在印度等国家进行[2]。

国内对全球药物的研究热点主要有：在定量药理学与新药临床评价国际学术会议上，明确 PK/PD 模型在全球药物研发中的确定作用和责任，目前制剂药物动力学及药物计量学（PK/PM）在全球药学研究和药物研发中的发展趋势[3]。依据相关文献及 Thomson Reuters、IMS Health、PubMed、EMbase、CBM、CNKI、VIP、WanFang Data 等数据库信息，对类风湿关节炎（RA）全球药物研发市场、治疗药物类别、靶标、专利等药物研发状况进行分析[4]。以循证决策[1]与管理为主要研究方向研究全球药物干预治疗单纯性高血压指南的系统评价[5]。在全球药物的视角下，即使对于相同的药物各国临床用药指南也不同，见文框 18-1。

文框 18-1 汤森路透

汤森路透（Thomson Reuters）是由加拿大汤姆森公司（The Thomson Corporation）与英国路透集团（Reuters Group PLC）合并组成的商务和专业智能信息提供商[1]。汤森路透是中国国家知识产权局的合作伙伴，为专利审查提供关键工具，同中国科学院合作主办了中国科学引文数据库，是第一家用英文提供中国实用新型专利注册信息全部内容的专利信息提供商，其客户包括中国科学院和国家图书馆，主要为医疗保健行业相关专业的人士管理提供信息，为研

1 https://en.jinzhao.wiki/wiki/Evidence-based_medicine

究学者、科学家和信息专家提供信息与决策服务工具。

[1] https://baike.baidu.com/item/%E6%B1%A4%E6%A3%AE%E8%B7%AF%E9%80%8F/10012766?

18.2　跨国制药企业

18.2.1　概述

跨国公司主要是指发达资本主义国家的垄断企业，是以本国为基地，通过对外直接投资，在世界各地设立分支机构或子公司，从事国际化生产和经营活动的垄断企业。世界制药巨头企业[6]主要包括以下公司。

美国辉瑞公司（Pfizer）https://www.pfizer.com.cn

美国强生公司（Johnson & Johnson）https://www.jnj.com

法国赛诺菲公司（Sanofi）https://www.sanofi.cn

瑞士诺华公司（Novartis）https://www.novartis.com.cn

瑞士罗氏公司（Roche）https://www.roche.com

英国葛兰素史克公司（GlaxoSmithKline）http://www.gsk.com

美国默克公司（Merck Group）https://www.merckgroup.com.cn/cn-zh

英国阿斯利康公司（AstraZeneca）https://www.astrazeneca.com.cn

美国雅培公司（Abbott Laboratories）http://www.abbott.com

美国生物技术企业安进公司（Amgen）http://www.amgen.com

全球制药企业 50 强中辉瑞、诺华、罗氏、赛诺菲等跨国药企在进入中国市场时，通常在某些技术领域拥有自己的专利或“拳头”产品，本土企业中国生物制药和恒瑞医药也进入到 2019 年的全球 TOP50 药企榜单中，分别名列榜单第 42 位和第 47 位。外企在华市场的运营效率总体较高[7]。

2018 年制药企业在研发支出方面的调整也比较大。瑞士罗氏、美国强生和瑞士诺华公司研发支出名列前茅。从研发费用方面看，各国制药企业研发投入较 2017 年整体呈现下降趋势，但是美国企业依旧排名首位。罗氏研发（中国）有限公司、辉瑞中国研发中心、诺华（中国）生物医学研究有限公司、罗氏药品开发中国中心等是跨国制药企业在我国建立的独资研发中心，跨国制药企业通过医药合同研究组织（Contract Research Organization，CRO）将药物研发外包到我国[8]。

18.2.2 全球制药企业[1]

1. Pfizer

辉瑞（Pfizer）公司被认为是世界上最大的制药公司之一[2, 3]。它在纽约证券交易所上市，其股票自 2004 年以来一直是道琼斯工业平均指数的一部分[4]。

该公司生产药物和疫苗，包括免疫学、肿瘤学、心脏病学、糖尿病学/内分泌学和神经病学类的药品：降血脂药物立普妥（Atorvastatin），降压药物络活喜（Norvasc），普瑞巴林（Pregabalin）为治疗神经性疼痛/纤维肌痛药，氟康唑（Diflucan）为口服抗真菌药物，抗生素阿奇霉素（Zithromax），伟哥（西地那非）治疗勃起功能障碍，抗炎药物西乐葆（Celebrex），抑郁症药物左洛复（Zoloft）等。辉瑞公司分为 9 个主要业务部门：初级保健、特殊护理、肿瘤学、新兴市场、成熟产品、消费者保健、营养、动物健康和胶囊[5]，见文框 18-2。

文框 18-2　辉瑞完成惠氏收购，建立全球领先的生物制药研发机构

2009 年 1 月 26 日，全球最大的制药公司辉瑞公司同意购买惠氏制药公司的 680 亿美元现金、股票和贷款，其中包括五大华尔街银行借出的 225 亿美元[1]。此次收购于 2009 年 10 月 15 日完成，使惠氏成为辉瑞的全资子公司[2]。随着辉瑞和惠氏整合，辉瑞将打造成为世界领先的生物医药研发机构。合并后的公司每年产生超过 200 亿美元的现金，是 AT&T 和 BellSouth 于 2006 年 3 月达成 700 亿美元交易以来的最大的一次合并[3]。

[1] https://www.antpedia.com/news/47/n-50047.html.
[2] Wyeth Transaction. Pfizer. Archived from the original on October 19, 2009. Retrieved October 25, 2009.
[3] Pfizer Agrees to Pay $68 billion for Rival Drug Maker Wyeth By ANDREW ROSS SORKIN and DUFF WILSON. January 26, 2009. The New York Times.

2. Novartis

诺华（Novartis）是一家瑞士的跨国制药公司，总部设在瑞士巴塞尔。它是市

1 https://en.jinzhao.wiki/wiki/List_of_pharmaceutical_companies
2 https://en.jinzhao.wiki/wiki/Pfizer
3 Pfizer moves higher amid persistent breakup talk. Bloomberg Businessweek. 27 March 2012. Retrieved 8 July 2012
4 Dow Jones Industrial Average Historical Components, https://www.moneycontrol.com, retrieved 24 November 2015
5 Pfizer Leadership and Structure. Pfizer. Retrieved 6 January 2013

值和销售额最大的制药公司之一[1]。诺华与生物制药公司 Sangamo Therapeutics 共同探索针对神经发育疾病的潜在疗法。Sangamo 以研究锌指蛋白技术而闻名，诺华基因治疗技术平台包括腺相关病毒、嵌合抗原受体 T 细胞（CAR-T）和规律成簇间隔短回文重复序列（CRISPR）等。诺华生产氯氮平（Clozaril）、双氯芬酸（Voltaren）、卡马西平（Tegretol）、缬沙坦（Diovan）和甲磺酸伊马替尼（Gleevec）。其他药物包括环孢素（Neoral）、来曲唑（Femara）、哌甲酯（Ritalin）、特比萘芬（Lamisil）等。诺华生医研究院（Novartis Institute for Biomedical Research，NIBR）中有两个研究机构专注于发展中国家的疾病：致力于研究结核病、登革热和疟疾的诺华热带病研究所，致力于研究沙门氏菌伤寒和志贺氏菌的全球健康诺华疫苗研究所[2]，见文框 18-3。

文框 18-3　诺华荣膺“2016 年中国最佳雇主”

诺华在中国拥有诺华制药（创新药）、爱尔康（眼科保健）以及山德士（非专利药）等业务，全国建有三大生产基地，并在上海及江苏设立了两大研发中心[1]。从研发到生产销售，诺华以多元化的业务组合，全面服务中国百姓健康。目前，诺华在中国全资或控股的公司共有 6 家。诺华在华雇员超过 7700 人。2016 年诺华当选“2016 年度中国最佳雇主”。

[1] https://www.novartis.com.cn/xin-wen-zhong-xin/xin-wen-fa-bu/zui-jia-gu-zhu

3. Johnson & Johnson

强生（Johnson＆Johnson）是一家成立于 1886 年的美国跨国医疗器械、制药和消费品包装制品公司。其普通股是道琼斯工业平均指数的一个组成部分，该公司被列入财富世界 500 强之列[3]。该公司包括 260 多家运营公司，业务遍及 60 个国家，产品销往超过 175 个国家。全球员工约 14 万人，强生公司在 2019 年的全球销售额达到了 821 亿美元。

强生制药产品覆盖了血液（如多发性骨髓瘤）、免疫（如类风湿关节炎、强直性脊柱炎、克罗恩病和银屑病）、实体肿瘤（如前列腺癌）、传染病（如艾滋病、肝炎和肺结核）、精神病（如精神分裂症）、神经病（如抑郁症）、感冒咳嗽及发热/消化、皮科/抗过敏。西安杨森制药有限公司是强生的制药子公司，生产和销售包

1 https://en.jinzhao.wiki/wiki/Novartis

2 Innovation for the developing world Archived 9 February 2014 at the Wayback Machine

3 https://www.jnj.com.cn/our-company/operating-companies-in-china/consumer/china-johnson

括处方药与非处方药，如治疗风湿免疫疾病和克罗恩病的类克、治疗多发性骨髓瘤的万珂、治疗系统性真菌感染的斯皮仁诺（伊曲康唑注射液）、镇痛药多瑞吉、抗精神病药物恒德与维思通等，还包括吗丁啉、达克宁、派瑞松、采乐、太宁、氯雷他定片等。

4. Sanofi

赛诺菲(Sanofi)是一家法国的跨国制药公司[1]，2004年由Aventis公司和Sanofi-Synthélabo公司合并成为Sanofi-Aventis公司，于2011年5月更名为赛诺菲，成为2013年世界第五大的处方销售公司。其产品有可力®地高辛、泰索帝®多西他赛注射液、易善复®多烯磷脂酰胆碱胶囊等。

5. AstraZeneca

阿斯利康（AstraZeneca）是一家英美跨国制药和生物制药公司[2]。2013年，公司将总部迁至英国剑桥，并集中在三个地点（剑桥、生物制药工作的马里兰州盖瑟斯堡和瑞典哥德堡附近的Mölndal）进行传统化学药物研究[3]。公司也整合了小分子和生物制剂研发项目，成为最大的肿瘤研发中心。2015年4月，阿斯利康的曲美木单抗(Tremelimumab)药物被批准为美国孤儿药，为治疗间皮瘤的药物[4]。2016年2月，阿斯利康宣布Tremelimumab作为间皮瘤治疗的临床试验未能达到其主要终点[5]。该公司拥有高通量筛选技术平台，发现可能抑制或激活的活性小分子，正在从事改良后的核糖核酸和CRISPR基因编辑等开创性领域的研究工作。

6. Abbott Laboratories

芝加哥（Chicago）[6] 雅培（Abbott Laboratories）是一家全球领先的医疗保健公司[7]，最初是在芝加哥创建了雅培药厂，开发的药物含有植物及草药中的活性物质。随后成立了雅培生物碱公司，生产麻醉剂硫喷妥钠（Pentothal），参与战时青霉素的生产；益力佳（Glucerna）是一系列专为糖尿病患者及其他有饮食限制的人群特别调配的营养产品，包括谷物、营养配方及能量棒。公司开发出第一种完

1 https://www.sanofi.cn/

2 https://en.jinzhao.wiki/wiki/AstraZeneca

3 Carroll, John (Mar 18, 2013). UPDATED: AstraZeneca to ax 1, 600, relocate thousands in global R&D reshuffle. www.fiercebiotech.com. FierceBiotech

4 Hirschler, Ben (15 April 2015). AstraZeneca immune system drug wins orphan status in rare cancer, Reuters. London, retrieved 13 July 2015.

5 AstraZeneca reports top-line result of tremelimumab monotherapy trial in mesothelioma, 29 February 2016

6 http://www.abbott.com/careers.html

7 http://www.abbott.com.cn/

全人源单克隆抗体药物修美乐（Humira）、依维莫司药物洗脱冠脉支架系统（Xience V）等。雅培开发了血液检测 HIV 的测试技术，其尖端的连续血糖监测系统——雅培辅理善®瞬感动态葡萄糖监测系统（Freestyle Libre）的推出，彻底改变了糖尿病护理，不再需要常规的指尖采血。目前，雅培在心脏代谢疾病、传染病和毒理学快速检测中占据第 1 位。

7. Merck Group

默克集团（Merck Group）俗称默克公司，是德国跨国化学、制药和生命科学公司，总部位于达姆施塔特，拥有员工约 5 万人，分布在 70 个国家[1]。默克公司成立于 1668 年，是世界上历史最悠久的化学和制药公司，也是世界上最大的制药公司之一[2]。

8. AbbVie

艾伯维（AbbVie）源自全球领先的医药企业雅培（Abbott）。1888 年芝加哥医生华莱士·雅培创立雅培，2013 年雅培成立艾伯维全球研究型生物制药公司[3]。

9. Acadia Pharmaceuticals

阿卡迪亚生物制药公司（Acadia Pharmaceuticals）于 1993 年创立，总部位于美国加利福尼亚州圣迭戈，专注于治疗神经系统疾病和相关的中枢神经系统疾病的小分子药物的研发[4]。

10. Actavis

冰岛著名的 Actavis 生物制药公司成立于 1956 年，于 2005 年并购国际制药公司 Alpharma 后，已成为世界上第四大生物制药公司[5]。

11. Actelion

瑞士生物科技企业[6]Actelion 是一家制药和生物技术公司，成立于 1997 年 12

1 https://en.jinzhao.wiki/wiki/Merck_Group

2 M. Richter and I. Gomez: Zum Verwechseln gleich. *In*: Financial Time. Deutschland 21 January 2010 Archived July 26, 2010, at the Wayback Machine

3 https://www.abbvie.com

4 https://www.mg21.com/acad.html

5 http://www.bioon.com.cn/brand/intro.asp?bid=ELLML

6 https://36kr.com/p/1721265487873

月，总部位于瑞士巴塞尔附近的 Allschwil[1]。公司 CEO 和联合创始人是心脏病专家让·保罗[2]。Actelion 专门研究孤儿疾病[3]。Actelion 的科学家是第一批在内皮素受体拮抗剂领域工作的科学家。Actelion 在全球拥有 29 家分支机构。2017 年 1 月，强生宣布将以 300 亿美元收购该公司[4]。Actelion 的研发单位也将在收购后剥离出来[5]，见文框 18-4。

文框 18-4 强生 300 亿美元收购 Actelion 获欧盟有条件批准

Actelion 是肺动脉高压（PAH）领域的全球领导者，其 PAH 药物资产涵盖 PAH 疾病谱，从 WHO 功能分级（FC）Ⅱ级至 FC Ⅳ级，产品涵盖口服制剂、吸入性制剂和静脉注射制剂。此外，该公司在多个专科病领域也有产品上市，包括Ⅰ型戈谢病、尼曼匹克病 C 型（NPC）、蕈样肉芽肿型皮肤 T 细胞淋巴瘤、系统性硬化症患者肢端溃疡。

美国医药巨头强生（JNJ）近日宣布，已收到来自欧盟委员会（EC）关于该公司所提议的 300 亿美元现金收购瑞士罕见病药商 Actelion 的有条件批准[1]。作为交易的一部分，Actelion 将把其药物发现和早期临床开发业务分拆成一家独立的瑞士制药公司（Idorsia Ltd.），这家新公司将继续传承 Actelion 的创新文化，并将于收购交易完成之日在瑞士证券交易所上市。Idorsia 的股份预计将作为一种股利分配给 Actelion 的股东，强生子公司最初将直接持有 Idorsia 公司 9.9%的股份。此次欧盟委员会的有条件批准中，有一点特别值得关注，即欧盟委员会特别要求将 Actelion 的创新失眠药临床开发项目转移至 Idorsia，以确保该项目不会受到此次收购的不利影响[2]。

目前强生和 Actelion 都在开发创新性的失眠药物，如果这 2 个创新失眠药临床开发项目中的任何一个在强生收购 Actelion 之后被停止，那么该领域都不能产生足够水平的竞争。因此，欧盟委员会已下令，强生在 Idorsia 的持股比例必须保持在 10%以下或最多 16%，以确保强生不是最大的股东，同时强生必须承诺不提名任何董事会成员，并且，强生还必须授予其失眠药临床项目合作伙伴 Minerva Neurosciences 关于全球开发的新权利，并放弃 Minerva 在欧洲经济区产品销售的

1 https://zh.db-city.com/瑞士--巴塞雨乡村州--阿勒斯海姆--Allschwil

2 https://www.nature.com/articles/nbt0207-155

3 https://www.medicinenet.com/orphan_disease/definition.htm

4 Roland, Denise; D. Rockoff, Jonathan (January 26, 2017), Johnson & Johnson to Acquire Actelion in $30 Billion Deal, Wall Street Journal, retrieved January 27, 2017

5 Johnson & Johnson to buy Actelion for $30 billion, spin off R&D unit. Reuters. 26 January 2017. Retrieved 26 January 2017

特许权，以消除强生收购对其自身失眠药临床开发研发项目开发的不利影响[3]。

[1] http://www.vodjk.com/news/170614/1218086.shtml.

[2] EU clears J&J's Actelion buy, with conditions.

[3] Johnson & Johnson Announces Expected Settlement of Actelion Tender Offer on June 16, 2017.

12. Adcock Ingram

Adcock Ingram 是在南非上市的一家制药公司。Adcock Ingram 制造和销售私人与公共部门的保健产品。该公司有 4 个商业部门：消费者部门、场外交易部门、处方部门和重症监护部门。该公司所生产的 Ingram's 香樟乳霜早在 1937 年就在南非诞生了，效果奇佳，广受欢迎，风靡整个南非。

13. Advanced Chemical Industries

Advanced Chemical Industries 也称为 ACI[1]，是孟加拉国最大的企业集团之一[2]。公司经营三部分：药品、消费者品牌和农业综合[3]。ACI 于 1968 年成立，为帝国化学工业（ICI）的子公司，于 1973 年 1 月 24 日成为 ICI Bangladesh Manufacturers Limited[4]。1992 年 5 月，公司更名为 Advanced Chemical Industries Limited（ACI Limited）[5]。该公司在 2015 年将其防虫、空气护理等品牌出售给了 SC Johnson & Son[6]。

14. Advaxis

美国 Advaxis 公司总部原设在美国新泽西州普林斯顿，2004 年被壳牌公司（SEC 官方认可）[7]收购，在 2006 被并入在特拉华公司，重新注册为特拉华州公司。公司致力于基于使用工程化单核细胞增生李斯特菌（Listeria monocytogenes，Lm）的技术平台进行免疫疗法的发现、开发和商业化。2019 年 1 月 25 日，Advaxis 公司研发的药物 AXAL 可有效清除感染了 HPV 的人体细胞，以达到治疗目的。但日前 AXAL 临床试验遇到了阻碍，FDA 叫停晚期宫颈癌Ⅲ期临床试验[8]，见文框 18-5。

1 https://www.aci-bd.com

2 Commercial papers set to become hot cakes: ACI. The Daily Star. 27 March 2015. Retrieved 29 October 2016

3 A night for corporate stars. Bangladesh Business Awards. The Daily Star. Retrieved 2 January 2013

4 https://use.infobelpro.com/bangladesh/en/businessdetails/BD/0842596459

5 http://www.advancedchemicals.net/

6 ACI sells household brands to US firm for Tk 250.54cr. The Daily Star. 26 April 2015. Retrieved 29 October 2016

7 Rule 12b-2 -- Definitions. Securities Lawyer's Deskbook. University of Cincinnati College of Law. Shell Company. Archived from the original on 16 March 2014. Retrieved 16 March 2014

8 https://www.chemdrug.com/news/232/4/16139.html

文框 18-5 Advaxis 凭什么获得美国 FDA 的 SPA 资格？

Advaxis 公司在众多的肿瘤治疗公司中脱颖而出，先后得到 Amgen Inc.、AstraZeneca Inc.、Incyte Inc.等大牌公司的投资或者合作，其 AXAL 系列产品 AIM2CERV 获得 FDA 的特殊试验方案评价（SPA）资格[1]。

传统的免疫系统无法战胜癌症有以下原因：一是免疫系统无法辨别癌症细胞；二是癌症细胞成功抵抗免疫系统的破坏。Advaxis Lm 技术正在研究和设计由质粒引导的肿瘤特异性免疫反应技术，具体的作用步骤如下。

1. 进入抗原呈递细胞的减毒李斯特菌引发强大的免疫反应，带有质粒的李斯特菌会产生一种融合蛋白——TLLO-TAA。

2. TAA 活化肿瘤特异性的细胞毒性 T 细胞。

3. TLLO 造成肿瘤微环境中 Treg 和髓系抑制细胞（myeloid-derived suppressor cell，MDSC）功能的丧失，减少肿瘤的保护性屏障，从而起到杀伤作用。

主要产品包括以下几种[2]。

1. 人乳头瘤病毒相关癌症治疗——Axalimogene Filolisbac（AXAL）。

2. 前列腺癌治疗——ADXS-PSA。

3. 人类表皮生长因子受体 2 表达相关癌症治疗——ADXS-HER2。

[1] https://news.bioon.com/article/6687964.html

[2] http://www.advaxis.com/.

15. ACG Worldwide

ACG 于 1961 年由 Ajit Singh 和 Jasjit Singh 成立，为印度制药公司生产空硬胶囊。随后，公司扩大到其他国家，并在医药行业开展多元化相关业务[1]。这些包括设备的制造、包装、检验和测试[2]。ACG 的灌装系统在中国由进口商代理[3]。

16. Ajanta Pharma

Ajanta Pharma 成立于 1973 年，是一家印度跨国公司，在包括印度、美国、菲律宾在内的约 30 个国家设立了分公司。从事药物制剂的开发、制造和销售[4]。在印度，该公司是一家品牌仿制药公司，专注于眼科、皮肤科、心脏病和疼痛管

1 ACG buys Croatian capsule firm

2 ACG Worldwide to invest Rs 600 cr in 3 yrs

3 http://www.jinkoucaigou.com/company/acg-worldwide

4 https://en.jinzhao.wiki/wiki/Ajanta_Pharma

理等少数高增长疾病的专业治疗[1]。公司目前在各个国家注册有 1400 多个产品，服务于抗疟疾、心脏、消化道、抗生素、抗组织胺、多种维生素、疼痛管理等广泛的治疗领域。公司主要有获得美国 FDA 验证成功的 Dahej 工厂，以及迎合国内和新兴市场的 Guwahati 工厂[2]。

17. Alcon

爱尔康（Alcon）是美国的全球性医疗公司，有超过 70 年的历史，是全球大型眼科护理设备公司之一，专门从事眼部护理产品生产，总部设在瑞士休伦堡。爱尔康的美国总部位于得克萨斯州的沃斯堡。爱尔康是诺华的子公司。其制品主要包括：眼科药物、手术设备、接触保健产品、干眼产品、眼部维生素[3]。

18. Alembic Pharmaceuticals Ltd.

Alembic Pharmaceuticals Ltd.是印度的跨国制药公司，总部设在印度巴罗达市古吉拉特邦[4]。Alembic 制药有限公司涉及医药产品、医药物质和中间体的生产。它也被称为印度的抗感染药物大环内酯类市场的领导者[5]。2015 年，Alembic Pharmaceuticals 获得了汤森路透最佳 50 位印度创新者奖[6]。为了在中国推广其仿制药，印度的 Alembic Pharmaceuticals 在 2019 年宣布与中国上海上药信谊药厂有限公司和 Adia（Shanghai）Pharma 公司建立中国合资企业。

19. Alexion Pharmaceuticals

亚力兄制药（Alexion Pharmaceuticals）公司是一家全球性的生物制药企业，成立于 1992 年，总部位于美国康涅狄格州柴郡，全职雇员近 3000 人，是一家专注于罕见病治疗药（孤儿药）研发的美国生物制药公司，专注于毁灭性疾病和罕见病药物的开发。公司的艾库组单抗注射液（商品名：Soliris）是世界上第一个被 FDA 批准用于治疗重症肌无力的终端补体抑制剂，Soliris 的年销售额达 35 亿美元，用于治疗抗水通道蛋白 4（AQP4）自身抗体阳性的视神经脊髓炎谱系障碍（NMOSD）患者，FDA 已指定《处方药用户收费法》（PDUFA）目标日期为 2019 年 6 月 28 日。目前，欧洲药品管理局（EMA）也正在审查 Soliris 治疗 NMOSD

1 Welcome To Ajanta Pharma. Ajantapharma.com. Retrieved 29 February 2016

2 Ajanta Pharma Limited-Our Business. Company. Retrieved 29 February 2016

3 https://www.alcon.com

4 https://en.jinzhao.wiki/wiki/Alembic_Pharmaceuticals

5 Alembic Pharmaceuticals Ltd. https://alembicpharmaceuticals.com/wp-content/uploads/2022/01/05APL-Press-Release-USFDA-Approval-Itraconazole-Capsules-16.12.2016. pdf. Retrieved 26 December 2016

6 Thomas Reuters India InnovationAwards 2015. Retrieved 4 January 2017

的新适应证申请。Alexion公司准备在2019年第一季度向日本监管机构提交Soliris治疗 NMOSD 的补充新药申请。在美国、欧盟和日本，Soliris 均被授予了治疗NMOSD患者的孤儿药资格（ODD）[1]。

20. Alkaloid

马其顿Alkaloid公司是一家80年历史的公司，一直在制造药物、化妆品、化学产品和加工植物原料领域经营[2]。在塞尔维亚、黑山、阿尔巴尼亚、波斯尼亚和黑塞哥维那、克罗地亚、斯洛文尼亚、瑞士、保加利亚、土耳其、乌克兰、俄罗斯及美国等国家有14个子公司和4个代表处。公司在全国拥有约1250名员工，在国外设有子公司和代表处，约有350名员工[3]，包括制药中心（Pharmaceuticals Center）、化学品和化妆品中心（Chemicals and Cosmetics Center）、植物原料药中心（Plant API Center）等。

21. Alkermes

阿尔凯默斯[Alkermes PLC（NASDAQ:ALKS）]创立于1987年，总部位于爱尔兰Dublin，是一家专注于中枢神经系统（CNS）疾病的生物制药公司。Alkermes拥有20多种商业药物和候选药物，可治疗成瘾、精神分裂症、糖尿病和抑郁症等严重慢性疾病[4]。利培酮长效注射液/利培酮（Risperdal Consta）抗精神分裂症和双相1障碍[5,6]；帕潘立酮棕榈酸酯/善思达棕榈酸帕利培酮长效注射剂（Invega Sustenna/Xeplion）抗精神分裂症[7,8]；4-氨基吡啶/达伐吡啶氨吡啶缓释片（Ampyra/Fampyra）改善多发性硬化患者的步行[9,10]；纳曲酮缓释注射用悬浮液/纳曲酮长效制剂（Vivitrol）用于酒精和阿片类药物依赖[11,12]；艾塞那肽缓释剂悬浮液/艾塞那肽

1 https://www.bioon.com/article/6742989.html

2 https://en.jinzhao.wiki/wiki/Alkaloid_ (company)

3 https://www.alkaloid.com.mk. Retrieved 2017-7-5

4 https://en.jinzhao.wiki/wiki/Alkermes_ (company)

5 Zacks Equity Research, Positive Data on Risperdal Consta, Finance. March 29, 2011

6 John M. Grohol, Risperdal Consta Approved for Bipolar, http://PsychCentral.com, May 18, 2009

7 Cole Petrochko, FDA Okays First Monthly Antipsychotic Drug, MedPage Today, August 5, 2009

8 Matt Jarzemsky, Johnson & Johnson Gets European Approval For Schizophrenia Shot, The Wall Street Journal, March 9, 2011

9 Susan Jeffrey, FDA Approves Dalfampridine to Improve Walking in Multiple Sclerosis, Medscape Medical News, January 22, 2010

10 Toni Clarke, Europe backs Acorda, Biogen drug in change of tack, Reuters, May 20, 2011

11 Miranda Hitti, FDA OKs New Drug to Treat Alcoholism, WebMD, April 14, 2006

12 Rita Rubin, FDA OKs Vivitrol to treat heroin, narcotic addictions, USA Today, October 13, 2010

（Bydureon）是用于治疗 2 型糖尿病的注射用药剂[1]；丁丙诺啡/沙米啡烷（Samidorphan）（ALKS 5461）是一种 κ-阿片受体拮抗剂，是 Alkermes 正在开发的下一代新型抗抑郁药，用于治疗抑郁症[9]。奥氮平/沙米啡烷（ALKS 3831）是一种非典型的抗精神病药物和阿片类药物调节剂，目前正在开发用于治疗精神分裂症和双相性躁狂症[10,11]，见文框 18-6。

文框 18-6　Alkermes 重度抑郁新药提交上市申请有望近期上市

Alkermes 公司今天宣布向 FDA 提交滚动上市申请，以寻求治疗重度抑郁障碍（MDD）新药 ALKS 5461 的批准。ALKS 5461 有全新的作用机制，可以作为治疗重度抑郁障碍的辅助疗法。Alkermes 公司希望在 2017 年年底前完成该新药的申请[1]。

ALKS 5461 是一种每日一次的口服型药物，作为一类大脑中的平衡神经机能的调节剂，以新型作用机制治疗重度抑郁障碍。ALKS 5461 由沙米啡烷（Samidorphan）和丁丙诺啡（Buprenorphine）组成，旨在重新平衡抑郁状态下失调的脑功能。在 2013 年 10 月，FDA 授予了 ALKS 5461 快速通道资格，对标准抗抑郁治疗反应不足的患者提供辅助性治疗。

[1] https://news.bioon.com/article/6708686.html.

22. UCB

UCB 制药公司全称为比利时优时比制药公司，始建于 1928 年，总部在比利时布鲁塞尔，在英国伦敦和剑桥等地拥有 2 个研发中心，在全球 40 多个国家设立了分支机构。在 80 年的发展中，UCB 致力于为重症患者提供更多的创新治疗方法，造福人类。优时比制药公司在全球的业务遍布 40 多个国家，拥有近一万名员工，2010 年全球销售收入 32 亿欧元，全球百强医药行业排名第 33 位。随着业务的不断拓展，2004 年 5 月，UCB 完成了对英国生物制药企业——细胞技术公司的收购，2007 年 9 月 1 日，又完成了对德国许瓦兹制药集团的全球并购，成功地实现了全球领先的生物制药公司的战略定位。

UCB 致力于开发新化学实体药物和新生物实体药物。新化学实体药物是由化学法衍生的、人造的，开发后用于治疗多种疾病。它们被称为“小分子药物”，通常设计为口服剂型。新生物实体药物会被定义为生物制品，如用于预防或治疗疾病的蛋白质、肽、抗体、病毒和疫苗。有时它们也被称为“大分子药物”。优

1 Denise Mann, Weekly Shot Gets FDA Nod for Type 2 Diabetes, WebMD, January 27, 2012

时比专注于开发基于抗体的药物，这种药物具有较大的分子量，通常通过注射或输液进行给药。Evenity™（Romosozumab）在美国获批上市，治疗有高骨折风险的绝经后女性的骨质疏松症。拉考沙胺（Vimpat）用于癫痫患者，辅助治疗不受控原发性全身强直-阵挛性发作（PGTGS）的Ⅲ期研究。Staccato® Alprazolam 手持口腔吸入式药械组合产品可阻止活动性癫痫发作，有望成为首个仅单次按需使用便能快速起效的疗法[1]。

23. Unichem Laboratories Ltd.

印度 Unichem Laboratories 公司公布了氯沙坦及雷米普利可治疗糖尿病高血压（LORD）。LORD 临床试验首次使用了氯沙坦及雷米普利的固定剂量配方，商品名为 Loram[2]。

24. Veloxis Pharmaceuticals[3]

丹麦 Veloxis 制药公司致力于研发移植免疫抑制产品。2014 年，欧盟批准了丹麦 Veloxis 制药公司的抗器官排斥药物 Envarsus。在欧盟每年约有 20 000 例肾脏移植和 7000 例肝脏移植手术，Veloxis 已向 FDA 提交了 Envarsus XR 的新药申请（NDA），寻求批准用于肾脏移植者以预防器官排斥。Veloxis 制药公司完成了一种治疗肾移植患者的药物 LCP-Tacro 3002 的Ⅲ期临床研究。

25. Vertex Pharmaceuticals

福泰（Vertex）制药公司创立于 1989 年，总部位于美国马萨诸塞州波士顿[4]。2015 年，VRTX 治疗囊肿性纤维化的药物 Orkambi 获得了美国食品药品监督管理局（FDA）的上市许可。目前，美国 Vertex 制药公司是一家致力于发现治疗严重疾病的具有突破性的小分子药物的全球化公司，Vertex 的研究集中在治疗病毒疾病、胆囊纤维化、炎症、自身免疫性疾病、肿瘤等的药物上，是美国十大生物技术公司之一。

26. Amgen

安进（Amgen）公司是一家总部位于加利福尼亚州千橡市的美国跨国生物制药公司[5]。Amgen 位于 Conejo 山谷，是世界上最大的独立生物技术公司。2013 年，该公司最大的销售产品系列是 Neulasta/Neupogen，这是两种用于预防癌症化疗患

1 UCB 以 2.7 亿美元收购 Engage 公司及其手持口腔吸入式癫痫急救药物 Staccato Alprazolam. https://www.medsci.cn/article/show_article.do?id=3cd41954601e

2 https://www.unichemlabs.com/

3 http://www.veloxis.com

4 https://www.vrtx.com

5 https://en.jinzhao.wiki/wiki/Amgen

者感染的密切相关的药物。Enbrel 是一种用于治疗类风湿性关节炎的肿瘤坏死因子阻断剂，也可以治疗其他自身免疫性疾病。其他产品包括 Epogen、Aranesp、Sensipar/Mimpara、Nplate、Vectibix、Prolia 和 XGEVA。

27. GlaxoSmithKline

葛兰素史克（GSK）是一家总部位于伦敦布伦特福德的英国制药公司[1]。GSK 于 2000 年由葛兰素威康（Glaxo Wellcome）公司和 SmithKline Beecham 公司合并而成立，截至 2015 年，GSK 是辉瑞、诺华、默克、霍夫曼-拉罗什和赛诺菲之后的全球第六大制药公司[2]。2020 年，葛兰素史克和三叶草生物制药公司联合开展新冠疫苗的研究合作，三叶草生物“S-三聚体”重组蛋白亚基新冠疫苗（代号 SCB-2019）基于公司独有的蛋白质三聚体化（Trimer-Tag©）专利技术平台，Ⅰ期临床研究将获得安全性和免疫原性的初步结果，评估佐剂系统为葛兰素史克（GSK；伦敦证券交易所）的预防疾病大流行疫苗佐剂系统[3]。

28. 天士力

天士力控股集团是一家中国制药公司，总部设在天津。其于 1994 年成立，特点是生产中药[4]。其营业额达 40 亿美元，现有员工 1 万人，并在上海证券交易所挂牌上市[5]。2017 年 2 月，天士力宣布与美国康宝莱多层营销公司组建合资企业[6]。天士力生产心脑血管用药（复方丹参滴丸）、肝胆胰类用药（水飞蓟宾胶囊）、呼吸系统用药（穿心莲内酯滴丸）、清热解毒用药（柴胡滴丸和板蓝根泡腾片）、糖尿病用药（消渴清颗粒）、抗肿瘤用药（西黄丸）、胃肠疾病用药（藿香正气滴丸）、妇科用药（加味逍遥丸）、风湿跌打（天麻丸）、补益安神用药（六味地黄丸和金匮肾气丸）等。

29. Takeda Pharmaceutical Company

武田制药有限公司 Takeda Pharmaceutical Company 是亚洲最大的制药公司，为在世界排名前 15 的制药公司[7]。该公司在全球拥有 3 万多名员工，2012 财年实现收入 162 亿美元[8]。通过其独立子公司 Takeda Oncology，该公司专注于代谢紊乱、胃

1 https://en.jinzhao.wiki/wiki/GlaxoSmithKline

2 The World’s Biggest Public Companies, 2015 ranking, Forbes

3 https://www.gsk-china.com/

4 https://www.tasly.com/

5 https://en.jinzhao.wiki/wiki/Tasly

6 Herbalife Ltd. Reaches Agreement in Principle to Form Joint Venture with China’s Tasly Holding Group. http://BusinessWire.com. Retrieved 23 February 2017

7 https://en.jinzhao.wiki/wiki/Takeda_Pharmaceutical_Company

8 Financial Results for Fiscal 2012. Takeda Pharmaceutical Company Limited. 2013-5-9. Retrieved 2013-6-13

肠病学、神经病学、炎症及肿瘤学[1]研究。该公司的主要药物之一是吡格列酮（Actos），是用于治疗 2 型糖尿病的噻唑烷二酮类药物中的一种化合物。1999 年推出的 Actos 已经成为全球最畅销的糖尿病药物，公司 2008 财年销售额达 40 亿美元[2]。

30. Otsuka Pharmaceutical

大冢制药株式会社（Otsuka Pharmaceutical，OPC）是日本成立于 1964 年的制药公司。OPC 的母公司大冢控股有限公司于 2010 年 12 月 15 日通过首次公开募股（IPO）加入东京证券交易所。当时，大冢控股是日本第二大药品制造商，由行业领先的武田制药公司（Takeda Pharmaceutical Company）出售[3]合并而来的。首次公开募股（IPO）价值 24 亿美元，是迄今为止最大的一家制药公司。中国大冢制药有限公司[4]是拥有 COP 品牌大输液、安瓿注射液、滴眼剂和营养输液等产品的综合性药品生产企业。

18.2.3 跨国制药企业的市场营销

跨国制药企业通过规模并购、开发新兴市场、拓宽经营业务等策略实现销售增长的同时，非专利药物竞争、结构调整、药品召回及诉讼等问题却大大影响了企业的净收益[6]。跨国制药企业处方药的营销模式分为费用营销、关系营销和学术推广三种[12]。

跨国制药企业这种研发体系主要集中于世界上富裕国家的卫生问题上。由于它的资金状况，这种体系依赖于从最成功的产品中获得巨大利润，导致了这些产品的高昂价格，以及在药物获得和卫生保健地位上的全球不公平性，存在药品获取和价格承受能力之间的矛盾[13]。药物提供和承受能力间的矛盾增加不仅是美国面临的问题，新药定价过高也让欧洲的医疗机构感到负担沉重。汤森路透预测定价承压催生新模式，在定价策略受争议的公司将受到严格的价格监管。诺华在为其治疗心衰的新药 Entresto[5]定价时采取了新的结果驱动定价模式，基于医院招募患者的数量进行定价，在一定程度上降低了治疗成本。是否有其他公司采取类似模式仍拭目以待[14]，见文框 18-7。

1 Takeda Initiates Cardiovascular Outcomes Trial for Alogliptin, An Investigational Treatment for Type 2 Diabetes. http://Newsblaze.com. 2009-8-28

2 Decker, Susan (2009-7-6). Takeda Sues Torrent to Stop Generic Copy of Actos Diabetes Pill. Bloomberg

3 Fujita Junko, Slodkowski Antoni (December 16, 2010), Nathan Layne. Otsuka up 5 pct in Tokyo debut after $2.4 bln IPO-UPDATE 1 (Reuters news). Forexyard, http://forexyard.com, retrieved January 15, 2012

4 http://www.chinaotsuka.com.cn/

5 Entresto 是诺华公司开发的一种血管紧张素Ⅱ受体阻断剂，在中国市场，Entresto 商品名：诺欣妥，中文通用名：沙库巴曲缬沙坦钠片，别名：LCZ696 片

文框 18-7　2016 年全球药物销售额 TOP10 及详解

EvaluatePharma[1]在 6 月出版了题目为 *World Preview 2017*，*Outlook to 2022* 的医药行业报告，其中统计了 2016 年全球销售额前 10 位的药物，作者再结合药渡数据库，为大家整理了 TOP10 药物的详细信息（文框表 18-1）[1]。

文框表 18-1　2016 年全球销售 TOP10 的药物

排名	商品名（通用名）	公司	药理学分类	2016 年销售额
1	Humria（Adalimumab）	艾伯维、卫材	TNFa 抑制剂	165.15 亿美元
2	Enbrel（Etanercept）	安进、辉瑞、武田	TNFa 抑制剂	92.48 亿美元
3	Remicade（Infliximab）	强生、默沙东、田边三菱制药	TNFa 抑制剂	80.7 亿美元
4	Rituxan（Rituximab）	罗氏	CD20 抑制剂	74.82 亿美元
5	Revlimid（Lenalidomide）	新基	免疫调节剂	69.74 亿美元
6	Avastin（Bevacizumab）	罗氏	VEGFr 抑制剂	68.85 亿美元
7	Herceptin（Trastuzumab）	罗氏	HER2/ErbB-2 抑制剂	68.84 亿美元
8	Januvia（Sitagliptin Phosphate）	默沙东、小野、阿尔米拉利（Almirall）、大熊	（DPP）Ⅳ抑制剂	64.4 亿美元
9	Prevnar 13（Pneumococcal Vaccine）	辉瑞、大熊	肺炎球菌疫苗	60.34 亿美元
10	Eylea （Aflibercept）	合生元、拜耳、参天	VEGFr 激酶抑制剂	55.39 亿美元

2016 年全球销售 TOP10 的药物分子中，有 2 款小分子药物：Revlimid[2]和 Januvia[3]，其余 8 款是生物药物，以单克隆抗体为主。抗肿瘤药物占据了大半市场，其中以肿瘤坏死因子 α（TNFα）为靶点的药物包揽排行前三甲（Humira[4]、Enbrel[5]、Remicade[6]）[2,3]。

[1] http://info.evaluategroup.com/rs/607-YGS-364/images/WP17.pdf.
[2] World Preview 2017, Outlook to 2022.
[3] 药渡数据库: https://www.pharmacodia.com/.

1 EvaluatePharma：全球医药健康领域领先的行业咨询及市场调研机构

2 Revlimid (来那度胺)是一种免疫调节药物，是第一种用于治疗多发性骨髓瘤的口服药物。它用于新诊断、维持治疗和复发和/或难治性骨髓瘤

3 由默克制药公司开发的每日用药一次的糖尿病治疗新药 Januvia (Sitagliptin)通过欧洲批准。该药是第一种通过欧洲批准的二肽酰肽酶 4 (DPP-4)抑制剂类糖尿病治疗药

4 阿达木单抗(Adalimumab，商品名：Humira) 是由艾伯维(AbbVie)开发的一种抗体药物，它能够结合肿瘤坏死因子 α(TNFα)，是一种 TNF 抑制性生物药

5 恩利(英文商品名为 Enbrel，注射用依那西普，Etanercept)，是用于治疗类风湿关节炎(RA)和强直性脊柱炎(AS) 的改善病情的抗风湿类生物药物

6 Remicade (英夫利昔单抗, Infliximab) 为静脉 (IV) 注射用冻干浓缩液，是一种肿瘤坏死因子 (TNF) 阻断剂

18.3 制药销售代表

制药销售管理（pharmaceutical marketing and management）为费城药学院和科学院（philadelphia college of pharmacy and science，PCPS）创始的一门本科学位课程。PCPS 现在被称为费城科学大学，是美国乃至北美最古老的药学院，成立于 1821 年。学校制药销售管理对于有兴趣学习医疗保健和制药行业的业务与管理的学生是理想的学科。学校重点关注基础科学，将生物制药科学课程与营销和一般管理研究相结合。该学校为学生准备各种职业，包括药品销售（pharmaceutical sales），保健和健康信息管理（health care and health information management），食品、药品和医疗器械行业监管（food，drug and medical device industry regulatory oversight），药房配送系统的开发与实施（pharmacy distribution systems development and implementation）。毕业生还可以继续接受研究生课程的教育，包括商业、科学或法规事务。

制药销售代表（pharmaceutical sales representative）是制药公司雇用的销售人员，说服医生开出药物给患者。美国的药物公司每年花费约 50 亿美元代表医生提供产品信息，回答关于产品使用的问题，并提供产品样品。公司保持这一点，通过让医生更新医学科学的最新变化来提供教育服务。评论家指出，制药销售代表系统地使用礼物和个人信息来协助医生影响他们的药物处方。在英国，代表人士受英国制药工业协会（Association of British Pharmaceutical Industry，ABPI）严格的行为守则管辖[1]。

制药销售代表也称为药物代表，因为他们在与医生的一对一会议中有促进关于特定药物的“细节（detail）”的作用[2]。为了支持他们的销售活动，这些销售代表收集和使用医生的详细个人信息：如家庭成员的名字、高尔夫球运动，甚至服装偏好及医生从 IMS Health 撰写的处方。无论是在医生办公室的会议上，还是在闲暇时间的研讨会上，允许代表与医生讨论他们的偏好，药物研究人员向观众介绍新药。

1990 年，美国 FDA 通过了禁止向医生提供《药物有价值的礼物》（*gifts of substantial value*）的法律。2006 年，新罕布什尔州禁止向商业实体出售处方数据[3]。

---

1 Adriane Fugh-Berman; Shahram Ahari (April 24, 2007). Following the Script: How Drug Reps Make Friends and Influence Doctors. Public Library of Science. Retrieved 3 December 2011

2 Handley, Richard T (2008). Ethical Considerations Of Pharmaceutical Sales In The Primary Care Arena. http://ispub.com/IJAPA/7/1/9403. 7 (1) . External link in |journal = (help); Elliott, Carl (April 1, 2006). The Drug Pushers. The Atlantic. Retrieved 18 December 2013

3 FAQs. nofreelunch.org. Retrieved 29 October 2014; First-in-the-nation law pits N.H. against drug industry; gencourt.state.nh.us CHAPTER 328 - HB 1346 – FINAL VERSION

中共中央办公厅、国务院办公厅印发《关于深化审评审批制度改革鼓励药品医疗器械创新的意见》（2017 年 10 月 8 日）[1]第（二十七）规条“规范药品学术推广行为”中规定：药品上市许可持有人须将医药代表名单在食品药品监管部门指定的网站备案，向社会公开。医药代表负责药品学术推广，向医务人员介绍药品知识，听取临床使用的意见建议。医药代表的学术推广活动应公开进行，在医疗机构指定部门备案。禁止医药代表承担药品销售任务，禁止向医药代表或相关企业人员提供医生个人开具的药品处方数量。

参 考 文 献

[1] Palmer E. 2018 年全球药物市场将破 1.3 万亿美元 [N]. 医药经济报, 2015-8-12(1).

[2] 阿瑟·克莱曼. 全球药物(Global Pharmaceuticals) [M]. 上海: 译文出版社, 2007.

[3] Andrew T C. PK/PD 模型在全球药物研发中的确定作用和责任 [G]. 药理学与新药临床评价国际学术会议论文集, 2007-10-29.

[4] 刘丽丽, 毛艳艳, 高柳滨. 类风湿关节炎全球药物研发状况分析 [J]. 科技导报, 2016, 34(24): 44-55.

[5] 蒋倩, 李幼平, 喻佳洁, 等. 全球药物价值评价工具的循证评价 [J]. 中国循证医学杂志, 2019, (7): 856-862.

[6] 姚震宇. 世界制药巨头 2010 年第三季度业绩综述与分析 [J]. 中国医药工业杂志, 2011, 42(6): 480, 后插 1-后插 6.

[7] 刘娟, 董丽, 王菲, 等. 浅析跨国制药巨头与国内制药企业之间的专利纠纷 [J]. 中国药房, 2011, 22(29): 2689-2691.

[8] 彭学韬, 胡豪, 王一涛. 跨国制药企业在华创新研发投入的研究 [J]. 中国药业, 2009, 18(16): 13-14.

[9] Harrison C. Trial watch: opioid receptor blocker shows promise in Phase Ⅱ depression trial [J]. Nature Reviews Drug Discovery, 2013, 12(6): 415.

[10] Maric N P, Jovicic M J, Mihaljevic M, et al. Improving current treatments for schizophrenia [J]. Drug Dev Res, 2016, 77(7): 357-367.

[11] Fellner C. New schizophrenia treatments address unmet clinical needs [J]. Pharmacy and Therapeutics, 2017, 42(2): 130-134.

[12] 赵玲. 跨国制药企业处方药营销模式研究：以诺和诺德公司 SoLoMo 营销模式为例 [J]. 现代经济信息, 2015, 2(3): 413-415.

[13] 鄢琳. 为什么全球药物价格如此之高 [J]. 中国医药导刊, 2003, 27(5): 354.

[14] 汤森路透. 全球药物研发的 3 个关键趋势 [J]. 中国药科大学学报, 2016, 47(2): 241.

1 http://www.gov.cn/zhengce/2017-10/08/content_5230105.htm